제 2 판

NCS 기반

Semiconductor Frontend Processing Equipment 1

반도체전공정장비 I

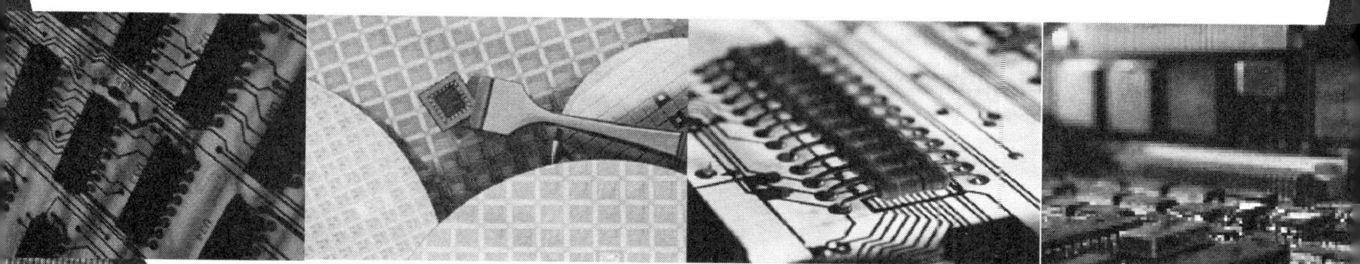

이인호 / 이현배 / 김진석 / 김용태
황성진 / 원영진 / 성홍석 / 김덕영
공저

B.C.Info

반도체산업은 인간생활을 변화시킬 수 있는 혁신제품의 창출을 주도하여 새로운 디지털 생활환경을 창출한다. 1958년 IC(집적회로)가 최초로 발명된 이후로 1981년 PC, 1987년 핸드폰, 1997년 디지털TV 등의 새로운 첨단산업을 창출하는 핵심요소로서의 역할하고 있다. 최근에는 IT기기에 이어 생활주변의 모든 사물에 확대 적용되며 새로운 생활의 필수품화가 되고 있다. 이제 반도체 산업분야는 이미 우리나라의 성장 동력산업으로서 미래 산업사회를 주도할 핵심기술로 대두되고 있으며, LED, 태양광용 솔라셀 제조분야까지 기술이 확장되어 전문지식을 갖춘 고급인력 뿐 아니라 전문기능 인력의 양성이 필수적으로 요청되고 있는 실정이다.

본 교재는 반도체 생산공장에서 운영되고 있는 반도체 장비가 최적의 운영상태가 되도록 하기 위하여 반도체 장비를 유지/점검하고, 고장을 방지하기 위한 사전 예방활동 등을 수행하며, 나아가 장비를 직접 운용 · 조립하는 업무 등을 수행할 수 있도록 실무 지식 및 기술에 관한 이론과 실습으로 구성된 과목이다.

반도체 전공정장비1 교과는 반도체 생산순서 중 앞부분에 위치하는 노광(포토)공정, 트랙공정, 식각(에칭)공정, 에싱공정, 그리고 각 단계마다 생산품의 이상 유무를 판단하는 측정장비 등 산업체에서 사용되는 중요 반도체 장비의 실무를 익힐 수 있도록 구성하였다. 따라서 1장에서는 노광공정에 대한 소개와 주요 장비 구성 및 장비 운영, 2장에서는 트랙공정 개요 및 장비의 각 모듈별 역할 3장에서는 단계별 측정장비 소개와 주요 측정장비 설명, 4장에서는 식각 공정 및 장비 개요, 식각 장비의 구조 및 기능, 식각 장비의 유지보수, 5장에서는 에싱 공정 및 장비 개요, 에싱 장비의 구조 및 기능, 플라즈마 이론에 대한 내용을 수록하였다.

이 책을 통하여 반도체 전공정 장비의 구조 및 기능, 유지보수에 관련된 이론과 기술등이 소개되고, 반도체 산업의 중심이 되는 반도체장비 제조운영 기술자 양성에 조금이라도 도움이 되길 저자 일동은 기대한다.

2012. 1.10.

저자 일동

CONTENTS

노광공정(Lithography Process) 장비

01 Chapter

01
Chapter

노광공정(Lithography Process) 장비

학습포인트
- 노광 공정의 개념을 이해하고 설명할 수 있다.
- 노광 공정장비의 기본 작동법을 이해한다.
- 노광 공정장비의 경향 및 향후경향을 이해 할 수 있다.

1. 노광공정 개요

1) 노광공정의 정의 및 필요성

반도체 칩을 제조하기 위해 적층식으로 회로를 형성시켜 나가며 각각의 적층하는 스텝을 레이어(Layer)라 칭하며, 레이어별로 필요한 패턴을 형성시켜야 하는데 이때 필요한 패턴을 그려둔 원판을 마스크(Mask) 또는 레티클(Reticle)이라 한다. 이 원판에 그려진 패턴을 실제 웨이퍼(Wafer)상에서 도포(Coating), 노광(Exposure), 현상(Develop) 공정을 통하여 모양을 만드는 작업을 노광공정 혹은 포토공정(Photo lithography)이라 한다. 노광공정의 과정은 그림 1-1과 같다.

Tip
레티클(Reticle)
웨이퍼에 반도체 회로 설계 패턴을 정착시키기 위해 사용되는 노광용 원판

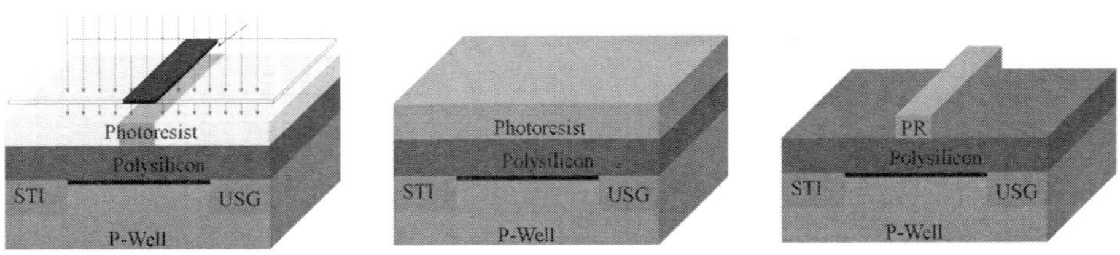

(a) 코팅 (b) 노광 (c) 현상

그림 1-1 노광공정 과정도

노광 공정은 메모리소자 생산비용의 35%, 공정시간의 60% 이상을 차지하는 핵심 공정으로 노광공정(Lithography)은 반도체 생산에서 비용이 가장 많이 드는 장비 중 하나이다.

표 1-1 Design Rule에 따른 노광장치 업체 및 감광재료 업체분류

Design rule	260nm	170nm	140nm	120nm	90nm	70nm	50nm
광원	KrF(248nm)			ArF(248nm)			F2(157nm)
노광장치 업체	Canon, Nikon, ASML			ASML, Kikon, Canon			ASML, Kikon, Canon
감광재료	폴리 히드록시 스티렌 유도체를 이용한 화학증폭형 수지. 레진 및 PAG로 구성			아크릴레이트, COMA, 폴리느브렌수지, 레진 및 PAG로 구성			폴리 실록산계 또는 블소 고분자를 이용한 수지
괌광재료 공급업체	Fuji, Shin-Etsu, Shipley 등			JSR, Shin-Etsu, Shipley, 금호 등			Fuji, Shin-Etsu, Shipley

참고자료 : 전자정보센터(EIC) 반도체 노광기술(2010.12)

2) 노광 파장대별 기술 동향

노광장치의 해상도 성능은 노광파장을 짧게 하고 NA를 크게 하면 상승하는데, 이는 광학 장비에서 쓰이는 빛의 파장(Wave length, λ)을 감소시키거나, 이머전 장비와 같이 굴절률($NA = n\sin(\theta_{max})$)을 증가시키는 경우가 이에 해당한다. 따라서 반도체 회로 선폭 미세화에 따라 노광공정에서 사용되는 광원의 파장도 노광장치의 해상성능을 높이기 위해 7년 정도의 Cycle을 두고 짧아지는 경향을 보이고 있다. 반도체 노광공정에서 사용되는 노출파장이 g선에서 i선, KrF, ArF로 변화되고 있으며 현재 ArF공정이 반도체 생산 공정에서 사용되고 있다.

노광성능 향상에 의한 것으로 결상 성능은 노광파장(λ) 결상 개구수(NA)의 노광 장치 인수와 Resist등 공정능력에 의해 결정된다. 결상성능, 중복정열정밀도(Alignment accuracy), Throughput 등을 Stepper의 3대 요소라고 하고 이는 반도체 기술의 3가지 요소인 미세화, 고집적화, 생산성에 대응되는 핵심 기술이다.

향후 36나노 이하의 공정 전환을 위해서 DPT(Double Patterning Tech), SPT (Specer Patterning Tech), Cell Shrink, TSV(Through Si Via)등 다양한 공정들이 도입될 전망이다.

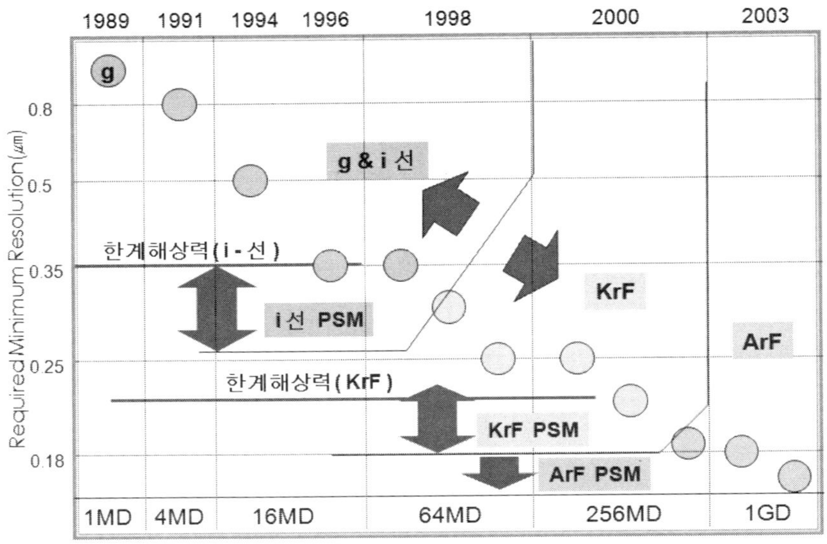

그림 1-2 Design Rule에 따른 노광파장대별 생산공정 해상도

표 1-2 노광공정 분류

공 정	설 명
DPT (Double Patterning Tech)	2개의 Photo 마스크를 사용하여 노광과 에치공정을 두 번 반복함으로써 설계상의 Design Rule을 1/2로 감소시키는 공정기술
SPT (Specer Patterning Tech)	에치공정 이후에 한 번 더 증착(Deposition)을 한 후 다시 두 번의 에치공정을 진행함으로써, 좀 더 미세한 패턴을 완성하는 방법으로 공정추가에 따라 생산성 저하가 발생하게 됨
Cell Shrink	현재 Tier-1 DRAM업체들이 도입하고 있는 6F2(캐패시터의 면적이 단위셀 면적의 6배)를 4F2로 좀 더 축소키는 기술임
TSV(Through Si Via)	메모리를 수직으로 쌓아 올리는 것

3) STEPPER와 SCANNER의 차이점

- STEPPER : 마스크 패턴과 5 : 1 축소투영방식
  (레티클 스테이지 고정, 웨이퍼 스테이지 구동)
- SCANNER : 마스크 패턴과 4 : 1 축소투영방식

Tip

마스크 패턴(Mask Pattern) 집적 회로나 인쇄 배선판을 만드는 경우에 포토에칭을 한다든지 배선을 증착한다든지 하기 위해 불필요한 부분을 가리고 필름에 구워 붙인 도형

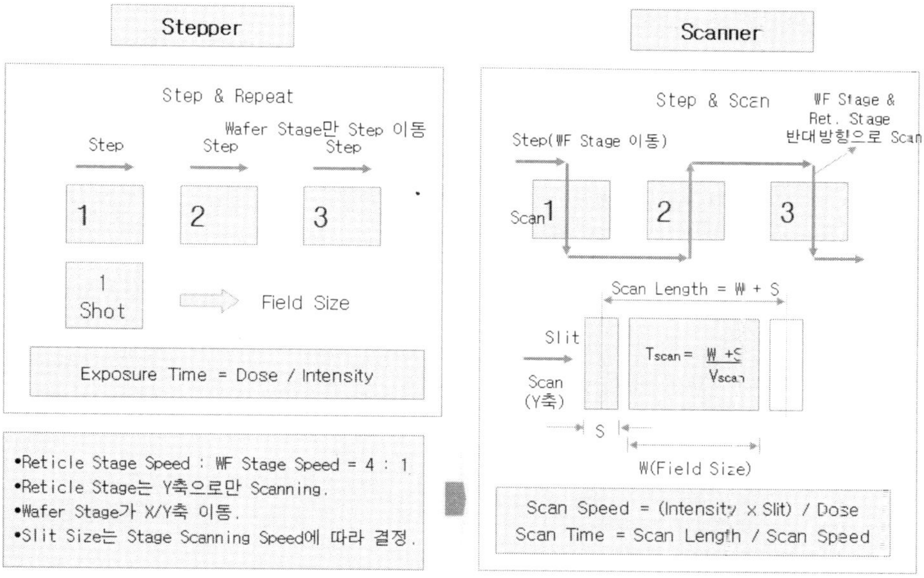

그림 1-3 레티클 스테이지 및 웨이퍼 스테이지 동조 주사 방식

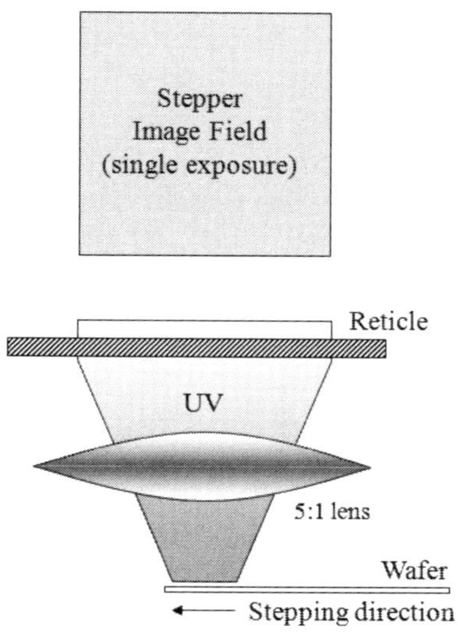

그림 1-4 STEPPER 노광방식

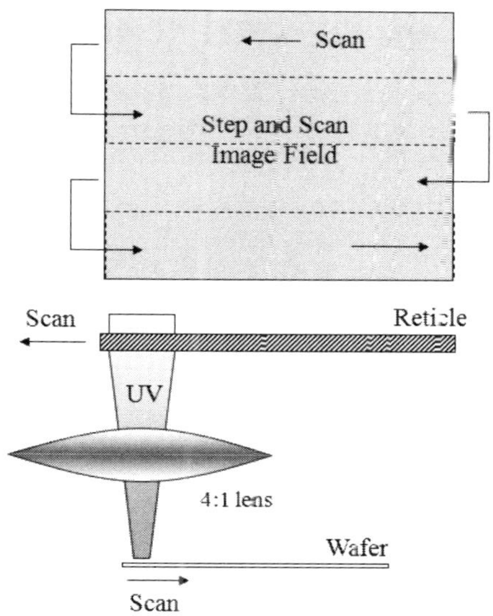

그림 1-5 SCANNER 노광방식

4) SCANNER 장비의 개발 과제와 전망

표 1-3 스캐너 장비의 개발 자제와 전망

구 분	문제점	개선항목
노광장비	LENS 재료의 내구성	• SiO_2 : 내구성 문제 • CaF_2 : 큰 면적에서 결정 성장 어려움
	저수차 광학계의 설계	
	LASER 광원의 안정성	노광 실험 재현성 평가 단계 : BAND WIDTH, PULSE ENERGY 주파수, GAS LIFE TIME
감광액 (Photoresist)	• 벤젠환을 취하는 PRESIST는 ArF 파장대에서 광흡수가 강한 단층 PRESIST는 사용 불가능 • 벤젠환을 취하지 않는 PRESIST는 광투과성이 높지만 DRY ETCHING 내성이 낮음	• 투과성 • DRY ETCH 내성 • 현상액의 용해성 특성하는 분자 구조를 중합 ※ 지환족(指環族) POLYMER 개발중이나 이는 알카리 수용액에 대해 용해성이 약하고 이의 개선이 필요
PROCESS	• 반사 방지막 • 촛점심도	반사 방지막

TIP

감광액(Photoresist)
반도체 제조 시 원판 표면 위에 미세한 회로를 그리기 위하여 빛을 이용하는 광학 공정에 사용되는 액체

5) SCANNER 장비의 각 사별 개발현황

표 1-4 스캐너 장비의 각사별 개발현황

Maker 평가항목	Canon	Nikon	ASML	SVGL
LENS계	• LENS SCAN TYPE에 치중(설계가 용이) • CATADIOPTRIC은 2순위 • CaF2 Lens 적용 계획	• Catadioptric계의 beam splitter의 비대칭적 수차 발생의 제어 어려움 • Catadioptric은 2순위 • CaF2 Lens 적용 계획	• Nikon과 같은 의견 • CaF2 가공기술 개발에 주력 • 0.4pm band의 Laser의 개발은 가장 어려운 문제	KrF에서 채용한 Catadioptric sys만 검토함
STAGE계	• 고속 Air stage 개발의 지연 • ASML의 Air stage 채용 • 목표 : 80매/시(KrF)	• 고속 stage 개발에 소극적 • SPEC : 60매/시(KrF)	• 제2세대 Air foot stage 채용으로 가장 우수 • SPEC : 96매/시(KrF)	• stage 고속화 관련 자료 없음 • SPEC : 73매/시(KrF)
Distortion Overlay Lens FIELD SIZE	0.30nm 50nm NA=0.6, σ=0.7 25×33mm	0.30nm 50nm 0.45-0.6/ 25×33mm	0.20nm 45nm 0.6/ 26×33mm	0.25nm 55nm 0.60/ 26×32.5mm

2. 포토공정 및 장비의 전체 구성 및 역할

1) 노광장비 소개

포토공정 및 장비의 전체구성은 다음과 같다.

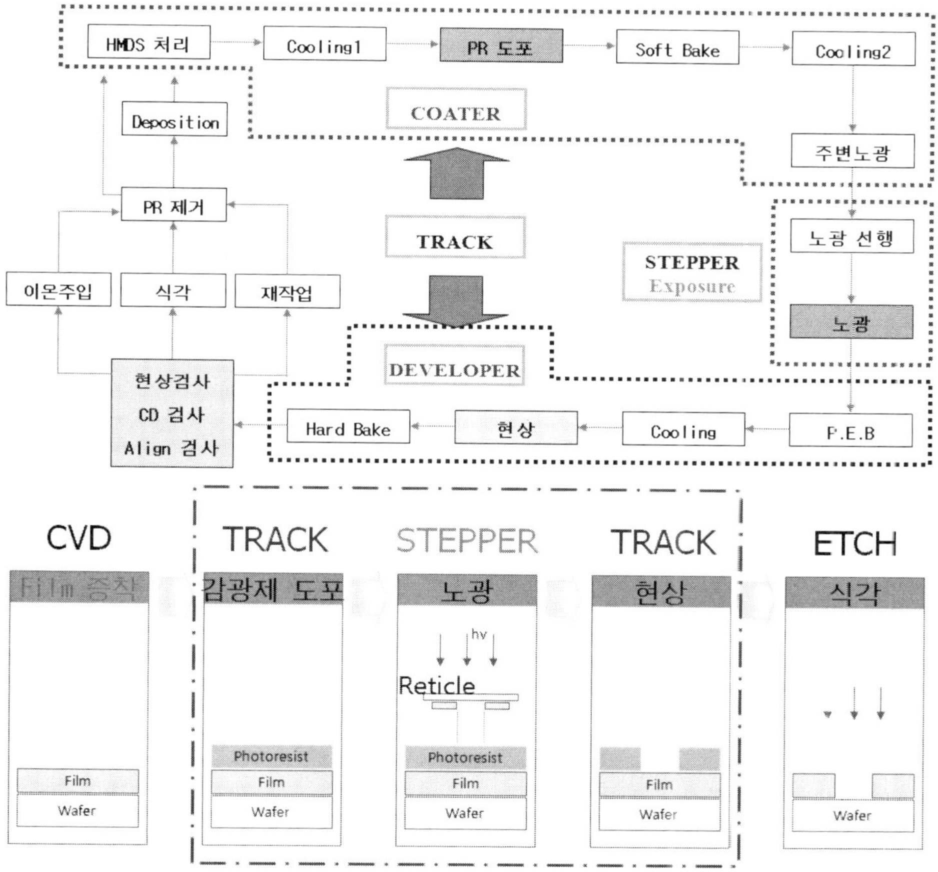

그림 1-6 노광(포토)공정 전체 과정도

노광(EXPOSURE)는 Light Source 및 광학계를 이용하여 빛을 패턴을 설계한 마스크(레티클)을 통과시켜 원하는 현상을 노광하는 장치이다. 패턴을 설계한 마스크에 빛을 통과시키는 방식에 따라 노광방식을 Aligner, Stepper, Scanner 노광 방식으로 분류할 수 있다.

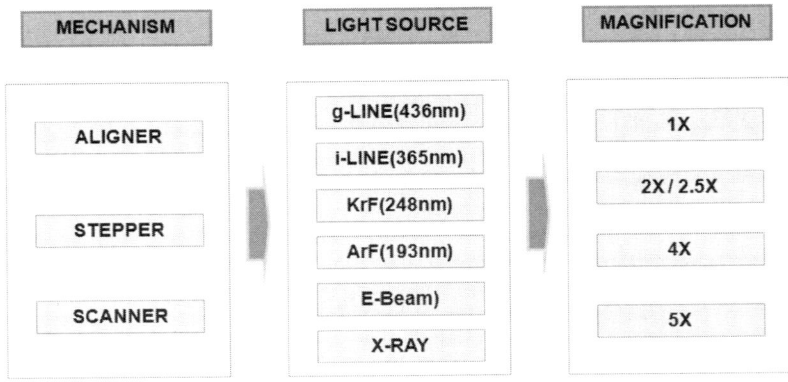

그림 1–7 노광장비

2) ALIGNER

Tip

마스크 얼라이너
(Mask Aligner)
회로 패턴을 그린 포토마스크와 실리콘 웨이퍼를 정확하게 위치 맞추기 기능을 가진 노광장치를 이른다.

Aligner에는 다음과 같은 종류가 있다.

- Contact Aligner
- Proximity Aligner
- Projection Aligner

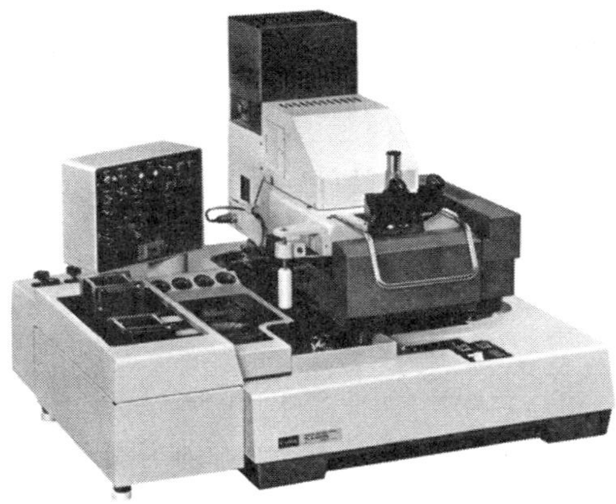

그림 1–8 Contact/Proximity Aligner 장비사진(Canon PLA 501F/FA)

(1) Contact Aligner

Contact Aligner에는 Contact, Non-contact 타입이 있으며, Vacuum contact, Hard contact, Soft Contact 장비로 구분된다. Non-Contact은 마스크와 웨이퍼의

간격을 일정간격으로 띄운 상태에서 노광하는 마스크와 감광막을 접촉시킨 상태에서 자외선을 조사시켜 노광하는 장비. 즉 마스크의 상이 1 : 1 비율로 투영하는 장비이다. 장비구성이 간단하며, 장비가격이 저렴한 반면, 마스크와 웨이퍼가 직접 붙은 상태에서 노광을 하기 때문에 파티클의 오염의 문제가 있을 수 있다. 해상도는 2um~10um의 Design rule 공정에 사용된다.

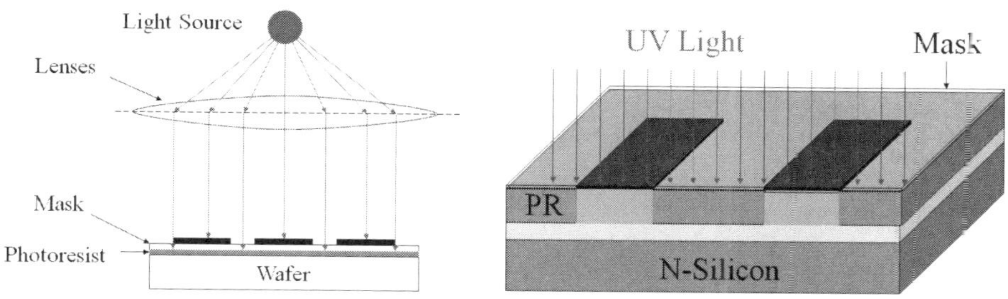

그림 1-9 Contact Aligner

(2) Proximity Aligner

노광하는 마스크와 웨이퍼의 간격을 약 10㎛ 띠운 상태에서 자외선을 조사시켜 노광하는 장비. 즉 마스크의 상이 1 : 1 비율로 투영하는 장비이다. 해상도는 2um 정도의 Design rule 공정에 사용된다.

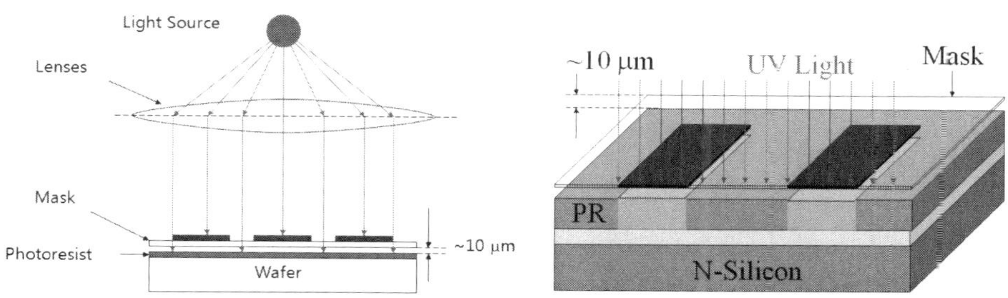

그림 1-10 Proximity Aligner

(3) Mirror Projection Aligner

노광하는 마스크가 웨이퍼로부터 떨어져 있고 마스크와 웨이퍼 사이에 축소 랜즈 시스템이 설치되어 있다. 해상도는 1.5um 정도의 Design rule 공정에 사용된다.

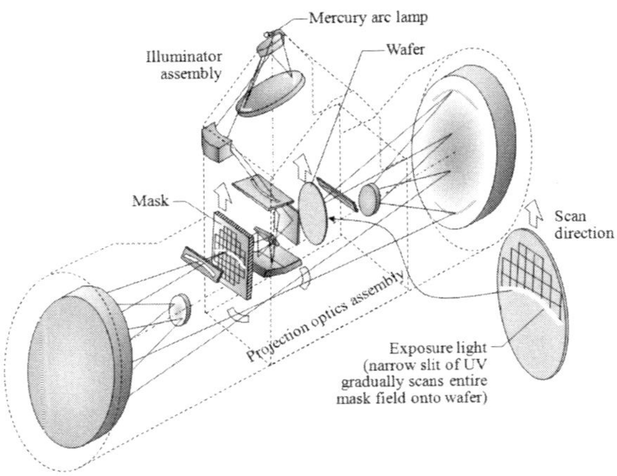

그림 1-11 Mirror Projection Aligner 장치 구성도(캐논 MPA-600FA)

3) 스테퍼(Stepper)

초고압수은램프에서 발생하는 248nm~436nm 파장의 빛을 레티클의 패턴에 조사시켜, 광학 렌즈를 이용 1 : 2.5, 1 : 5로 축소하여 패턴을 웨이퍼위에 노광하는 장비이다. 스테퍼은 일본의 니콘, 캐논, 유럽의 ASML 등의 유명회사에서 제작되고 있으며, 각각의 스테퍼 제작회사에서 제작된 장치의 기본구조는 모두 유사하나 여러 가지의 장치 설계기술 및 하드웨어와 소프트웨어 차이에 인해 각각의 특성에 차이가 있다.

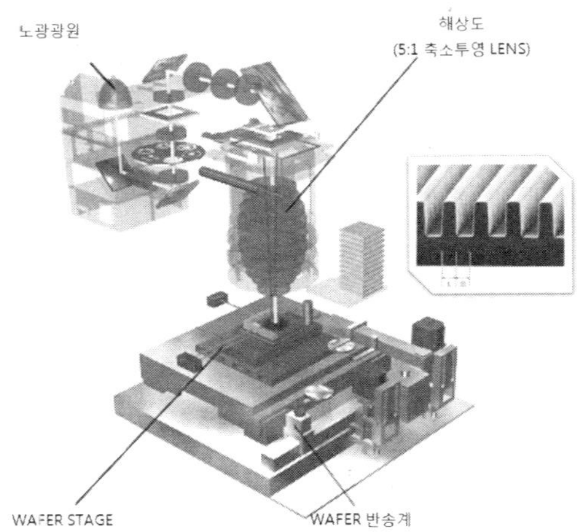

그림 1-12 STEPPER의 CHAMBER 내부도

일반적으로 Stepper의 구성은 자외선 램프부, 레티클 스테이지부, 축소투영 렌즈부, Alignment부, 웨이퍼 스테이지부 및 기타 부대장치로 형성되어 있다.

(1) STEPPER의 내부 광학 구조도

아래 그림과 같이 수은램프(Mercury Lamp)에서 발광한 빛이 Shutter(투광과 차단)을 통하여 여러 개의 렌즈로 조합된 Fly eye 렌즈를 통하여 (UNIFORMITY 불량해결) 빛의 조리개인 Masking blade를 통하여 집광 렌즈인 Condensor 렌즈에 결상하게 된다. Condensor 렌즈에서 나온 빛은 패턴이 형성된 레티클에 조사되고 레티클에서 투과된 빛은 축수 1 : 5 축소 투영 렌즈를 통하여 XY 스테이지 위에 있는 웨이퍼에 조사되어 레티클의 패턴을 노광하게 된다. XY 스테이지는 Step by Step으로 레티클의 패턴을 노광하게 된다.

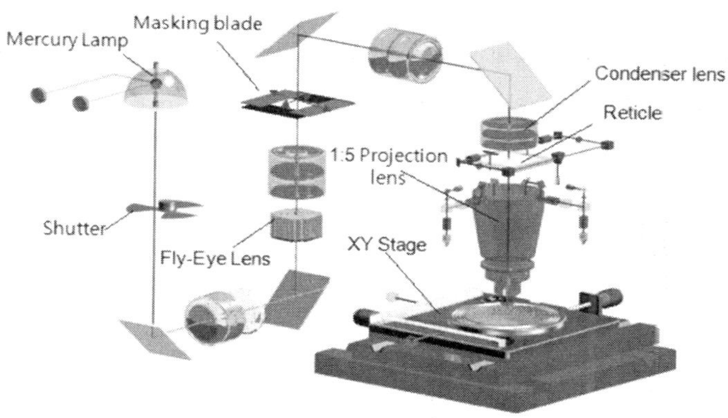

그림 1-13 STEPPER의 내부 광학구조도

아래 그림은 스텝퍼를 단면으로 보았을 때의 구성도이다. 스텝퍼의 기본 구성은 광학계, 레티클 스테이지, 축소 투영 렌즈, XY 스테이지, 웨이퍼 Loader, 레티클 Loader, Auto focus System으로 구성되어 있으며, 레티클과 웨이퍼의 정렬을 위한 LSA, FIA Alignment system으로 구성되어 있다. 또한, 장비의 온도 및 습도를 조절하기 위한 Chamber가 있어서, XY 스테이지, 축소투영 렌즈 등 장비전체 및 온습도에 민감한 부분을 Chamber에서 온습도를 제어한다.

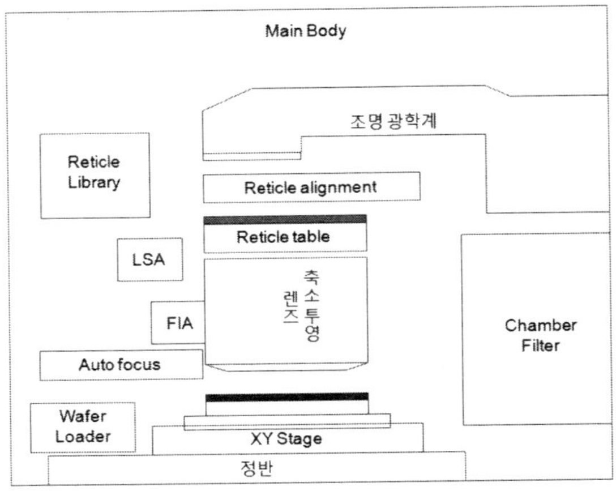

그림 1-14 STEPPER의 기본 구성도

(2) 스텝퍼의 노광 순서도

아래 그림과 같이 레티클 library에서 필요한 레티클을 반출하여 레티클 스테이지에 설정하고 레티클 스테이지에 있는 기준 마크와 레티클의 mark를 정렬하게 된다.

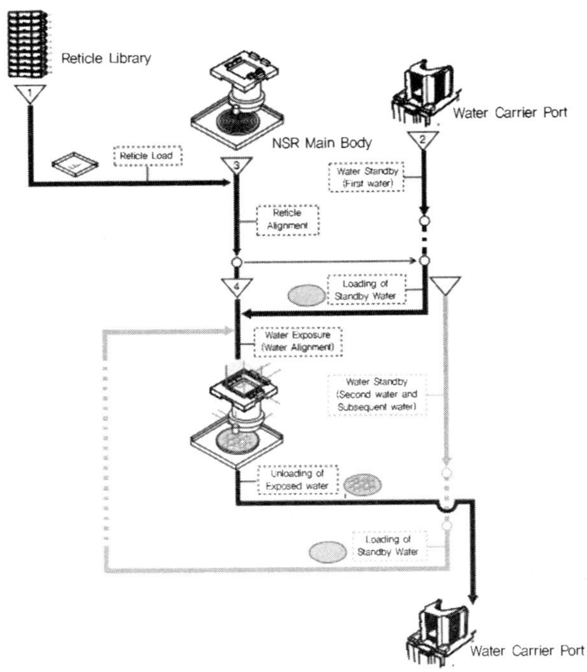

그림 1-15 Overview of Exposure Processing

노광할 웨이퍼는 웨이퍼 carrier prot에서 반출되어 웨이퍼 loader에 의하여 XY 스테이지에 Setting하게 되면 레티클의 mark와 웨이퍼의 mark를 정렬이 완료되면 노광을 하게 된다.

노광이 완료된 웨이퍼는 웨이퍼 loader에 의하여 반출되게 된다.

그림 1-16은 조명계에서 나온 빛이 레티클 스테이지위에 Set되어 있는 레티클에 조사하게 되고 조사된 빛이 레티클의 비크롬면을 통과한 빛이 축소 투영렌즈를 통하여 웨이퍼에 노광되는 형상과정을 나타낸 그림이다. 조명계의 빛은 조명계 내부에 있는 Shutter에 의하여 차단과 투광을 반복하며, XY 스테이지위의 웨이퍼에 노광할 때 투광한 빛이 레티클의 패턴을 노광하게 된다. 또한, XY 스테이지는 Step by Step으로 노광할 영역을 이동하게 된다.

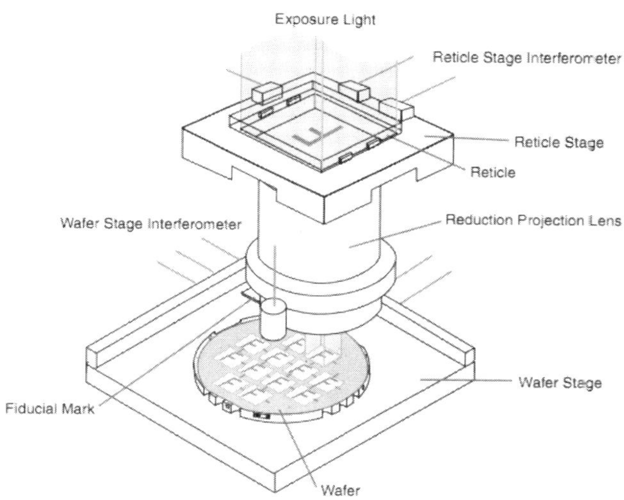

그림 1-16 stepper의 Pattering 형성 과정도

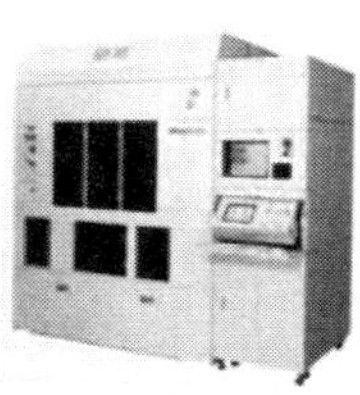

NSR-2205i14E

NSR-S203B

NSR-S204B

그림 1-17 NIKON STEPER 및 SCANNER MODEL
(NSR-2205i14E : Stepper, NSR-S203B, S204B : Scanner)

(3) Mercury Lamp 및 Excimer Laser 파장대별 해상도

UV Light Wavelength	Descriptor	CD Resolution
436nm	g-Line	0,5um
405nm	h-Line	0.4um
365nm	I-Line	0.35um
248nm	Deep UV(DUV)	0.25um

Excimer Laser	Descriptor	CD Resolution
248nm	KrF	0,25um
193nm	ArF	0.18um
Fluorine Laser 157nm	F2	0.13um

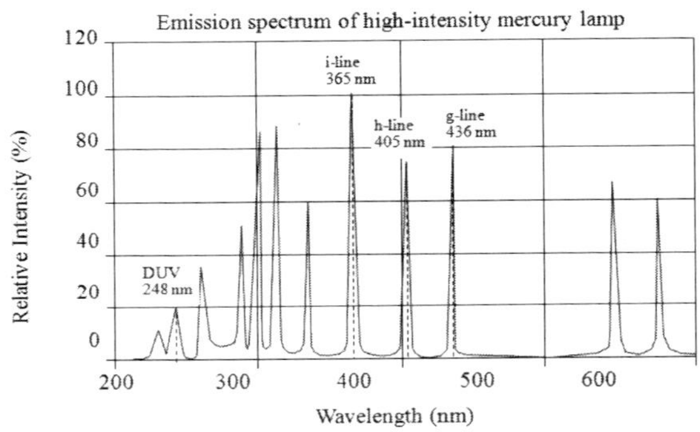

그림 1-18 Spectrum of the Mercury Lamp

(4) ILLUMINATION

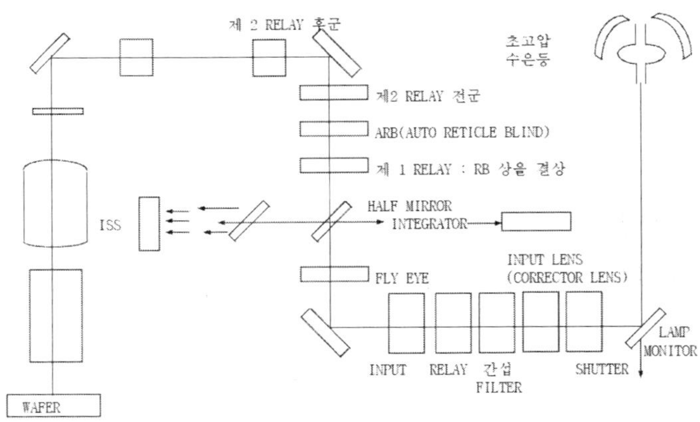

그림 1-19 조명계 광학 구성도

표 1-5 조명계 광학 구성도 각 부분 설명

구성품	설 명
MECURY LAMP	노광 파장이 강한 발광 SPECTRAL를 가진 LAMP(TYPE : 2001 NI-N)
ELLIPSE MIRROR	LAMP로부터 나온 광을 효율 좋게 집광하여 광선을 만듬(유전체 투과막)
DICHRONIC MIRROR	타원경으로 부터 집광된 광을 90° 반사시킴(반사율 95% 상)
MIRROR SHUTTER	MIRROR SHUTTER로서 광로를 반사시켜 레티클계에 광을 반사시킴
CORRECTOR 렌즈	평행광을 집광시킴
INTERFERENCE FILTER	SUB과 MAIN으로 구성되어 I-LINE 파장만 투과시킴(광을 FILTERING시 결의 부담을 경감하기위해 2매로 구성)
INPUT 렌즈	집광된 광을 평행 광속으로 만듬(조명 TELECEN ADJ에 사용)
GALILEO 렌즈	평행 광이된 광속의 FIELD를 확대시킴
FLY EYE 렌즈	타원경에 기인하는 조명 UNIFORMITY 불량을 해소(각각의 렌즈수가 많아짐. LAMP UNIFORMITY ADJ에 사용)
제1RELAY 렌즈	FLYEYE 렌즈로부터의 광을 BLIND에 결상시킴(상의 PINT를 맞춤. LAMP UNIFORMITY ADJ에 사용)
레티클 BLIND	레티클상에 조사되는 광의 AREA를 제어함(최소 개구는 2.5mm×2.5mm-레티클上)
제2RELAY 렌즈	레티클 BLIND로부터의 광을 평행 광속으로 만듬(BLIND에 대해 PROJECTION 렌즈의 역할/전군은 BLIND PINT ADJ에 사용)
CONDENSOR 렌즈	각각의 FLYEYE 렌즈의 상을 레티클 상에 결상시킴(레티클에 대해 집광 렌즈의 역할)

■ 해상도(RESOLUTION) vs 초점심도(D.O.F)의 관계

해상도와 초점심도는 NA/λ의 변화로 반비례 개념으로 이를 동시 향상하고자 고성능 PR 및 PSM, 변형조명 등을 사용하여 상호 보완하는데 주력하고 있다.

> **Tip**
> **초점심도**
> (Debth Of Focus)
> 대물렌즈의 광축에 따라 물체의 위치를 바꾸었을 때 초점을 맞춘 채로 움직일 수 있는 범위

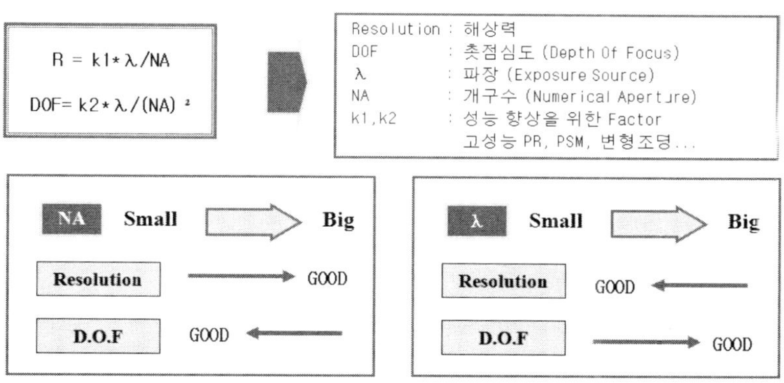

그림 1-20 해상도와 초점심도의 관계에 따른 변화

위 그림은 해상도와 초점심도의 관계에 따른 변화량에 대한 그림에서 해상도를 좋게 하게 위해서는 노광파장이 낮을수록 좋으나 파장이 낮을수록 초점심도는 반비례하게 된다. 또한, NA역시 NA를 적게 하면 초점심도는 넓어지나 해상도는 커지게 된다.

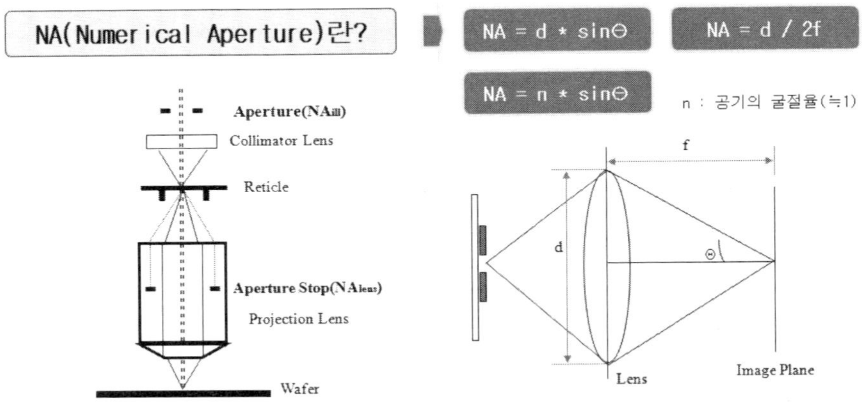

그림 1-21 NA에 대한 구조 및 관계식

위 그림은 NA는 빛 경로를 제한하는 Aperture로 간단히 렌즈의 크기로 생각할 수 있다. 조명계 NA, 렌즈 NA가 있으며, LENS NA를 일반적인 NA라 하며, 해상력 및 초점심도를 변화시키는 큰 요인이 된다. 기존 장치는 NA가 고정되어 있지만 현재 장비는 가변 NA로 되어 있어 공정특성에 맞게 해상력 및 초점심도를 조절하여 공정을 진행하고 있다.

- NA(NUMERICAL APERTURE : 개구수)=SINθ=d/F
- R(RESOLUTION)=K1*Fn*λ=Ki*(F/D)*λ=Kl*(F/2d)*λ=(K*λ)/NA

  ※ R은 λ가 短 → 良

  NA가 大 → 良
- D.O.F(DEPTH OF FOCUS : 초점 심도)=(K*λ)/NA2

  ※ D.O.F는 λ가 短 → 不良

해상도와 초점심도를 좋게 하기 위해서 → 변형조명을 사용 ; 변형 조명은 NA가 일반조명의 2배 정도로 크며(R이 좋아짐) 동시에 웨이퍼에서 Contrast를 좋게 함으로 D.O.F도 좋아진다.

(5) ALIGNMENT

정렬에는 레티클 정렬, BASELINE CHECK, 웨이퍼 정렬 등 세 가지 종류가 있다.

- 레티클 정렬 : 레티클 ALIGNMENT MARK를 레티클 현미경 중심에 맞춤
- BASELINE CHECK : 레티클의 중심과 각 웨이퍼 정렬 센서간의 거리
- 웨이퍼 정렬 : 각 웨이퍼 정렬 센서(LSA, LIA, FIA) 등을 이용하여 이전 LAYER의 SHOT과 노광시킬 SHOT을 일치시킨다. SEQUENCE 설정은 시스템 인수에서 가능하다.

① 레티클 정렬

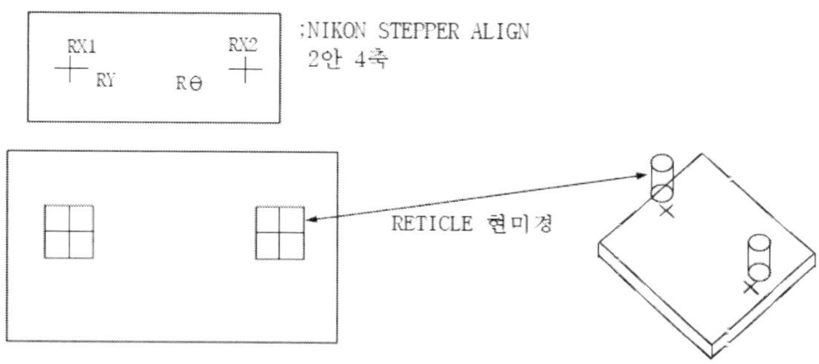

그림 1-22 레티클 mark를 레티클 mark 검출용 현미경으로 관측

위의 그림은 레티클에 형성되어 있는 Alignment mark를 장비에 고정 장착된 현미경을 통하여 관측하여 레티클의 mark 위치를 확인 및 검출하게 된다.

- 레티클 ALIGNMENT SEQUENCE

  -START

  -레티클 LOADING

  -레티클 SEARCH

  SRA 센서 사용

  FIDUCIAL MARK의 SRA 부분에서 역광이 투영 렌즈 → 레티클 ALIGN MARK → 레티클 현미경 → DETECTOR 순서로 들어가게 된다.

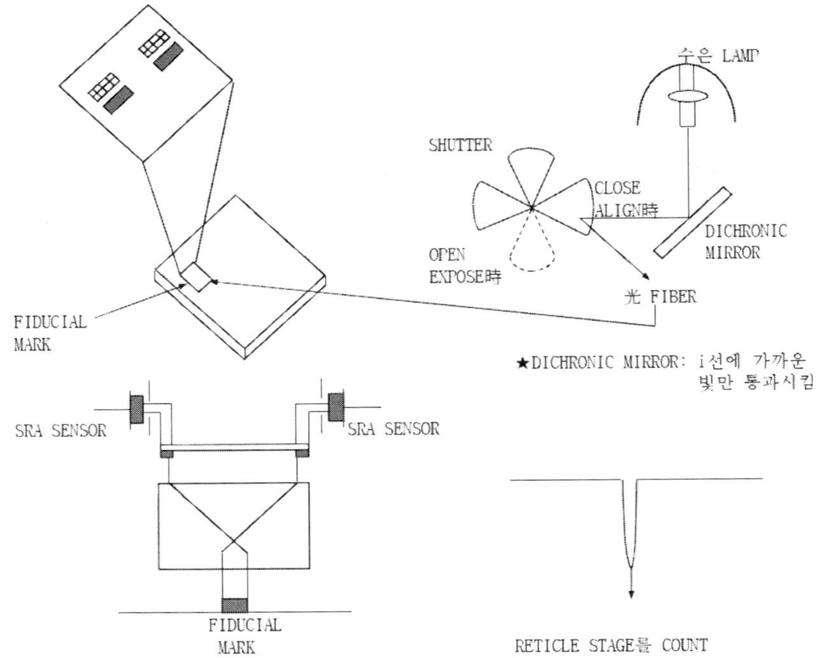

그림 1-23 레티클 mark를 레티클 mark 검출용 현미경으로 관측

상기, 그림은 조명계에서 I선에 가까운 빛을 추출하여 Optical fiber를 이용하여 XY 스테이지위에 장착되어 있는 Fiducial mark에 조사시켜 축소투영 렌즈, 레티클 스테이지 mark, 레티클 mark를 통하여 SRA 센서로 입사하게 된다. XY 스테이지가 scan하여 SRA 센서에서 신호를 확인하게 된다.

레티클 10㎛/COUNT로 계수하고, 웨이퍼 5㎛/COUNT로 계수한다. 실제로 장비는 투영렌즈를 통과하므로 2㎛/COUNT 단위로 계수한다. 센서는 광량감지, 장비는 레티클 이동거리를 2㎛/COUNT로 감지한다. 레티클 SEARCH의 경우 스테이지와 투영렌즈는 고정되고, 레티클 스테이지가 45도로 움직인다.

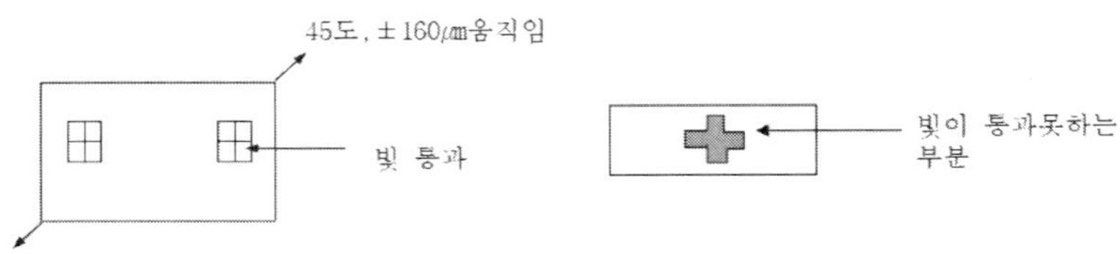

그림 1-24 레티클 SEARCH

－SRA-SET : SRA 센서 사용, FIDUCIAL MARK의 SRA-SET 부분에서 역광 → 투영 렌즈 → 레티클 현미경 → 감지기, INITIAL이나 RESET 할 때 SRA-SET 데이터가 지워짐으로 다시 해야 한다.

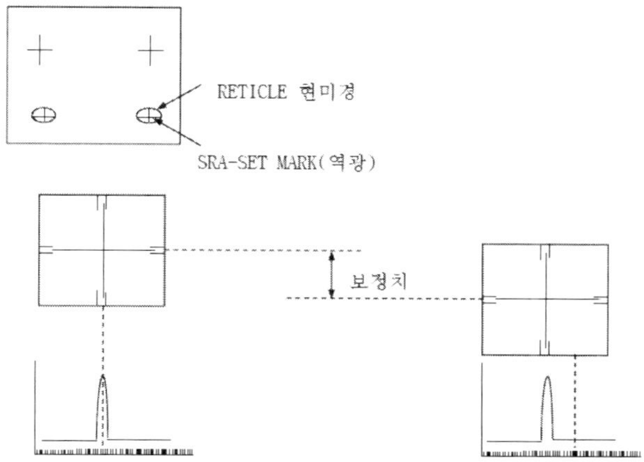

그림 1-25 SRA

※ SRA(SCAN Reticle ALIGNMENT)-SET : 레티클 스테이지는 PARKING위치에 고정, 웨이퍼 스테이지가 45도(즉 FIDUCIAL MARK가 45도로 움직임.)로 움직이면서 현미경의 삐뚤어짐 정도를 측정

－레티클 SEARCH : 다시 한번 SRA SEARCH 하거나 안하여도 상관 없슴. 보통 JOB FILE내에서는 수행 안한다.

－레티클 정렬 : 위에서 구해진 레티클의 위치를 가지고 이상적인 위치로 레티클을 이동한다.

－END

② BASELINE CHECK

정렬가 끝난 레티클의 중심과 웨이퍼 정렬 센서간의 거리를 측정한다. 레티클은 SRA 센서를 이용하여 렌즈 중심에 정렬하고 웨이퍼 정렬은 LSA, FIA, LIA 센서를 이용하여 렌즈 중심에 정렬함으로 이용하는 센서의 차이로 인한 정렬 오차를 없애기 위하여 BASELINE CHECK를 한다.

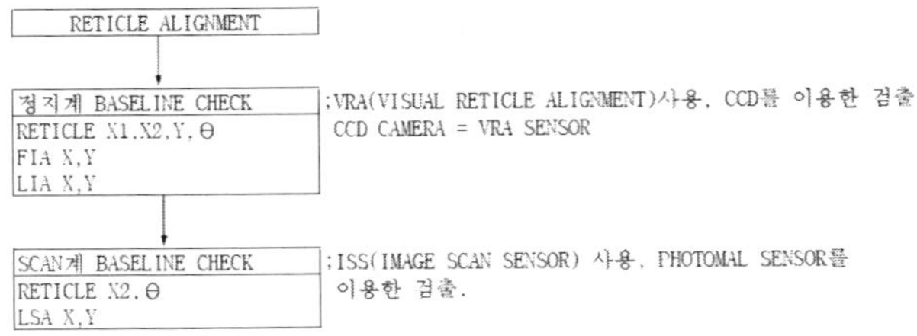

그림 1-26 기본점검 순서

• BASELINE CHECK SEQUENCE

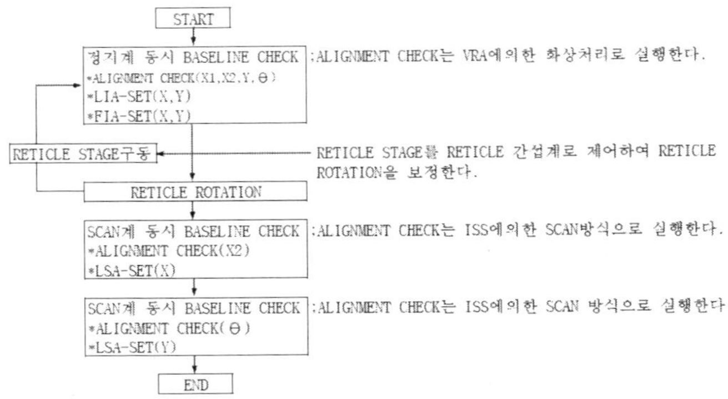

그림 1-27 Baseline 체크 순서

• ALIGNMENT CHECK : VRA MARK 이용

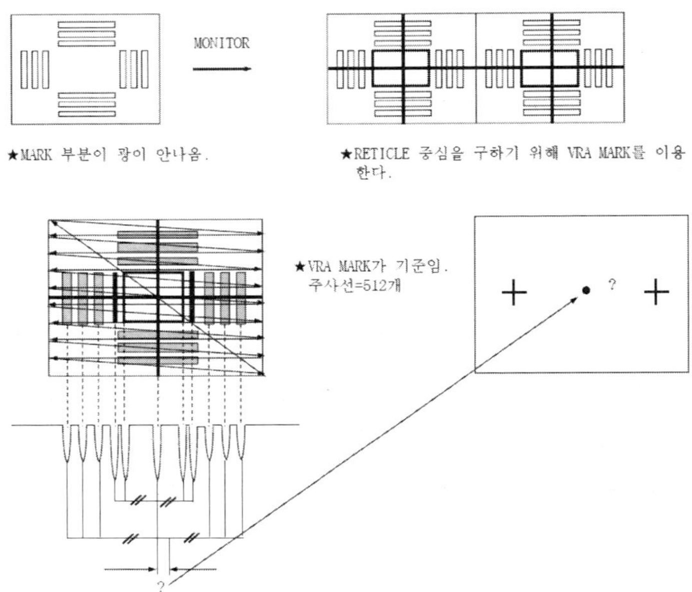

그림 1-28 정렬점검순서

★ FIDUCIAL MARK에서 빛이 나오는 부분 : SRA, SRA-SET, VRA, ISS

ALIGNMENT CHECK(정지계 동시 BASELINE CHECK)를 실행함으로써 레티클 ROTATION이 구해진다. 이 값이 허용치를 초과할 때는 레티클 정렬을 다시 한 번 실행하고 정지계 동시 BASELINE CHECK를 재실행한다.

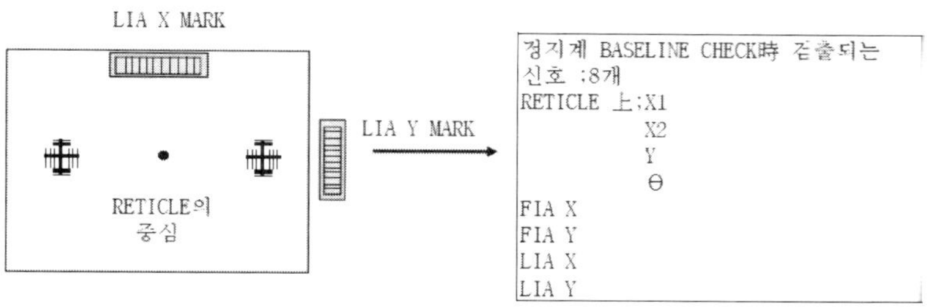

그림 1-29 정렬검사

• SCAN계 BASELINE CHECK

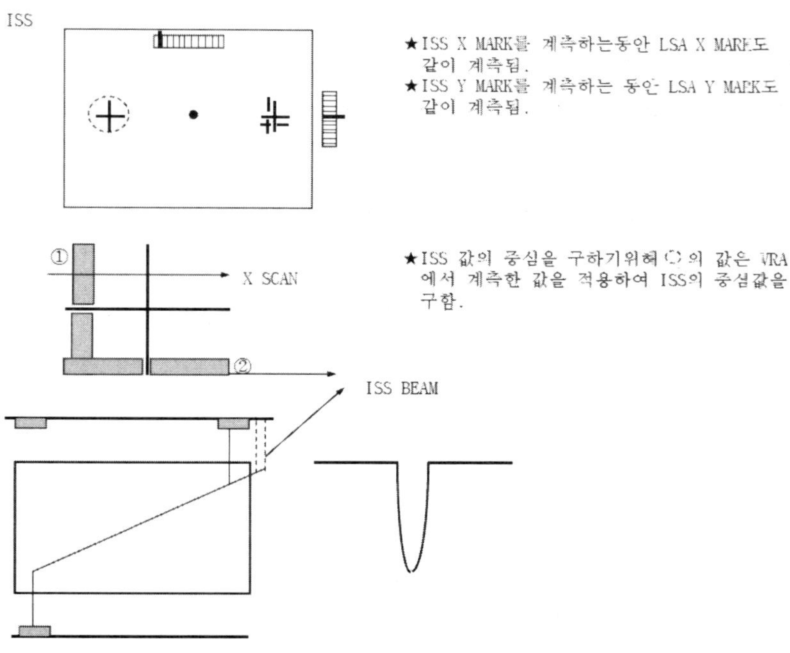

그림 1-30 Baseline Check

③ 웨이퍼 정렬

• 웨이퍼 정렬 SEQUENCE

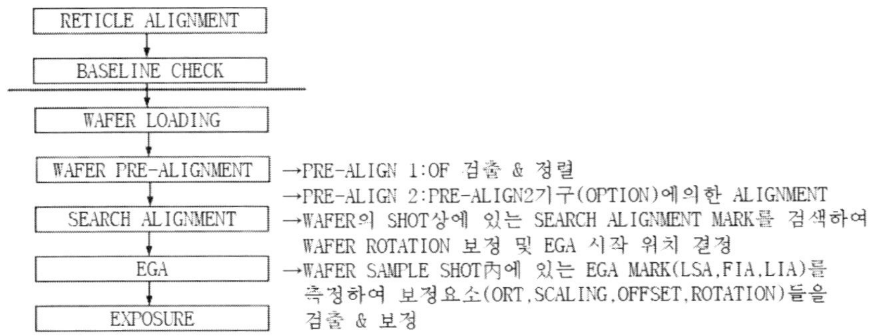

그림 1-31 웨이퍼 ALIGNMENT SEQUENCE

• PRE-ALIGNMENT 기구 : 웨이퍼 반송계에 의해 XY 스테이지의 HOLDER위에 웨이퍼가 놓여 질 때에 웨이퍼가 정확한 위치 및 일정한 위치에 놓여 질 수 있도록 하는 기구이다. 동작 순서는 XY 스테이지는 사전 설정된 웨이퍼 설정위치로 이동하게 되고 웨이퍼 반송계에 의해 이송된 웨이퍼는 XY 스테이지의 홀더 위에 놓여진다. 이때 웨이퍼 홀더는 Vacuum off 상태, Air는 Flow상태에서 XY 스테이지 위에 설치되어 있는 해머가 웨이퍼를 고정스톱퍼의 위치로 웨이퍼를 밀어주고 이때 Vacuum on 되며 웨이퍼를 고정하게 된다.

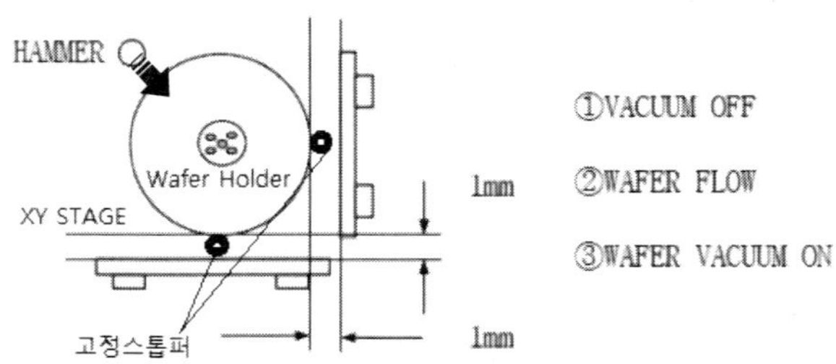

그림 1-32 PRE-ALIGNMENT 기구

• SEARCH ALIGN

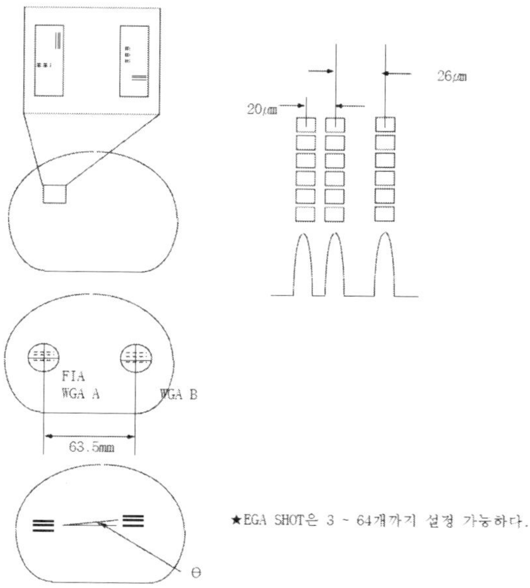

그림 1-33 SEARCH ALIGN

• 웨이퍼 ALIGNMENT 센서

표 1-6 웨이퍼 정렬 센서

종 류	광 원	SCAN 여부	DETECTING 센서
LSA (LASER SCAN ALIGNMENT)	HE-NE LASER (635nm)	SCAN 방식	PHOTOMAL
FIA (FIELD IMAGE ALIGNMENT)	HALOGEN LAMP (530~700nm)	NON-SCAN	CCD
LIA (LASER INTERFEROMETER ALIGNMENT)	HE-NE LASER (635nm)	NON-SCAN	PHOTOMAL

–LSA(LASER SCAN ALIGNMENT) : 빛의 회절현상을 이용하여, 웨이퍼상의 MARK에서 반사되어 나오는 회절량을 감지 MARK의 위치를 계측한다.

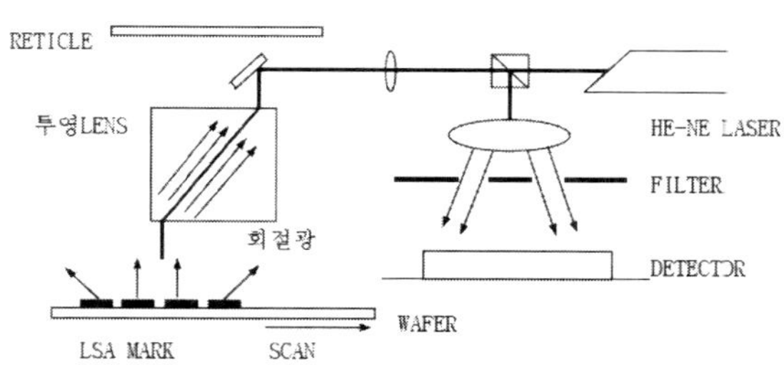

그림 1-34 LSA 구성도

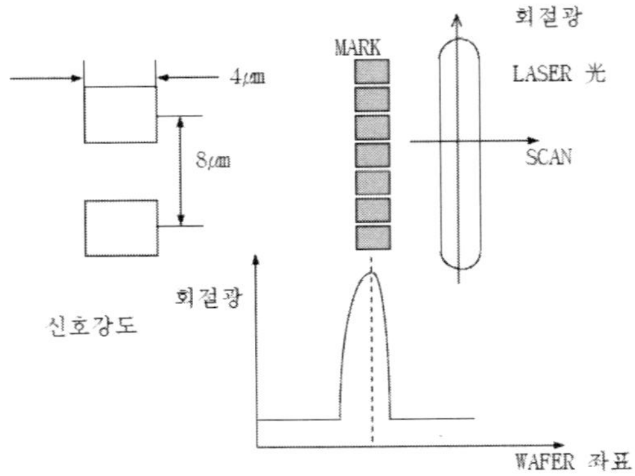

그림 1-35 MARK 형상

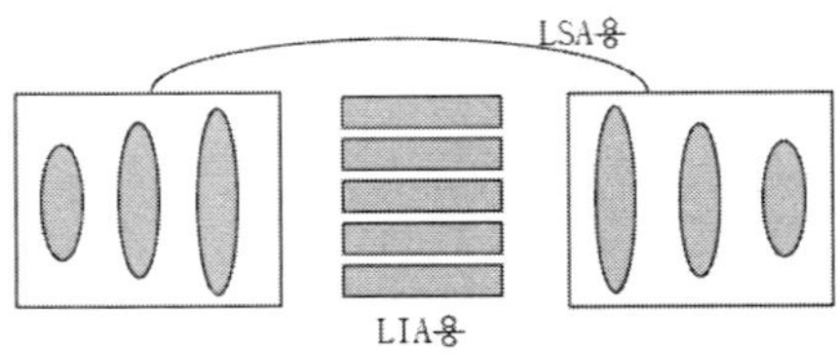

그림 1-36 LSA

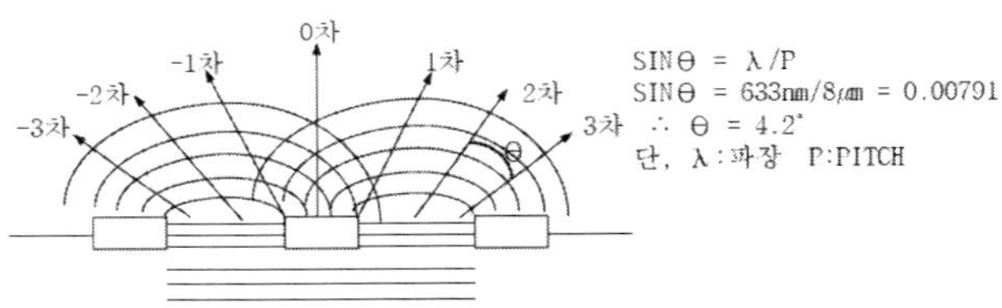

그림 1-37 빛의 회절

TIP

CCD
(Charge Coupled Device)
메모리 소자의 일종

–FIA(FIELD IMAGE ALIGNMENT) : CCD를 사용하여 감지한다. 지표를 기준으로 하여 MARK가 얼마나 벗어나 있는지를 검사한다. 광대역 파장(530nm~700nm)을 사용한다.

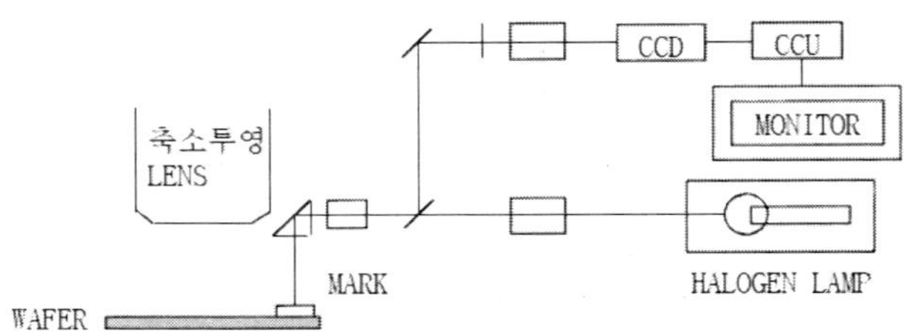

그림 1-38 FIA

CCD 카메라 주사선은 최대 64개까지 가능하며 JOB FILE내에서 설정한다. FIA 광대역 파장을 사용함으로써 LSA처럼 단일 파장을 사용할 경우 웨이퍼의 재질이나 반사 정도에 따라 잡음를 탈 수 있으나, FIA는 광대역 파장을 씀으로 해서 잡음의 영향을 최소화 할 수 있다.

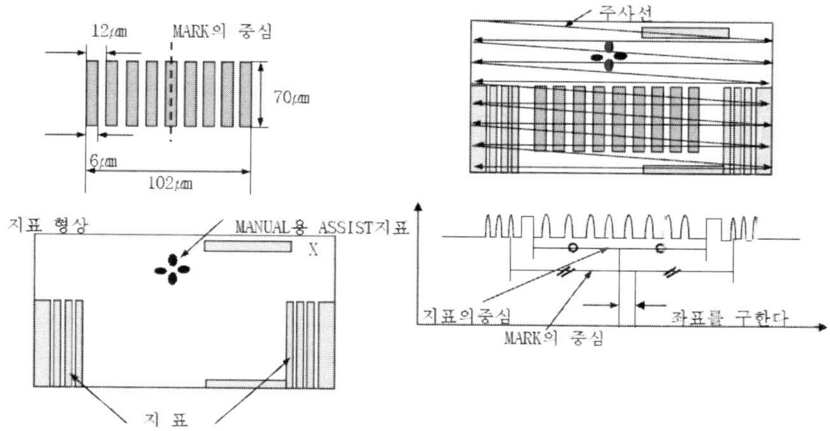

그림 1-39 주사선

—LIA(LASER INTERFEROMETER ALIGNMENT) : HETERODYNE 간섭법을 이용하여 감지한다(AOM 사용). 감지기는 2개가 필요하다.

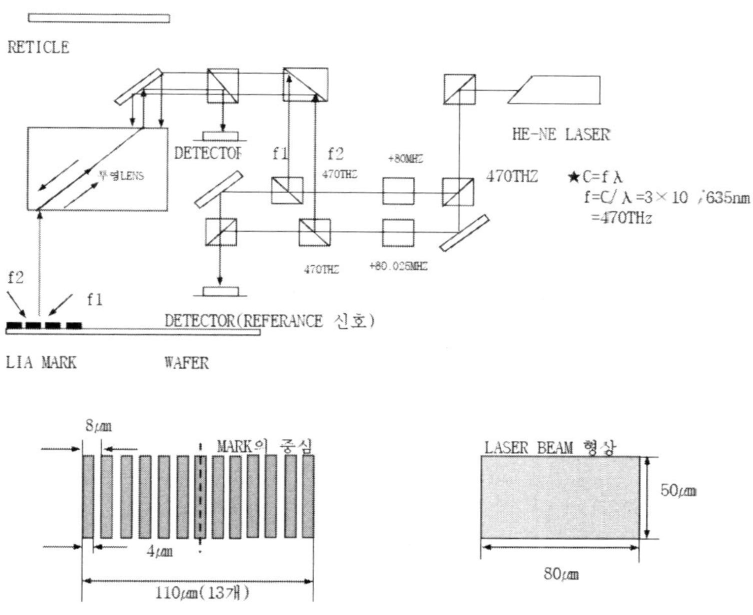

그림 1-40 LIA

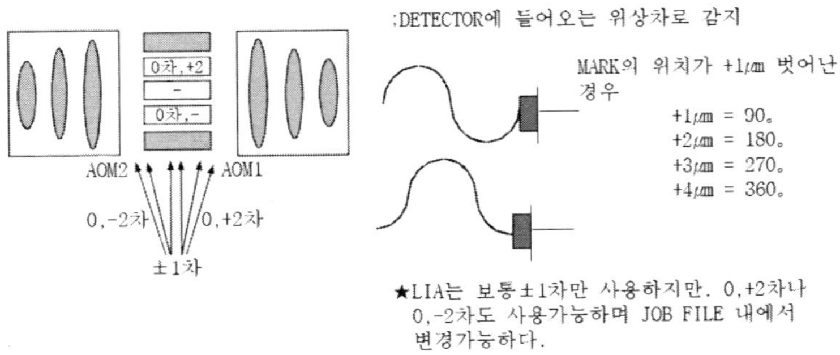

그림 1-41 LIA의 원리

-AOM(ACOUST OPTICAL METHOD)

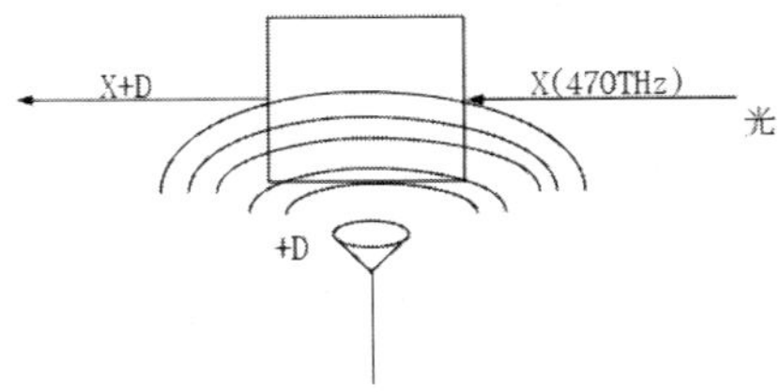

그림 1-42 AOM

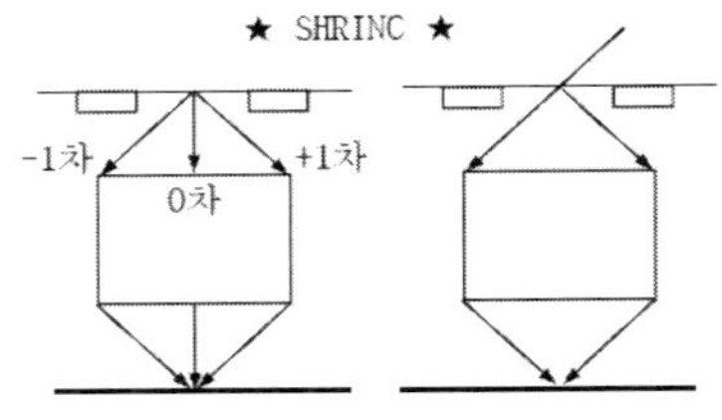

그림 1-43 SHRINC

패턴이 좁아질수록 PITCH가 작아지므로 차광사이간격이 무한히 넓어진다. 2개 이상의 차광이 있어야 패턴이 맺히는데 렌즈는 무한히 커질 수 없으므로 0, ±1 차광 중에 2개만 쓰기위해 0차광의 입사각도를 꺾어주는 것이 SHRINC이다. 0±1 차광을 쓰는 것보다 0, +1 차광 또는 0, −1 차광만 쓰는 것이 D.O.F가 커지고 해상도가 좋아지나, 강도가 저하될 수 있다. 니콘에서는 새로운 입력 렌즈를 삽입하여 강도의 저하를 막고 있다.

④ 정렬(ALIGNMENT) 데이터

• SEARCH ALIGN

－정렬 데이터의 개요 : 웨이퍼 정렬에 사용할 센서의 선택과 웨이퍼 ALIGNMENT MARK에 관한 각종 데이터의 설정을 한다. 이 데이터의 설정 윈도우는 정렬 센서의 선택, 편집항목의 선택, 정렬 데이터의 3개 영역으로 나누어져 있다.

－정렬 센서의 선택

표 1-7 센서의 선택

ALIGNMENT SEQUENCE	사용 가능한 센서		
SEARCH ALIGNMENT	LSA	FIA	
g-EGA	LSA	FIA	LIA
t-EGA	LSA	FIA	LIA
D/D ALIGNMENT	LSA		

－MARK 위치(MARK POSITION) : SEARCH ALIGNMENT MARK의 SHOT 내에서의 위치를 X MARK, Y MARK의 각각에 대해 입력한다. θ MARK의 위치는 Y MARK로부터 자동적으로 구해지기 때문에 입력할 필요는 없다.

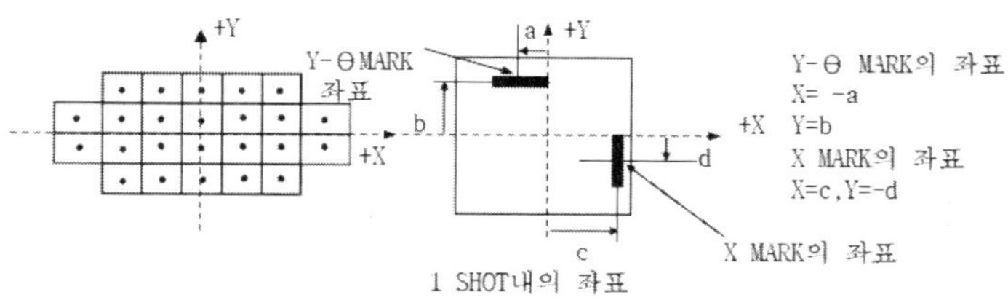

그림 1-44 Mark 위치

－FIA MARK CENTER SHIFT : FIA 현미경 중심에 대해 이동한 위치에서 SEARCH ALIGNMENT를 실행할 수 있다. 이때의 이동량을 X MARK, Y MARK 각각에 설정한다. 이 항목은 정렬 센서에 "FIA"를 지정했을 때만 표시된다. 또한, 대개 SEARCH ALIGNMENT에서는 통상 설정할 필요는 없다.

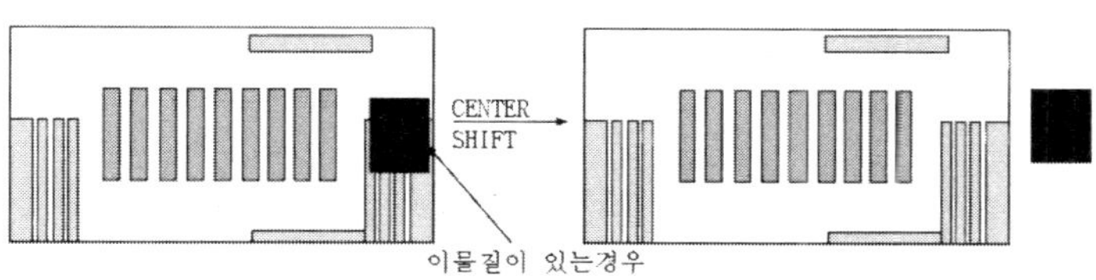

그림 1-45 FIA Mark의 중심이동

–MARK LAYOUT 허용치(ALW-1) : MARK LAYOUT(설계상의 값)에 대한 허용치이다. 실제 검출된 SEARCH 신호의 변동분을 허용하기 위한 데이터이다. 통상 2~4㎛를 설정한다. 그림에서는 아래에 나타난 조건을 만족했을 때 SEARCH MARK로부터 신호라고 인식한다.

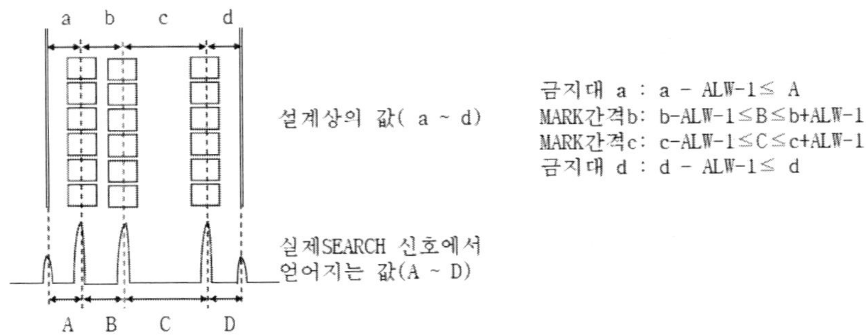

그림 1-46 Mark Layout

–MARK 폭

- 직격자 MARK : 4㎛
- 사격자 MARK : 6㎛

–산갈라짐 허용치(ALW-2) : 신호 파형에 2개의 PEAK가 근접해서 나타난 경우(산갈라짐 현상), MARK가 2개가 아니라 1개라는 것을 인식시키기 위한 인수이다. 통상 설정치는 11㎛ 이다.

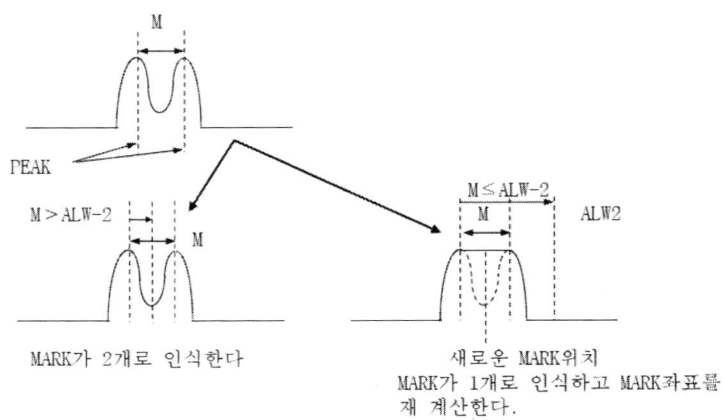

그림 1-47 산갈라짐 허용치

—SEARCH SEQUENCE(Y-θ SEARCH SEQUENCE) : SEARCH ALIGNMENT의 실행 SEQUENCE를 NORMAL MODE로 할 것인지, QUICK MODE로 할 것인지를 선택한다.

—θ MARK 위치고정(θ MARK FIXATION) : Y MARK로부터 특정거리만큼 떨어진 위치에 있는 MARK를 θ MARK로서 사용할 것인지 SHOT MAP상에서 지정한 MARK를 사용할 것인지를 선택한다.

- YES : Y MARK로부터 63.5mm 떨어진 위치에 있는 MARK를 θ MARK로 사용한다.
- NO : SHOT MAP 상에서 지정한 SEARCH SHOT 내의 Y MARK를 θ MARK로서 사용한다.

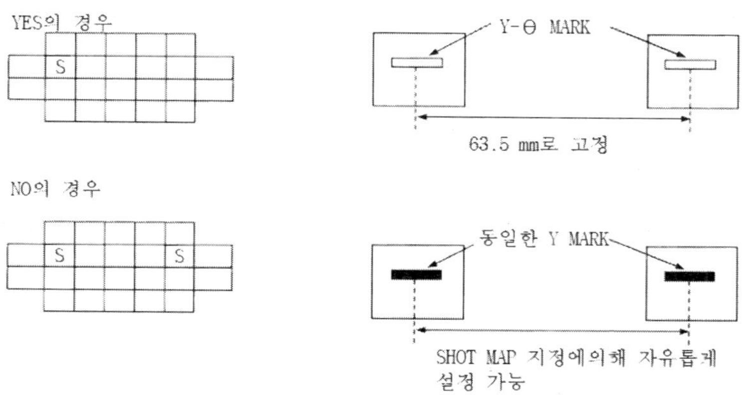

그림 1-48 Mark 위치

—신호처리 MARGIN(SEARCH MARGIN) : 신호처리 MARGIN은 얻어진 신호 데이터의 처리 범위를 제한하는 인수이다. SEARCH 신호 내에 다른 패턴 등으로부터의 의사 신호가 나오고 있는 경우에 이 의사 신호를 처리 대상으로 부터 제외하기 위해 사용된다. MARK LAYOUT(a~d)으로 지정한 영역의 좌우에 신호처리 MARGIN의 1/2을 더한 영역이 실제 처리 범위가 된다. 또한 0을 입력했을 때에는 신호 데이터의 전체가 처리 범위가 된다.

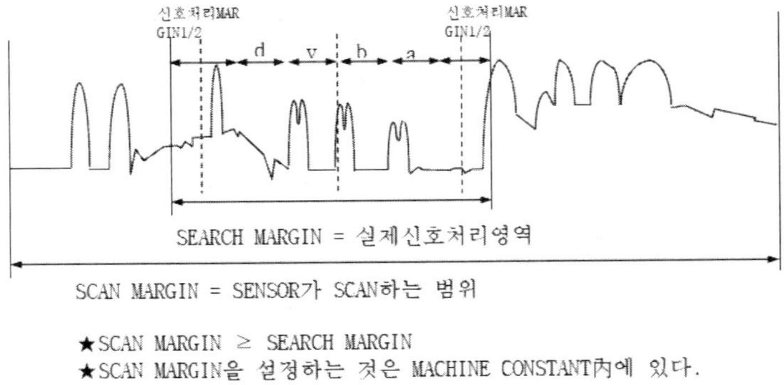

그림 1-49 신호처리 여유범위

- LSA 데이터(LSA MARK 데이터 & LSA PARAMETER) : 편집 항목의 선택(EDITING PARAMETER SELECTION)에서 "LSA"를 지정하면 LSA 데이터가 표시되어 편집 가능한 상태가 된다.
  - EGA MARK수 : 1 SHOT내에서 계측하는 MARK의 수를 설정한다. 통상은 하나이지만 다점 EGA 계측을 할 경우에 복수의 MARK를 사용한다. 다점 EGA 계측에 의해 SHOT SCALING과 SHOT ROTATION 실측 보정이 가능하다.

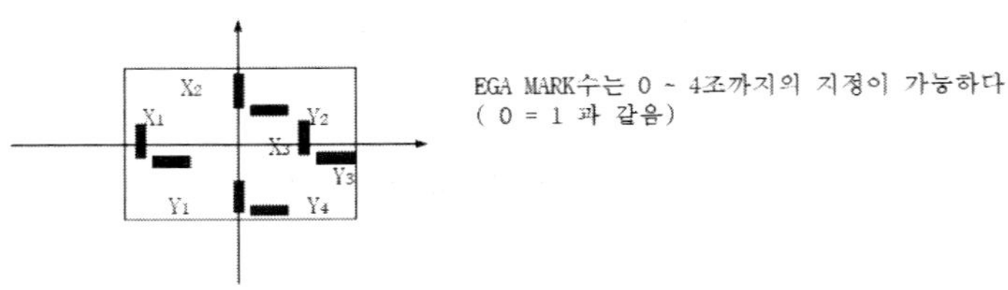

그림 1-50 EGA MARK 수

  - MARK PITCH : 2개 이상의 MARK(MULTI MARK)를 사용할 때에 MARK의 간격을 설정한다. 통상은 20㎛이다.
  - SCAN 횟수 : 하나의 MARK에 대해 복수회의 계측을 할경우의 횟수 설정이다. 횟수에는 0, 1~8이 지정가능하다. 0의 설정은 1로 해석되며 0 및 1의 설정에는 통상 SCAN 횟수는 1회가 된다.
  - SCAN STEP : MULTI SCAN을 행할 때의 STEP 폭을 지정한다. SCAN 횟수가 짝수인 경우에는 MARK위치에서의 SCAN을 하지 않고 지정된 SCAN 폭의 장소를 SCAN 한다.

- 정렬 결과 허용치 : SEARCH ALIGN으로 인한 결과로부터 예측된 LSA MARK 위치에 대해 실제로 검출된 MARK위치가 크게 벗어난 경우에 계측 결과를 오류로 할 수 있다. 정렬결과 허용치의 설정치를 초과하는 어긋남이 검출되면 오류로 된다. 또한, 0을 설정하면 시스템 인수 내의 설정이 대신해서 사용된다.

웨이퍼 ALIGNMENT 2/2 TOLERANCE 1/2

- 신호 처리 알고리즘 : 얻어진 신호 파형 데이터로부터 중심을 검출하기위한 해석방법을 선택한다. MAIN 항목 중 1~5 하나를 설정한다. 알고리즘의 4, 5는 MULTI MARK 사용할 경우에 신호 파형이 잡음이 포함되어 있는 경우에 사용한다. 잡음이 없는 신호 파형 및 LSA MARK가 1개인 경우에는 알고리즘 1~3을 사용한다.

표 1-8 알고리즘

알고리즘	해석 방법
1	중점 검출법
2	최대 경사법
3	중점 차분법
4	중점 검출법(MULTI MARK 사용시만 유효)
5	중점 차분법(MULTI MARK 사용시만 유효)

- 중점 검출법(신호가 가장 무난히 뜰 때 사용, 50%가 무난)

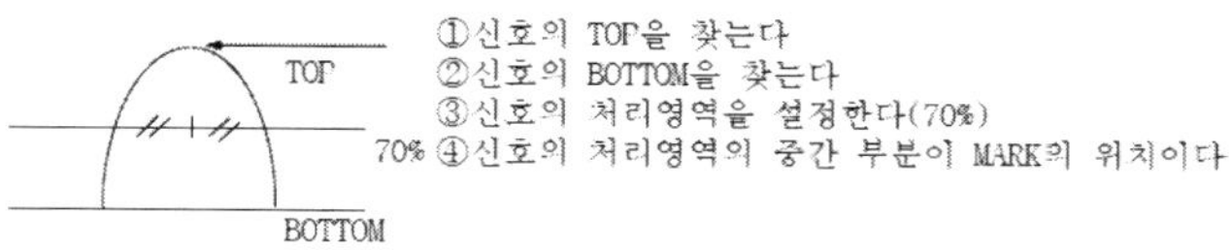

그림 1-51 중점 검출법

- 최대 경사법(경사가 급할 때 사용, 80%가 무난)

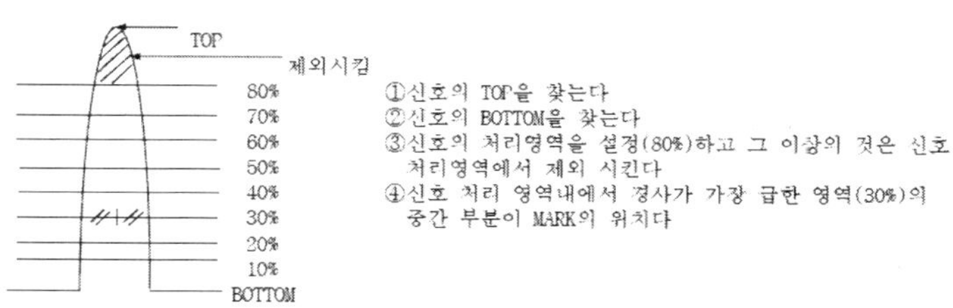

그림 1-52 최대 경사법

▸ 중점 차분법(좌우 비대칭인 MARK일때 사용, 20~30%가 무난)

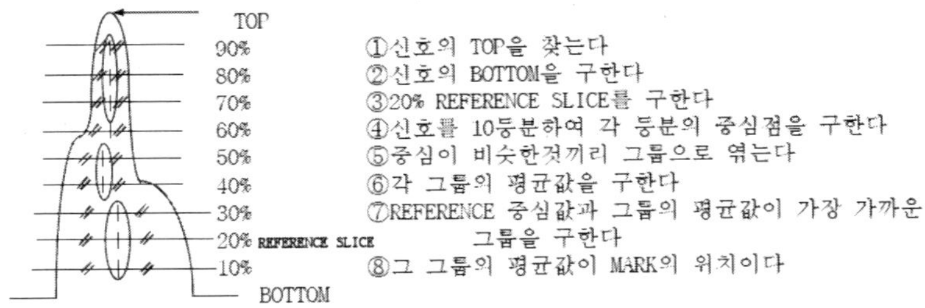

그림 1-53 중점 차분법

–ALGORITHM SLICE LEVEL : 신호 파형 데이터로부터 MARK 중심을 검출할 때의 기준이 되는 레벨이다.

표 1-9 알고리즘 레벨

알고리즘	기 능
1, 4	실제로 신호파형을 SLICE 하는 LEVEL
2	신호처리에 사용하는 최대의 LEVEL
3, 5	중점 계산의 기준이 되는 LEVEL

–신호 처리 GATE 폭(PROCESSING GATE-A, B WIDTH) : 신호 파형 데이터내의 처리 범위를 결정하기 위한 인수이다. 신호 처리 알고리즘마다 표준 설정치가 있다.

표 1-10 오류 허용 갯 수

알고리즘 번호	해석 방법	ALGORITHM SLICE LEVEL	처리 GATE 폭	처리 GATE 폭
1, 4	중점 검출법	20~30 50전 후	4㎛	8㎛
2	최대 경사법	60~80	8㎛	설정 불필요
3, 5	중점 차분법	20	8㎛	설정 불필요

–MULTIMARK ERROR CODE : MULTIMARK 중의 몇 개의 MARK로 신호 파형을 검출할 수 없는 경우의 처리 방법을 결정한다.

MARK의 갯수	1	2	3	4	5	6	7
ERROR 허용갯수	0	1	2	2	3	3	4

0 : 표에 나타낸 개수 이하의 오류라면 정렬 오류로는 하지 않고 나머지 MARK로 계산한다.
1 : MULTIMARK의 양단의 MARK를 정상으로 검출할 수 있다면, 정렬 오류로는 하지 않고 양단의 MARK와 나머지 MARK로 계산한다.
2 : 1개라도 검출할 수 없는 MARK가 있으면 정렬 오류로 된다.

－MULTIMARK 양단 제외 MODE : MULTIMARK의 양단에 있는 MARK를 MARK위치 계산으로부터 제외할 수 있다. 양단에 있는 MARK의 형상이 좋지 않은 경우에 MARK위치 계산으로부터 제외하고 싶을 때 사용한다.

‣ EXCLUDED : 양단의 MARK는 MARK 위치 계산으로부터 제외된다.

‣ INCLUDED : 검출된 모든 MARK로부터 계산한다.

－EGA REJECT : 정상이 아니라고 생각되는 계측 데이터를 검출한 경우에 그 데이터를 제외하기 위한 기능이다. EGA 계측 종료 후 구해진 계측 데이터로부터 X, Y 각각의 평균치를 계산하고 각 계측 데이터가 평균치 ± EGA LIMIT의 범위에 들어 있는지를 판단한다. 이 기능은 X, Y 두 개 중 어느 한쪽의 축이라도 범위를 넘고 있다면 그 SHOT는 EGA 계산으로 부터 제외된다.

‣ YES : EGA REJECT 기능을 사용한다.

‣ NO : EGA REJECT 기능을 사용하지 않는다.

－EGA REJECT LIMIT : EGA REJECT 기능을 사용하는 경우의 한계값이다. 여기에 0이 설정되어 있으면 "EGA LIMIT＝YES"라도 EGA REJECT은 실행되지 않으며, 0이 설정되면 다음의 (13)은 의미가 없다.

－EGA 필요 SHOT수(최소 2개 이상) : EGA의 정도가 저하되지 않도록 EGA 계측이 성공할 필요 최저한의 SHOT수를 설정한다. EGA 계측에 성공한 SHOT 수가 이 설정 수미만의 경우에는 ERROR가 발생한다. 또한 0 또는 1을 설정한 경우에는 내부적으로 2로서 취급한다.

• FIA 데이터(FIA MARK 데이터 & FIA 인수) : 편집항목 선택에서 "FIA"를 지정하면 FIA 데이터가 표시되어 편집 가능한 상태가 된다.

－EGA MARK 수 : 1 SHOT내에서 계측할 MARK수. 통상 1개이고, 0～4개까지 지정이 가능하다. 0은 1과 같다

－MARK 위치 : LSA와 동일하다.

－MARK TYPE : 사용할 FIA MARK의 갯수를 설정한다. 대개는 MARK 폭이 6㎛의 LINE & SPACE의 패턴이 9개 병렬의 MARK를 사용한다. 또한 폭이 4㎛에서 13개의 MARK는 LIA MARK와 공용이다.

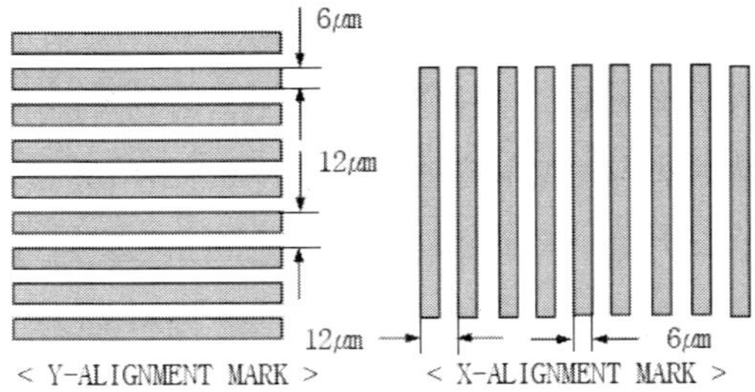

그림 1-54 FIA MARK 데이터

- MARK PITCH : MARK 폭이 6㎛로서 9개의 MARK를 사용할 때는 12㎛를 설정한다. MARK 폭이 4㎛로서 13개의 MARK를 사용할 때는 8㎛를 설정한다.
- MARK CENTER SHIFT
- 신호 파형 : 검출될 MARK의 신호의 형상을 지정한다. 1개의 MARK에 PEAK가 1개 검출될 때에는 "SINGLE", PEAK가 2개 검출될 때에는 "DOUBLE"이라고 한다. DOUBLE이 훨씬 더 정확하다. 기본값으로 DOUBLE을 설정하여 써야 한다.

표 1-11 신호 파형

신호파형	SINGLE	DOUBLE
MARK	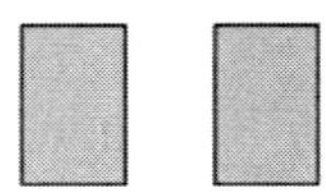	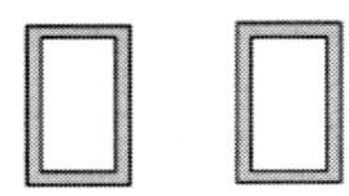
신호파형	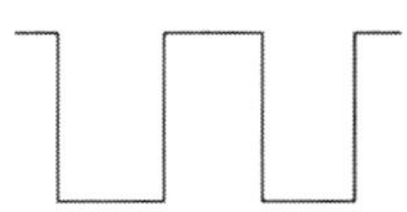	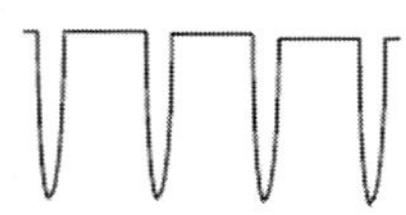

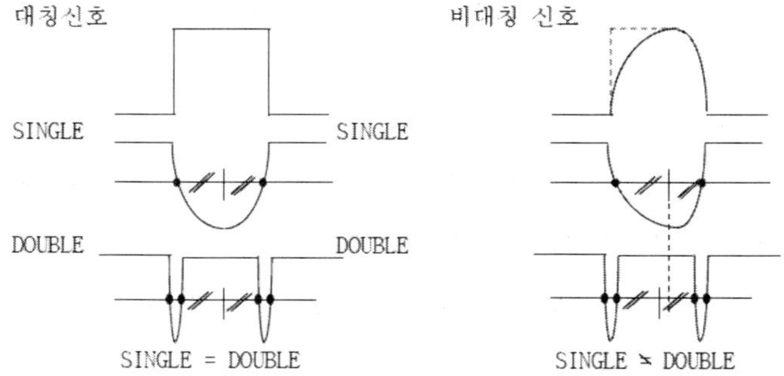

그림 1-55 신호 파행

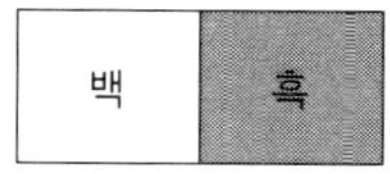

LSA는 SCAN 방식으로 감지기에 들어오는 빛의 유무로 감지하므로, DOUBLE을 쓸 수 없으나 FIA는 흑백 명암으로 신호는 검출하므로 더블이 가능하다.

—정렬 결과 허용치

웨이퍼 ALIGNMENT 1/2
TOLERANCE 1/2
FINE ALIGNMENT FIA : 10㎛

—신호 처리 알고리즘 : 얻어진 신호 파형 데이터로부터 MARK 중심을 검출하기 위한 해석방법을 선택한다. 41을 설정한다(41 중점 검출법).

—ALGORITHM SLICE LEVEL

—신호처리 GATE 폭 : 얻어진 신호 파형 데이터 중에서 FIA MARK의 처리 범위를 결정하기 위한 인수이다.

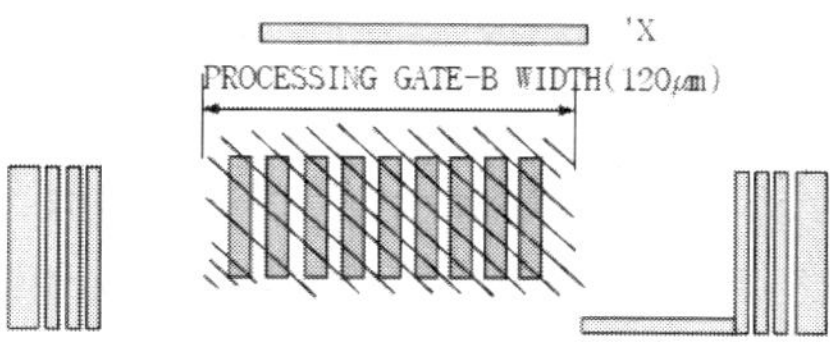

그림 1-56 신호처리 GATE 폭

—EDGE MODE : 신호 파형이 DOUBLE 파형에서는 ALGORITHM SLICE LEVEL로 파형을 SLICE하면 교점이 4개 얻어진다. 이중 내측의 2개를 "內 EDGE", 외측의 2개를 "外 DEGE"라고 부른다. 이들의 EDGE를 어떤 식으로 이용해서 신호 중심을 구할 것인가를 결정하는 것이 EDGE MODE이다.

표 1-12 에지 모드

EDGE MODE	사용 EDGE	사용 용도
BOTH	신호 파형의 양측	ALIGNMENT MARK의 대칭성이 양호할 때 신호
IN	신호 파형의 내측	ALIGNMENTMARK가 비대칭으로서 MARK가 凸일 때
OUT	신호 파형의 외측	ALIGNMENTMARK가 비대칭으로서 MARK가 凹일 때

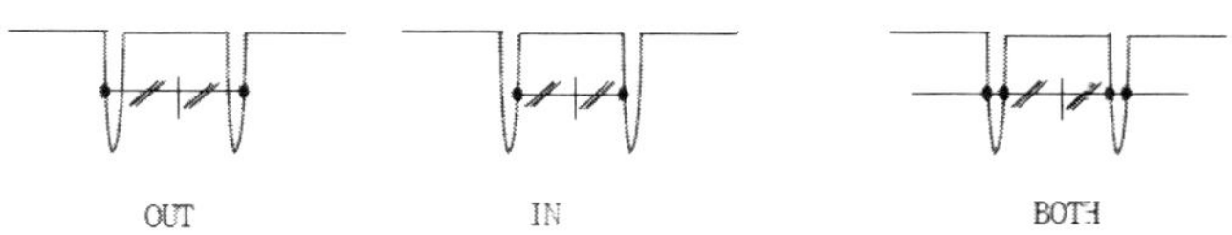

그림 1-57 EDGE 모드

- CONTRAST LIMIT(NOISE를 제거하기위한 설정 MODE) : 신호 처리 영역 내(PROCESSING GATE-B WIDTH)에서 신호의 최대치(100%)와 최소치(0%)를 구하고, CONTRAST LIMIT보다 큰 신호만을 MARK 신호로서 처리한다. 통상은 25%를 설정한다.

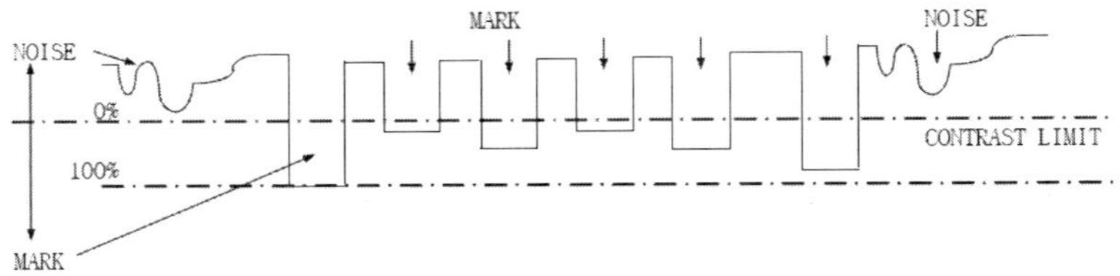

그림 1-58 CONTRAST LIMIT

- 평균화 주사선 수(THROUGH PUT과는 관계없다) : 신호처리하기위해 사용하는 주사선의 갯수이다. 갯수는 0~64개까지 설정이 가능하다.
- EGA REJECT, EGA REJECT LIMIT, EGA 필요 SHOT 수 : LSA 참조

• LIA 데이터(LIA MARK 데이터 & LIA PARAMETER) : EGA MARK수, MARK 위치, 정렬 결과 허용치, EGA REJECT, EGA REJECT LIMIT, EGA 필요 SHOT 수 등은 LSA, FIA와 동일하다.

- 신호처리 알고리즘
  - LIA에는 30 및 32의 2종류의 신호 처리 알고리즘이 있다.
  - 30 : ± 1차 회절광을 사용한다.
  - 32 : 0차 회절광과 ±2차 회절광을 사용한다.
  - 표준적으로는 30을 사용한다.
- 평균화 횟수 : 여기서 설정한 횟수만큼 신호처리를 하고, 평균화된 값이 정렬 결과로서 사용된다.
- 계측 간격
  - 평균화 횟수에 2 이상을 설정하고 복수회의 계측을 할 경우의 계측간격이다.
  - 계측 종료 후 여기서의 설정시간(㎛) 만큼 기다리고 나서 다음의 계측 시작한다.

(5) Auto Focus & Auto Leveling

① AUTO FOCUS의 목적

스테이지위에 LOAD된 웨이퍼의 표면과 축소투영렌즈와의 거리는 웨이퍼의 두께나 휘어짐 등에 의해 변화한다. 이 변화를 없애는 방향으로 Z 스테이지를 상하구동 하여 초점을 보정한다.

- 신호 검출의 원리
  - 조건 SLIT SIZE=감지기 크기=빔(BEAM) 크기
  - 빔 진동 폭=VIBRATOR or 진동 주파수(3.4KHz)=1/2 SLIT SIZE
  - 빔이 감지기의 중앙에 왔을 때 출력 전압=4VP-P

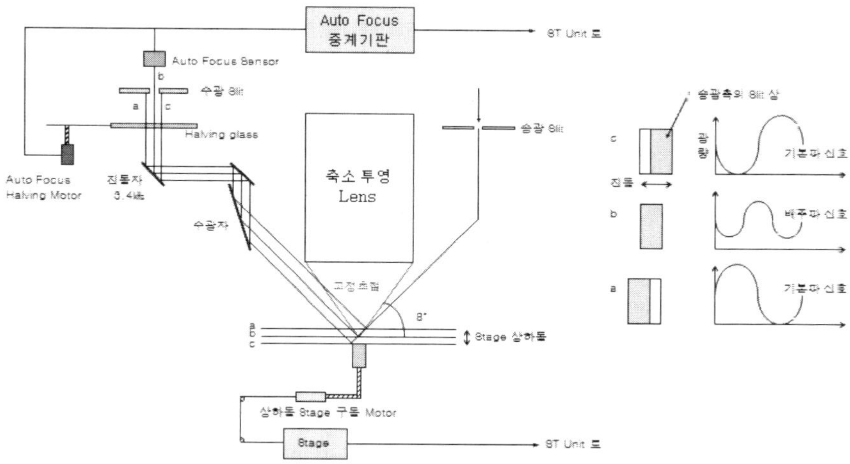

그림 1-59 AUTO FOCUS 광학구조 및 구성도

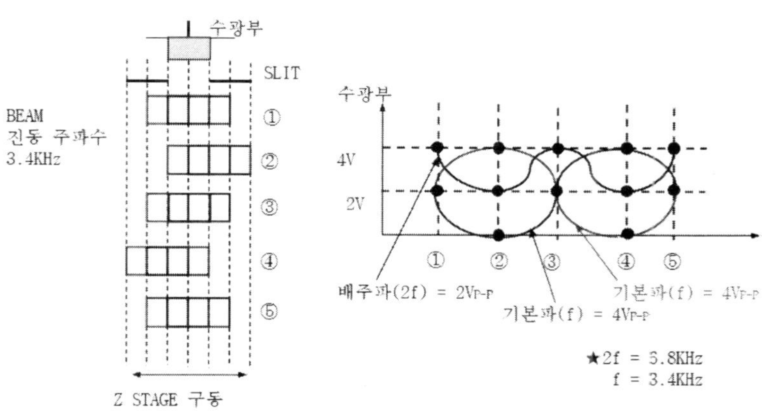

그림 1-60 신호 검출 원리

–센서 신호

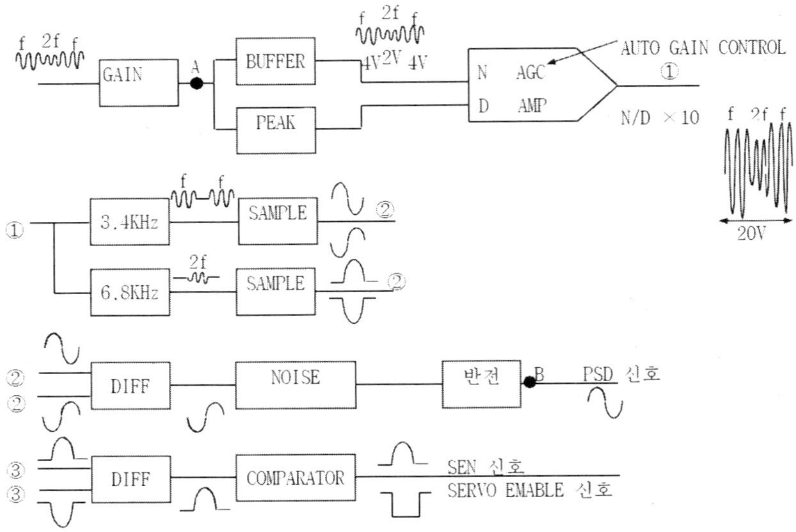

그림 1-61 신호처리

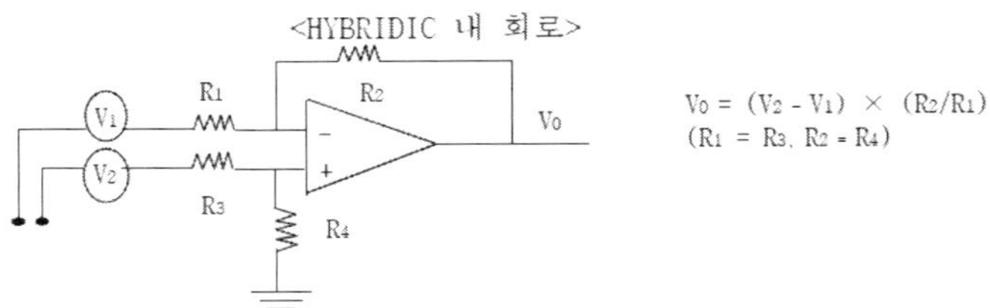

그림 1-62 HYBRIDIC 내 회로

• AUTO FOCUS의 구조

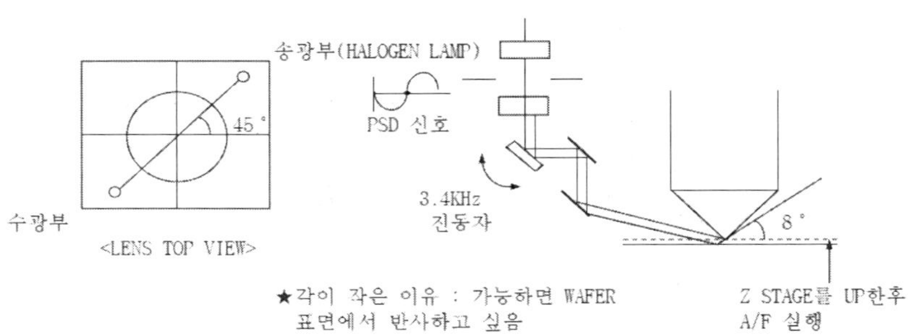

그림 1-63 자동 초점 구조

• PSD 신호와 SEN 신호 관계

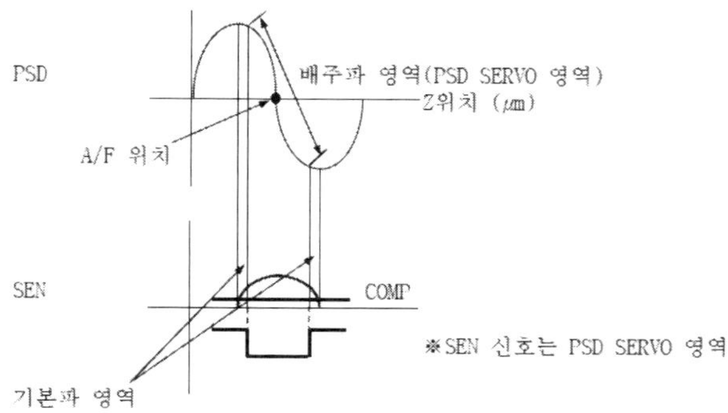

그림 1-64 PSD 신호와 SEN 신호

※ MAINT 관리 POINT

㉠ 기본파, 배주파 신호 조정(5점)

기본파 : 4VP-P 배주파 : 2VP-P

㉡ PSD 기울기 조정 (1점)

기준 : 0.5 ± 0.05[V/㎛] → 오실로 스코프 사용

VIBRATOR 조정(1㎛ 움직일때 0.5V가 떠야 함)

㉢ PSD LINEALITY 계측 및 보정(MAINT 내 기울기 확인)

0.01[m/bit] ± 0.001 → 결과값을 DOWNLOAD 받은

‣ 기준은 ②번 항목임

②번 항목이 많이 틀어져 있을때는 ③번 항목을 수정해도 소용없음

② AUTO LEVELING

• 목적 : LEVELING FOCUS면에 웨이퍼면의 경사를 일치시켜 FOCUS MARGIN 을 향상시킨다.

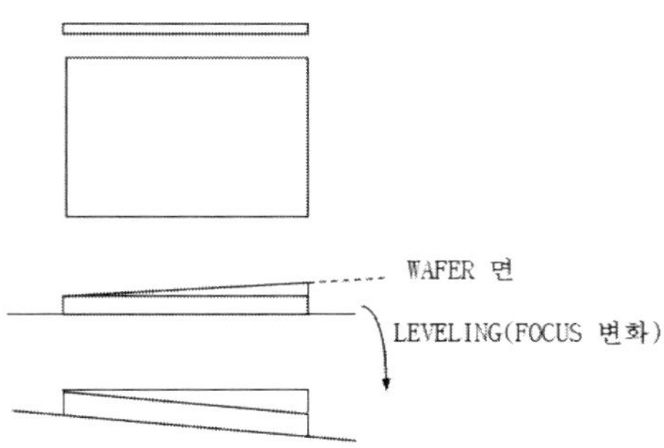

그림 1-65 AUTO Leveling

• 구조

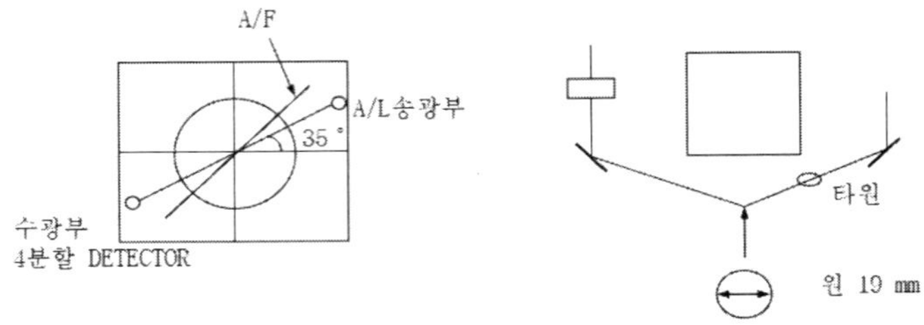

그림 1-66 AUTO Leveling 구조

• 전기 회로

LP : (A+B)−(C+D) → 0V가 아니면 PITCHING 방향의 기울기가 있다.

LR : (B+C)−(A+D) → 0V가 아니면 ROLLING 방향의 기울기가 있다.

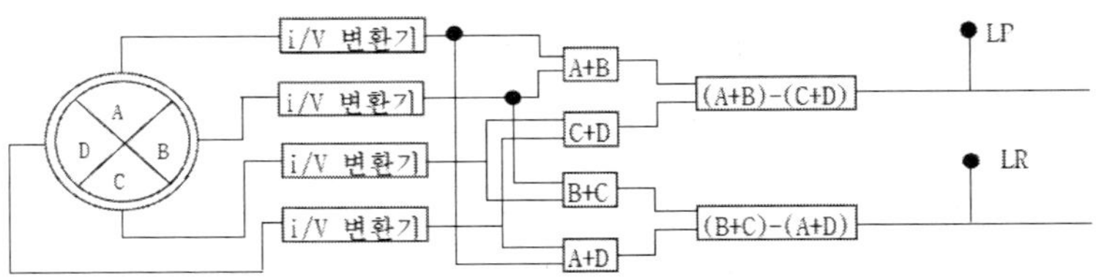

그림 1-67 회로

• LEVELING 과 A/F 관계

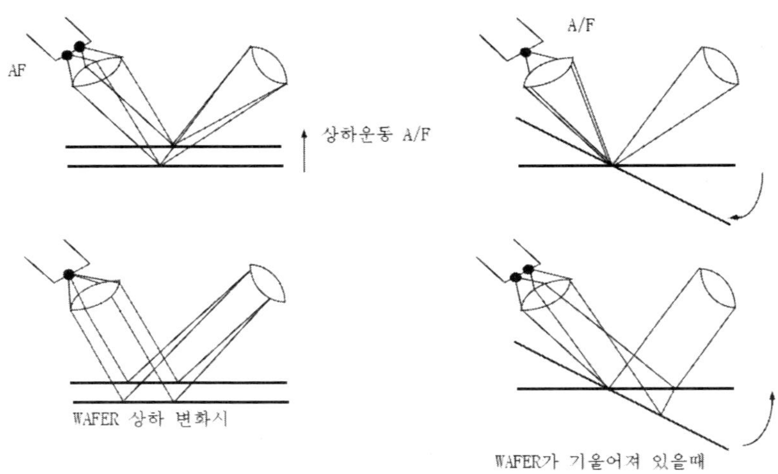

그림 1-68 LEVELING와 A/F관계

표 1-13 AUTO LEVELING

구 분	A/F	A/L
웨이퍼가 상하 변동시	변화 웨이퍼가 상하 변동시	변화 없음
웨이퍼가 기울어져 있을 때	변화 없음 웨이퍼가 기울어져 있을 때	변화 발생

• AL의 감지기에서 위치 변화

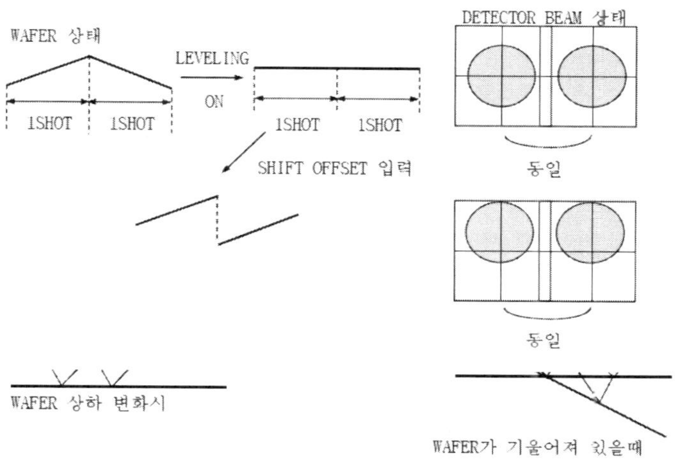

그림 1-69 AL의 감지기에서의 변화

• AL TIMING

A/F → A/L → A/F → EXPOSURE

단, TABLE LEVELING에서는 동시에 실행(i12D)

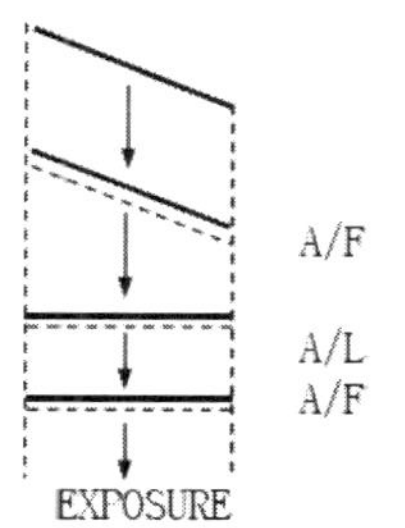

그림 1-70 AL TIMING

(6) X-Y 스테이지

① X-Y 스테이지 기능 및 구성

노광할 웨이퍼를 고진공으로 합착하여 일정한 노광면적을 STEP & REPEAT 하는 유닛으로 기본 구성요소는 X, Y, Z, θ 스테이지로 구성되어 있으며, 스테이지에는 간섭계 MIRRO 노광량 MONITOR, 조도균일도 CHECK 센서, 웨이퍼 CHUCK등으로 구성되어 있다.

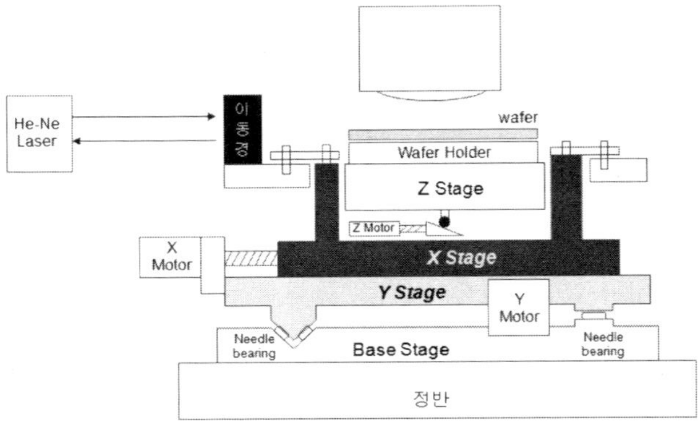

그림 1-71 XY 스테이지의 단면 구조도

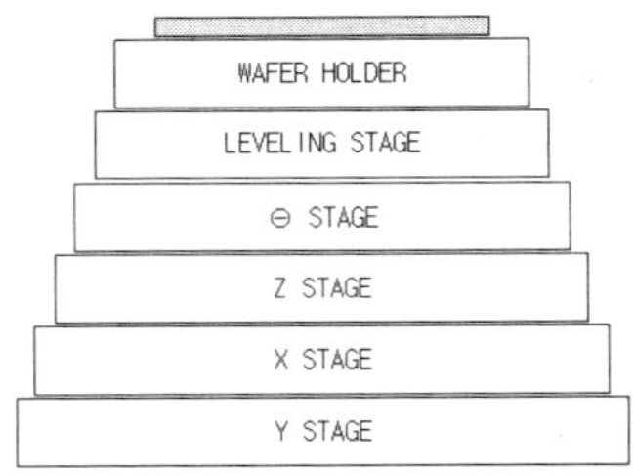

그림 1-72 X-Y 스테이지 구성요소

X, Y축 : 스테이지의 좌우 이동에 필요한 축으로 SERVO MOTOR 구동 방식
Z축 : 스테이지의 상하방향으로 구동되며 노광 AREA의 AUTO FOCUS에 사용
θ축 : 웨이퍼의 회전량을 보정하며, 웨이퍼 상에 형성된 정렬표시 검출을 통해 회전량을 보정함

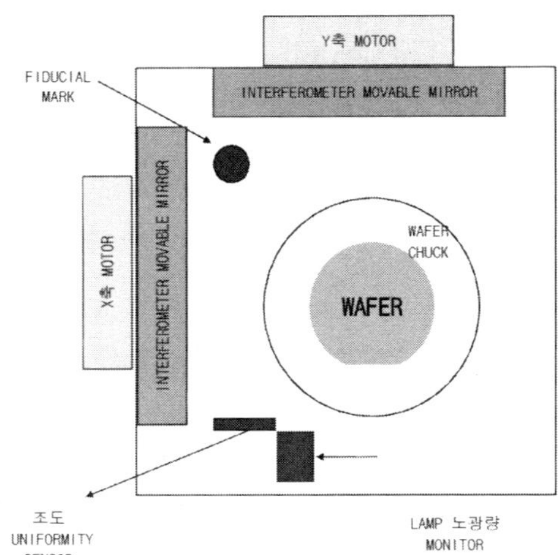

그림 1-73 X-Y 스테이지 구성

간섭 MIRROR : 웨이퍼 스테이지의 이동량 측정 및 이동량을 감시하여, 이 신호를 스테이지 DRIVER에 되돌려 보냄으로써 스테이지의 이동량을 제어한다.
조도 UNIFORMITY 센서 : IMAGE FIELD내의 램프 세기 균일도를 측정한다.
웨이퍼 CHUCK : SURFACE FLATNESS, 웨이퍼 접촉면적 최소화 등이 중요하다.

② 레이저 간섭계를 이용하여 웨이퍼 스테이지의 이동경로 및 위치를 파악한

HP 간섭계는 마이 켈슨 간섭계를 기본으로 제어만 효과를 응용한 고주파 방식의 주파수 안정화 저출력 He-Ne 레이저를 광원으로 또 광 헤테로 다인 원리와 도플러 효과를 응용한 AC 간섭계이다.

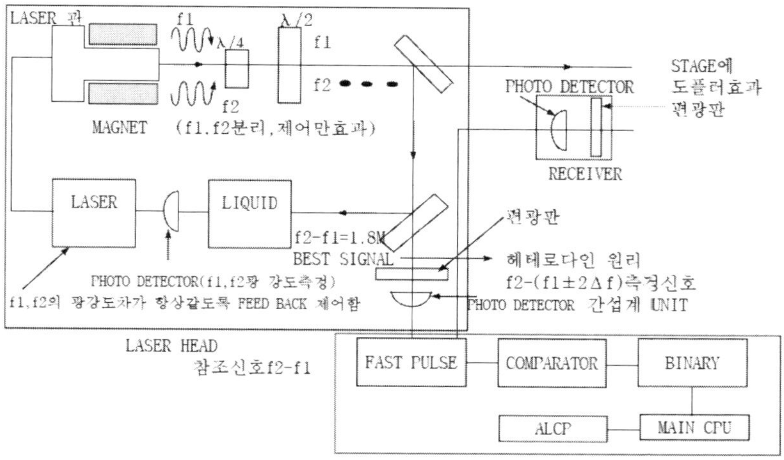

그림 1-74 AC 간섭계

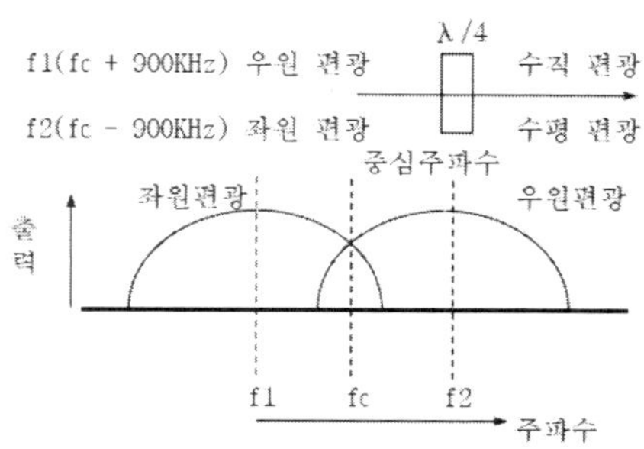

그림 1-75 파형

• 동작 SEQUENCE : LASER HEAD로부터 나온 LASER 광은 편광 BEAM SPLITTER에서 f1와 f2로 갈려서 각각 이동경과 고정경에 보내져 2왕복(DOUBLE PASS 방식)한 후 합성되어 RECEIVER에 수광 된다. 웨이퍼 스테이지가 이동하면 도플러 효과에 의해 f1의 주파수가 변화하여 RECEIVER 출력이 f2−(f1±Δf)로 되어 그것이 측정 신호가 된다.

Tip

제어만효과
(Zeeman Effect)
기체를 강한 자장내에 둘 때 그 기체의 spectrum 휘장때문에 3개 혹은 그 이상으로 분지하는 현상

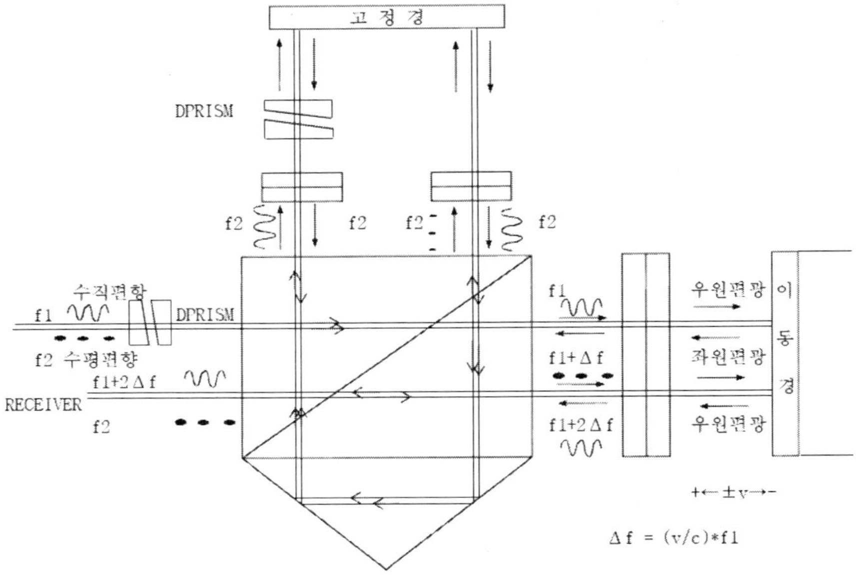

그림 1-76 간섭계 동작원리

FAST PULSE CONVETER에 기준 신호와 스테이지로부터의 측정 신호가 입력되고 스테이지가 $\lambda/32$(약 0.02㎛) 움직이는 것에 대해 UP/DOWN 펄스가 출력 이 펄스를 비교기에서 계수한다.

±V의 속도로 이동하는 이동경에 반사한 광은 도플러 효과에 의해 주파수가 변화

Tip

도플러 효과
(Doppler effect)
음파나 전자파를 포함하여 일반적인 파에 대해서 관측자에 대해 상대 속도를 가진 파원으로부터의 파의 진동수가 상대 속도 영인 경우의 값과 다른 현상

$f' = f \pm \Delta f = f * (1 \pm V/C)$ C : 광속

$\Delta f = f * (V/C)$ f : LASER광의 주파수

$V = (C/f) * \Delta f$ C/f는 광의 파장(He-Ne의 $\lambda = 632.8nm$)

$V = \lambda * \Delta f$

이상으로부터 이동경의 이동거리 S는

$S = V\ dt = \lambda \Delta f\ dt = 632.8\ \times 10\ \ \Delta f dt(m)$

$$S = \int V dt = \int \lambda \Delta f dt = 632.8 \times 10^{-9} \int \Delta f dt [m]$$

단, 주파수 Δf는 이동경의 이동 속도에 따라 변화한다. 주파수라는 것은 파가 1초간에 진동하는 횟수(CYCLE)를 나타내므로 주파수의 변화분 Δf에 상응하는 파를 계산하는 것이 가능하다면 이동 거리 S는

$S = (광의\ 파장) \times \Sigma(파의\ 수)$

이때, 분해능은 광의 파장으로 된다. Δf를 구하는 방법은 참조광과 위상차가 360°로 될 때 펄스가 나오도록 한 회로를 사용한다.

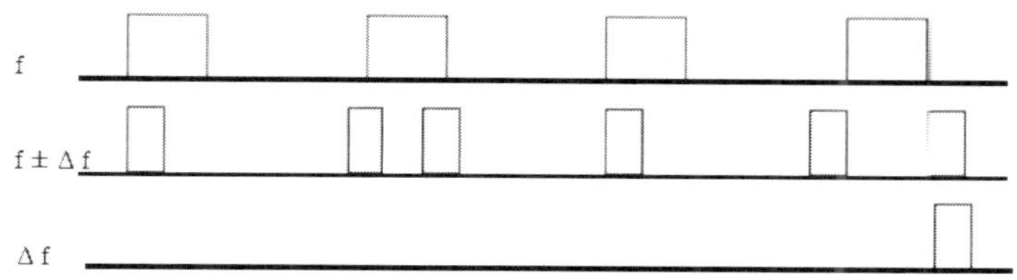

그림 1-77 발생 펄스

감산기는 $(f' - \Delta f)$가 정일 때 UP, 부일 때 DOWN 단자에 출력한다. 이 Δf를 COUNT하는 것으로 다음과 같이 이동거리가 얻어진다.

이동거리$=\lambda\times\Sigma\Delta f=(632.8\times10)\times\Sigma\Delta f$

(7) 웨이퍼 LOADER

- 웨이퍼 LOADER 기능 및 구성 : 웨이퍼 반송은 벨트방식으로 구동하며, ① 웨이퍼 CARRIER 내의 웨이퍼는 ② SEND HAND ARM에 의해 반송되어 ③ 횡 슬라이더 ARM에 의해 ④ PRE-ALIGNMENT로 반송된다. PRE-ALIGNMENT에서 FLATZONE을 맞추면 ⑤ FEED HAND가 노광위치의 XY 스테이지로 반송한다.

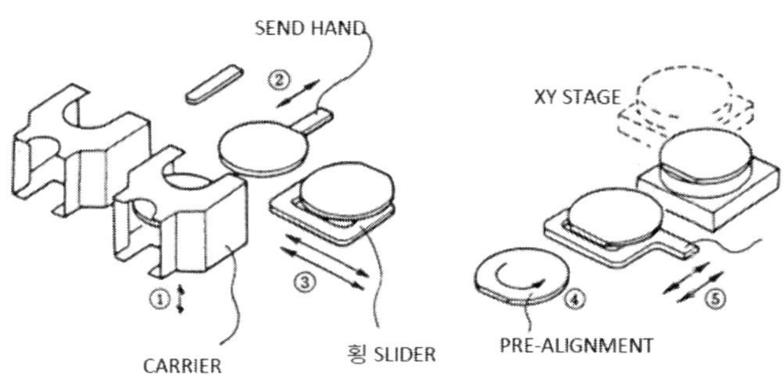

그림 1-78 웨이퍼 LOADER 동작 순서도

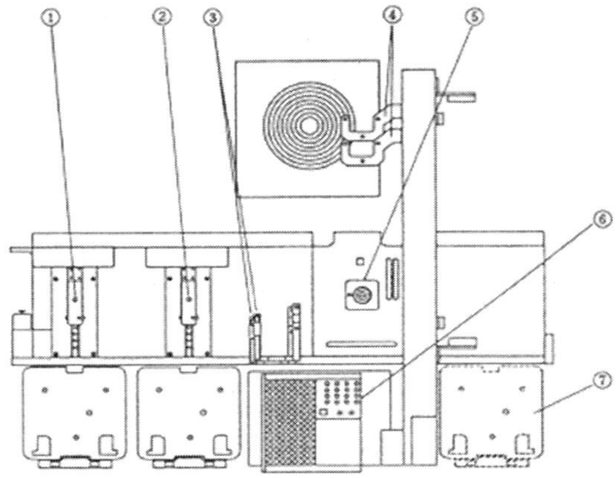

① SEND HAND-1 : CARRIER 내의 웨이퍼를 반출 및 반입하는 ARM
② SEND HAND-2 : CARRIER 내의 웨이퍼를 반출 및 반입하는 ARM
③ 횡 SLIDER ARM : SEND HAND ARM과 PRE-ALIGNMENT 간의 웨이퍼 반송하는 ARM
④ FEED HAND : 웨이퍼 스테이지 상의 웨이퍼 holder에 있는 웨이퍼를 load/unload.
⑤ PRE-ALIGNMENT : 웨이퍼의 Flatzone을 광전검출
⑥ 조작패널 : Vacuum switch, PAUSE switch, Restart switch 등 각 조작패널
⑦ 추가 Carrier(OPTION)

그림 1-79 웨이퍼 LOADER 구성도

그림 1-80 웨이퍼 LOADER

(8) 레티클 LOADER

• 레티클 LOADER 기능 및 구성 : 레티클 Library의 레티클을 노광위치(레티클 스테이지)로 반송하는 장치이다. 동작원리 레티클 Library에 수납된 레티클을 CYL 및 CYR ARM이 레티클을 반출하고 반출된 레티클을 CZL 및 CZR

Arm이 CX ARM으로 이송시킨다. 이송된 레티클은 SU Arm에 의하여 레티클 스테이지에 설정하게 된다. 레티클 반출은 SD → CX → CZL or CZR → CYL or CYR로 반출되어 레티클 Library로 삽입하게 된다.

그림 1-81 레티클 Changer의 Library 부분

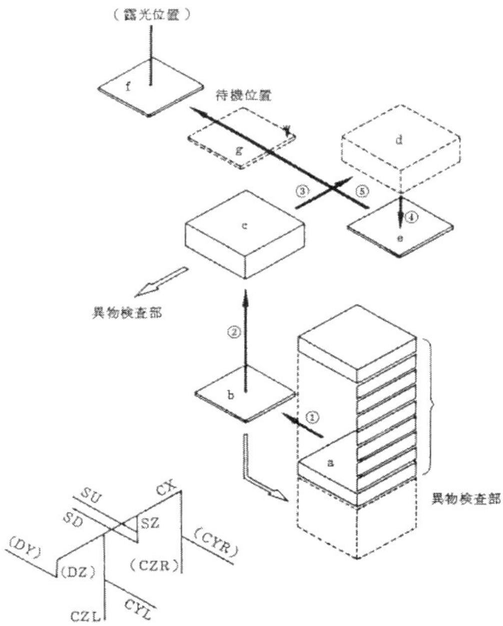

그림 1-82 원리

(9) 렌즈 제어

렌즈 제어기(초점 및 배율 제어)

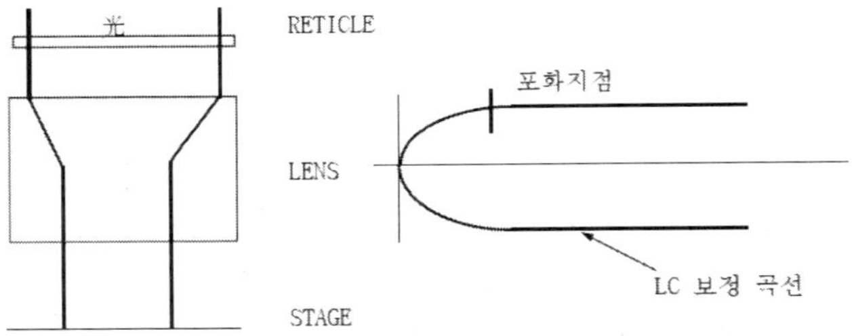

그림 1-83 렌즈제어기 원리

렌즈에 에너지 축적으로 초점 및 배율이 변화한다.

① 초점

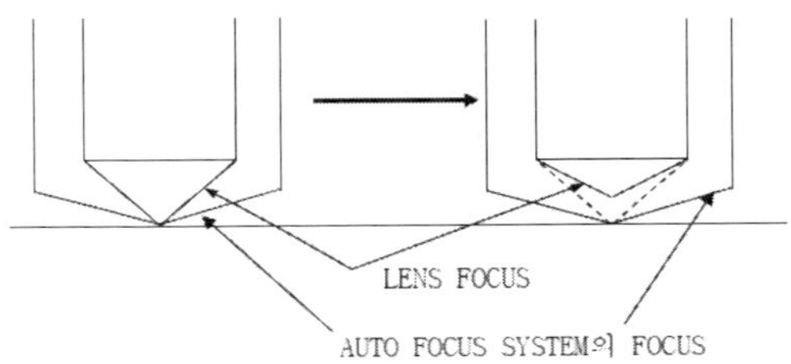

그림 1-84 초점

② 배율

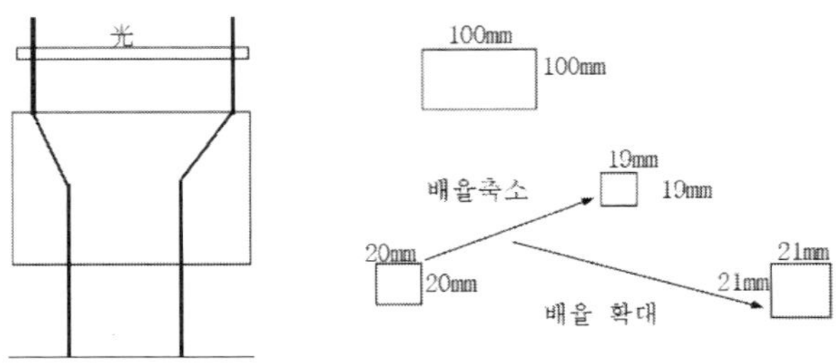

그림 1-85 배율

렌즈에 조명광이 입사하면 에너지가 포화될 때까지 축적된다. 이때, 포화될 때까지 초점 및 MAG가 변화 → 렌즈 제어기에 의해 자동 보정된다.

• 초점 보정

－렌즈내 에너지 변화(대기압, 제어실 압력, OFFSET 양을 측정함으로써 알 수 있다.)

－에너지 변화분만큼 초점 변화를 LC가 HALVING GLASS를 제어

－Z 스테이지 UP ↔ DOWN 실행(초점 제어)

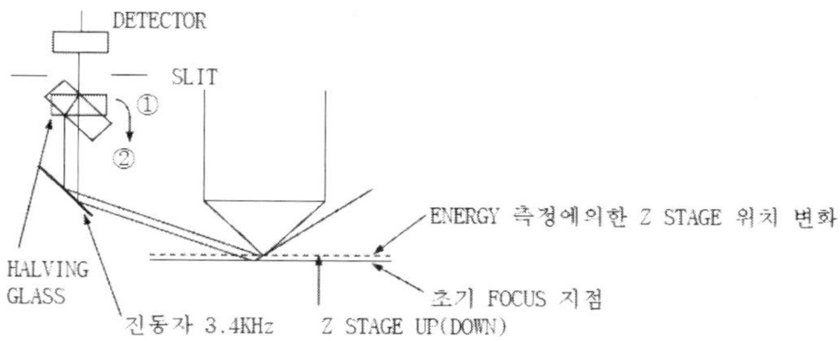

그림 1-86 초점보정

• MAG 보정

－렌즈내 에너지 변화(대기압, 조사량, 반사량 등을 측정함으로써 알 수 있다.)

－배율 변화분 LC가 렌즈 B실내에(B ROOM) 압력 변화 → 굴절률 변화 → 배율 제어

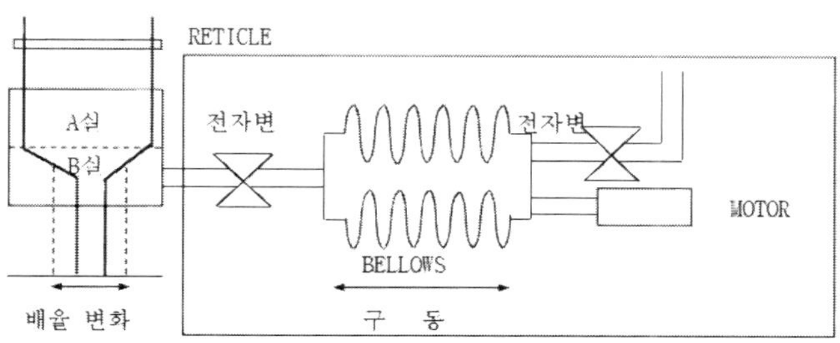

그림 1-87 MAG 보정

• 압력 조정부

－압력 센서 : 렌즈실내 압력 계측

－차압 센서 : A, B의 차압

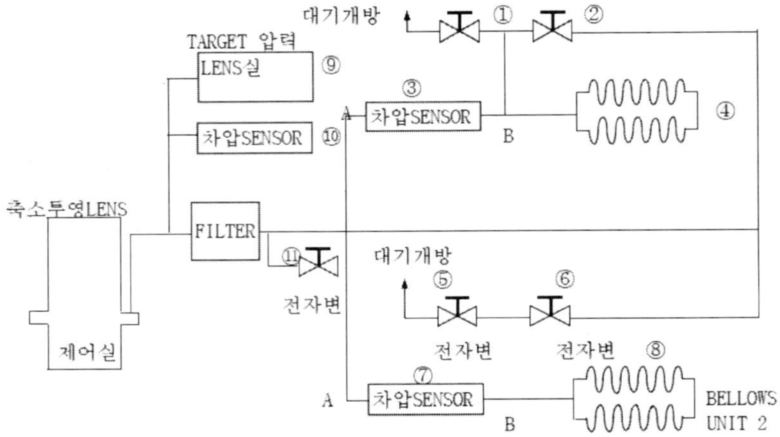

그림 1-88 압력 조정부 원리

- 압력 조정부 작동 SEQUENCE
  - 렌즈 제어기에서의 지시치가 되도록 ⑨를 감시하여 ④ 또는 ⑧의 어느 쪽 하나를 구동한다.
  - 만일 ④가 구동하고 있으면 ①은 CLOSE ②는 OPEN 되어있고 ③의 A와 B가 동일하게 되기까지 ④가 구동한다. 이때 ⑥은 CLOSE ⑤는 OPEN되어 ⑧에 압력을 축적시켜 놓아 만일 ④가 최대로 구동해도 ③의 A와 B의 압력이 같아지지 않을 때 ⑧이 압력을 가해 바로 ⑥이 OPEN ⑧이 구동하게 된다.
  - 즉, ④가 구동시에는 ⑧은 ⑤를 OPEN시켜 압력을 축적시켜 놓았다가 ④의 구동량이 모자를 때 바로 구동을 개시한다(2연 BELLOWS임).
  - 각 부의 명칭
    - 대기압과 ④의 개방 전자변
    - 렌즈 내의 ④와의 개방 전자변
    - 렌즈내와 ④와의 압력 차이 센서
    - BELLOWS
    - ①과 동일
    - ②와 동일
    - ③과 동일
    - ④와 동일
    - LC에서 결정한 TARGET 압력
    - ⑨와 렌즈내 B실과의 압력차이 센서
    - 대기압 개방 전자변

(10) CHAMBER

- CHAMBER
- LLTC(LENS LIQUID TEMPERATURE CONTROL)
- IATC(INTERFEROMETRIC AIR TEMPERATURE CONTROL)

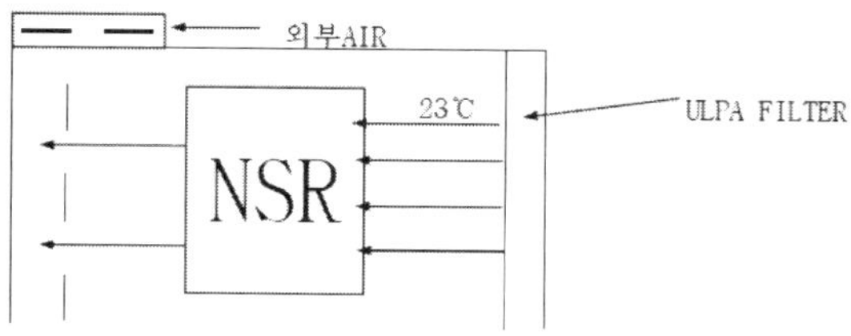

그림 1-89 CHAMBER

① 목적

온도 제어(외부 환경 ±3℃이내의 설정온도에 대해 ±0.1℃의 허용오차로 제어하여 안정된 분위기를 만들어 준다.)

② 기능

- NSR 주위 분위기를 안정(MAIN 공조기)
- 광로 공조(IATC) : 간섭계의 레이저 광의 진행 경로에 대해 일정한 온도 제어(±0.1℃)
- 렌즈 온조(LLTC) : 렌즈의 온도를 일정하게 제어(±0.01℃)
- 수은 램프 및 AIR 레이저의 배기, 공기냉각(AIR COOLING), PD5용 SOURCE (PARTICLE DETECTOR)

③ 구성

- 냉동기(압축기, 응축기), 히터, ULPA 필터, 온도 제어기
- LLTC(렌즈 주위의 온도 제어)

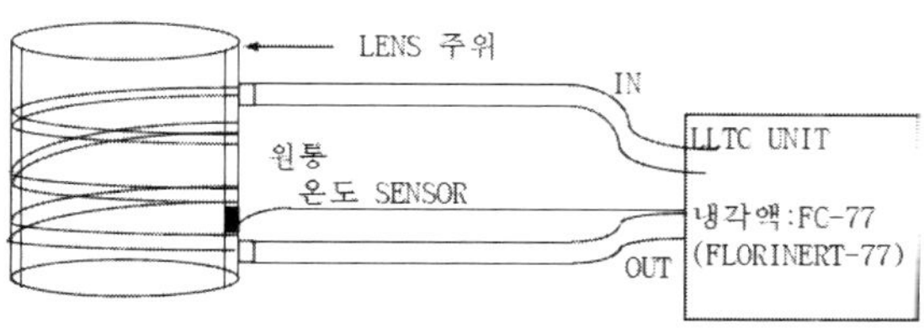

그림 1-90 챔버 구성

• IATC(스테이지 간섭계 온도 제어)

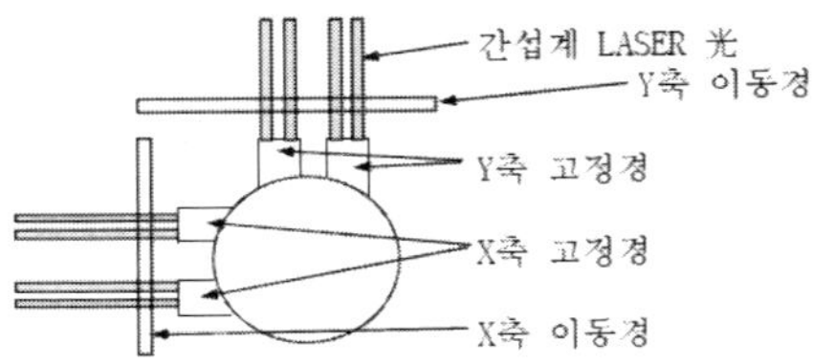

그림 1-91 IATC

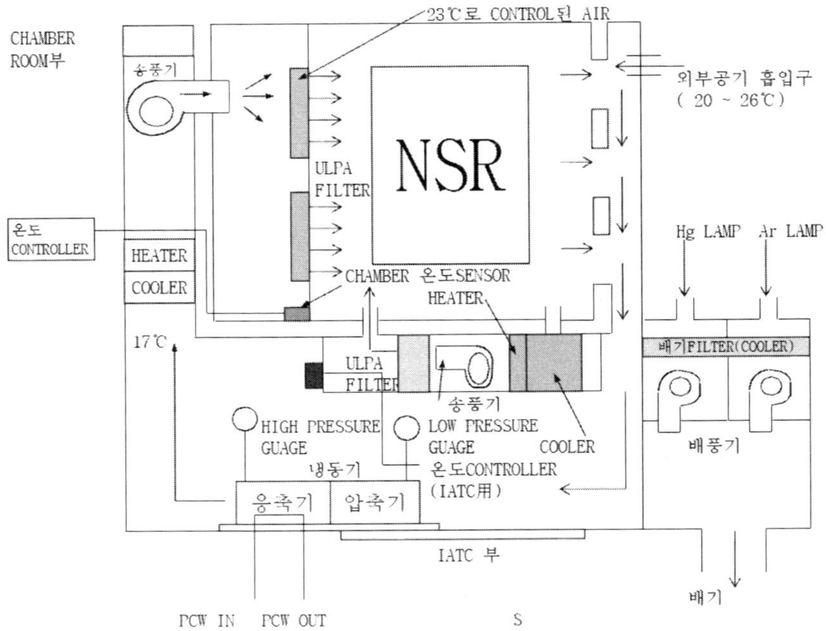

그림 1-92 챔버 온도 제어

• 냉매액 : R22-프레온 GAS

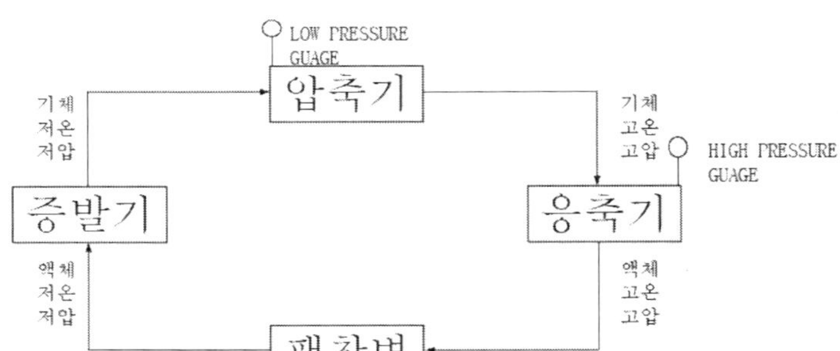

그림 1-93 ENVIRONMENTAL CHAMBER의 구성

4) NIKON SCANNER

(1) 시스템의 구성

시스템의 구성은 다음 그림과 같다.

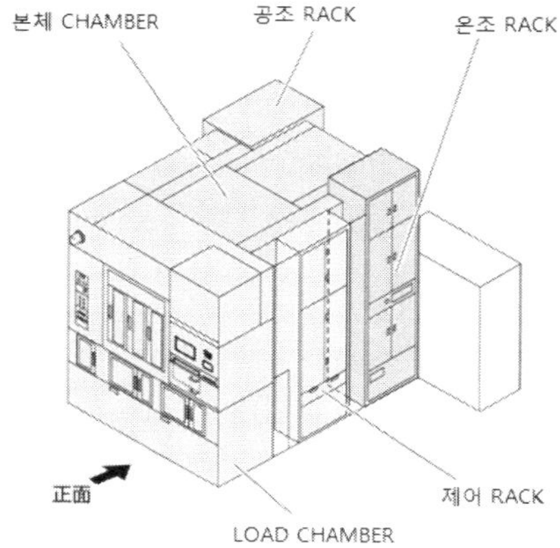

그림 1-94 CHAMBER 개략도

① LOADER CHAMBER

상부에 레티클 LOADER, 하부에 웨이퍼 LOADER가 장착되어 있으며, 워크스테이션 등 조작 패널이 장착되어 있다.

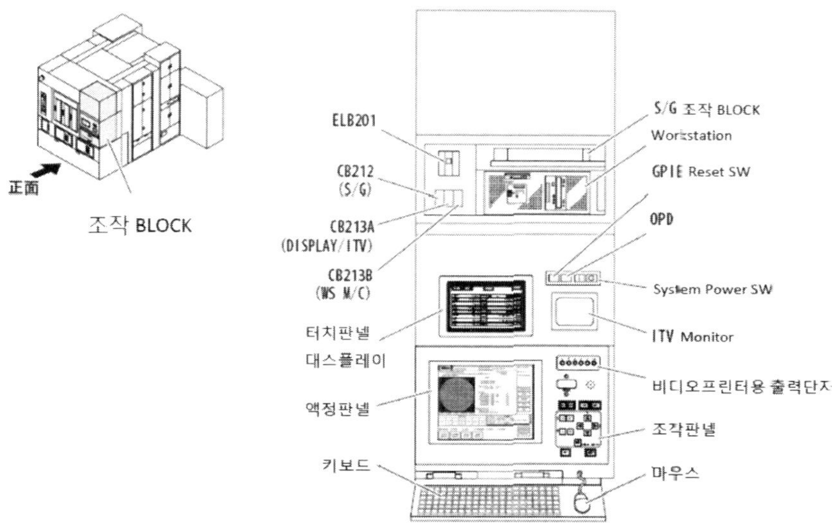

그림 1-95 조작 BLOCK

② 제어 랙(RACK)

각 유니트의 구동 및 제어용 기판류가 장착되어 있다.

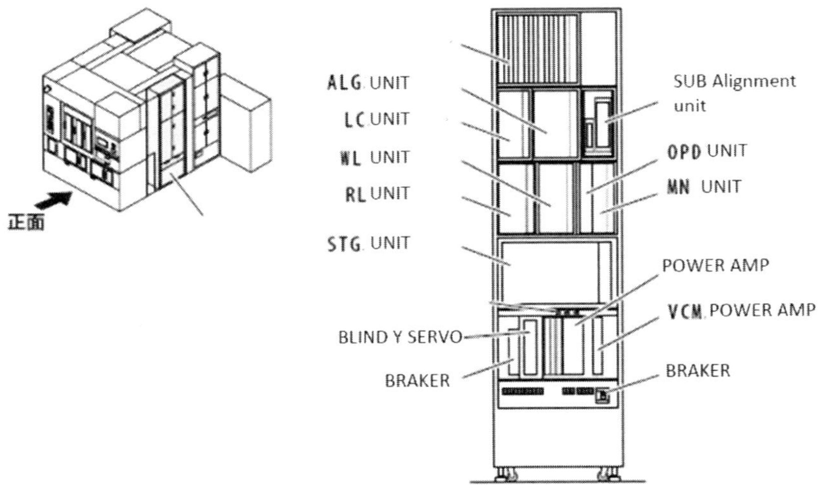

그림 1-96 제어 RACK

③ 온조 랙

각 유니트의 전원 앰프류 및 액체 온조 제어기가 장착되어 있다.

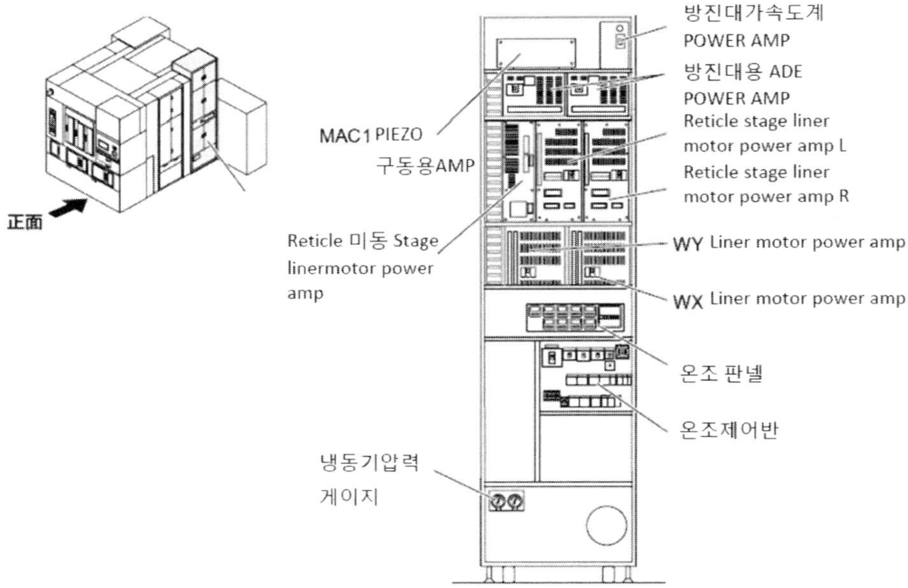

그림 1-97 온조 RACK

④ 액체 온조 기능

장비의 본체를 비롯하여 투영 렌즈, 레티클 스테이지, XY 스테이지 등 온도를 제어한다.

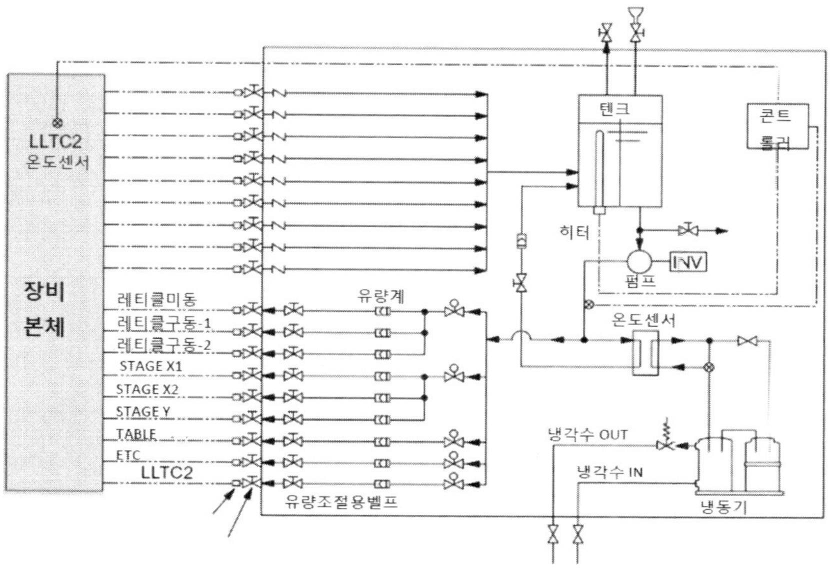

그림 1-98 액체 온조 구성도

(2) 조명계의 구성 및 기능

노광 광원은 엑시머(EXIMER) 레이저를 사용한다. 엑시머 레이저로 부터 나온 광원은 BEAM 조형광학계를 경유하여 노광영역을 균일하게 조명하기 위하여 FLY EYE 렌즈를 통과하게 된다. FLY EYE 렌즈에서 나온 광은 레티클 BLINDER 렌즈를 경유하여 레티클 면에 균일한 조명을 하게 된다. 축소 투영 렌즈에 의해서 레티클의 패턴을 웨이퍼 면에 투영시킨다. SLIT 형태의 조명영역은 레티클 BLINDER 부근의 SLIT 개구(開口)를 레티클 패턴 상에 형태로 실현된다. 또한 축소투영 렌즈의 개구수(NA) 및 조명계의 σ의 가변기구도 장착 소프트웨어의 패턴 설정에 의하여 자동적으로 변경할 수 있도록 되어 있다.

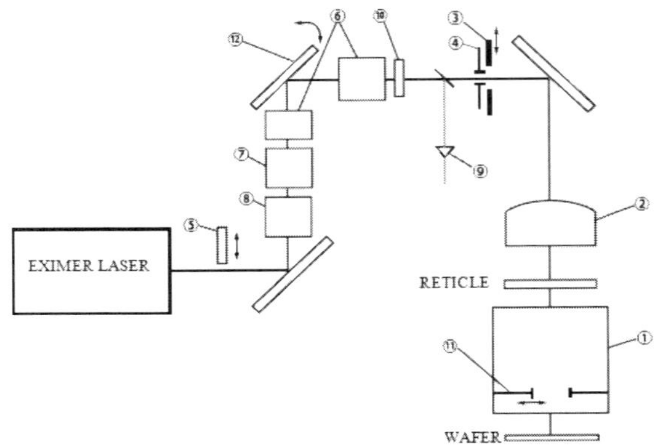

① 축소 투영 렌즈
② CONDENSOR 렌즈
③ 레티클 BLINDER
④ SLIT 개구(開口) 조절기
⑤ SHUTTER
⑥ FLY EYE 렌즈
⑦ BEAM 정형광학계
⑧ ATTENUATOR
⑨ INTERGRATOR 센서
⑩ σ 조절기
⑪ NA 조절기(가변)
⑫ 진동 MIRROR

그림 1-99 조명계의 광학 구성도

(3) AF/AL의 구성 및 기능

① AF/AL의 구성도

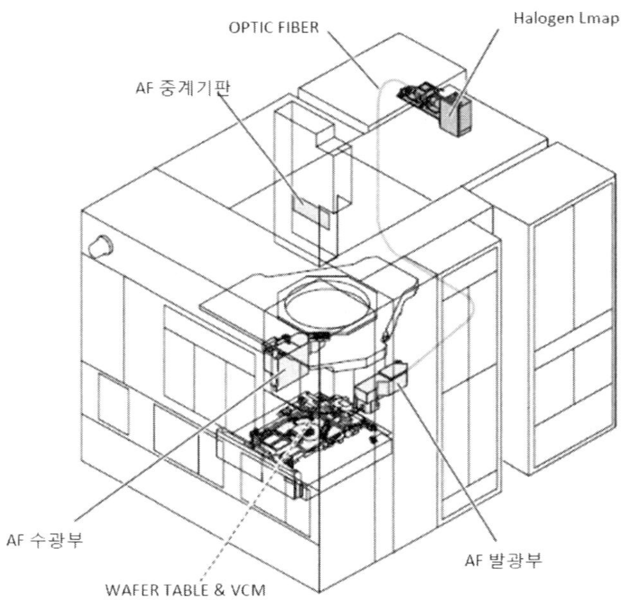

그림 1-100 AF/AL 각부의 명칭과 배치도

- AF 발광부 : 송광 SLIT을 통해 AF BEAM을 웨이퍼면에 8°의 각도로 결상 시킨다.
- AF 수광부 : 진동 거울(MIRROR)로 진동시킨 송광 SLIT상으로 부터 수광 센서로 웨이퍼면의 높이 등을 검출한다.
- 할로겐 램프(HALOGEN LAMP)부 : AF 광원으로 사용한다. 다점 초점(FOCUS 에 의해 넓은 범위를 조사할 필요가 있기 때문이다(Halogen lamp 파장 : 100[W]).
- AF 중계기판 : AF 센서로 부터의 신호를 처리한다.
- 웨이퍼 TABEL & VCM : 검출된 웨이퍼 면의 높이에 따라서 웨이퍼 테이블이 Z방향 및 LEVELING 동작을 한다.

② AF/AL의 동작원리

AF 광학계는 축소 투영 렌즈와 별도로 단독된 광학계로 구성되어 있다. 할로겐 램프부에서의 AF광은 송광 SLIT을 통해 웨이퍼 면에 8°의 경사로 입사하고 SLIT상으로 투영되어 진다. 이 SLIT상은 웨이퍼 면 상에서 반사하고, 수광측의 진동밀러로 진동하면서 수광 SLIT을 통과하여 광의 변화량을 AF 센서가 광전검출하게 된다. AF 센서로 검출되어진 신호는 AF 중계기판으로 보내지고 PSD신로로 처리되어 STG 제어기로 보내지게 된다. STG 제어기에서는 이 신호를 통해 스테이지의 상하구동하게 된다.

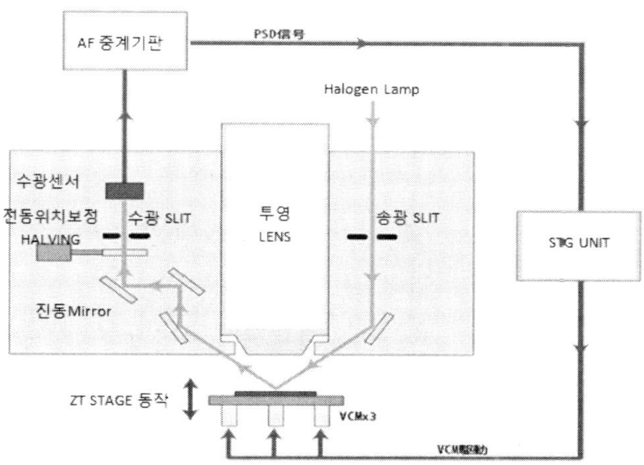

그림 1-101 AF 신호검출원리

- AF계 광전현미경 : AF의 신호검출에는 광전현미경을 수광 센서로 사용하고 있다. Z 스테이지의 상하동작에 의해 기본파 및 배주파가 발생한다. AF 센서로 부터의 신호는 AF 중계기판과 위상동기검파회로를 통해 PSD신호로 처리된다.
- AF/AL 동작 : 노광영역내에 초점 계측점을 2차원적으로 복수배치하여 초점 및 LEVELING의 검출기능을 가지고 있다. 노광영역의 복수 개소에서 FOCUS 계측을 하기 위해 평균화효과에 의해 초점 값의 안전성이 향상된다. 또한, 노광영역의 복수개소에서의 초점 값(웨이퍼 면의 높이)을 이용한 LEVELING(웨이퍼 면의 기울기)의 산출을 하기 위해 회절격자 패턴 등의 회절광에 의해 LEVELING 잔여현상이 없어지며, 검출정도가 향상된다.

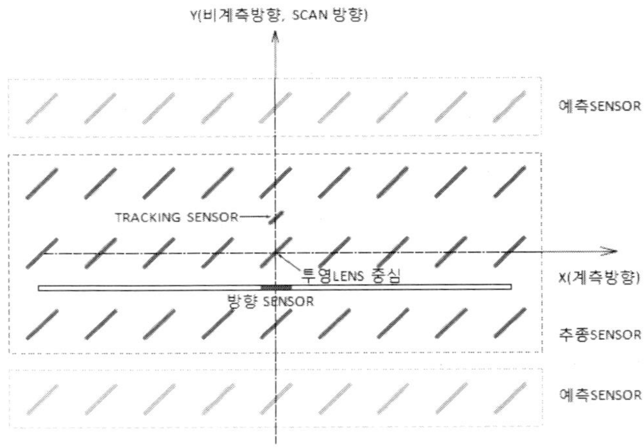

그림 1-102 AF 센서 배치도

- AF 센서 선택 : AF/AL 동작은 일직선상에 없는 3개 이상의 센서의 PSD신호로 부터 웨이퍼 면의 근사평면(最小近似)를 구하고, 웨이퍼 TABLE Z축의 상하동작과 LEVELING 동작을 동시에 행한다. 따라서 선택되어진 센서에는 AF/AL의 구별은 없이 양방으로 사용된다. 선택된 센서가 일직선상의 3점 또는 2점 이하의 경우는 근사평면이 계산할 수 없기 때문에 평균값에 의해 AF 동작만 하게 된다.
- AF/AL 동작 : LEVELING 기능은 주 소프트웨어에서 LEVELING ON/OFF 스위치에 의해서 절환된다. ON의 경우에는 AF와 LEVELING 동작이 동시에 진행하고, OFF 경우에는 AF동작만 행한다.

③ AF 광학계

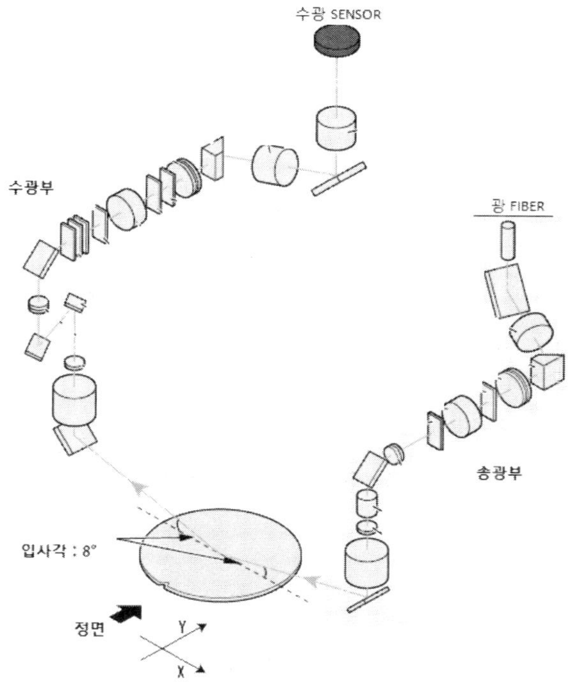

그림 1-103 AF 광학 구성도

(4) 스테이지의 구성 및 기능

① 스테이지 각부의 명칭 및 배치

- 웨이퍼 스테이지
- 레티클 스테이지
- STG UNIT
- 웨이퍼 스테이지 구동용 전원 앰프
- 레티클 스테이지 구동용 전원 앰프
- REACTION FORCE CANCELLER

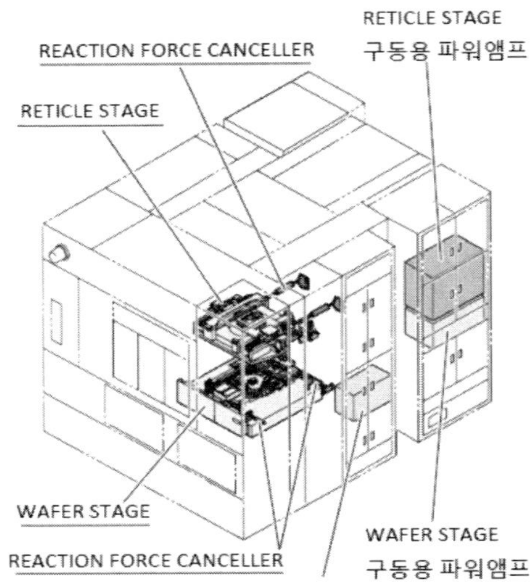

그림 1-104 스테이지 각부 배치도

② 웨이퍼 스테이지

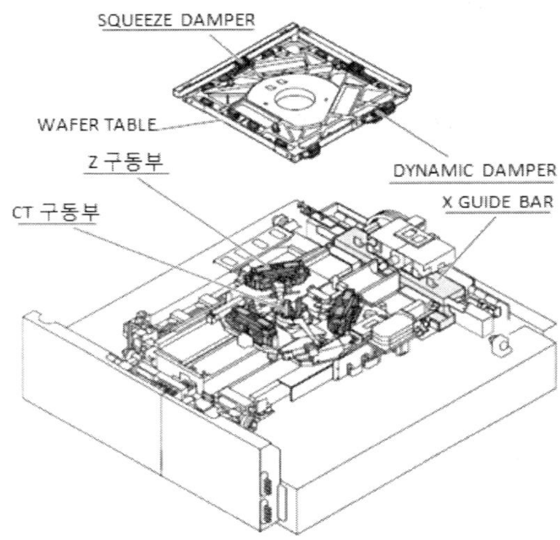

그림 1-105 웨이퍼 스테이지 구성도

- 공기 베어링(AIR BEARING) : 웨이퍼 스테이지는 공기 베어링에 의해 FLOW와 진공을 BALANCE 시켜 정반위에 상승되어 있다. 스테이지 구동 시에는 X-YAW 공기 베어링와 Y-YAW 베어링에 의하여 XY 방향으로 GUIDE 한다.
  - Y-BASE 공기 베어링 : FLOW와 진공을 BALANCE시켜 웨이퍼 테이블을 정반상에 상승시킨다.

–Y-YAW 공기 베어링 : 웨이퍼 테이블을 Y GUIDE BAR를 따라서 이동시키는 GUIDE 이다.

–X-RLL, X-PCT 공기 베어링 : FLOW와 진공을 BALANCE시켜 Y GUIDE BAR, Y-YAW 공기 베어링, Y LINEAR MOTOR을 정반상에서 상승시킨다.

–X-YAW 공기 베어링 : 웨이퍼 테이블을 X GUIDE BAR를 따라서 이동시키는 GUIDE 이다.

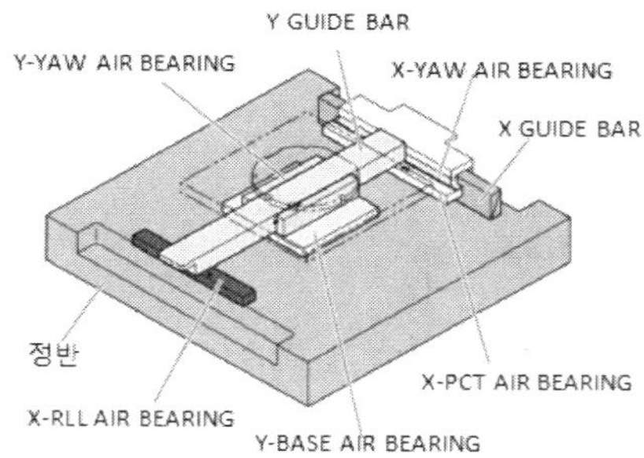

그림 1-106 웨이퍼 스테이지의 공기 베어링 구성도

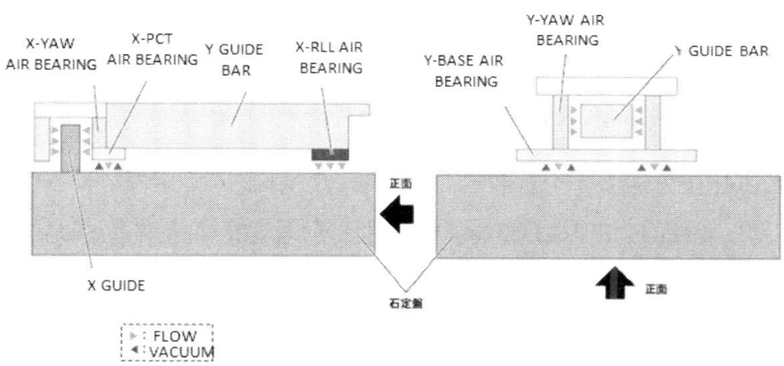

그림 1-107 웨이퍼 스테이지의 공기 베어링 단면도

- 직선형 전동기(LINEAR MOTOR)

–X 직선형 전동기 : 스테이지를 X방향으로 구동시킨다. X 직선형 전동기는 MC(Moving Coil)형으로 장치 정면 앞과 뒷면에 평행으로 배치되어 있다. 가동자(Coil)은 냉매에 의하여 냉각되어 진다.

–Y 직선형 전동기 : 스테이지를 Y방향으로 구동시킨다. X 직선형 전동기는 MM(Moving Magnet)형으로 Y GUIDE BAR의 좌우에 평행으로 배치되어 있다. 고정자(Coil)은 X-RLL 공기 베어링와 X-PCT 공기 베이링로 고정되

며, 가동자는 YAW 공기 베어링에 고정되어 있다. 가동자(Coil)은 냉매에 의하여 냉각되지 않는다.

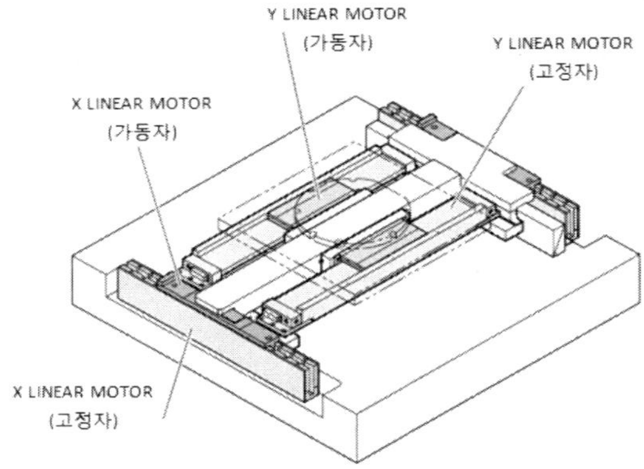

그림 1-108 웨이퍼 스테이지의 LINEAR MOTOR 구성도

- 웨이퍼 스테이지 간섭계 : 웨이퍼 스테이지 간섭계는 아래 그림과 같이 5개의 간섭계로 배치 계측되어 진다. X축에 3축(XB, XM, XF), Y축에 2축(YL, YR)이 있으며, XB, XM, YL, YR의 4축으로 웨이퍼 스테이지의 이동량을 계측한다. XF은 OFF-AXIS 현미경의 웨이퍼 ALIGNMENT BEAM의 위치계측용이다. X축, Y축의 간견은 각각 35mm로 XF은 XB, XM의 중심에서 70mm 떨어져 있다. 웨이퍼 스테이지간섭계의 LASER HEAD은 레티클계와는 단독으로 되어 있다. TABLE LEVELING에 있기 때문에 세로방향의 변동에 대응할 수 있도록 BEAM 형태는 세로파형으로 되어 있다. 웨이퍼 스테이지의 X, Y축 좌표는 2축의 출력값을 평균화하고, 또한 회전은 X, Y축의 방향에서 산출한다.

$$X=(XB+XM)/2,\ Y=(YL+YR)/2,\ \theta=\{(XM-XB)+(YL-YR)\}/2$$

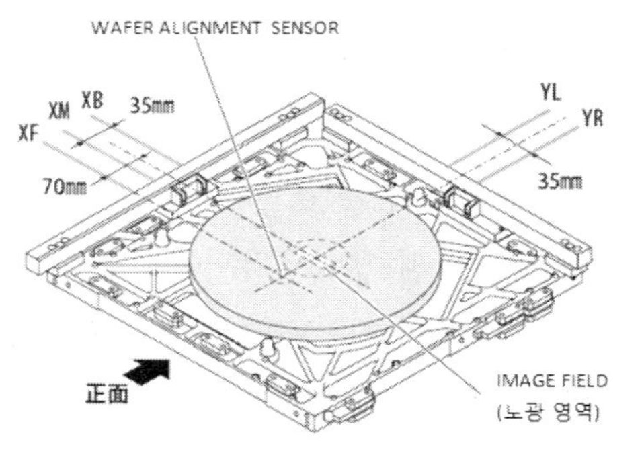

그림 1-109 웨이퍼 스테이지의 간섭계 구성도

③ 레티클 스테이지

레티클 스테이지는 조동 스테이지와 레티클 미동 스테이지로 구성되어 있다. 조동 스테이지는 SCAN 노광시에 Y축의 조동 직선형 전동기로 SCAN동작한다. 미동 스테이지는 레티클의 LOAD/UNLOAD, 레티클 정렬시, SCAN 동작 중의 보정시에 동작한다. 미동 스테이지상에 에는 레티클 HOLDER가 있어서 레티클을 진공 흡착한다.

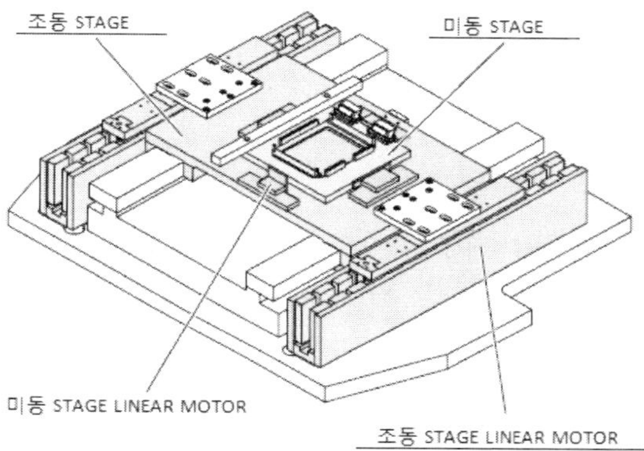

그림 1-110 레티클 스테이지의 구성도

- 조동(粗動)스테이지 : 조동 스테이지에는 AIR 스테이지가 채용되어 AIR GUIDE의 BASE부와 SLIDER부로 구성된다.
  - 조동 스테이지정면후면에는 조동 스테이지 Y축 간섭계 이동경이 배치되어 있다.
  - 조동 직선형 전동기는 MC(Moving Coil)형으로 되어 있다.
  - 가동자(Coil)는 냉매로 냉각된다.
  - 조동 스테이지 폭주시 등 마이크로 스위치가 동작하게 되면 스테이지의 SERVO을 OF F한다.
  - 포토 센서는 조동 스테이지의 통상사용 STROKE범위의 설정, 간섭계 RESET, 레티클 LOADING 위치의 확인을 한다.
  - 조동 스테이지의 폭주 시 등 충돌시의 운동에너지를 흡수하기 위하여 SHOCK ABSORBER가 4개 배치되어 있다.

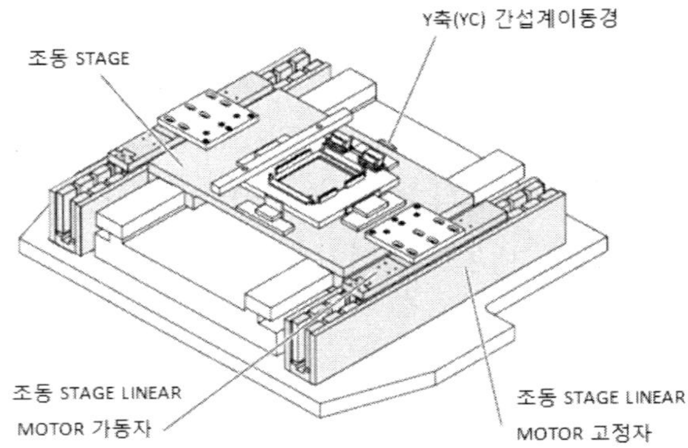

그림 1-111 레티클 스테이지의 조동 스테이지 구성도

• 미동(微動)스테이지 : 미동 스테이지는 조동 스테이지위에 있으며, X, Y, θ의 3방향으로 소형 직선형 전동기에 의해 구동한다.

- 직선형 전동기는 조동 스테이지에 있는 고정자와 미동 스테이지에 고정된 가동자로 구성되어 있다.
- 포토 센서는 조동 스테이지의 간섭계 RESET, 레티클 LOADING POSITION 확인을 한다.
- 미동 스테이지 X축용 간섭계이동경 및 이동 스테이지의 Y · θ MIRROR가 배치되어 있다.

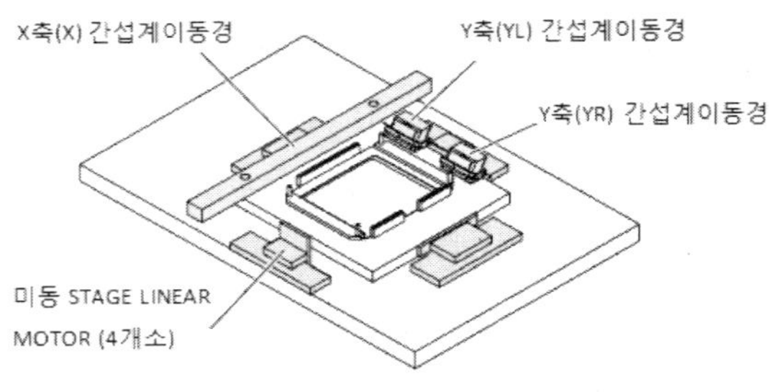

그림 1-112 레티클 스테이지의 미동 스테이지 구성도

• 레티클 스테이지 직선형 모터 : 레티클 조동 스테이지의 직선형 전동기에는 MC형과 MM형이 있다.

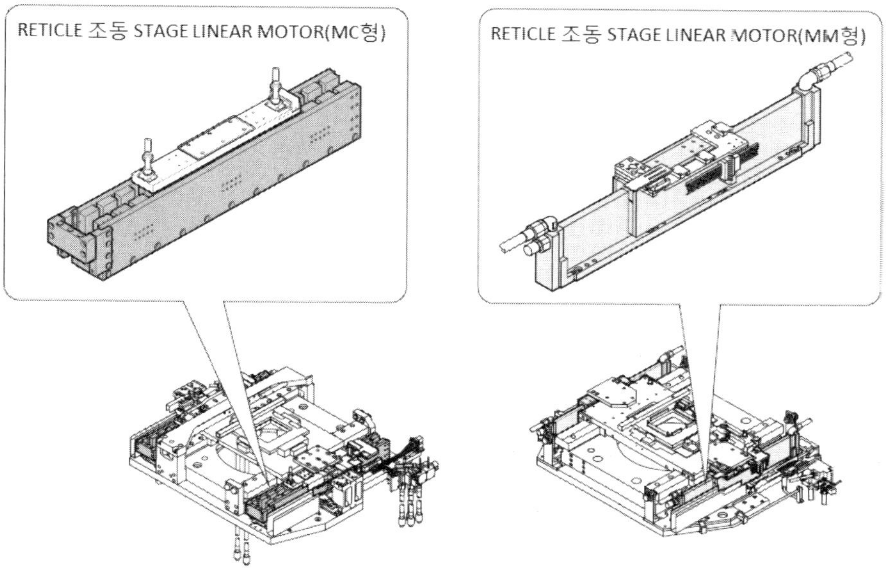

그림 1-113 레티클 스테이지의 조동 직선형 전동기의 종류

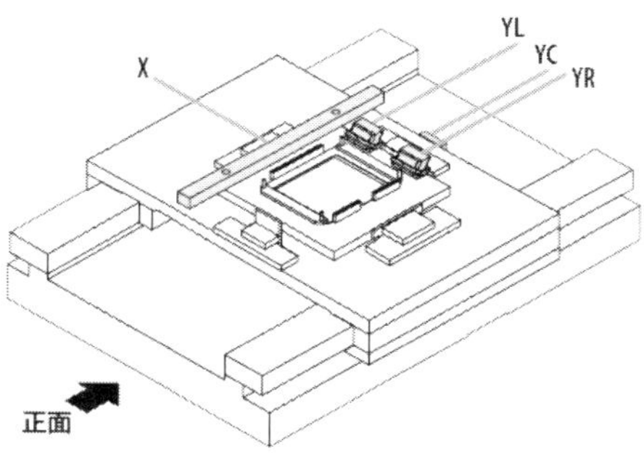

그림 1-114 레티클 스테이지의 간섭계 구성도

- 레티클 스테이지 간섭계 : 레티클 스테이지는 아래 그림과 같이 4개의 간섭계로 위치계측을 한다. 조동 스테이지는 Y축에 1축(YC)가 있다. 미동 스테이지는 X축에 1축(X), Y축에 2개(YL, YR)이 있으며, Y방향은 2축이 있기 때문에 회전량을 산출할 수 있다. YL과 YR의 간격은 100mm이다.

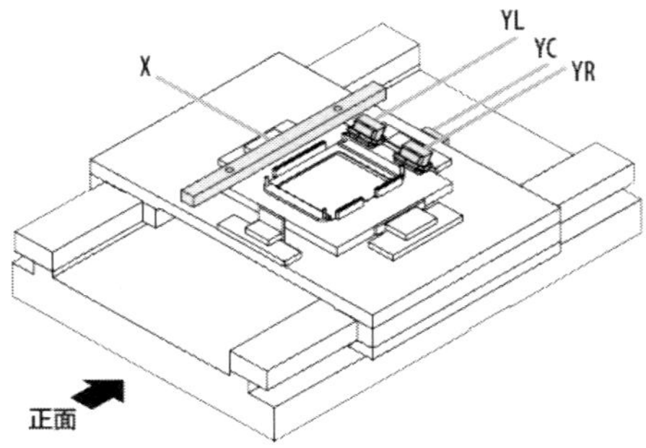

그림 1-115 레티클 스테이지의 간섭계 구성도

④ TABLE LEVELING 횡축 오차 보정

TABLE LEVELING에는 LEVELING을 구동하면 그 구동량에 대하여 간섭계의 간섭값과 실제의 웨이퍼 위치에 이정량의 횡축 오차가 발생하게 된다. 오차 발생원은 다음과 같다.

–Z방향의 ABBE 오차 : 웨이퍼 표면의 높이와 간섭계 빔의 높이 위치의 차

–웨이퍼 테이블 COS 오차 : 레티클 구동에 의한 횡축 오차

–간섭계광로차 오차 : 간섭계 빔의 광로변화에 의한 오차

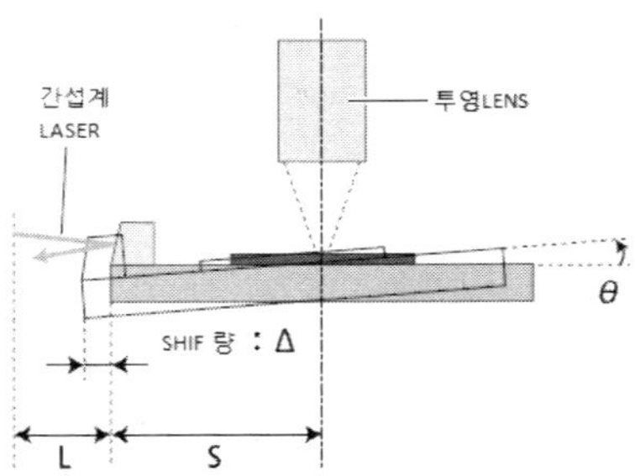

그림 1-116 TABLE LEVELING 횡축 오차보정

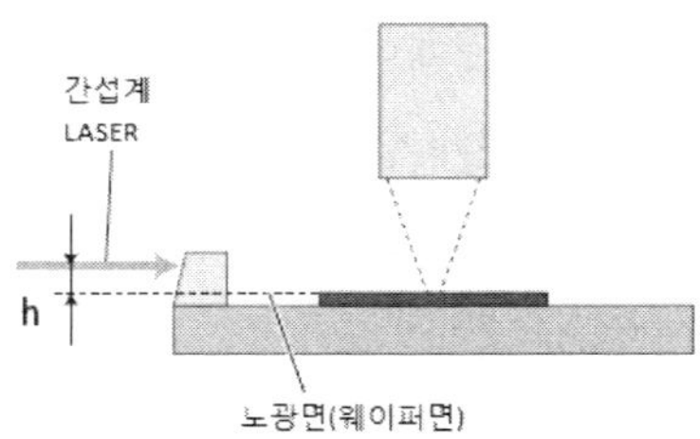

그림 1-117 ABBE 오차

(5) 정렬의 구성 및 기능

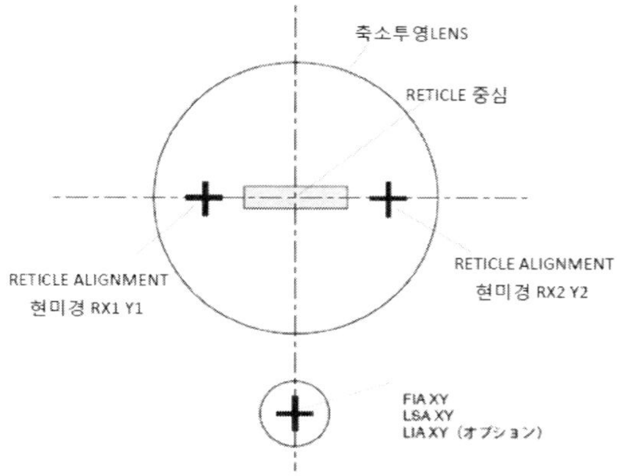

그림 1-118 정렬 현미경의 배치도

레티클 정렬 현미경은 RX1Y1, RX2Y2 2개의 현미경이 위 그림과 같이 배치되어 있다. 레티클 정렬 현미경은 레티클 위에 형성되어 있으며, 1PAIR의 레티클 MARK(SEARCH) · 정렬 · MARK와 6PAIR의 레티클(FINE) · 정렬 · MARK을 정렬하기 위한 것이다. 조명광은 엑시머 레이저를 광원으로 하고, 화상처리에 의하여 정렬(VRA)을 행한다. 웨이퍼 정렬 현미경에는 FIA, LSA, LIA의 3종류의 센서가 있다.

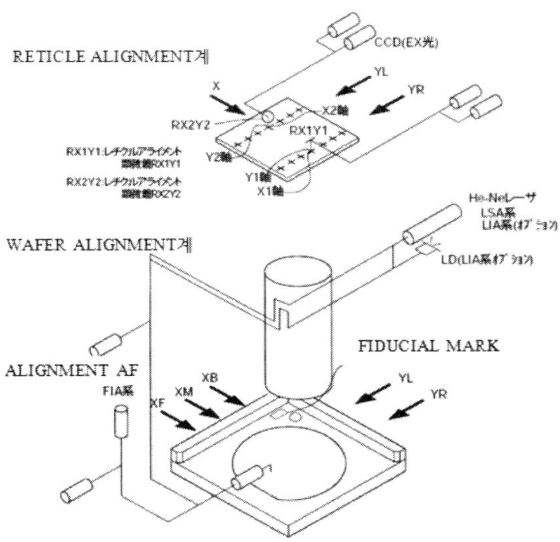

그림 1-119 정렬 시스템 구성도

① FIA 센서의 원리

파장폭이 있는 광(중심파장 : λc, 파장폭 : $\Delta\lambda$)는 가간섭거리($l = \lambda c^2/\Delta\lambda$)

아래 그림과 같이 ALIGNMENT MARK의 위에(두께 : hr 또는 hm) RESIST가 코팅되어 있을 경우 간섭 줄무늬가 발생하는 광은 ①과 ②, ①과 ③이 될 것으로 생각한다.

여기에서 ①과 ②, ①과 ③ 간에는 광로차

$$d1-2=2n\ hr$$

$$d1-3=2n\ hm$$

이 있다. 여기에서 n은 RESIST의 굴절률이다.

따라서(l =d1−2, d1−3)인 경우에는 반사광이 가간섭성 거리내에 서로 겹쳐지지 않으므로 간섭줄은 관찰되지 않는다. FIA의 조명계에는 비감광을 극복하기 위하여 넓은 스펙트럼 폭의 광을 이용하여 아래의 경우에(hm, hr 〉0.5um)는 채운 RESIST 두께에서는 간섭줄이 발생하지 않고, 간섭줄에 의한 ALIGNMENT MARK의 오인식, 배치오차 등의 ERROR는 발생하지 않는다.

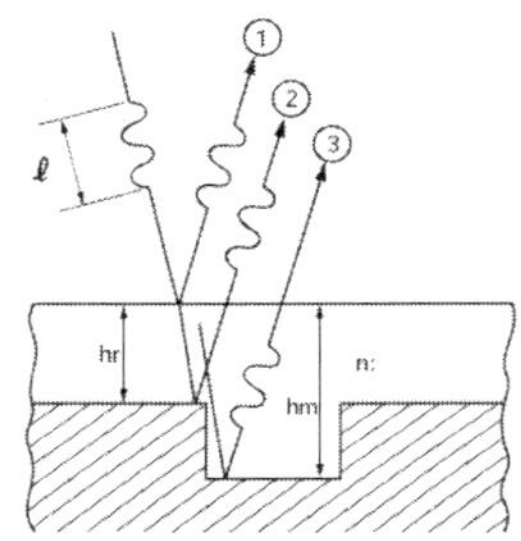

그림 1-120 FIA 센서원리

② FIA 시스템

FIA 시스템은 광원부, 광학계, 처리부로 구성되어 있다. 광원부의 광원에는 백색광 할로겐램프를 사용하고 있으며, 열대책으로 광원부에 공조기 RACK에 배치되어 있다.

FIA에 필요한 파장폭의 광이 광섬유를 통해 광학계로 보내지며 웨이퍼에 조명된다. 웨이퍼에서 반사광은 같은 광학계 통하여 CCD 카메라로 도달하게 된다. CCD 카메라에서는 웨이퍼상이 비디오 신호로 되어 처리부의 FIA 처리 유니트로 보내지며, 정렬을 위하여 연산 처리를 행한다. 연산 처리된 결과는 워크스테이션에서 처리되며, 웨이퍼의 노광위치를 제어한다.

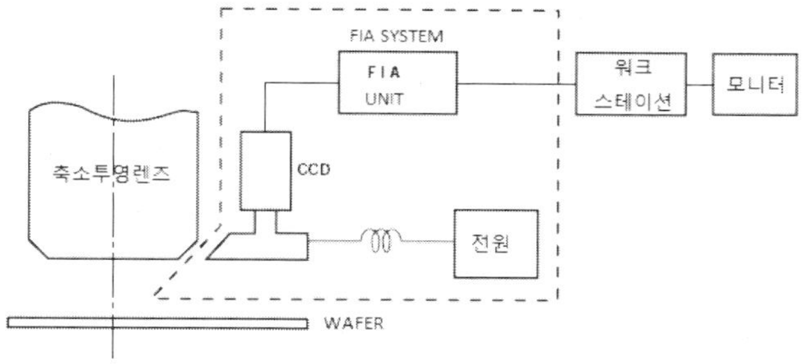

그림 1-121 FIA SYSTEM 구성도

③ LSA 센서의 원리

아래 그림은 웨이퍼명상의 레이저 빔과 MARK의 관계를 표시하였으며, 그 다음 그림은 MARK 단차에 레이저 빔이 입사하여 회절광이 산란되어진 모양을 표시하였다. 회절격자의 MARK PITCH을 d, 회절각을 θ, He-Ne 레이저의 파장을 λ로 하면 dsin θ=nλ(n=0, ±1, ±2, …)을 충족하는 각도 θ로 회절광이 발생한다. 회절광은 결상된 면에 설치된 공간 필터에 의해 0차광이 CUT되며, 회절, 산란광만이 광전 검출되어진다.

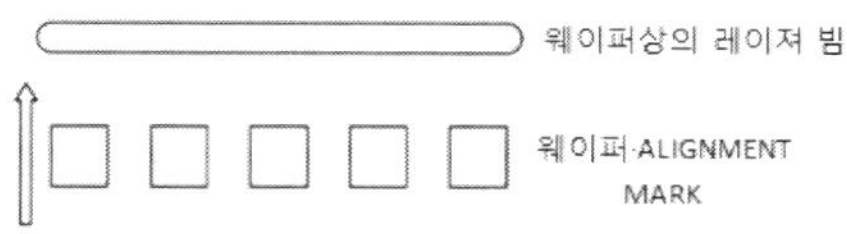

그림 1-122 레이저 빔과 정렬 마크

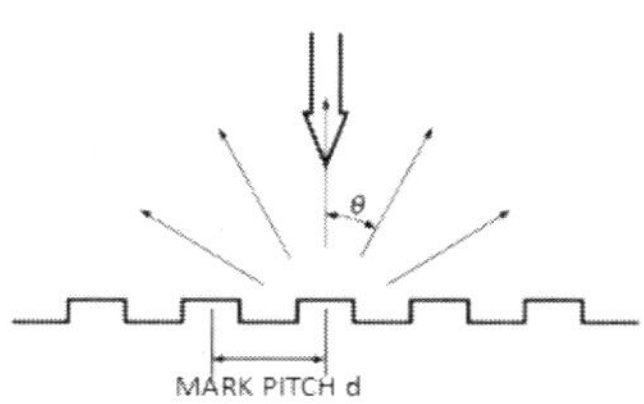

그림 1-123 웨이퍼 MARK 회절광

④ LSA 시스템

LSA 센서는 OFF-AXIS 광학계의 웨이퍼 정렬 현미경에 의해 웨이퍼 정렬에 이용된다. 레이저에서 발생한 He-Ne LASER 광이 빔 분리기에 의해 X축, Y축로 분리되며, 웨이퍼 정렬 현미경의 대물렌즈를 통하여 웨이퍼 상에 조사하게 된다. 이 조사된 레이저 광이 정렬 MARK에 맞은 MARK에 있는 단차에 의해서 산란광 및 MARK PITCH에 의해 회절광이 발생하고, 다시 같은 광로로 되돌아 간다. 이 회절광 및 산란광은 도중에 빔 분리기(BEAM SPLITER)에 의해 회절광 검출계에서 검출된다. 회절광 및 산란광은 회절광 검출계에서 전류로 변환되어 아날로그 신호로 되고, 다시 한번 신호 처리계로 보내져 디지털 신호로 변환된다. 이 디지털 신호를 근본으로 정렬 처리를 행한다.

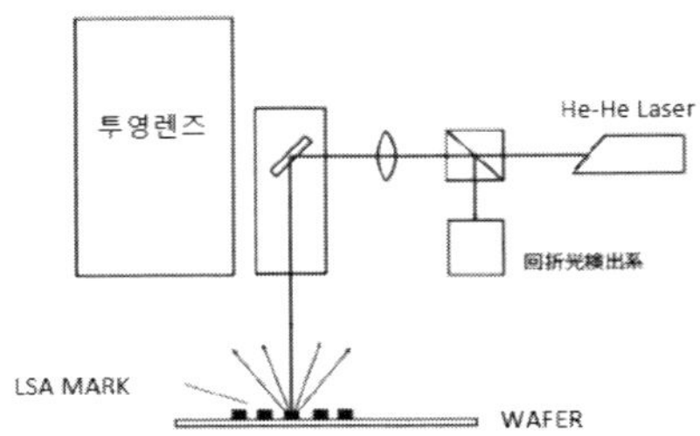

그림 1-124 LSA 센서

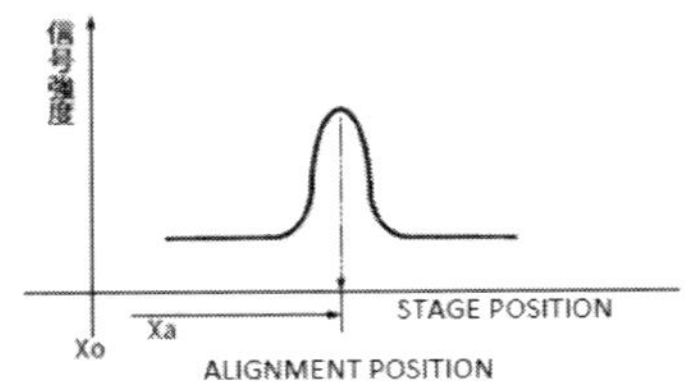

그림 1-125 LSA 신호파형

(6) 레티클 CHANGER의 구성 및 기능

레티클 Library의 레티클을 노광위치(레티클 스테이지)로 반송하는 장치이다. 다음 그림은 레티클 Changer의 동작 순서도를 보이고 있다.

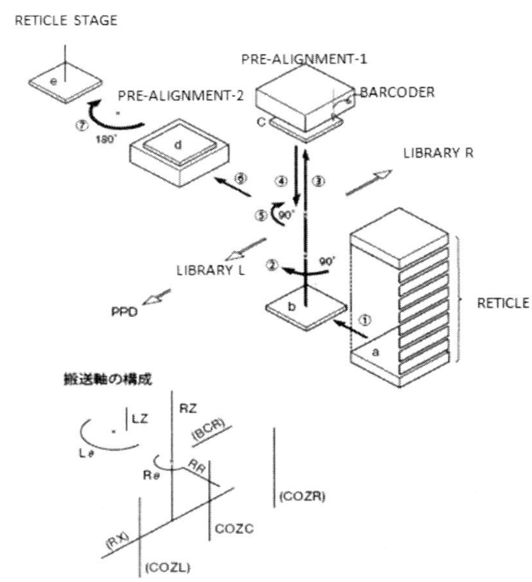

그림 1-126 레티클 Changer의 동작 순서도

(7) 웨이퍼 LOADR의 구성 및 기능

웨이퍼 반송은 로봇 구동하며, ① 웨이퍼 CARRIER 내의 웨이퍼는 ② 로봇 암에 의해 반송되어 ③ 횡 슬라이더 ARM에 의해 ④ PRE-ALIGNMENT로 반송된다. PRE-ALIGNMENT에서 FLATZONE을 맞추면 ⑤ LOAD ARM에 의하여 노광위치 XY 스테이지로 반송한다. 노광이 완료되면 UNLOAD ARM에 의해서 역순으로 CARRIER로 반송한다.

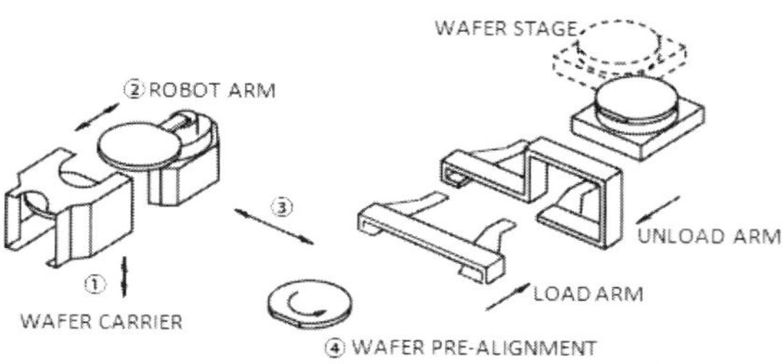

그림 1-127 웨이퍼 LOADER의 동작 순서도

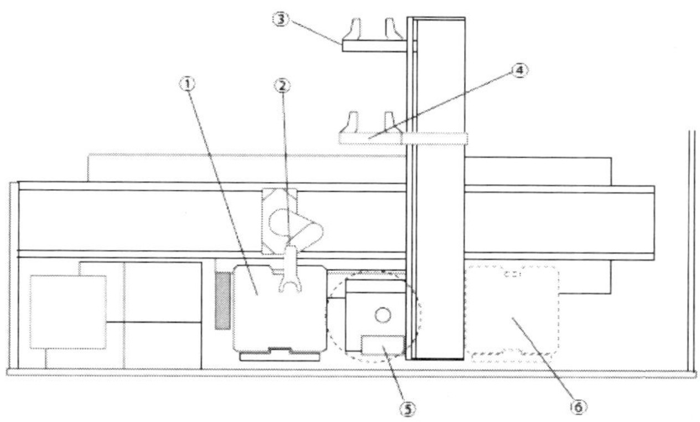

① CARRIER 지지대　② 로봇 암
③ LOAD ARM　④ UNLOAD ARM
⑤ 웨이퍼 PRE-ALIGNMENT 부　⑥ 추가 Carrier(OPTION)

그림 1-128 구성

3. 노광장비 예방 점검 및 규격

1) 목 적

매일 또는 매월 정기적인 유지관리를 통해 장비의 상태점검 및 성능향상을 하기 위함이다.

2) 대상 장비

니콘 스텝퍼 2205 i11, i12 장비

3) 준비사항

- NIKON TEST 레티클(R2005HA, R2005MF, R2005HB, R2005DIS)
- COATING된 TEST 웨이퍼
- IPA
- OIL(AERO-SHEEL FLUID 12) 및 GREASE(PL-035)
- 일반 정비용 TOOL
- 세척용 CLEAN PAPER

4) 안전사항

- 장비가 동작하거나 예방 정비할 경우 모듈 내에 웨이퍼가 없는 것을 확인한 후 진행 시킨다.
- 노광용으로 사용하는 수은 램프는 파손될 경우 인체에 해를 주는 유독한 물질을 발생시키므로 취급에 주의를 요한다.
- 스테이지부를 OILING 및 세정을 할 때에는 스테이지 유니트의 전원을 끈 후 손으로 천천히 돌려서 작업을 행한다.
- 사용한 장비 또는 공구류는 깨끗하게 세척해서 지정된 장소에 보관 한다.

5) 유지관리 절차

(1) 점검항목

① 일일 점검 항목(1회/2일)

표 1-14 일일 점검 항목

항 목	주 기	SPEC
BEST FOCUS CHECK (SMP)	2D	±0.10μm 이내
INTENSITY(ID 1, 5)	2D	440mW/cm^2 이상
UNIFORMITY(ID 1, 5)	2D	1.8% 이하
DEFOCUS 확인	2D	실시 여부

A : 정기 비교 검사(계기), B : 정기점검

② 2주간 점검 항목

표 1-15 2주간 점검 항목

항 목	주 기	SPEC
스테이지 CLEANING 및 주유	2W	실시 여부
STEPPING BACK ACCURACY	2W	Yx, Xy : 45nm 이내

A : 정기 비교 검사(계기), B : 정기점검

> **Tip**
> 디포커스(Defocus)
> 초점을 흐리게 하는 것

③ 월간 점검 항목

표 1-16 월간 점검 항목

항 목	주 기	SPEC
ORTHOGONALITY	M	0.4urad 이하
ALIGN ACCURACY	M	AVG ; 50nm 이내
CHIP MAGNIFICATION	M	±1.5ppm 이내
CHIP ROTATION	M	±1.5ppm 이내
LEVELING CHECK	M	±4.8urad 이내
적산광량 CHECK	M	400±1% 이내
LAMP 교환	1,500hr~1,900hr 교환 실시	

A : 정기 비교 검사(계기), B : 정기점검

(2) 작업 방법

① 일일 점검 방법

- BEST FOCUS(SMP) CHECK 방법

  –초기화면에서 'EXEC PROCESS'를 선택한 후 'LIST'를 클릭한다.

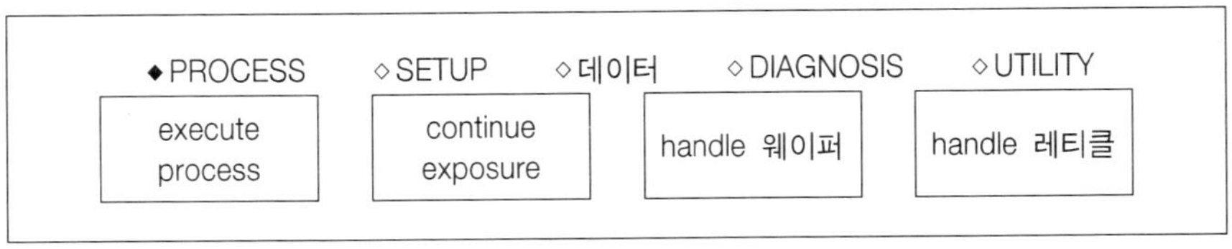

–"DAILY" Job File에서 FOCUS SMP5를 선택 후 OK를 클릭하면 아래와 같이 표시된다.

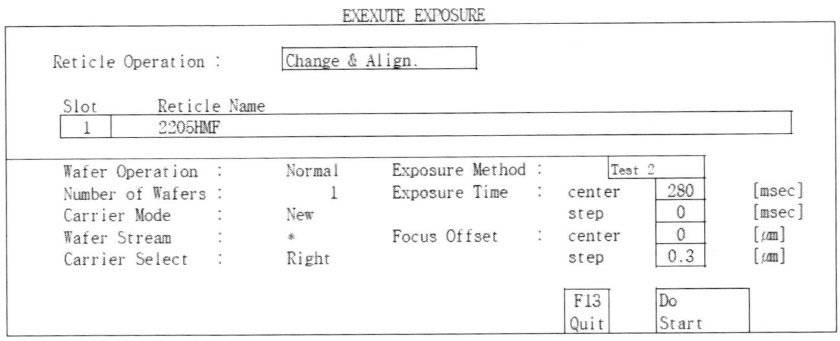

–레티클은 2205HMF를 사용하여 코팅된 웨이퍼를 carrier대에 놓고 "Do start"를 클릭하면 노광이 완료되어 자동적으로 웨이퍼는 unload된다.

–노광된 웨이퍼를 현상한 후 자동계측 프로그램을 이용하여 계측한다.

–계측방법은 초기화면에서 'DIAGNOSIS' 선택 후 MEASURE 웨이퍼를 클릭한다.

–COND.FILE에서 "FOCUSSMCP.SMCP"를 선택 후 OK를 클릭한다.

–웨이퍼 1매 설정 후 DO START를 선택하면 자동 계측되어 데이터가 표시되면 종이에 기록한다.

–SPEC ±0.10㎛ OVER 시에는 시스템의 ADJUST MACHINE에서 FOCUS OFFSET값에 벗어난 만큼 더하여 보정한다(생산 작업자 및 장비 MAINT사원이 보정).

• LAMP INTENSITY & UNIFORMITY CHECK

–레티클이 UNLOAD 된 상태에서 실시한다. : 약 레티클이 LOADING되어 있으면 "SETUP" → "Ready Exposure"를 클릭하여 "레티클 UNLOAD"를 선택한 후 "DO START"를 클릭하여 레티클을 UNLOAD 한다.

◇PROCESS	◇SETUP	◇DATA	◆DIAGNOSIS	◇UTILITY	◇SYSTEM
CALIBRATE MACHINE	MANUAL OPERA-TION	MEASURE WAFERS	MEASURE LAMP ILLUMINATION	EVALUATE MACHINE	

–DIAGNOSIS에서 MEASURE LAMP ILLUMINATION을 클릭한다.

Measure LAMP Illumination

Result File	:	Lamp .Lamp
Comment	:	Lamp Uniformity Condition File
Illumination ID	:	1
Sensor Position X	:	128000
Sensor Position Y	:	66350
Average Number	:	1
Repeat Count	:	1

F13 Do Start

–위와 같이 표시되면 “Do Start”를 클릭하여 실행한다.

–LAMP 데이터가 표시되면 Illumination 전원 & UNIFORMITY를 확인 후 기록한다.

–데이터를 기록한 후 “F14 Exit”를 클릭하여 빠져 나온다.

–최초 화면에서 “utility”를 클릭한 후 “Option Utility”를 클릭하면 아래와 같이 기능이 나타난다.

◇PROCESS	◇SETUP	◇DATA	◇DIAGNOSIS	◆UTILITY	◇SYSTEM
change illumination system		change machine environment	exit		

–Change illumination system을 선택하여 조명 ID를 “5”로 설정 후 “Do Start”를 클릭하고 “Exit”로 빠져 나온다.

–2~4항까지 동일한 방법으로 검사하고 기록한다.

–SPEC OUT일 경우는 전문가의 조치를 받는다.

–램프 조정축 KNOB를 돌려서 램프 위치를 조정한다.

- DEFOCUS 확인

–코팅한 웨이퍼를 준비한다.

–“◇PROCESS”에서 “EXECUTE EXPOSURE”를 클릭한 후 “F6 LIST”를 클릭하여 “DEFOCUS”라는 JOB FILE을 DOUBLE 클릭하면 아래 그림과 같이 표시된다.

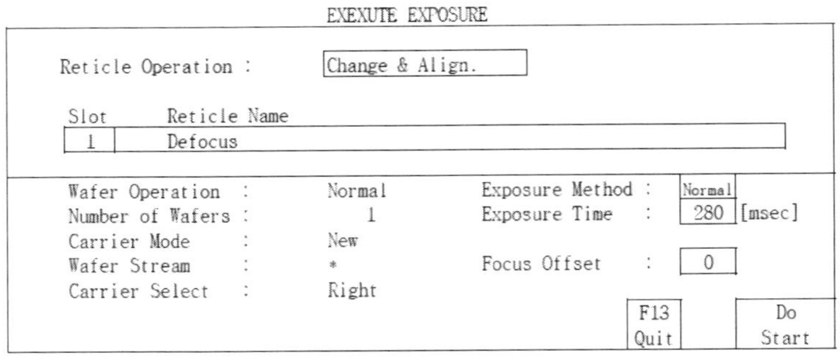

—상기 표와 같이 조건을 설정한 후 우측하단에 있는 "Do Start"를 클릭한다.

—Exposure가 완료되었다는 알람이 울리면 웨이퍼를 Track Developer의 작업 순서에 따라 현상 후 DEFOCUS 유무를 확인하고 이상 발생 시에는 장비 담당자에게 연락 후 조치를 받는다.

② 2주간 점검 항목

• 웨이퍼 스테이지 세정 및 주유(Oil)

—최초 화면에서 DIAGNOSIS를 클릭하여 Manual Operation을 클릭한다.

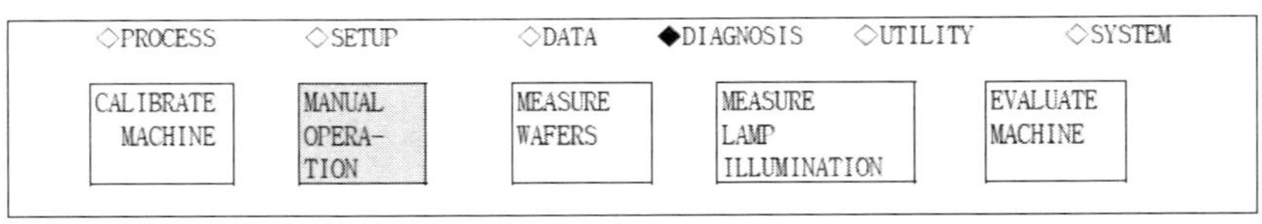

—Manual Operation을 클릭하면 아래와 같이 표시된다.

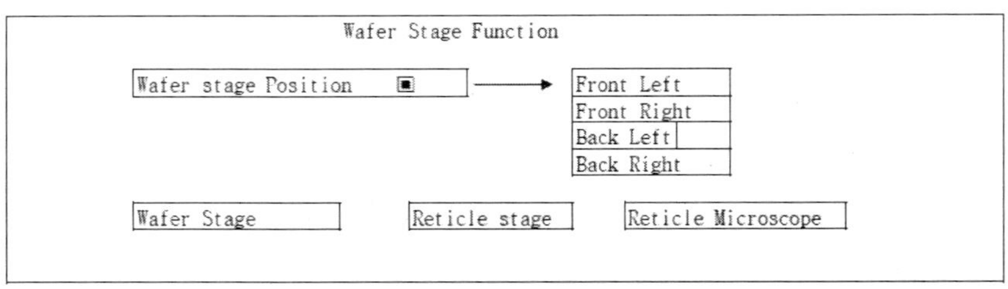

—웨이퍼 스테이지 위치에서 "Front Left"를 클릭하여 수동으로 움직인다. 또는 "웨이퍼 스테이지"를 클릭하여 Joy Stick으로 움직일 수도 있다.

—제어 랙의 스테이지용 직류전원을 끈다.

—스테이지 모터 후부에 수동용 손잡이를 부착하고 스테이지를 움직이며 LEAD SCREW의 오염된 그리스(GREASE)를 닦아낸다.

－LEAD SCREW에 새로운 그리스를 균등하게 바른다(X, Y 모두 실시). PL-035 그리스를 발라준다.

－Z축 COVER와 θ축 COVER를 벗긴 후 LEAD SCREW의 세정 및 오일을 발라준다.

－스테이지 NEEDLE면에 주사기를 이용하여 약3cm 거리마다 2~3방울씩 주유한다. 이때 사용하는 OIL은 AERO－SHELL FLUID 12로 한다.

－전자 DAMPER부의 이물 유무를 확인하고 이물이 있을 경우 제거한다.

－제어 랙의 스테이지용 직류전원을 켠 후에 스테이지를 리셋해 준다.

－Z축과 θ축을 수동 동작으로 ＋LIMITE에서 －LIMITE까지 수차례 왕복한다.

－모든 작업이 끝나면 MAINT－V MODE에서 스테이지 RUNNING을 실시한다(50회 이상).

－스테이지 세정 시에는 각종 MIRROR가 오염되지 않도록 주의한다.

• 스테이지 STEPPING ACCURACY CHECK

－초기화면에서 'EXEC PROCESS'를 선택한 후 'LIST'를 클릭한다.

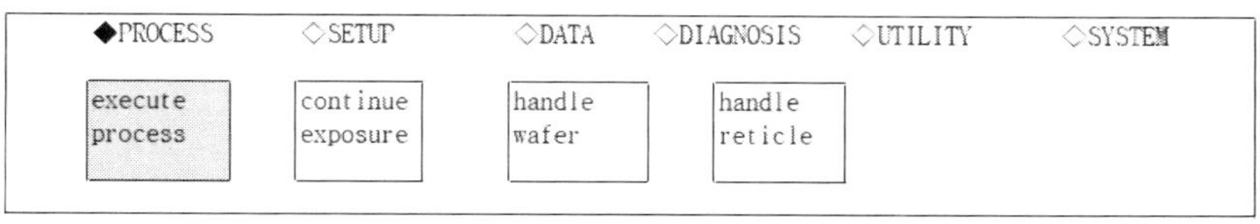

－목록에서 228USRA "STEP"을 지정하고 OK를 클릭한다.

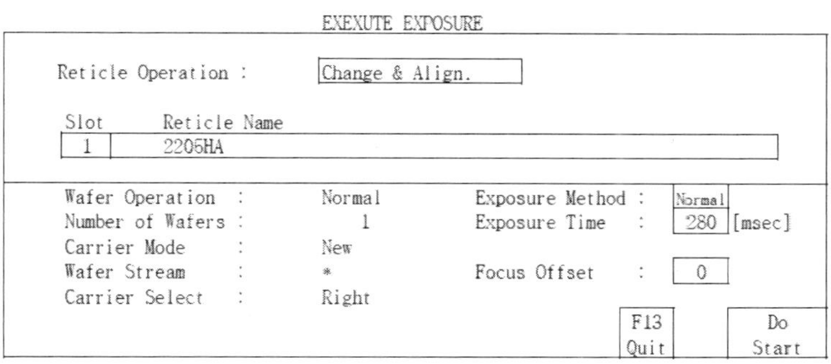

－레티클은 2205HMF를 사용하여 코팅된 웨이퍼를 carrier대에 놓고 "Do start"를 클릭하면 노광이 완료되어 자동적으로 웨이퍼는 unload된다.

－노광된 웨이퍼를 현상한 후 자동계측 프로그램을 이용하여 계측한다.

-계측방법은 초기화면에서 'DIAGNOSIS' 선택 후 MEASURE 웨이퍼를 클릭한다.

-COND.FILE에서 "228BACKALL.SMCP"를 선택 후 OK를 클릭한다.

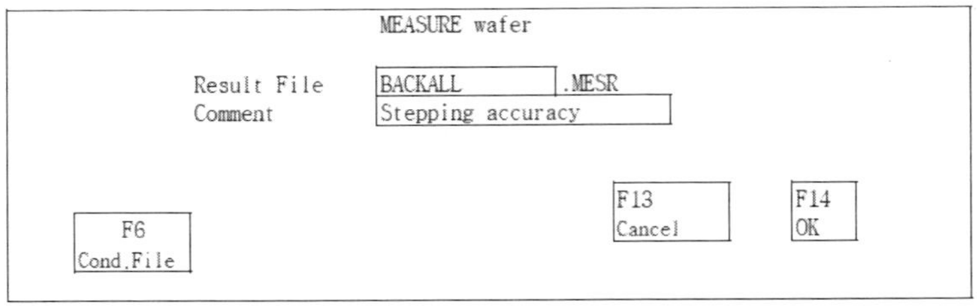

-웨이퍼 1매 설정 후 DO START를 선택하면 자동 계측되어 데이터가 표시되면 3 sigma(㎛) X, Y의 값을 PM Sheet에 기록한다.

-SPEC OUT인 경우에는 BALL SCREW BACK RUSH를 조정해 주고 조정이 불가한 경우는 BALL SCREW를 교환한다.

③ MONTHLY 점검항목

• ORTHOGONALITY CHECK

-초기화면에서 'EXEC PROCESS'를 선택한 후 'LIST'를 클릭한다.

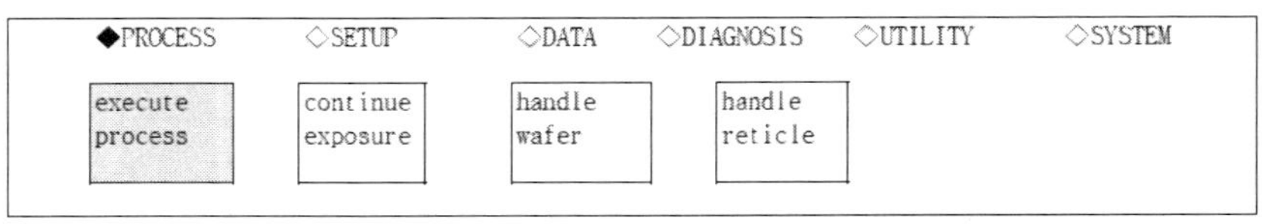

-목록에서 228USRB "ORT1"을 지정하고 OK를 클릭한다.

-Stepping check방법과 동일조건으로 Exposure를 실시한다.

-Track에서 Develop을 한 후 그 웨이퍼를 이용하여 "228USRB.ORTM" FILE을 선택 후 'DO START'를 클릭한다.

-EGA 계측이 끝나서 ORT 데이터가 표시되면 데이터를 기록한다.

-동일 웨이퍼를 이용하여 "228USRB.ORTMSIDE" FILE을 클릭한 후 "Do Start"를 클릭한다.

-EGA 계측 및 노광이 끝나면 ORT 데이터가 화면에 표시된다.

-ORTM 데이터와 ORTMSIDE 데이터를 더한 후 2로 나누어 준다.

-데이터가 SPEC을 벗어났을 경우는 DECTERM內의 UPD FILE에 부호 그대로 나온 데이터를 더해서 입력해준 후 (1)~(8)항까지 재확인 해 준다.

ORT=(ORTM+ORTMSIDE)/2

- LSA ALIGN ACCURACY CHECK

-초기화면에서 'EXEC PROCESS'를 선택한 후 'LIST'를 클릭한다.

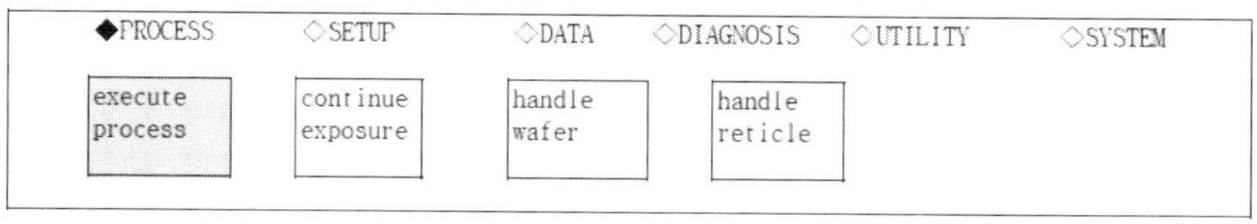

-목록에서 MAINT Directory 내에 있는 "LSA_NEW_STD"을 지정하고 OK를 클릭한다.

-코팅된 128M LOCOS PATTERN을 ETCHING한 기준W/F를 Carrier대에 놓는다.

-PM용 128M FG 마스크를 레티클 Slot 1에 설정한다.

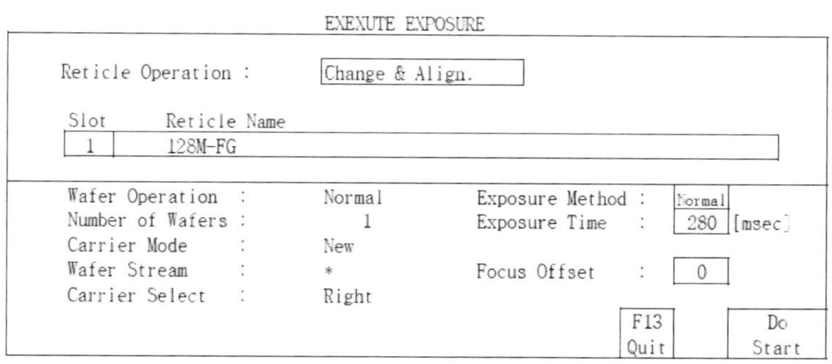

-Do Start를 클릭하여 노광을 실시한 후 Track에서 Develop을 실시한다.

-현상한 웨이퍼를 KLA 계측장비 "MAINT_EX5 STD" Job으로 OVERLAY를 계측한다.

-계측한 데이터에서 평균 값 X-tran, Y-tran 값이 ±50nm 이내인지 확인한 후 SPEC OUT시는 System-Adjust Machine의 LSA Baseline Offset에 부호 반전 후 보정해준다.

-Offset 보정이 정상적으로 되었는지를 (1)항~(6)항까지 반복 확인한다.

• CHIP MAGNIFICATION CHECK

－기준 W/F를 이용하여 LSA ALIGN ACCURACY를 CHECK한 결과 데이터에서 CHIP MAG가 ±1.5ppm 이내인지 확인 후 SPEC OUT시는 ADJUST MACHINE의 LENS MAG OFFSET에 보정해 준다.

－OFFSET 보정 후는 ALIGN ACCURACY를 재CHECK하여 CHIP MAG를 확인한다.

• CHIP ROTATION CHECK

－기준 W/F를 이용하여 LSA ALIGN ACCURACY를 CHECK한 결과 데이터에서 CHIP ROTATION이 ±1.5ppm 이내인지 확인 후 SPEC OUT시는 ADJUST MACHINE의 ROTATION OFFSET에 보정해 준다.

－OFFSET보정 후는 ALIGN ACCURACY를 재CHECK하여 CHIP ROTATION을 확인한다.

• LEVELING CHECK

－최초 화면에서 DIAGNOSIS를 클릭하여 Measure 웨이퍼 Flatness를 클릭한다.

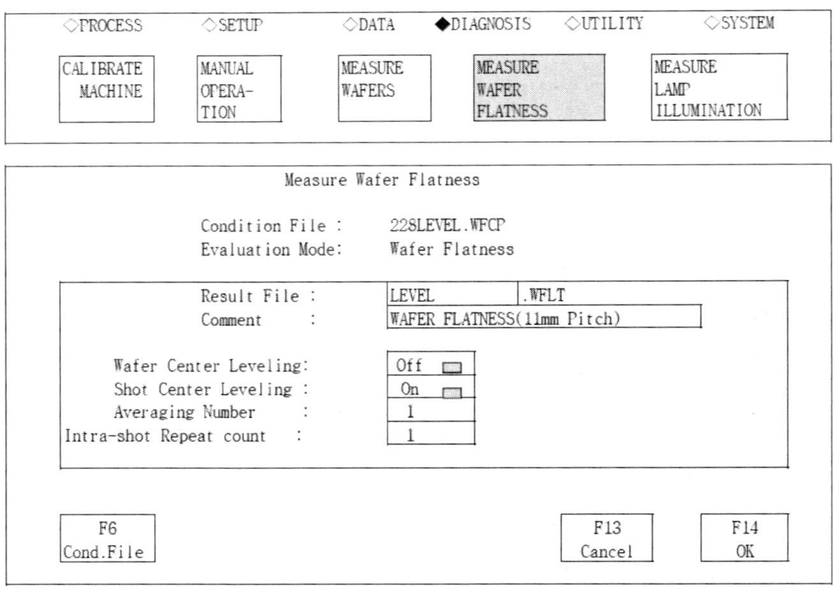

－F6 Cond.File을 클릭하여 Condition File에 228LEVEL.LEVEL을 지정한다.

－F14 "OK"를 선택하여 인수를 설정한다.

<Parameter 설정>		
Wafer Operation	:	Normal
Number of Wafer	:	1
Carrier Mode	:	New
Wafer Stream	:	Local-1
Carrier select	:	Right

－Super Flatness 웨이퍼를 Carrier대에 설정한다.

－"Do Start"를 클릭하면 자동적으로 Level이 실행된다.

－계측이 완료되면 결과치가 화면에 표시되며 웨이퍼는 자동 Unload 된다.

－계측 완료된 데이터는 아래와 같이 표시된다.

```
                     Wafer Flatness

   Meas. Proc.Prog  :   LEVEL_LEVEL
   Condition File   :   228LEVEL.WFCP

        Measurement Result

        App.  Plane-Image Plane
        Angle X  :          [urad]
        Angle Y  :          [urad]

   F6        F7        F10                 F14
   Param.    L.F map   W.F map             Exit
```

－계측 결과가 표시되면 화면 하단에 있는 F6 "Param"를 클릭한다.

Image Plane X :

Image Plane Y : 에 INC 데이터 X, Y값(상면경사)을 입력 후 OK를 클릭한다.

－장비에서 자동 계산이 되어 위 표와 같이 다시 한번 Measurement Result 값이 표시된다.

－상면경사 데이터와 계산이 되어 표시된 화면에서 ANGLE X, Y의 데이터가 ±4.8urad 이내인지 확인한다.

－SPEC OUT인 경우는 ADJUST MACHINE의 LEVELING ON OFFSET에 더해서 보정한다.

• 적산광량 CHECK

－레티클이 없는 상태에서 check를 한다.

−MAINT-V에서 적산광량 CHECK MODE(Expo' Stability Meas)를 클릭한다.

−인수 설정은

‣ Shutter Mode : Intergrator

‣ 노광 시간 : 800, 400, 200, 100(msec)

‣ 평균화횟수 : 10으로 설정한다.

−화면 좌측 하단에 있는 "실행" Key를 클릭한다.

−웨이퍼 스테이지가 조도계 센서설정 위치로 자동 이동되면 조도계 센서를 Sensor Holder에 삽입한다.

−화면에서 "Ok"를 클릭하면 자동적으로 적산광량을 계측하여 조도계에 표시된다.

−800msec에서의 적산광량 계측이 끝나면 조도계의 데이터를 기록하고 조도계를 reset시킨 후 화면에 떠있는 "Ok"를 또 클릭하면 400msec의 적산광량이 계측된다. 반복해서 100msec까지 동일방법으로 계측하고 데이터를 기록한다.

−조도계 데이터가 TIME 입력치/2=±1% mj/cm^{2}를 만족하는지 확인한다.

−규격을 벗어났을 경우에는 A-213기판의 VR2를 조정한 후 규격 내에 들어오는지 동일방법으로 재 계측 확인한다.

−F14 Exit를 클릭하면 Stagr가 센서설정 위치로 이동되며 이때 센서를 제거한다.

−조도계 센서 제거 후 MAINT-V에서 "INTEGRATOR RATE CAL"을 클릭 후 실행해 준다.

−조명MODE ID를 RUN적용 MODE인 ID5, ID11에 대해서도 동일하게 INTEGRATOR RATE CAL을 실시한 후 "ID1"의 데이터와 비교해서 0.05이내인지 확인한다(벗어난 경우는 재실행하여 규격 내에 들도록 한다.).

−ID5, ID11에서 각각 적산광량 CHECK를 실시해서 "ID1"의 적산광량치의 ±3% 이내인지 확인한다.

• 수은 램프 교환

−램프 사용 시간이 1,500h~1,900h 사이에 교환을 실시하며 램프 불량이나 조도가 SPEC을 만족하지 않을 때는 사용시간 이내에서도 교환을 실시한다.

–장치 전면 상단에 있는 램프 점등 스위치(PUSH BUTTON)를 눌러 끈다.

–15분 가량 램프를 냉각시키기 위해 대기한다.

–장치 전면 상단에 있는 램프 전원 스위치인 토글스위치를 끈한다.

–장치 뒤쪽에 위치한 LAMP HOUSING COVER를 연 후 램프를 분리 및 새로운 램프를 갈아 끼운다.

–램프 HOUSING COVER를 닫은 후 램프 전원 스위치를 켜주고 램프 점등 스위치를 눌러 램프를 점등 시킨다.

–램프 점등 후 전류가 안정될 때까지 약 20분가량 대기한다.

–램프 검사를 실시하여 INTENSITY 및 UNIFORMITY를 CHECK한 후 구격을 벗어난 경우 램프 위치를 조정해 준다.

–검·교정된 조도계를 이용하여 램프 최대 전원을 확인하고 그 위치에서 램프의 "Z축"만 아래로 반 바퀴 돌려서 내려준다.

–적산광량 검사를 실시한다.

④ 챔버의 온도점검 및 설정방법

• 온도점검

–온도 설정표시부에 챔버 온도가 규격에 있는지 점검
규격 : 설정온도 ±0.1℃

–온도 설정표시부에 IATC(레이저 간섭계) 온도가 규격에 있는지 점검
규격 : 설정온도 ±0.1℃

–온도 설정표시부에 LLTC(렌즈 제어) 온도가 규격에 있는지 점검
규격 : 설정온도 ±0.1℃

그림 1-129 온도설정 표시부

• 온도 설정법

－온도 설정법 : (TARGET) → CH선택 → E(ENTER) → 온도설정 → E

－ALARM값 변경 : 9(MODE) → CH선택 → E → MAX & MIN 설정 → E

⑤ 웨이퍼 스테이지/레티클 스테이지 간섭계 수신기 전압 확인

• 웨이퍼 스테이지 간섭계 수신기

－DIAGNOSIS의 수동동작을 지정하여 웨이퍼 스테이지를 수동 상태로 한다.

－WX1, WX2, WY의 간섭계 수신기를 DVM으로 측정하고, 웨이퍼 스테이지를 앞, 뒤, 좌, 우로 이동시켜, 각 위치에서의 출력전압과 그 변동을 점검한다.

－규격 : 출력전압 1.1[V] 이상. 전압 변동치 10% 이내

Tip
DVM(Digital Voltmeter) 디지털 전압계

• 레티클 스테이지 간섭계 수신기

－DIAGNOSIS의 수동동작을 지정하여 레티클 스테이지를 수동 상태로 한다.

－RX, RY1, RY2의 간섭계 수신기를 DVM으로 측정하고, 레티클 스테이지를 앞, 뒤, 좌, 우로 이동시켜, 각 위치에서의 출력전압과 그 변동을 점검한다.

－규격 : 출력전압 1.1[V] 이상, 전압 변동치 10% 이내

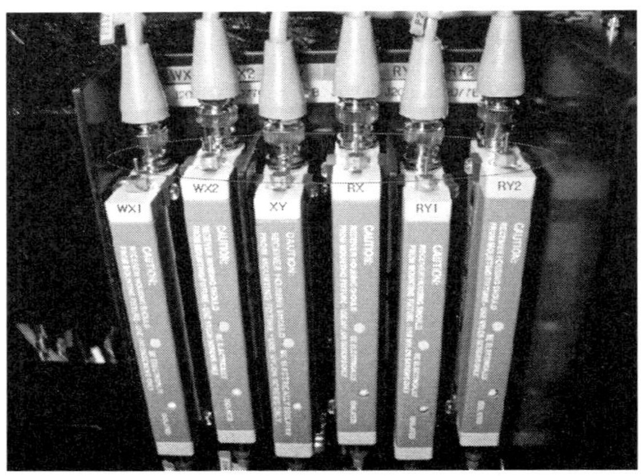

그림 1-130 레티클 스테이지 간섭계 수신기

⑥ 적산노광 측정 및 조정

－MAINT-V에서 적산노광측정(INTEGRATED EXPOSURE ACCURACY MEASUREMENT)

－MEASUREMENT EXECUTION을 실행

– 메뉴에서 계측실행 항목 선택 후 EXECUTE 실행
  - SHUTTER MODE : INTEGRATOR MODE
  - 노광시간지정_t(msec) EXP_TIME 1 : 800
  - EXP_TIME 2 : 400
  - EXP_TIME 3 : 200
  - EXP_TIME 4 : 100
  - DUMMY SHOT 횟수(DUMMY SHOT COUNT) : 10회
  - 평균화 횟수(AVERAGIGN COUNT) : 4회
  - 측정 POINT 수 : 5 POINT

– 실행 중 조도계 센서를 설정하라는 메시지가 나오면 센서를 설치한다.

– SPEC OUT시 A-213 PCB(EPDRV2)의 VR2(ITGGN)를 조정한다.
  - LOW일 경우 반시계 방향으로 조정
  - HIGH일 경우 시계 방향으로 조정

– 조정 후에는 반드시 MAINT-V의 "CALIBRATE INTEGRATOR RATE"을 실행한다.

⑦ 웨이퍼 LOADER 점검

– 웨이퍼 LOADER 부의 AWLRAC 기판내의 스튀치 S1(LLDMSW)과 S2(RLDMSW)을 ON시켜 레이저를 점등시킨다(녹색 LED가 켜지면 정상).

– 레이저 전원 게측기를 이용해서 실제 레이저의 출력을 측정한다. 측정값이 약 40uW/cm^2 이다.

– 규격을 만족하지 못하면 AWLRAC 기판의 VR2(LLDPWR)와 VR5(RLDPWR) 조정한다.

– 조정이 안 될 시에는 VR1(LLDPAJ), VR4(RLDPAJ) 조정한다.

– 레이저의 전원이 약 40uW/cm^{2}인 상태로 AWLRAC 기판의 TEST POINT TP1(LOFSET)와 TP2(ROFSET)의 전압을 측정한다.
  - 측정전압이 9.0±0.5V

– SPEC을 만족하지 못하면 VR3(LOFSET), VR6(ROFSET) 조정

– 작업 종류 후 웨이퍼 LOADER부 AWLRAC 기판내의 S1(LLDMSW), S2(LLDMSW)를 OFF 시킨다.

- 레이저 다이오드가 OFF된 상태에서 AWLCUD기판(엘리베이터 하단에 위치)의 TEST POINT TP8(SPDLA), TP3(SPDRA), TP11(SPDRB)를 DVM으로 측정한다. 측정전압이 10[mV] 이하이다.
- SPEC을 만족하지 못 할시에는 VR3(LAOFS), VR4(LBOFS), VR5(RAOFS), VR6(RBOFS)조정한다.
- WLRAC기판의 S1, S2 스위치를 켜서 레이저를 점등시킨 후 WLCUD기판내의 TEST-POINT TP8, TP9, TP10, TP11을 확인한다. 측정전압이 -600±15[mV]
- SPEC을 만족하지 못할 경우에는 AWLCUD기판의 VR7, VR8, VR9, VR11을 이용하여 조정한다. 이때 출력치가 20mV 이내가 되도록 한다.
- 작업종료 후 웨이퍼 LOADER부 AWLRAC 기판내의 S1(LLDMSW), S2(LLDMSW)을 OFF 상태로 만들어 레이저를 OFF 시킨다.

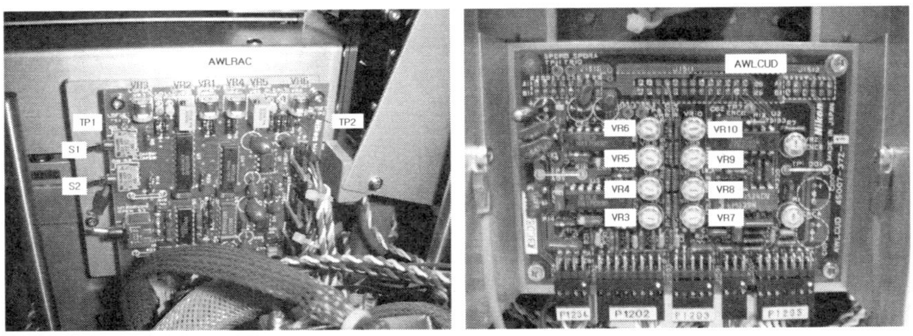

그림 1-131 웨이퍼 LOADER부의 AWLRAC기판

4. 장비 운영

1) 장비 전원 켜는 방법

(1) CHAMBER 정면부에 있는 압력게이지로 각 공압계의 압력이 하기의 범위로 되어 있는지 확인한다.

① VACUUM(진공압) : 59.3kPa(460mmHg) 이상

② AIR(공기압) : 0.275~0.325MPa(2.75~3.25kg/cm^2)

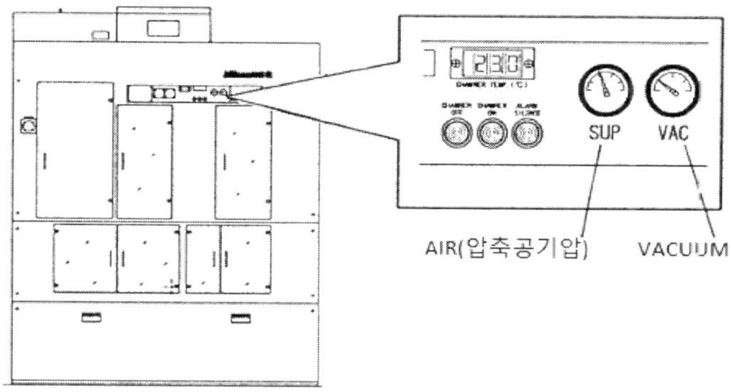

그림 1-132 공압계 확인

(2) 2차 전원의 시스템 전원을 공급한다.

(3) 주 스위치를 “ON" 한다(장비 뒷면).

MAIN LINE LAMP가 점등하면, [ON] 스위치를 누르면 전원 CN 램프가 점등한다.

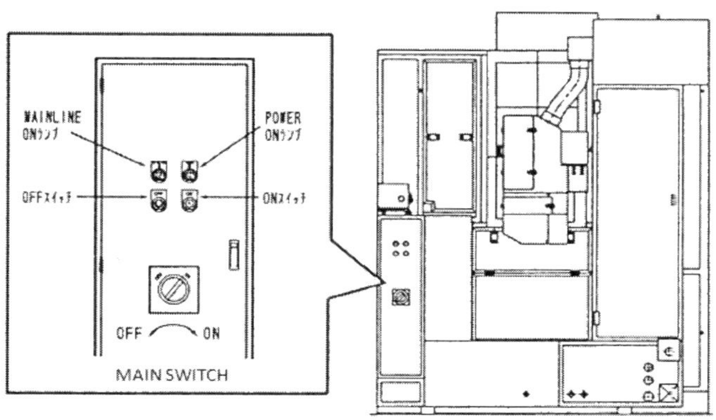

그림 1-133 메인 스위치

(4) CHAMBER 정면부의 [CHAMBER ON] 스위치를 누른다.

(5) CHAMBER 제어반내의 [LLTC ON/OFF] 스위치가 “ON” 되어 있는지 확인한다.

(6) 장비후면 하단부의 냉동기 압력게이지 확인한다.

① 고압 : 1.4~1.6(14~16kg/cm^2)

② 저압 : 0.42~0.55(4.2~5.5kg/cm^2)

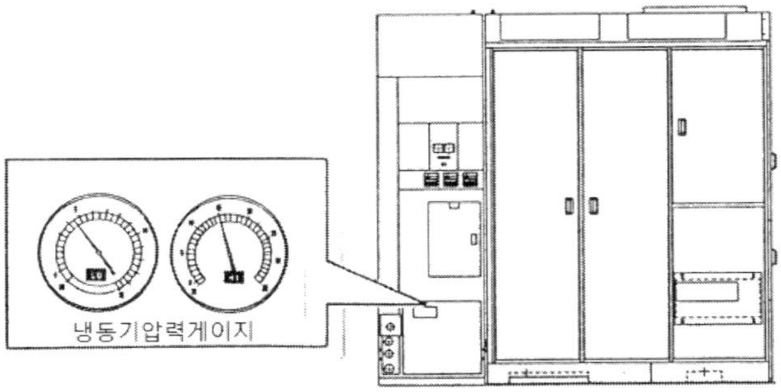

그림 1-134 압력 게이지

(7) 초고압수은 램프점등

장비정면 상부의 수은램프 전원 스위치를 "ON" 시키고, [START] 스위치를 누른다.

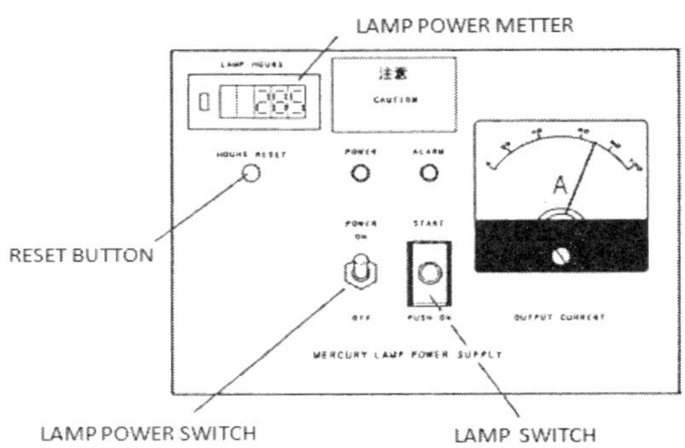

그림 1-135 램프 스위치

(8) 장비후면의 할로겐 램프 전원을 "ON" 한다.

(9) 제어 랙 하부에 있는 전원 패널의 BRAKER 모두 "ON" 한다.

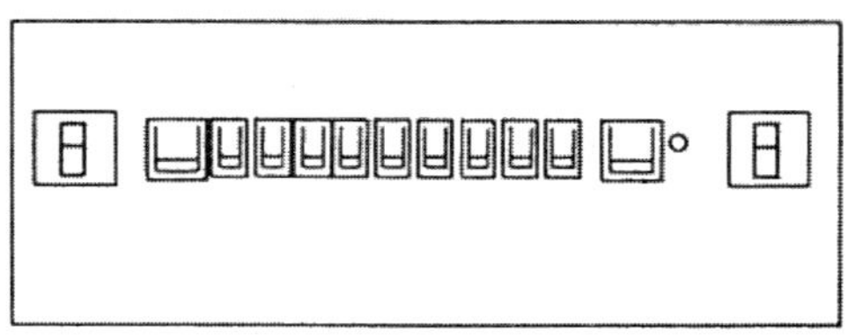

그림 1-136 전원 패널의 BRAKER

(10) 장비내의 왼쪽 중앙부에 있는 간섭계 레지어 HEAD의 전원이 ON되어 있는지 확인한다.

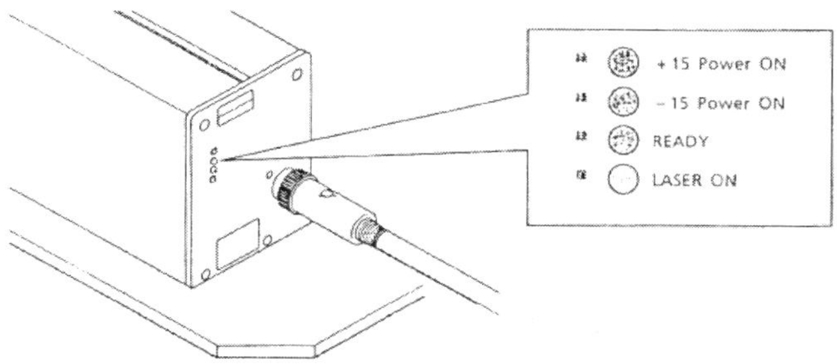

그림 1-137 HEAD의 전원

(11) 동장 랙의 모니터 전원 "ON"

① 확장 BOX 전원 "ON"

② MIMI 컴퓨터 전원 "ON"하게 되면 하기와 같이 LCD 창에 화면이 표시된다.

digital™

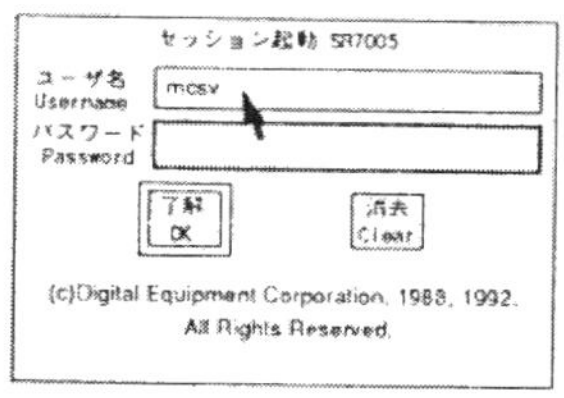

그림 1-138 로인화면

(12) LOGIN 화면에서 USER명 "MCSV" 입력, PASSWORD "PASS"를 입력하면 장비가 기동하게 된다.

요 약

포토 공정에서 노광기란 빛에 반응하는 물질(Photoresist : PR, 감광액)이 코팅된 시료(웨이퍼, 사파이어, 유리등)위에 원하는 패턴이 형성된 마스크를 올려놓고 자외선(g선, I선) DUV(KrF, ArF 등)을 조사시켜 감광막에 원하는 패턴을 전사시키는 장치를 말합니다. 이때 빛을 받은 부분이 반응하여 현상액이 제거되면 Positive PR, 빛을 받지 않은 부분이 제거되면 Negative PR라고 한다.

노광기의 종류로는 ALIGNER, STEPPER, SCANNER로 구분되며, 즉 마스크의 상이 1 : 1로 투영되는 것과 일정한 비율로 투영되는 것이 있는데 1 : 1의 경우 패턴의 크기가 1um 이상일 경우나 패턴의 형상이 노광되어지는 면적 전체에 완성되는 경우에 이용되며 이때 사용되는 노광기를 ALIGNER라 하며, 마스크와 감광막을 접촉시킨 상태에서 자외선을 조사시킵니다. 이와는 달리 패턴사이즈가 1um이하이거나 같은 형상이 계속 반복될 경우 마스크에 원래 원하는 마스크의 패턴 사이즈의 정수배로 확대하여(보통 5배) 만든 다음 마스크와 감광막이 코팅된 시료를 적정거리로 유지한 상태에서 축소광학계(1 : 5배 또는 1 : 2.5 등)를 이용하여 자외선을 조사시키며, 한 장의 웨이퍼에 같은 소자가 계속 반복아여 웨이퍼(마스크 고정상태)를 X, Y 방향으로 한 step씩 옮겨가며 자외선을 노광 축소 광학식 노광기를 STEPPER라 한다.

또한, 마스크 패턴과 4 : 1 축소투영방식으로 마스크와 웨이퍼를 동조 주사 방식을 SCANNER라 한다.

연습문제

01 반도체 노광기를 3종류로 구분하시오.

02 STEPPER 조명계에서 빛의 조도분포(Uniformity)를 향상하는 랜즈는 무엇인가?

03 수은램프에서 발생한 Spectrum에서 각 파장대별 CD Resolution은 얼마인가?

04 XY 스테이지에서 위치를 확인하기 위하여 어떤 LASER를 사용하며, 위치를 측정하기 위하여 어떤 효과를 사용하는가?

05 해상도(Resolution)과 초점심도 (Depth of Focus)의 관계식을 설명하시오.

06 웨이퍼 alignment method에서 LSA, FIA, LIA에 대하여 설명하시오.

07 STEPPER의 XY 스테이지의 단면 구성도를 설명하시오.

참고문헌

NIKON NSR-204B(KrF) SCANNER SYSTEM MANUAL
NIKON NSR-2205i11,NSR-2205i12 STEPPER SYSTEM MANUAL
NIKON STEPPER MAINTENANCE MANUAL(수리 및 예방정비 지침서)
SEMATECH(www.sematech.org) Metrology roadmap, A Supplement to the National Technology Roadmap for Semiconductors
박욱동 외 공역, 알기쉬운 반도체 공정, 대영사
전자정보센터(EIC) 반도체 노광기술(2010.12)
하이닉스반도체 포토공정 및 장비교육자료
황호정, 반도체 공정기술, 생능출판사

트랙(Track)공정 장비

02 Chapter

02
Chapter

트랙(Track)공정 장비

학습포인트
- 트랙공정의 개념을 이해하고 설명할 수 있다.
- 트랙공정과 노광공정의 연계성을 이해하고 설명할 수 있다.
- 트랙공정장비의 기본 작동법을 이해한다.
- 트랙공정장비의 경향 및 향후경향을 이해 할 수 있다.

1. 트랙 공정 개요

웨이퍼 표면위에 감광액(포토 Resist : P/R) 한 방울 떨어트려서 전면을 코팅한다. 스핀 모터의 회전수에 따라서 두께(Thickness)가 결정된다.

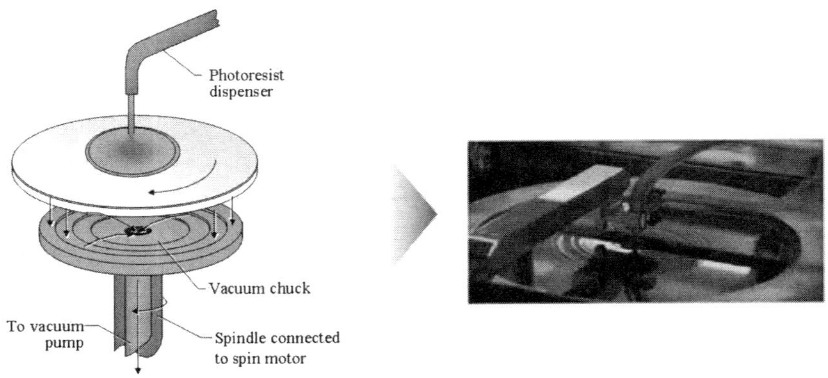

그림 2-1 스핀 모터

Coater 유닛는 수평인 웨이퍼 위에 감광제(Photo Resist Solvent)를 떨어트리고 웨이퍼를 회전시킨다. 웨이퍼위에 균일한 감광액 필름을 형성시키기 위한 유닛이다. Spin식 도포장치(Spin Coater)라고 부른다. Spin Chuck 위에 진공 흡착 고정시킨 웨이퍼 필터 등으로 이물질을 제거한다. 감광제를 떨어트리고, 웨이퍼를 고속으로 회전시켜서 감광제를 코팅한다. 코팅중의 배기류 제어와 액체 혼합시에 감광제가 웨이퍼 처리를 위해서, 이면 세정 및 EBR(Edge Bead Rinse) 기능을 표준 기능으로 갖추고 있다. Coater 유닛부의 웨이퍼 이송은 Main Arm의 Pincette으로 처리한다.

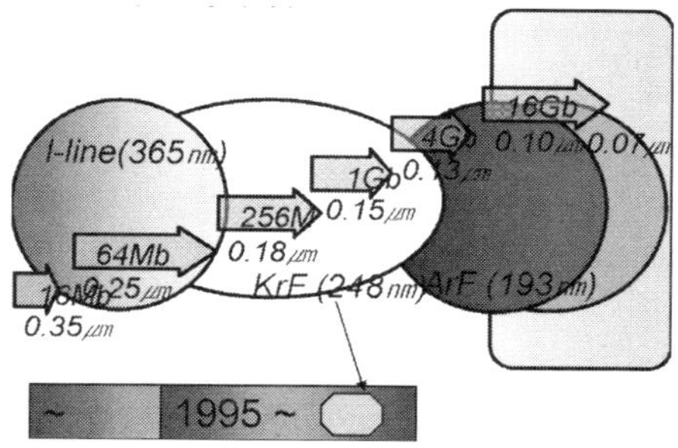

그림 2-2 포토(Lithography) 공정 발전 경향

포토 공정 목적은 선택적인 식각 패턴 형성, 선택적인 불순물 이온 주입 패턴 형성 등이다.

포토 공정 순서는 다음과 같다.

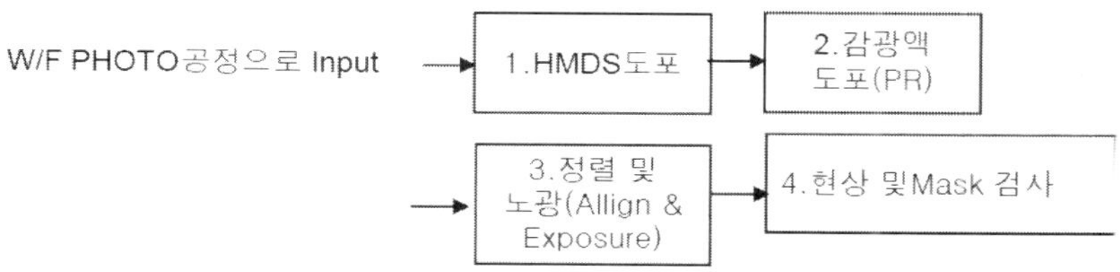

그림 2-3 포토 공정 순서

포토 공정 의 세부 고정 흐름은 다음과 같다.

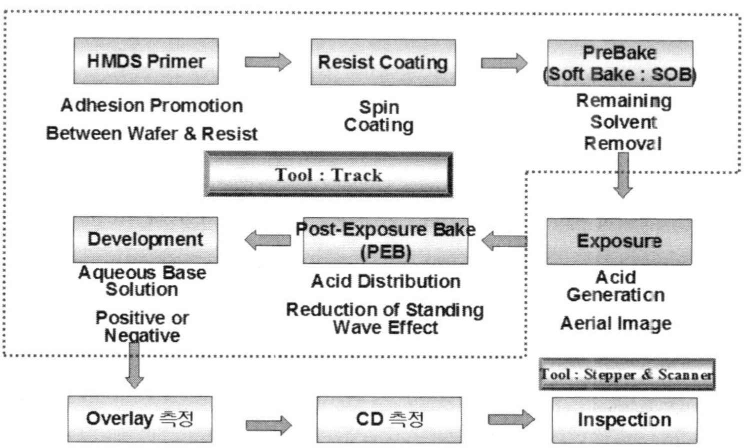

그림 2-4 포토 세부 공정 Flow

1) 감광막(포토 Resist) 도포

(1) 목 적

패턴 형성을 위해 빛과 반응하는 감광물질(PR)을 웨이퍼에 도포한다.

(2) 도포방법

① 웨이퍼를 회전시켜 원심력을 이용 감광액을 도포한다.
② 웨이퍼에 계층별로 정해진 두께로 코팅하며, 고해상력/고감도/내식각성 등의 특성이 우수해야 높은 등급의 감광액이다.

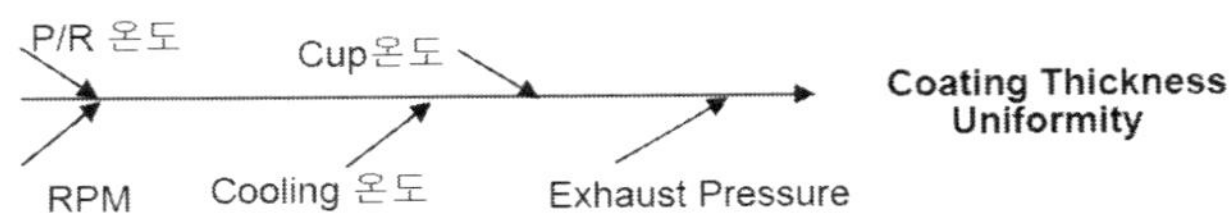

그림 2-5 감광막 도포

그림에서 P/R 온도, Cup 온도(Spin 유닛), Cooling 온도(Cool Plate 유닛)은 23℃이며 코팅 두께 균일성(측정 장비로 검사)은 두께 표면을 일정한 상태로 만든 것을 말하며 배기 압력은 장비 내에 게이지가 부착되어 있다. RPM은 모터 회전수를 의미한다.

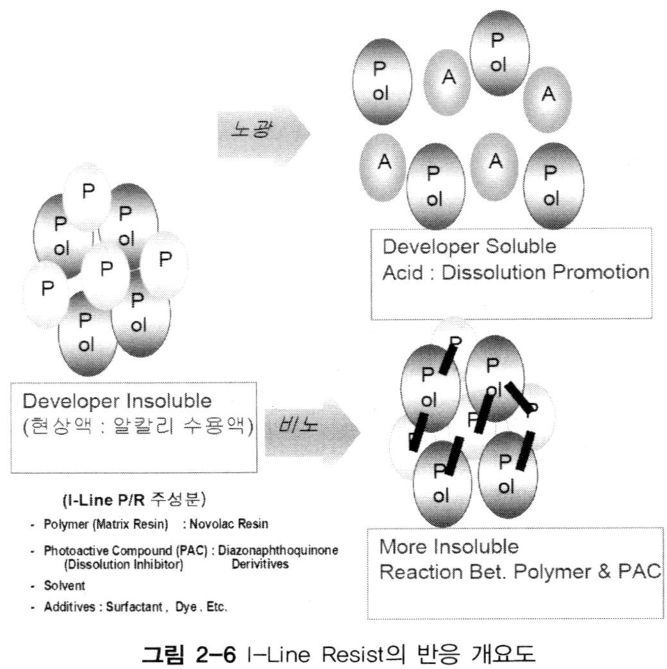

그림 2-6 I-Line Resist의 반응 개요도

2) HMDS(Hexa Methylene Silazane) 도포

(1) 목 적

감광막과 웨이퍼의 접착력 증대시킨다.

(2) 도포방법

고온 상태에서 N_2 가스로 가압하여 안개 입자(기체) 상태로 웨이퍼에 도포한다.

(3) 장 비

Coater(포토 resist 도포기) 내에 장착된 HMDS 오븐 유닛에서 실시된다.

오븐 유닛의 온도는 상온이나 70~150℃ 사이이며, 공정 Time은 대략 40sec 정도이다. Bottom ARC(Anti Reflective Coating)를 적용하며 Pix Layer의 경우 HMDS 도포를 실시하지 않는다. ANTI REFLECTIVE 코팅은 빛의 난반사를 방지하여 Pattern의 균일성 유지시켜 주며 Notching 방지, Pattern Profile 개선, CD Uniformity 개선 효과가 있다.

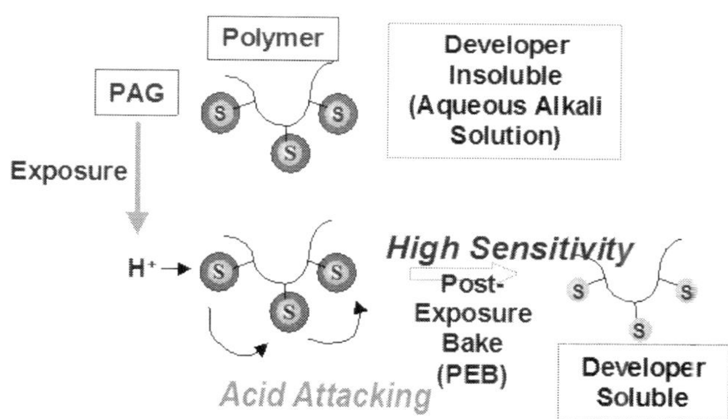

그림 2-7 CAR Resist(Deep UV) 반응개요도

(4) CAR 주성분

① Polymer(Matrix Resin) : Protected Poly(vinyl phenol)

② 포토 Acid Generator(PAG) : Triphenylsulfonium triflate, Etc.

③ Solvent : Chemical 명, 녹는 성분

④ Additives : 첨가물

포토막 코팅 전에 일부 계층의 경우는 Bottom ARC을 적용한다(0.18㎛-ISO, P2CT, P3CT ARC 사용한다.).

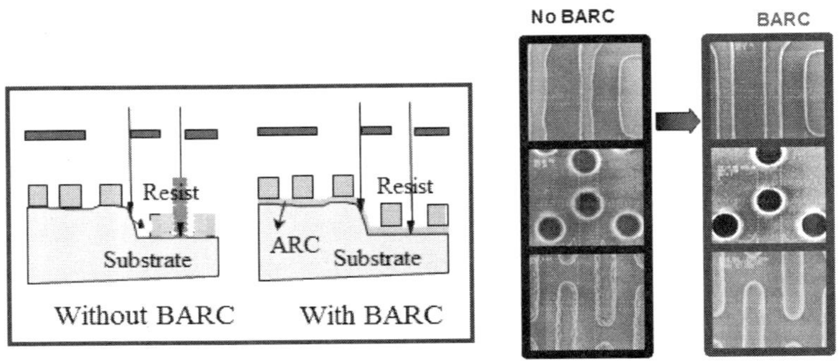

그림 2-8 ARC 적용에 따른 효과 비교

(5) Spin 코팅 순서

Spin 코팅 순서는 다음 그림과 같다. 여기서, P/R Dispense Nozzle은 P/R을 뿌리는 파이프이며, 척(Chuck)은 웨이퍼를 잡는 기구이고, Vacuum은 진공으로 웨이퍼를 잡는 것을 의미한다. P/R Suck Back은 P/R을 뿌리고 파이프에서 2~3mm 조정한다.

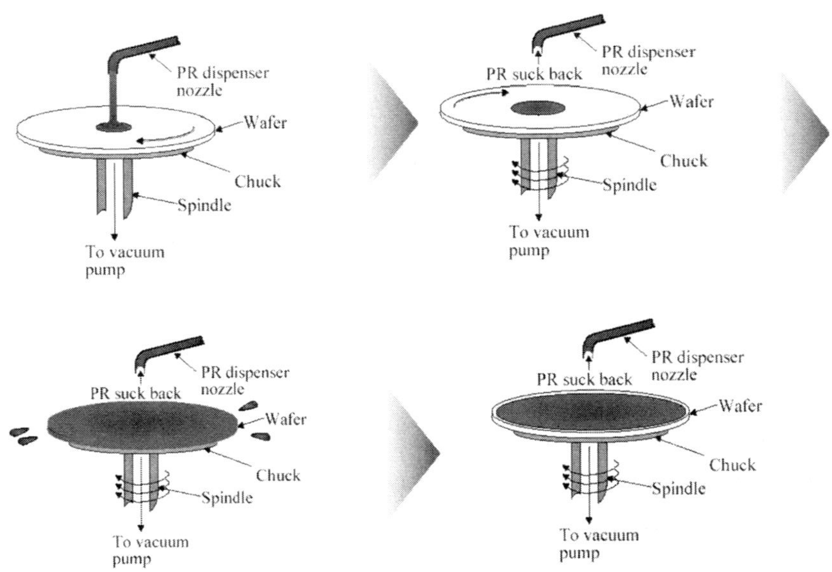

그림 2-9 Spin 코팅 순서

(6) Spin 유닛 개념

다음 그림은 Spin 유닛 장치의 개념을 보여 주고 있다. 여기서, Exhaust는 배기 부분을 의미 한다. Drain은 폐액을 모아서 담는 곳이다.

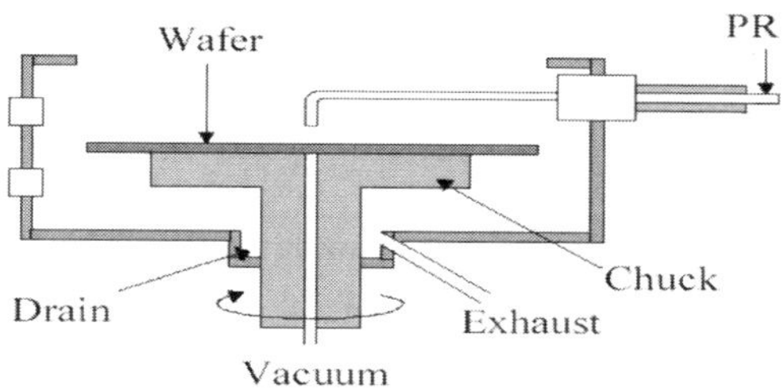

그림 2-10 Spin 유닛 개념

포토 공정의 전체 흐름은 다음과 같다.

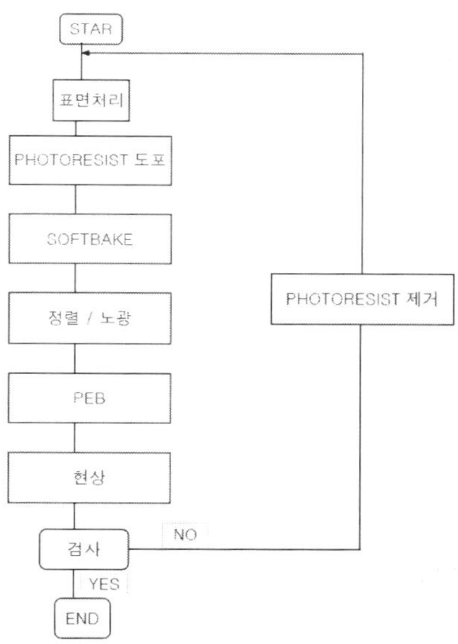

그림 2-11 포토 공정 흐름도

3) 감광액(PR) 두께와 RPM 도표

Spin Motor RPM에 따른 감광액의 두께는 다음 그림과 같다.

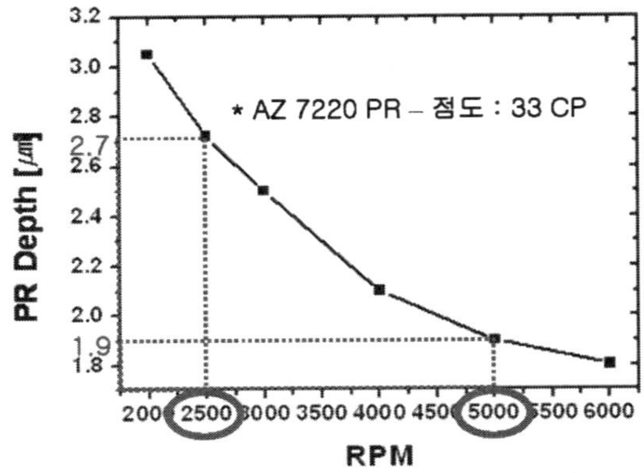

그림 2-12 RPM에 따른 감광액의 두께

감광액의 두께에 영향을 미치는 요소는 감광액의 점도와 Spin 코팅 속도(회전 속도) 등이 있다. 감광액의 접착력에 영향을 미치는 요소는 안개(Moisture), 표면 안착(Surface Smoothness), 표면 오염(Surface Contamination) 등이 있다. 감광제를 도포하는 방법은 웨이퍼가 회전하는지와 감광제가 어떻게 분사되는지에 따라 정적 디스펜스(Static dispense), 동적 디스펜스(Dynamic dispense), 이동 디스펜스(Moving dispense) 방법이 있다. 정적 디스펜스는 정지된 웨이퍼의 표면에 감광제를 올리고 웨이퍼를 회전시켜 감광제의 두께 막을 형성하는 방법이다. 동적 디스펜스는 회전하는 웨이퍼의 중앙에 감광제를 뿌려서 도포하는 방법이다. 이동 디스펜스는 회전하는 웨이퍼에 감광제를 중간에서부터 가장자리 부분까지 노즐을 이동하면서 도포하는 방법이다.

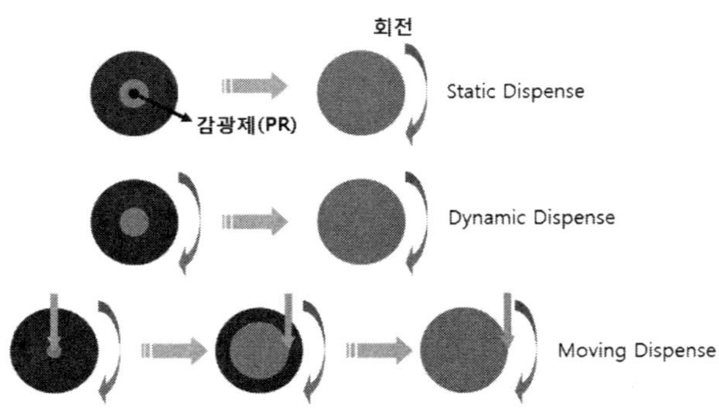

그림 2-13 감광제 도포 방법

감광제의 온도가 높을수록 중앙이 두꺼운 이유는 Solvent 용액의 증발이 빠르기 때문이다. 온도가 1℃ 변하면 중심에서의 변화치는 50Å이상 차이를 보인다.

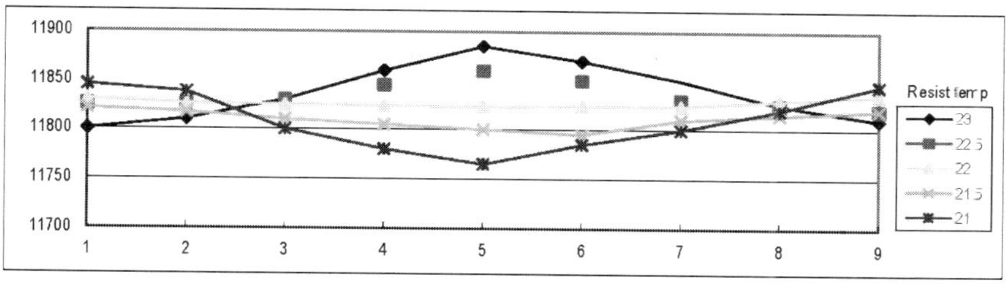

그림 2-14 P/R Thickness Graph Out Line(Resist Temperature)

냉각 플레이트 온도가 높으면 용액 증발이 빠르기 때문에 두껍다. 냉각 플레이트 온도가 1℃ 변하면 두께의 변화치는 약 20~30Å 정도 차이를 보인다.

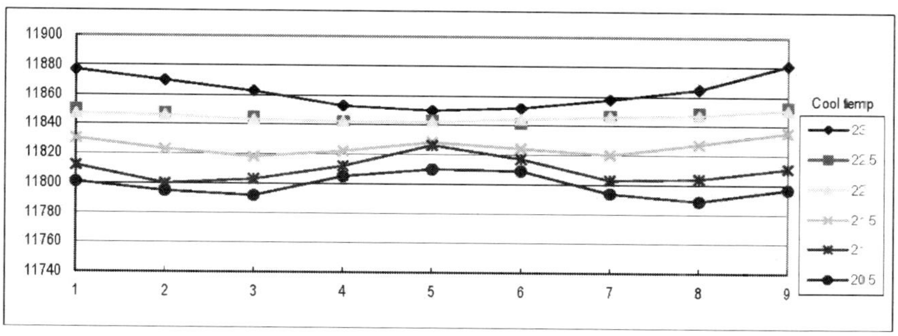

그림 2-15 P/R Thickness Graph Out Line(Cool Plate Temperature)

배기가스의 속도가 빠를수록 웨이퍼 주변부의 공기 속도가 커져 증발이 일어난다. 웨이퍼 전면적으로 볼 때도 배기가스는 동일한 역할을 하게 된다.

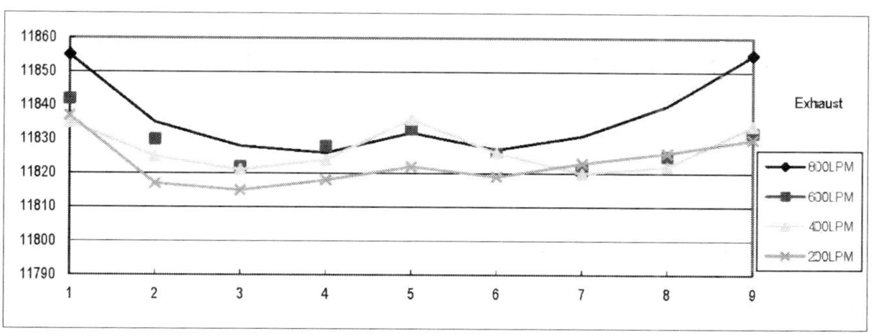

그림 2-16 P/R Thickness Graph Out Line(Exhaust Flow Temperature)

감광제 설정 온도가 22℃로 주변 환경 온도가 이보다 낮을 경우 디스펜스(Dispense)가 초기에 용액이 증발되어 웨이퍼 중앙부가 두꺼워진다. 균일한 측면에서 볼 때 감광제 온도 보다 1℃ 정도 낮게 설정하는 조건이 적정하다.

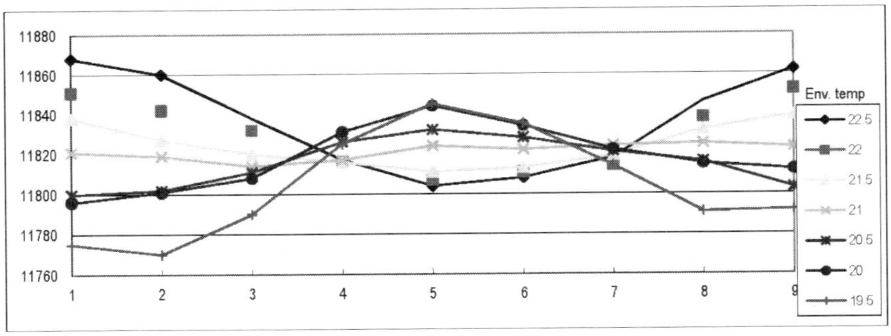

그림 2-17 P/R Thickness Graph Out Line(Environment Temperature)

습도가 높으면 용액 증발을 방해 필름 두께를 얇게 한다. 습도가 1% 높아짐에 따라 평균 10~15Å 두께가 낮아진다. 습도는 균일성(Uniformity)에 영향을 주지 않는다.

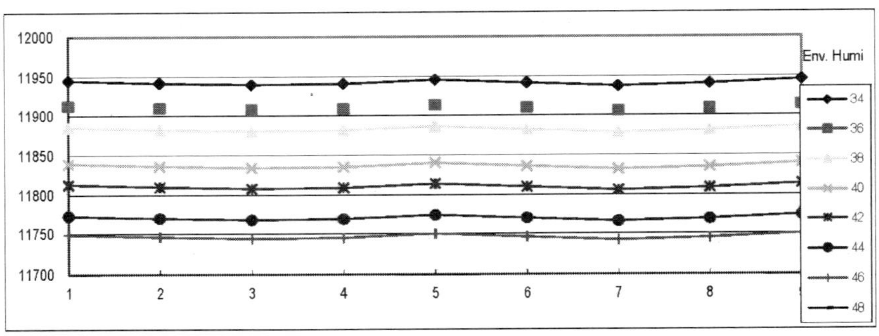

그림 2-18 P/R Thickness Graph Out Line(Environment Humidity)

(1) 감광제의 분류

감광제는 용해도의 변화에 따라 Positive 형과 Negative 형으로 분류하며 광원 종류는 g-line(436nm), i-line(365nm), KrF(248nm), ArF(193nm), EUV(13nm), E-beam, Ion Beam, X-ray가 있다.

(2) 감광제의 구성

① Polymer(고분자), Solvent(용매), Sensitizers(감광제), Additives(첨가제)

② Solvent : Resist의 점도 결정

③ Polymer : Monomer의 결합상태. Resist의 실체

④ Sensitizer(포토 Active Compound) : Polymer/Resin에 에너지 전달

⑤ 포토 Resist은 감광성 물질이다(감광성 화합물, 합성수지, 유기 용매).

(3) 감광제 요소

① Positive Resist

해상도가 우수, 2~3㎛의 Patterning(디바이스 무늬) 가능, 알카리 수용액 현상 노광된 부분이 제거 한다 감광성 물질은 노광된 패턴 영역에 복사 에너지가 흡수되고 또한 화학구조가 바뀌게 되어 현상(Develop)에 용해 가용성 된다. 이때 노광된(Stepper 장비) 영역은 제거된다.

② Negative Resist

1.5㎛ 이상은 곤란, Solvent계로 현상, 감도가 빠름 노광된 부분이 제거되지 않는다(Crosslinking : 디바이스 무늬 연결에 의해). 감광성 물질은 광 에너지를 흡수하고 이때 화학적 에너지로 변환되어 폴리머의 교차 결합 반응을 유발한다. 교차에 결합된 폴리머는 높은 분자 무게 때문에 현상액이 쉽게 용해되지 않는다.

> **Tip**
> 폴리머(Polymer)
> 분자가 기본 단위의 반복으로 이들 분자들이 서로 중합하여 이루어진 화합물

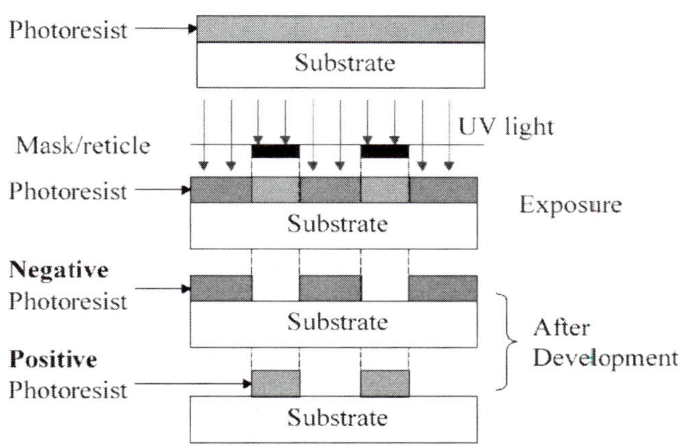

그림 2-19 감광제 분류

UV Light(빛 노광), Mask/Reticle(Stepper 장비의 디바이스, 무늬 퀄츠)
Substrate(기판), Exposure(노광)

4) HMDS(Hexa Methylene Disilazane) 처리

웨이퍼 산화물(Oxide)과 P/R 과의 감광제(PR) 사이에 접착력을 증가하기 위해 진공 상태에서 HMDS 액체용액을 기체 상태를 만들어서 표면에 전면 증착한다.

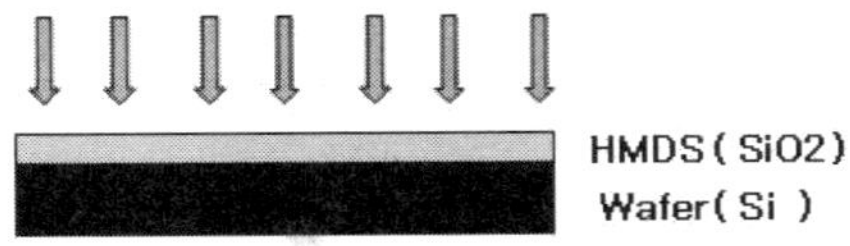

그림 2-20 HMDS 처리

(1) Soft Bake 기능

① 감광액 속에서 대부분의 용매 성분을 증발시키는 역할

② Soft baking은 시간과 온도에 따라 경화도가 결정된다.

③ Over bake : less 포토-sensitivity 감소, 고분자화

④ Under bake : 필름과 감광액 간의 접착력 감소

⑤ Convection(Hot Plate Oven) : 표면부터 용매 증발 Solvent Trapping PR 내부 용매 폭발 현상 때문에 천천히 가열한다.

⑥ Conduction(Hot Plate Oven) : 바닥부터 Solvent 증발 Uniform 한 가열 가능하다.

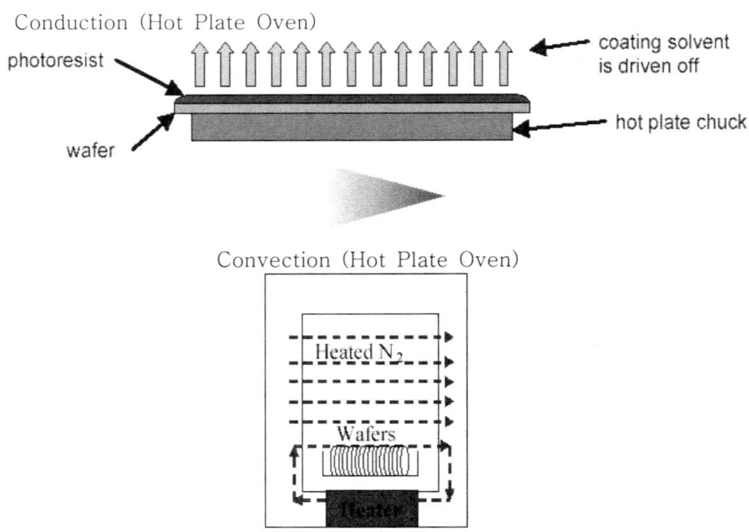

그림 2-21 Baking 시스템

(2) Post Exposure Bake 기능(PEB)

Standing Wave 현상이란 과다노출과 노출부족으로 인해 반사된 빛의 간섭으로 생기는 PR의 물결 현상이다. Post Exposure Bake 역할은 Tg(포토 Resist Glass Transition Temperature)이상의 온도에서 PR의 열적 반응으로 분자단위의 PR성분들을 재정렬 시켜 PR Sidewall과 Resolution을 향상 시킨다.

5) Standing Wave Effect 현상의 최소화 방법

- 110 to 130℃에서 약 1분 동안 실시
- 같은 종류의 PR일 경우 Soft Baking 보다 높은 온도에서 실시

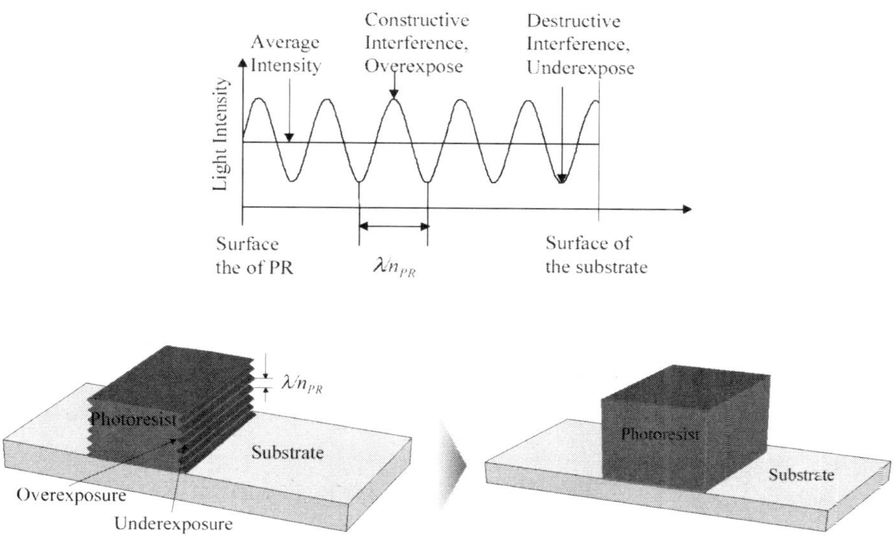

그림 2-22 Standing Wave 현상

(1) 공정 개요(현상 : Develop)

웨이퍼 표면위에 Develop 용액을 뿌려서 현상을 한다. 현상액은 알카리 용액+DI Water로 구성되어 있다.

① 현상(DEVELOP) : Developer 주성분 TMAH(METHYL AMMINIUM HYDR-OXIDE)−알카리성 물질, WT로 2.38% 첨가(대부분 H20로 구성됨)

> **Tip**
> DI(Delonize) Water
> 초순수 : 이온이 없는 순수한 물

② 현상액 Nozzle 웨이퍼 Center로 이동 → 현상액 Dispense 및 현상액 웨이퍼 전면 도포 → Puddle실시 → DI WATER로 Rinse → High RPM으로 Spin DRY 순으로 진행된다.

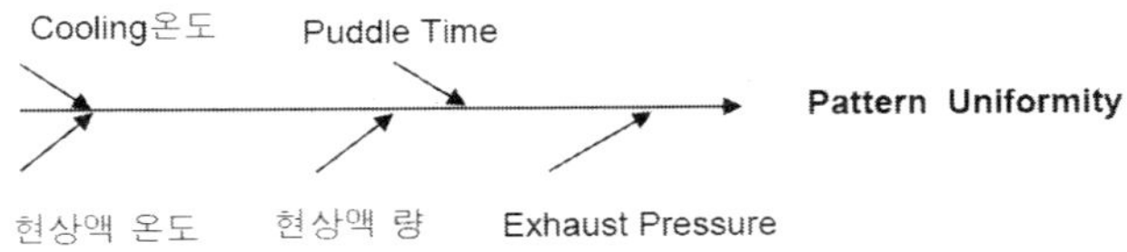

그림 2-23 현상(Develop) 공정

③ Puddle Time : 웨이퍼 표면에 Developer 용액을 뿌리면, 물웅덩이처럼 고여 있으며 좌, 우 흔들어서 현상을 원활하게 한다.

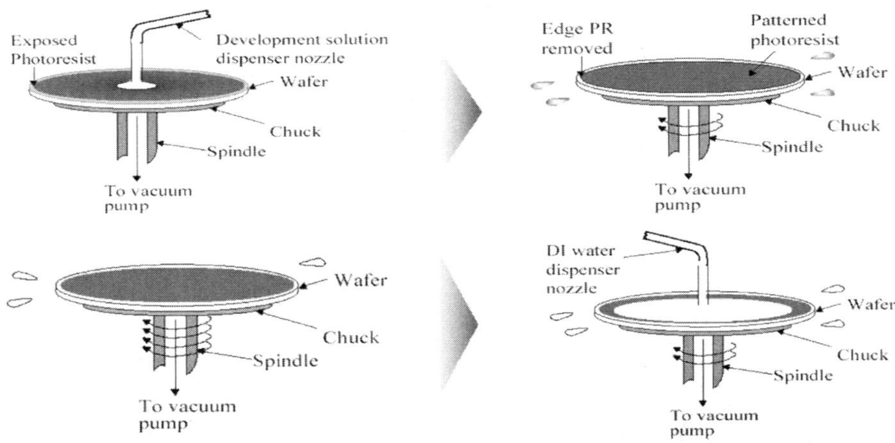

그림 2-24 Spin Developing 순서

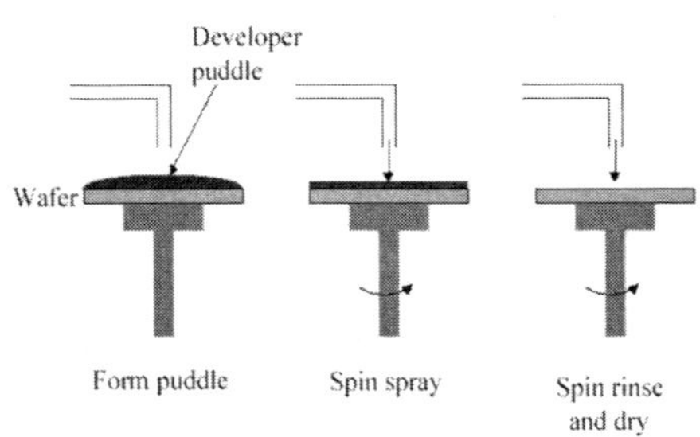

그림 2-25 Developer Puddle 방식

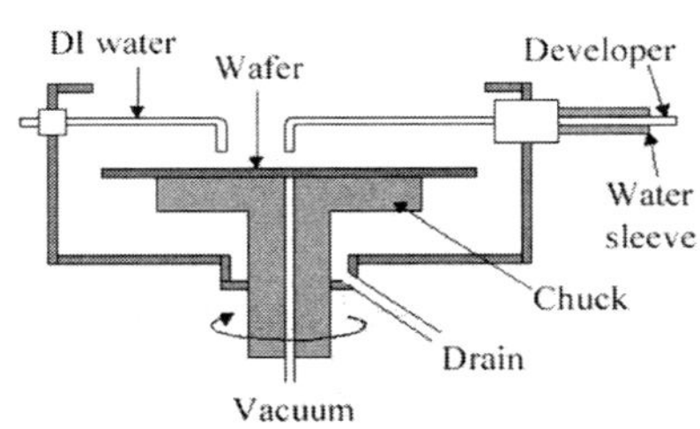

그림 2-26 Develop 유닛 내부 구성도

웨이퍼의 회전을 멈추어 표면장력에 의해 현상액이 웨이퍼위에 올라간 상태로 두어 현상액이 소량, 현상 균일성이 좋고, Scum(이물질) 등을 줄어든다.

(2) Develop 현상 후 패턴 현상

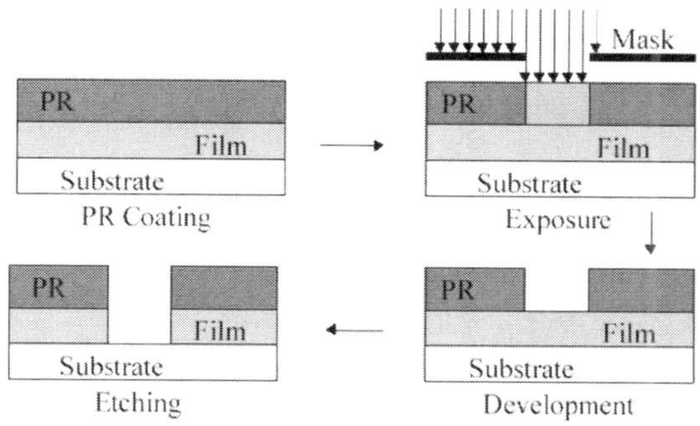

그림 2-27 현상 순서

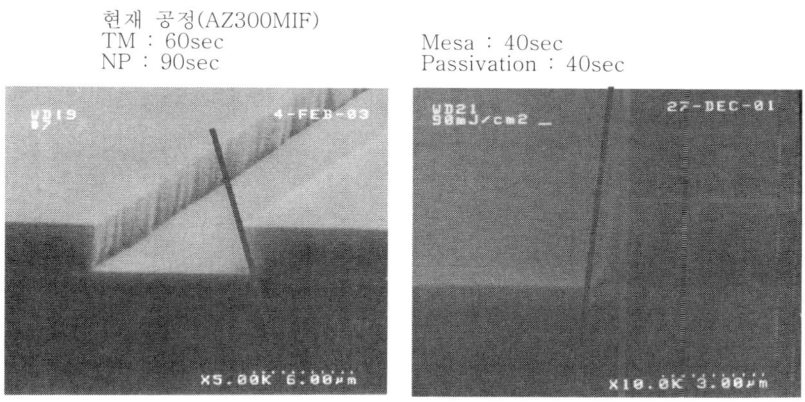

그림 2-28 예

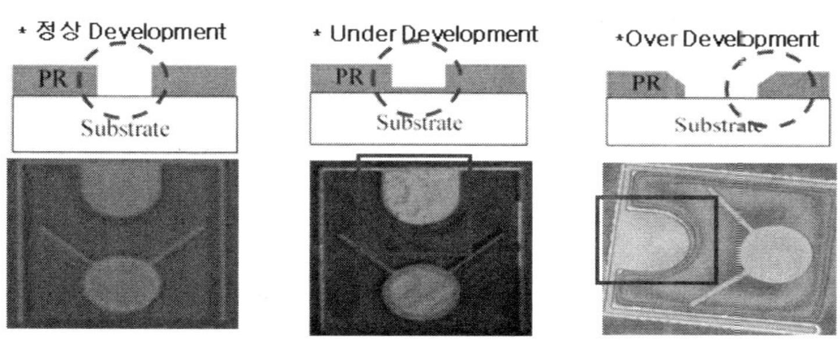

그림 2-29 현상의 예

(3) Hard Bake 기능

① 감광제에서 모든 용매 증발

② Improving Etch and Implantation Resistance

③ 표면과 감광액 접착력 개선

④ 감광액 중합과 안정화

⑤ PR Flow to Fill Pin hole

- 포토 Resist Flow
- Baking이 과다하면 너무 많은 감광액 흐름을 야기할 수 있고 포토 Lithography Resolution에 영향을 미칠 수 있다.
- Under-Bake
  - 감광액은 완전히 중합되지 않는다.
  - High Photo Resist Etch Rate
  - Poor Adhesion
- Over-Baking
  - PR Flow and Bad Resolution Baking

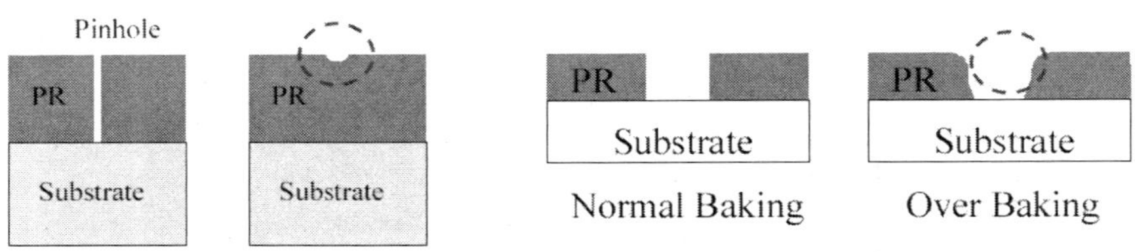

그림 2-30 Baking 예

그림 2-31 Oven Temperature 변화 상태

(4) 감광액 두께의 균일성(P/R Thickness Uniformity)

① P/R Thickness Uniformity Static : 웨이퍼가 회전하지 않고 정지되어 있을 때, P/R을 도포한다.

② Pre-Dispense RPM : 미리 P/R 도포 한다.

③ Pre-Step Acceleration(예 : RPM 1~5,000까지) : 1~5,000RFM 까지 도달하는 시간을 말한다.

④ PR Thickness Uniformity Dynamic : 웨이퍼가 회전하면서 F/R을 도포한다.

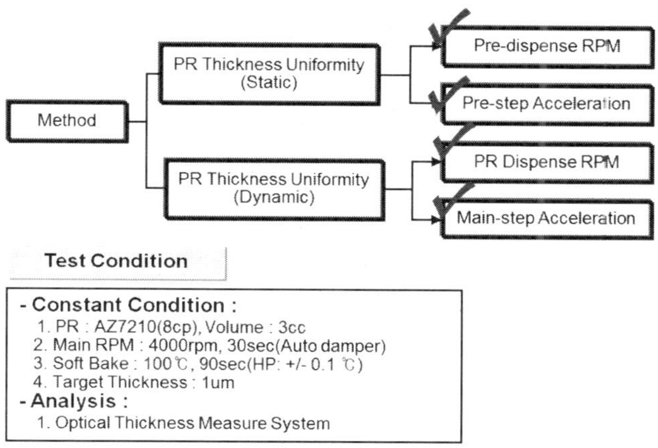

그림 2-32 P/R Thickness Uniformity

(5) Development CD Uniformity(현상 후 패턴 선폭)

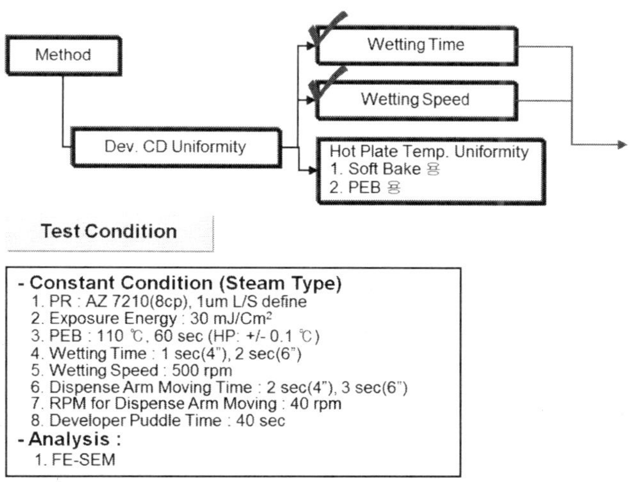

그림 2-33 Development CD Uniformity

(6) Patten Profile

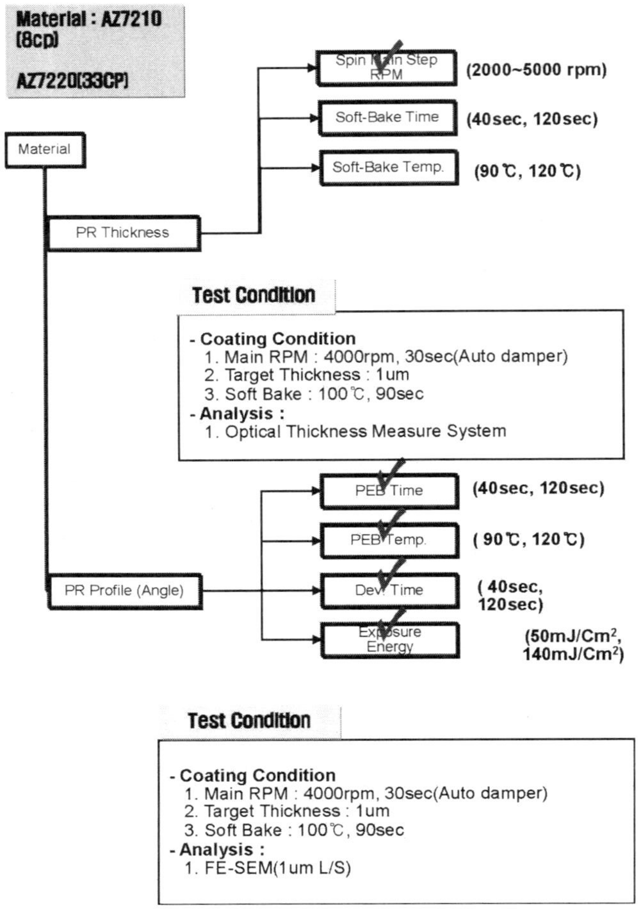

그림 2-34 Patten Profile

(7) P/R Thickness Uniformity 요약정리

표 2-1 요약정리

Parameter	WF Range		WF 上 Coating Thickness
	Center	Edge	
Cooling TEMP High	⇩	⇧	
PR TEMP High	⇧	⇩	
Exhaust Many High	변화 무	⇧	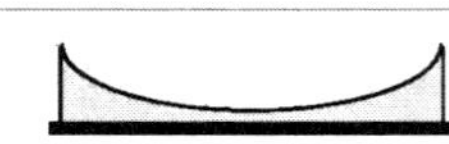

Parameter	WF Range		WF 上 Coating Thickness
	Center	Edge	
Chamber Humidity	⇩	⇩	
Chamber TEMP High	⇧	⇧	
Motor Flange TEMP High	Chuck Size Edge High		

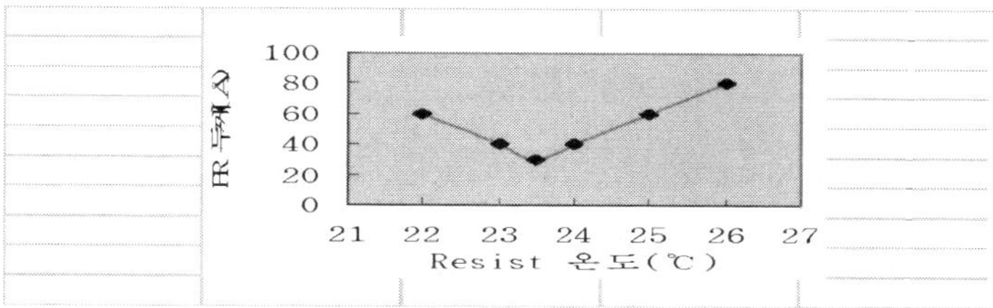

그림 2-35 Resist 온도 vs W/F 두께

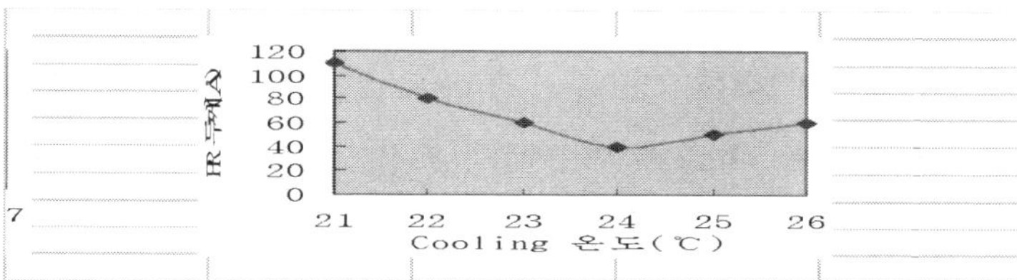

그림 2-36 Cooling 온도 vs W/F 두께

6) 사진 공정 불량

(1) P/R Lifting

웨이퍼와 Resist 계면의 접착력이 약해 Patterning 후 떨어져 나가는 현상이다. HMDS의 도포량 부족, Prebake 온도가 낮거나, Soft Bake 온도가 적절치 못할 때 발생 웨이퍼의 청결 상태 불량일 때도 발생한다.

(2) Particle

P/R에서 상당수 발생한다. Resist 제조시 유입되며 Resist 교체시 유입된다.

(3) Speed Boat

웨이퍼 회전하면서 Resist가 흐를 때 웨이퍼 상에 Particle이 있을 경우 이 Particle 이면에 고속의 Boat가 달릴 때 생기는 줄무늬가 생기는 현상이다. Resist Dispense시 Resist 내에 기포가 형성되어 이 기포가 흘러가면서 생기는 무늬이다. Speed Boat를 제거하는 방법은 웨이퍼와 Resist 내에 Particle을 최소화, 하고 Resist Dispense시 기포가 생기지 않도록 Suck Back 및 Pump Leak 등을 확인하며 Dispense Nozzle을 기울게 한다.

(4) 웨이퍼 Edge (가장자리) 도포 불량

공정이 많이 진행된 Layer에서 Scribe Line을 식각하면서 단차를 Resist가 넘지 못해 도포가 안되는 영역이 생기게 된다.

(5) Thinner Attack

웨이퍼 가장자리의 P/R 제거를 위해 P/R Thinner를 뿌려줄 때 바늘 끝에서 Thinner가 튀어 웨이퍼 내에 Thinner 궤적을 남긴다. 이것은 심각한 불량으로 간주(수㎛~수천㎛)되며 Thinner 바늘 위치조정, 압력, Suck Back을 조정해 최소화 한다.

(6) CD 이상

노광 조건을 잘못 설정했을 때나 Standing Wave/Bulk Effect에 의해서 발생한다. CD를 맞추기 어려운 경우 Mask/Reticle CD와 ADICD의 차를 확인한다.

(7) Misalignment

① **웨이퍼 회전** : 웨이퍼가 X-Y Stage에 올라갈 때 회전이 생긴 상태로 올라가면 Global Alignment로 교정한다.

② **Reticle Rotation** : Reticle Loading 시 웨이퍼 Align Failure 상태로 웨이퍼 Align을 실시했을 때 매 Chip 마다 Rotation이 존재하는 양상으로 나타난다.

③ **Translation/shift** : Misalignment 보정치를 잘못 입력 했을 때 발생한다. Align Mark의 상태불량. 신호 검출불량에 의해 발생. X-Y 방향으로 shift 양상

④ Orthogonality(직교도) : Stepping시 한쪽 방향으로 점차 틀어져 일정 각도를 이루는 것이다. Laser 간섭계의 이동경이 똑바로 설치되어 있지 않을 때 발생한다.

⑤ Scaling : Stepping시 정밀도가 떨어져 매 Stepping 마다 Chip이 밀려서 찍히는 현상이다.

(8) Optical Notching

입사광과 반사광의 간섭에 의해 Standing Wave/Bulk Effect 외에 패턴이 일그러지는 현상이다. 가령 Al 단차에서 입사광의 Scattering에 의해 포토 Resist Line에 원하지 않는 빛이 조사되면서 현상 후 갉아 먹힌 자국으로 나타난다. Optical Notching은 P/R의 투명성을 저하시킨 P/R을 사용해 최소화 시킨다. 막질표면에 ARC(Anti-Reflection-Coating)물질을 도포하여 반사광을 최소화 시킨다.

(9) Bridging/Scumming

패턴과 패턴 사이에 P/R이 얇게 남거나(Scumming) 패턴이 연결되는(Bridging)을 초래한다. 이 Bridging/Scumming은 평탄한 곳에서 설비의 Resolution 한계에 도달 했을 때 혹은 노광/현상 조건이 적절치 않을 때 focus 상태 불량, 단차진 곳에서 발생된다.

(10) TEL Track Mark-8과 Mark-7 다른점

① Mark-8 메인 제어기 및 AC 전원 함 등 전원류가 Carrier Station 또는 Process Station 적층부에 설치된다.

② Fan Filter 유닛(ULPA Filter)가 각 Block 적층부에 설치할 수 있다. 또한 Process Station 부분은 표준 설치이지만, Carrier Station 및 Interface 부분에 대해서는 선택사양이다. 또한 Process Station Spinner 유닛에 CUP T&H Controller용 Filter가 탑제된 경우 해당 Spinner 유닛 상부로 ULPA Filter를 부착 하는 것은 불가능하다.

③ C/S Chemical Area가 설치되고, 선택사양으로서 약액 공급 탱크나 필터 45ml L/E(Liquide Empty) 센서 등을 수납할 수 있다.

④ 외부 온도 제어기 Rack가 기본적으로 폐지되어 외부 Chemical Box가 작아지고, 외 부에 설치되어 있던 모터 구동부나 Themocon 제어기 등을 Process Station 적층 부에 설치한다.

2. 트랙 장비의 전체 구성 및 역할

1) 주 장비 유닛 설명

(1) TEL Track Mark-7(W/F 200 mm)

(2) TEL Track Mark-8(W/F 200mm)

(3) TEL Track Lithius(W/F Size : 300mm)

그림 2-37 트랙 장비 실물

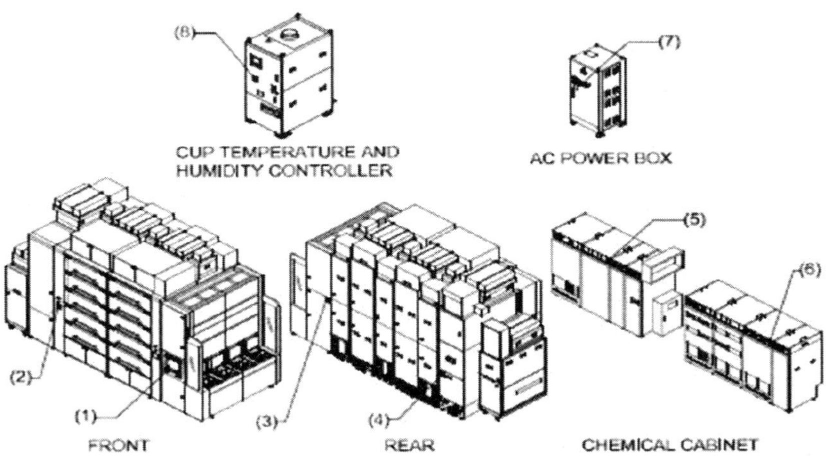

(1) CSB 전면 패널 (2) IFB Side Tower 전면 패널 (3) CSB 후면 패널
(4) IFBM 후면 패널 (5) COT Chemical Cabinet (6) DETChemical Cabinet
(7) AC 전원 박스 (8) 컵 온도 습도 제어기

그림 2-38 트랙 장비의 구성

(4) TEL Track Mark-8 유닛 전면 설명

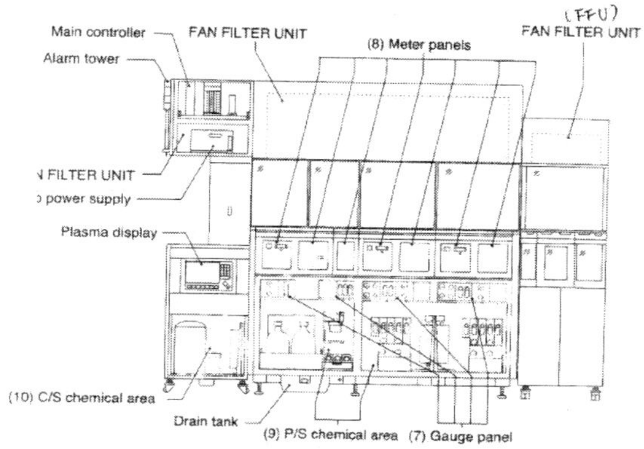

그림 2-39 TEL Track Mark-8 유닛 전면

(5) TEL Track Mark-8 유닛 후면 설명

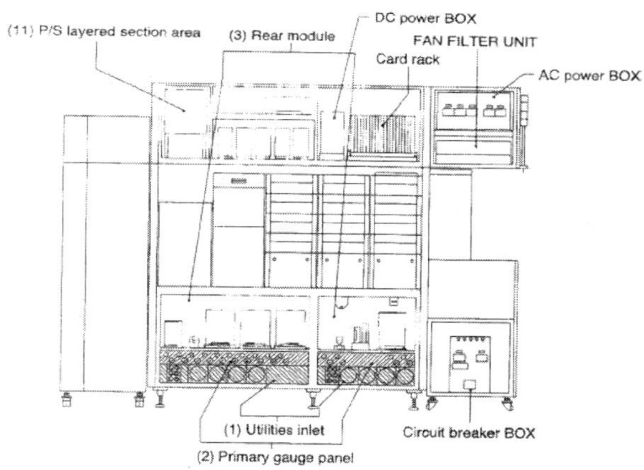

그림 2-40 TEL Track Mark-8 유닛 후면

(6) TEL Track Mark-7 Configuration

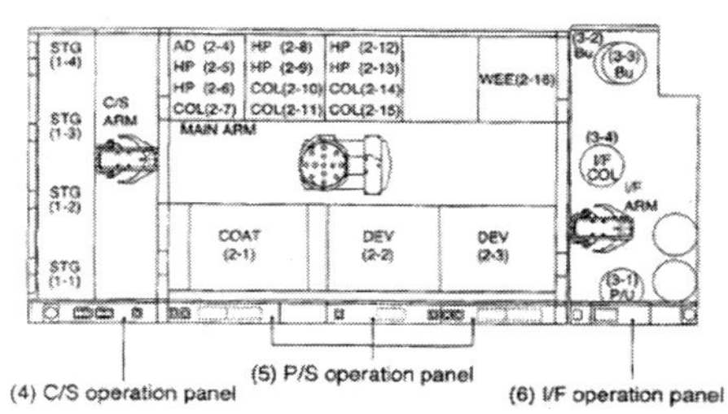

그림 2-41 TEL Track Mark-7 Configuration

2) 시스템 구성도

(1) Utility 접속부

공기, N_2, 진공, DI(순수), PCW(시수), 현상액, 배기, 폐액 등의 접속부

(2) 1차 Gauge Panel

Utility 1차압 조정 레귤레이터의 배치

(3) 배면 모듈

Circulator Pump, 각종 모터 드라이브, 기체용 메인 필터 등의 설치

(4) C/S 동작 패널 (Carrier Station)

C/S ARM 일시정지 스위치, 시스템 On/Off 스위치, 비상정지 스위치, WEE On/Off 스위치 등의 설치

(5) P/S 동작 패널 (Process Station)

M/A ARM 일시정지 스위치, Spinner 회전정지 스위치, WEE(Edge Exposure) 조도 측정 스위치, Dummy Dispense Panel, 스텝 제어기 박스 등의 설치

(6) I/F 동작 패널 (Interface 유닛)

I/F ARM 일시정지 스위치, 카세트 스위치, 비상정지스위치, 앰프 등의 설치

(7) Gauge 동작 패널

Flowmeter, 가압용 2차 Regulator, Drain Tank 센서 앰프 등의 설치

(8) Meter 동작 패널

Spinner용 진공센서, Spinner용 배기 게이지, 사용자 보드, CUP T&H 제어기 풍속표시 패널, HMDS 자동 공급 조작 패널 등의 설치

(9) P/S 동작 패널

Bottle Cart(Resist, Bottle, Bubbler Tank), 펌프 필터 패널(Resist), DEV 패널

(Flowmeter, 필터) W/J 패널(열교환기, Air Operation) 등의 설치

(10) C/S Chemical 영역

Resist Gallon Bottle, 필터, Drain Bottle, 45 ml L/E(Liquid Empty) 등의 설치

(11) P/S 적층부 영역

모터 드라이브, Multi Thermo Controller, Cooling Plate, WEE Lamp House 등의 설치

3) TEL Track 장비

(1) 장비의 안전 대책

Mark 7(8)의 조작 및 수리를 하기 전에 습득하여 안전한 작업을 이해하기 바란다. 엔지니어가 보수 및 점검을 필요한 수리를 행한 후, 운영자에게 인도될 때까지는 운전을 중지해야 한다. Clean Track Mark 7(8) 시스템 조작 중 과 수리중에 적용되는 일반적인 경고 사항과 주의사항에 대해서 논하고 있다.

※ 경고 수준

- 위험 : 인체의 상해나 사망을 불러일으킬 절박한 위험성이 있는 경우
- 경고 : 인체의 상해나 사망을 불러일으킬 가능성이 있는 경우
- 주의 : 인체의 경미한 상해나 장치, 기계, 설비 등에 손상이나 고장을 일으킬 가능성이 있는 경우

그림 2-42 경고 라벨

(2) 장비의 안전 대책 개요

작업의 안전을 확보하는 것이 무엇보다 우선 이다. 장비의 유지보수 작업을 개시하기 전에 각 동작 및 각 유지보수 방법을 숙지하고, 올바른 방법으로 숙지 한다. 작업의 안전 사항은 준수해야 할 내용이다

① 유지보수 작업 중인 것을 알기 쉽게 표시해서 주위 사람들에게 주의를 촉구 한다.

② 장비를 조작할 때는, 주변의 작업자에게 큰소리로 주의를 촉구한다.

③ 가동부에 손이나 손가락을 끼지 않도록 하고 가열부에 손을 대지 않도록 한 다.

④ 용도에 맞는 공구를 사용한다.

⑤ 혼자서는 결코 전원이 켜진 전기 회의 작업을 행해서는 안된다.

⑥ Mark 7(8)의 긴급 정지 방법을 알아 둔다.

⑦ 인공호흡법을 수강해 둔다.

⑧ 긴급조치 순서 및 구급상자의 위치, 소화기 장소와 사용법을 알아 둔다.

⑨ 전원이 켜진 전기회로의 작업 시에는 반지나 시계 등의 금속류를 끼지 않는다.

⑩ 약액이 튈 가능성이 있는 작업 시에는 보호 안경을 착용한다.

⑪ 무거운 물건을 들 때는 두 사람 이사이 협력해서, 신중하게 들어 올린다.

⑫ 유지보수 작업을 완료하면, 모든 Interlock과 안전 덮게를 원위치 한다.

⑬ 위험한 상황에 처하면 바로 상사에게 보고 한다.

(3) 안전 경고/ 수준 접착 위치

주 의

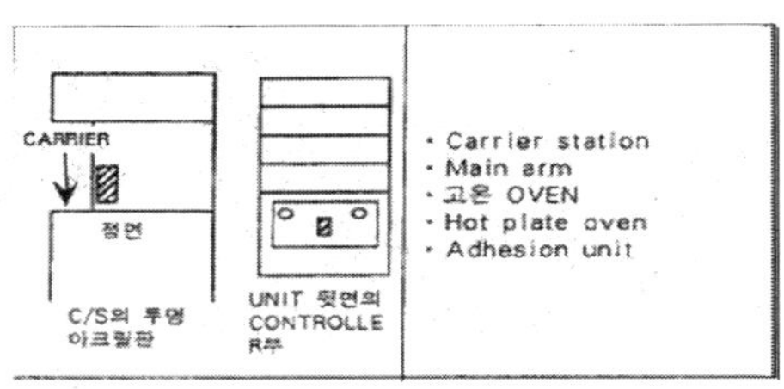

위 험

- Main Power box 전면
- Ultraviolet power supply
- CUP 온습 조절기 Controller
- Transformer box전면

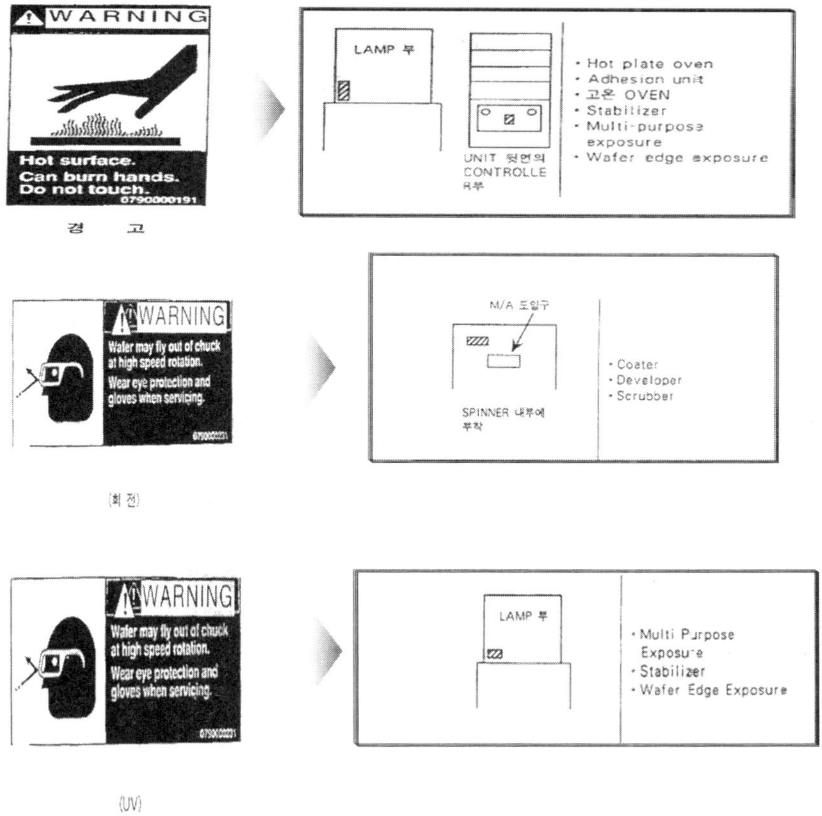

그림 2-43 안전경고

4) 장비 사용 목적

Track 장비의 MK-7/8은 포토 Process 공정을 진행 하거나. Track 장비에서 P/R 도포, 현상, Bake를 진행한다.

표 2-2 공정에 따른 유닛

공정명	유 닛
Resist 코팅	Coater 유닛
Pre-Baking	Hot Plate 유닛
Mask 정렬	Stepper 장비
노광(Exposure)	Stepper 장비
현상(Developing)	Develop 유닛
Post-Baking	Hot Plate 유닛

Tip

현상(Development)
노광에 의해 감광막의 유제막(乳劑膜) 속에 생긴 잠상(潛像)을 가시(可視)의 상(像)으로 만드는 일

(1) 유닛 별 기능 및 역할

- Carrier Station(C/S) : Carrier Station 내에서 Carrier Station ARM이 있다. 작동은 X, Y, Z의 3축 방향으로 움직이고 웨이퍼의 Mapping을 한다.

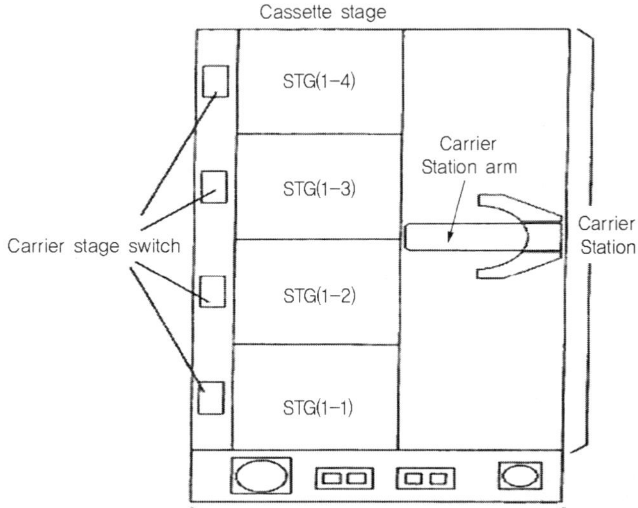

그림 2-44 Carrier Station

(2) Carrier Station(C/S) 주의 사항

① Stage 위에 Carrier 이외의 물건을 두지 않는다.

② 변형된 Carrier및 규격의 Carrier는 사용하지 않는다.

③ 이종 Carrier에서 튕기지 않도록 바르게 고정해 준다.

④ 웨이퍼가 Carrier에서 튕기지 않도록 바르게 고정해 준다.

⑤ 먼지가 부착되므로 ARM에는 손을 대지 않는다.

⑥ 초기화 과정을 실행시할 경우 시스템에 손을 대지 않는다.

⑦ 전원이 켜진 상태에서 ARM을 수동으로 움직이지 않는다. 움직이는 경우 Power Off/Power On에서 Home으로 되돌려 준다.

⑧ 전원이 켜진 상태에서 ARM의 구동부에 얼굴이나 손을 가까이 하지 않는다.

⑨ 만일 웨이퍼가 파손될 경우에는 전기 부품에 단락하지 않도록 Cleaning 해 준다.

⑩ Pincette에는 웨이퍼 이외의 물건을 싣지 않는다.

(3) Main ARM(M/A) 주의 사항

① 먼지가 부착하기 때문에 ARM에는 손을 대지 않는다.
② 초기화 과정 실행 시 시스템에 손을 대지 않는다.
③ ARM 작동중에 덮개를 열지 않는다.
④ 전원이 켜진 상태에서 ARM을 수동으로 움직이지 않는다. On/Off에서 Home으로 되돌려 준다.
⑤ 전원이 켜진 상태에서 ARM의 구동부에 얼굴이나 손을 가까이 하지 않는다.
⑥ 만일, 웨이퍼가 파손된 경우에는 전기부품에 단락하지 않도록 Cleaning 해 준다.
⑦ Pincette에는 웨이퍼 이외의 물건을 싣지 않는다.

(4) Cooling 유닛 주의 사항

① 부품을 교환하기 전에 반드시 물기를 닦아 준다.
② 공운전 방지를 위해 가동전에 수도물이 흘러들어 오는지를 확인한다.
③ Cooling Plate을 상처 입지 않도록 주의한다.
④ Plate의 Cooling시에는 Proximity Gap Spacer를 꺽지 않도록 주의한다.

(5) Adhesion 유닛 주의 사항

① HMDS는 인체에 유해하므로 취급할 때는 충분히 주의한다.
② 유지보수 시, 챔버의 덮게와 Plate 사이에 손을 끼지 않도록 주의한다.
③ Plate는 고온이므로 직접 손을 대지 않도록 주의한다.
④ 부품을 교환하기 전에 공기, 진공의 용력을 반드시 꺼 준다.
⑤ 전원이 켜진 직후의 Recipe 운송시는 열판 온도 오류가 난다.
⑥ Plate를 손상시키지 않도록 주의한다.
⑦ Plate 위에 약액을 부착시키지 않도록 한다.
⑧ Plate의 Cleaning시에는 Proximity 용 Gap Spacer를 꺽지 않도록 주의한다.

(6) Hot Plate 유닛 주의 사항

① Plate는 고온이므로 직접 손을 대지 않도록 주의한다.

② 부품을 교환하기 전에 공기, 진공의 설비를 반드시 꺼 준다.
③ 전원이 켜진 직후의 Recipe 운송시는 열판 온도 오류가 난다.
④ Plate를 손상시키지 않도록 주의한다.
⑤ Plate 위에 약액을 부착시키지 않도록 한다.
⑥ Plate의 Cleaning 시에는 Proximity용 Gap Spacer를 꺾지 않도록 주의한다.

(7) Coater 유닛 주의 사항

① Side Rinse Nozzle 다룰 때는 충분히 주의한다.
② Motor Scanning ARM을 손으로 작동시키면 위치 이탈을 일으키므로 손을 대지 않는다.
③ Nozzle Block은 소저의 위치에 설정해 준다.
④ Chuck에 직접 맨손을 대지 않는다.
⑤ 약액 관계의 maintenance 시에는 보호구 및 장갑을 착용한다.
⑥ Resist Filter, 가압 Tank 등의 부품 교환시에는 가압을 끄고 압력을 빼 준다.

(8) Develop 유닛 주의 사항

① Motor Scanning ARM을 손으로 작동시키면 위치 이탈을 일으키므로 손대지 않는다.
② Chuck에 직접 맨손으로 대지 않는다.
③ 약액 관계의 Maintenance 시에는 보호구 및 장갑을 착용한다.
④ 현상 Filter, 가압 Tank 등의 부품 교환시에는 가압을 끄고 압력을 빼 준다.

(9) Interface 유닛 주의 사항

① Stage에 Carrier 이외 물건을 두지 않는다.
② 변형 Carrier 및 규격 외 Carrier는 사용하지 않는다.
③ 이종 Carrier를 병용하지 않는다.
④ 웨이퍼가 Carrier에서 튕기지 않도록 바르게 고정해 준다.
⑤ 먼지가 부착되기 때문에 ARM에는 손대지 않는다.
⑥ 초기화 과정 실행 시 시스템에 손대지 않는다.

⑦ 전원이 켜진 상태에서 ARM을 수동으로 움직이지 않는다. Off/ Power On에서 Home으로 되돌려 준다.

⑧ 전원이 켜진 상태에서 ARM의 구동부에 얼굴이나 손을 가까이 하지 않는다.

5) Process Station

Carrier Station에 흘러나온 웨이퍼가 Process Station 내의 각 유닛에서 처리된다.

(1) 기본 유닛 구성

① Coater(COAT) → Spinner
② Develop(DEV) → Spinner
③ Scrubber(SCR) → Spinner
④ Hot Plate Oven(HPO) → 열처리 SUB 유닛
⑤ Dehydration Hot Plate Oven(DPO) → 열처리 SUB 유닛
⑥ Adhesion 유닛(AD) → 열처리 SUB 유닛
⑦ Cooling 유닛(COL) → 열처리 SUB 유닛
⑧ Interface 유닛(COL) → Inline SUB 유닛

(2) Process Station(P/S) Module Type

Module Type은 P/S의 크기에 따라 분류한다.

표 2-3 모듈 유형

모 듈	SPINNER 유닛	열처리계 유닛(SUB 유닛)
M4	1	2 (8)
M6	2	3 (12)
M8	2	4 (16)
M10(both L & R hands)	3	5 (20)
M12	4	6 (24)

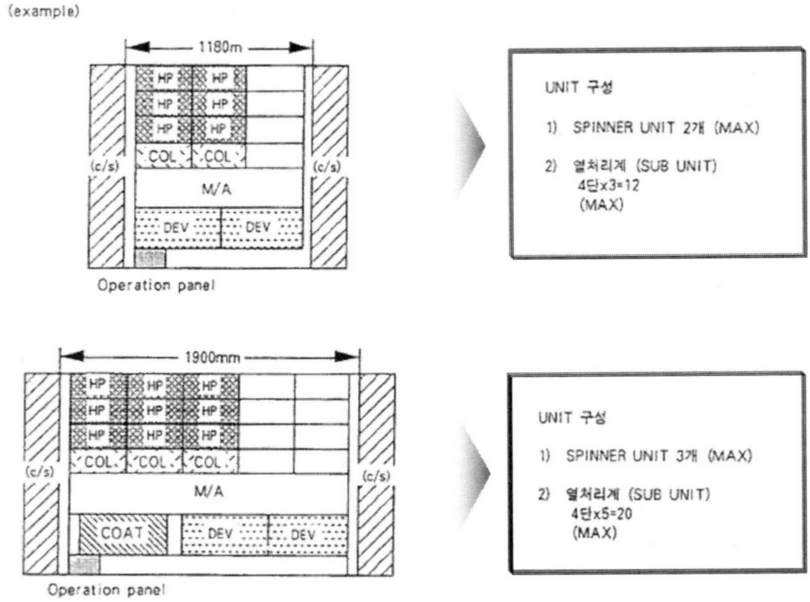

그림 2-45 유닛 구성 예

6) Process Station(P/S) Module Type

장비 Uitility 구조에서 주요 인수는 다음과 같다.

- 설비 전원 : 1₵ 100±10% 50/60Hz, 1₵ 200±10% 50/60Hz
- Dry Air : 5Kg/cm^2
- N_2 : 4.5Kg/cm^2
- 진공 : 550mmHg
- DIW : 1.5~3Kg/cm^2
- 배기 : 45mmH_2O

화학 용액의 사용은 다음과 같다.

- Resist : Bottle은 Gallon 병 또는 1 Quarter 병을 설정한다.
- 현상액 : 공장 자동 공급 또는 Canister(용기)를 설정한다.
- Thinner : 공장 자동 공급, Canister 또는 Gallon(병)을 설정한다.
- 설치 환경
  - 온도 : 20~27℃ 변동폭 ± 0.5℃ 이내
  - 습도 : 28~55% 변동폭 ±3.0℃
  - Clean Room : Yellow Room(노랑)

7) 장비 전원 투입 흐름

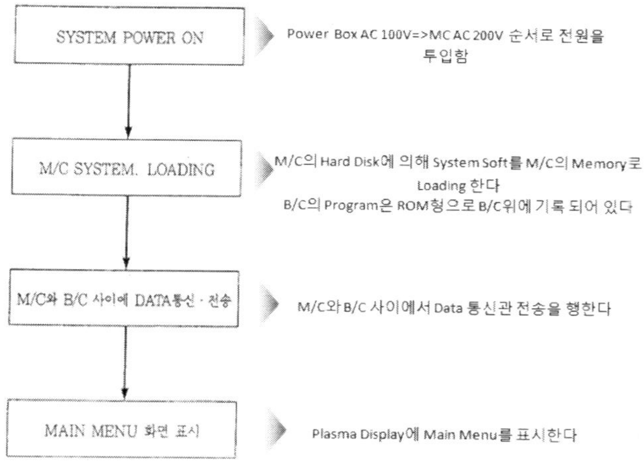

그림 2-46 장비 전원 투입

8) 장비 기본 사양

대응 웨이퍼는 5인치~8인치 실리콘 웨이퍼에서 선택에서 장비 사용한다. 2인치~4인치로 변환해서 사용이 가능하다. 적용 Carrier(Carrier Stage)은 5, 6인치 웨이퍼 사양 3/6" Pich(25 단) 2) 8인치 웨이퍼 사양 3/6" Pich(25 단) SEMI 규격에 준한다(26 Slot). 웨이퍼 반송 방식은 다음과 같다.

- Carrier Station : 1 Pincette 반송 방식(X, Y, Z)
- Interface Station : 1 Pincette 반송 방식(X, Y, Z, 세타)
- Process Station : 3 Pincette 반송 방식(X1, X2, X3, Y, Z, 세타)
- Spin Chuck의 높이 : 1,170mm
- Cassette 탑재면 높이 : 1,050mm
- Main ARM 부 : Centering Guide에 의한 자동 Centering 방식 정도 0.3mm 웨이퍼의 흐트러짐 방지
- Main ARM 부 : Centering Guide에 의한 Mechanical Centering 방식(Carrier Station)

Spin Coater 유닛은 웨이퍼에 감광제를 도포하는 유닛이다. 웨이퍼를 Spin Chuck 위에 받으면 진공에 의해 흡착 고정되어 CUP 내의 위까지 하강하고,

Recipe(처리 Sequence)에 따라서 웨이퍼의 회전, Resist의 도포를 행한다. 처리 종료 후 Chuck를 상승시켜 웨이퍼를 반출한다. 웨이퍼 반입 반출 및 웨이퍼를 Chuck위에서 좋게 하기 위해, Alignment, Main ARM의 Spinner 전용 Pincette를 이행한다. Spin Coater 유닛의 사양은 다음과 같다.

- Spin Motor : 0,10~6,000 Rpm 최소 설정 단위는 1Rpm 입력 가능함
- 회전수 정도 : ±1Rpm
- 가속도 : 0~50,000 Rpm Sec, 100 Rpm/Sec 단위 설정
- 회전수 허용폭 : 10~1,000Rpm Sec, 10 Rpm 단위 설정
- Program Sequence : 80Sequence
- 처리 시간 설정 : 0~999.9(Sec/Seq)×80 0.1 Sec 단위 설정
- Dispenser 수 : 최대 16 단 펌프 최대 4
- Dual Band Alarm 기구 : 이중의 회전수 감시 기구(Recipe로 설정)
  - 경고 회전수 폭이 초과되면 경보 발생
  - 정지 회전수 폭이 초과되면 유닛 정지

9) Coater Spin 유닛

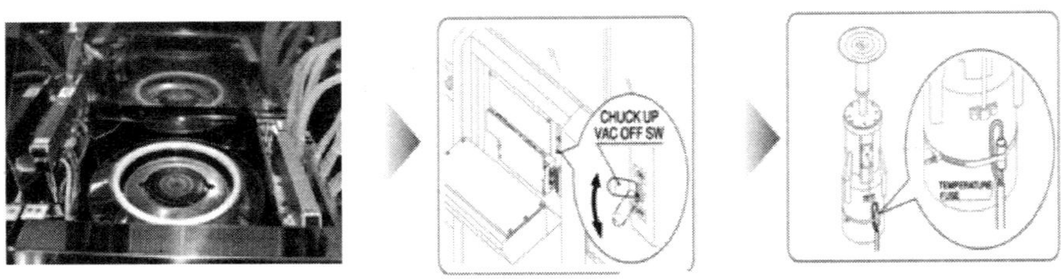

Spin Motor

그림 2-47 Coater spin 유닛(1)

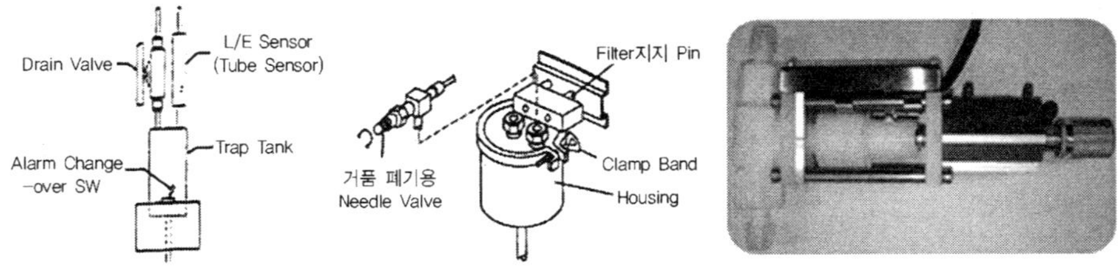

Buffer Tank : Bubble 제거

Filter Housing: Particle 제거

Iwaki Pump: P/R Dispense

그림 2-48 Coater spin 유닛(2)

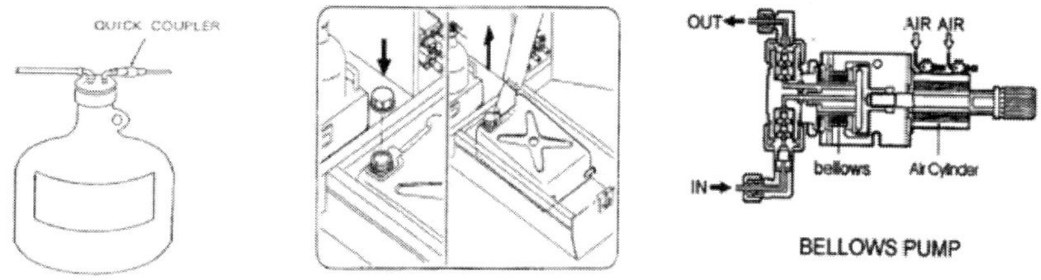

Bottle : P/R 1 Gal　　Drain Tank : 폐액통　　P/R Pump 내부 구성도

그림 2-49 Coater spin 유닛(3)

- Buffer 탱크 : P/R 라인에 미세한 기포를 제거하는 용기
- Filter Housing : P/R 라인에 이물질 있는데, Filter를 장착하여 여과하여 걸러냄
- Iwaki 펌프 : P/R을 웨이퍼에 뿌리기 위해서, Pump 상하 이동하여 용액을 뿌려준다.
- Bottle : 용기 내에 P/R이 들어 있음
- Drain Tank : 감광액 용매 이물질을 받아서 수거하는 통

10) Develop Dispense 기능 설명

Developer Spin 유닛은 용액을 뿌리는 부위가 여러 가지 있습니다. E2 Nozzle란 기구물을 통해서 작은 구멍으로 현상 용액을 웨이퍼에 표면에 뿌려준다. Steam Nozzle은 1/4" Bar 두개 튜브 내부로 현상 용액을 웨이퍼에 뿌려준다.

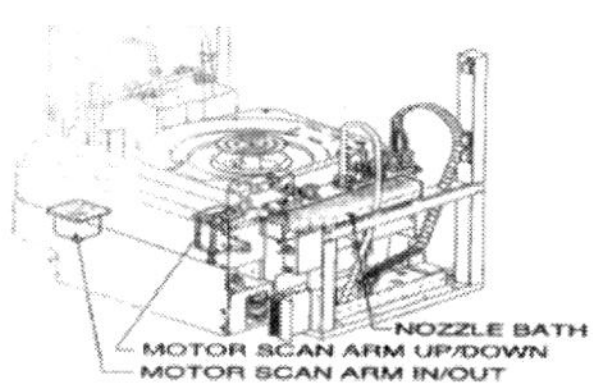

Develop Spin Unit

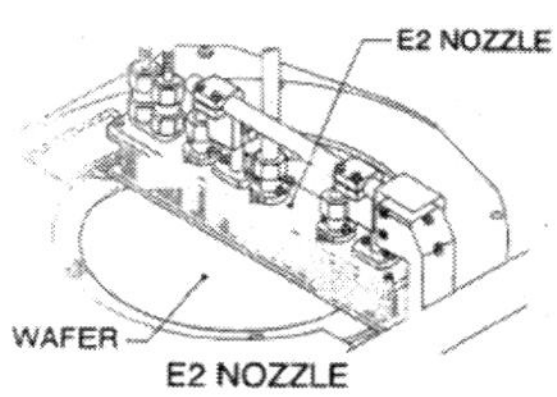

E2 Nozzle (DEV Dispense 방식)

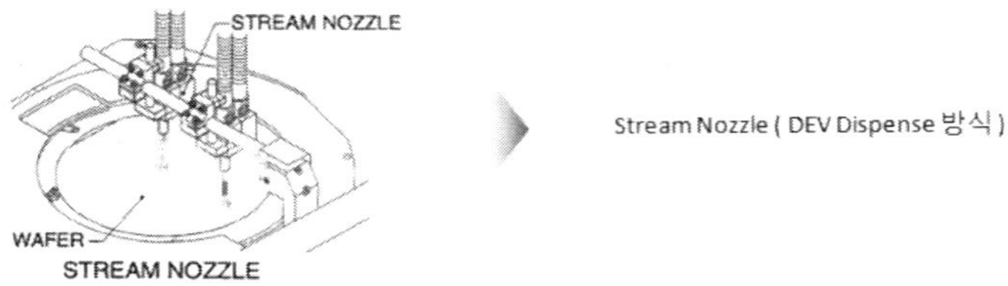

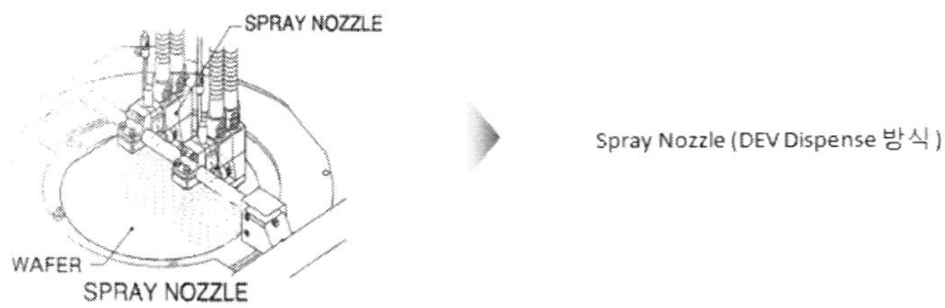

그림 2-50 Develop Dispense 기능

Spin Developer 유닛은 노광 후 웨이퍼에 현상액, 순수 DIW를 도포해 Resist 현상을 행하는 유닛이다. 웨이퍼를 Spinner Chuck에 받으면 Vacuum에 의해 흡착 고정되어 CUP 내의 소정의 위까지 하강시킴과 동시에 바깥 CUP을 상승시킨다. Recipe에 따라서 웨이퍼의 회전, 현상액 Spin, 정지했을 때 뿌리고 순수의 Rinse를 향한다. 종류 후 Chuck을 상승 Out Cup을 하강시키고 웨이퍼를 반출한다. 웨이퍼 반입 반출 및 웨이퍼를 정도 좋게 Chuck 위에 싣는 조정은 Main ARM의 Spinner 전용 Pincette로 이행한다. Spin Developer 유닛의 사양은 다음과 같다.

- Spin Motor : 0.10~6,000Rpm 최소 설정 단위는 1Rpm 입력 가능
- 회전수 정도 : ±1Rpm(0~5,000Rpm)
- 가속도 : 0~20,000Rpm Sec, 100Rpm/Sec 단위 설정
- 회전수 허용폭 : 10~1,000 Rpm Sec, 10Rpm 단위 설정
- Program Sequence : 80 Sequence
- 처리 시간 설정 : 0~999.9(Sec/Seq)×80 0.1 Sec 단위 설정
- Dispenser 수 : 최대 16
- Dual Band Alarm 기구 : 이중의 회전수 감시 기구(Recipe로 설정)
  - 경고 회전수 폭이 초과되면 ALARM 발생
  - 정지 회전수 폭이 초과되면 유닛 정지

Adhesion 유닛은 웨이퍼 친수화 처리를 하는 유닛이다. 웨이퍼 지지 Pin Up 상태에서 Main ARM으로 부터 웨이퍼를 받으면, 지지 Pin이 하강하고 열판 위에 웨이퍼가 놓여짐과 동시에 열판 상부 덮개와의 사이에 밀폐 공간을 형성한다(챔버 구성 되어 있음). 이 상태에서 챔버 내를 진공 상태로 하고, Recipe에 따른 HMDS를 도입해 설정된 온도, 시간에서 처리를 행한다. 처리 종료 후 Chamber 내의 잔류 가스를 배출한다. 이때 챔버 내 진공 압력은 대기 압력 상태로 돌린다. 잔류 가스 배출 후 지지 Pin이 상승하여 웨이퍼 반출 가능한 상태가 된다. 지지 Pin 위에 싣기 위한 조정은 Process Station(P/S)의 Main ARM이 행한다. Adhesion 유닛의 사양은 다음과 같다.

- 온도 설정 : 30~180℃ 0.1 단위 설정
- 온도 범위
  - 30~120℃ 0.1 단위 설정 R≤1.0
  - 120.1~150℃ 0.1 단위 설정 R≤1.5
  - 150.1~180℃ 0.1 단위 설정 R≤2.0
- 온도 허용폭 : 0.1~25℃ 0.1 단위 설정
- Program Sequence : 20 Sequence
- 처리 시간 설정 : 0~999.9(Sec/Step)×80 0.1 Sec 단위 설정
- Dispenser 수 : 5

Tip

HMDS (Hexamethyldisilazane) 감광액과 기판의 접착력을 향상시켜주는 물질

HP Oven 유닛은 웨이퍼를 가열하는 유닛이다. 웨이퍼 지지 Pin Up 상태에서 Main ARM으로부터 웨이퍼를 받으면, 지지 Pin이 하강하고 열판위에 웨이퍼가 놓여진다. 이 상태에서 Recipe에 의해 설정된 온도 시간으로 웨이퍼를 가열한다. 처리 종료 후, 웨이퍼의 지지 Pin이 상승해 웨이퍼 반출 가능한 상태가 된다. 지지 Pin 위에 싣기 위한 조정은 Process Station (P/S)의 Main ARM이 행한다. Hot Plate는 가열 목적에 따라 다음과 같이 분류 된다.

- Pre Baking : 도포후 Baking 용제의 기화 Resist막 안정화
- Post Expousure Baking : 현상 전 Baking 현상 해상도 향상
- Post Baking : 현상후 Baking 수분의 기화 resist 막의 고정

HP Oven 유닛의 사양은 다음과 같다.

- 온도 설정 : 30~180℃ 0.1 단위 설정

• 온도 범위
  −30~120℃ 0.1 단위 설정 R≤0.6
  −120.1~150℃ 0.1 단위 설정 R≤1.0
  −150.1~180℃ 0.1 단위 설정 R≤2.0
• 온도 허용폭 : 0.1~25℃ 0.1 단위 설정
• 처리 시간 설정 : 0~999.9(Sec/Step)×80 0.1 Sec 단위 설정

DHP Oven 유닛의 사양은 다음과 같다.

• 온도 설정 : 30~350℃ 0.1 단위 설정
• 온도 범위
  −50~120℃ 0.1 단위 설정 R≤1.0
  −120.1~150℃ 0.1 단위 설정 R≤1.5
  −150.1~200℃ 0.1 단위 설정 R≤2.0
  −200.1~300℃ 0.1 단위 설정 R≤3.0
  −300.1~350℃ 0.1 단위 설정 R≤5.0
• 온도 허용폭 : 3~25℃ 0.1 단위 설정
• 처리 시간 설정 : 0~999.9(Sec/Step)×80 0.1 Sec 단위 설정

냉각(Cooling) 유닛은 가열된 웨이퍼의 냉각, 온도의 일정화를 행하는 유닛이다. 웨이퍼 지지 Pin Up 상태에서 Main ARM으로부터 웨이퍼를 받으면, 지지 Pin이 하강하여 Cooling Plate에 의해 설정된 온도 시간으로 웨이퍼를 냉각한다. 처리 종료 후 웨이퍼의 지지 Pin이 상승하여 웨이퍼 반출 가능한 상태가 된다. 지지 Pin위에 싣기 위한 조정은 Process Station(P/S)의 Main ARM이 행한다. Cooling 유닛의 사양은 다음과 같다.

• 온도 설정 : 15~30℃ 0.1 단위 설정
• 온도 범위 : 15~30℃ 0.1 단위 설정 R≤0.4
• 온도 허용폭 : 3~25℃ 0.1 단위 설정
• 처리 시간 설정 : 0~999.9(Sec/Step)×80 0.1 Sec 단위 설정

약액용 Buffer Tank에 설치되어 있는 L/E(Liquid END) 센서가 감지하면 Gallon Bottle이나 Canister Tank(구조에 따라서는 공장에서 직접) 등에서 약액 공급을 자동으로 행한다(약액 자동 공급).

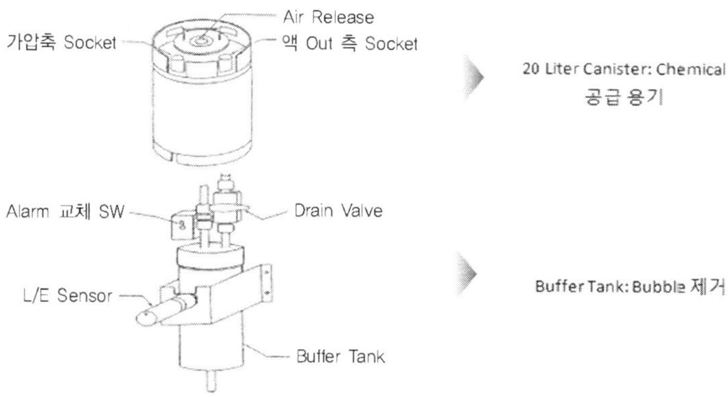

그림 2-51 Buffer Tank

Buffer Tank에 설치되어 있는 L/E 센서가 감지하면, Quart병이나 Canister Tank 등에서 HMDS의 공급을 자동으로 행한다(HMDS 자동 공급).

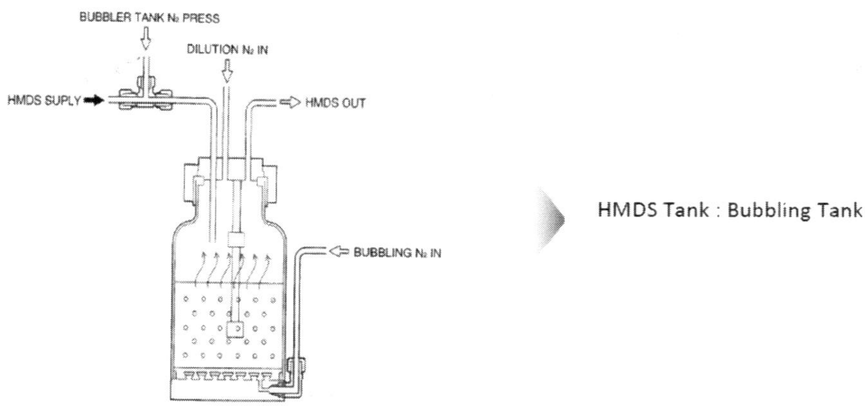

그림 2-52 HMDS Tank

Coater 유닛 바로 아래의 배수탱크(Buffer Tank)에 설치되어 있는 정전 용량 센서가 상한치 감지한다. 별도의 Chemical Box 내에 설치되어 있는 배수탱크(Draining Tank) (1.8 리터)로 폐액을 자동으로 배출한다(배수 자동 배출 시스템).

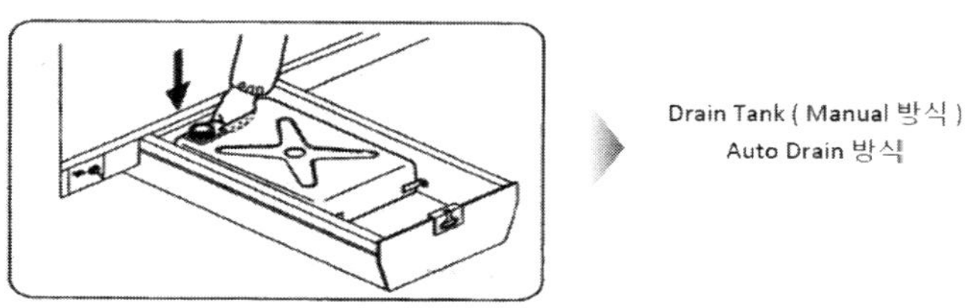

그림 2-53 배수 탱크

약액 자동 교체 시스템은 감광액 등, 2개의 갤런 병 등에서 공급되고 있는 약액을 L/E 센서의 신호에 따라 자동으로 교체, 쌍방 중에 어느 한쪽을 병을 사용한다.

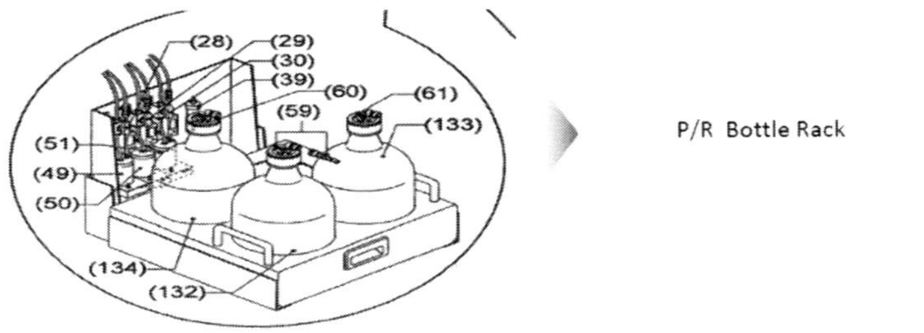

그림 2-54 감광제 병 랙

P/R Bottle Rack은 1 갤론 병을 놓는 곳이다.

누수 센서는 약액 누수가 발생한 경우, 즉시 경보를 울려 시스템을 정지시킨다.

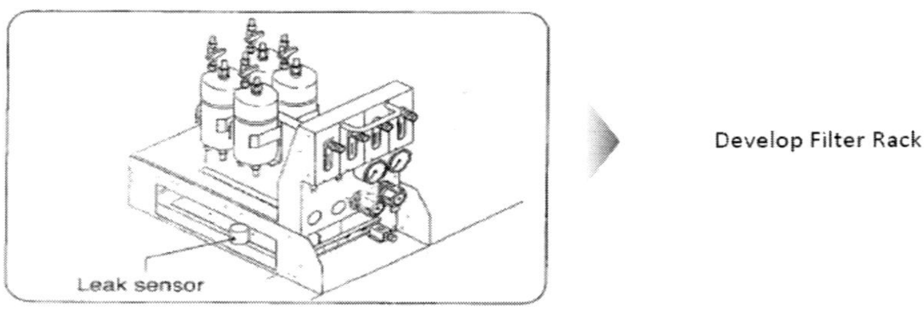

그림 2-55 현상 필터 랙

Develop Filter Rack은 유량계, 필터, 레귤레이터, 게이지가 장착되는 곳이다.

12) Process Sequence(표준적인 웨이퍼 Flow)

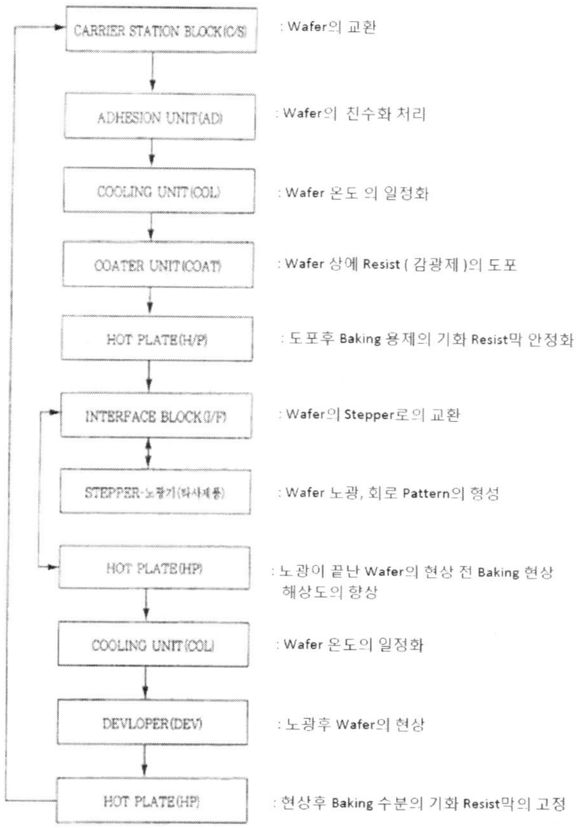

그림 2-56 Process Sequence

13) 장비 위치와 기능 설명

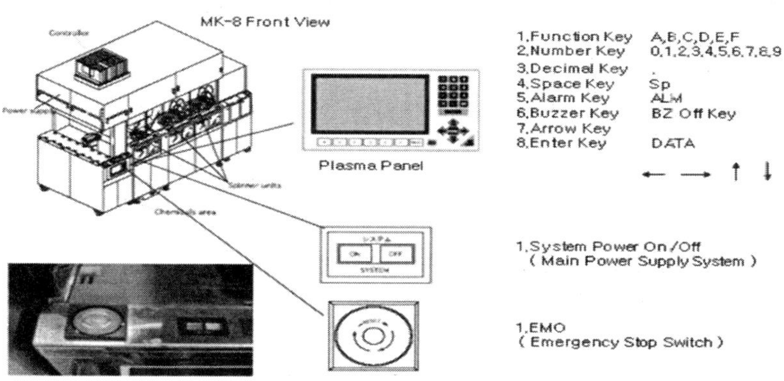

그림 2-57 장비 위치와 기능 설명

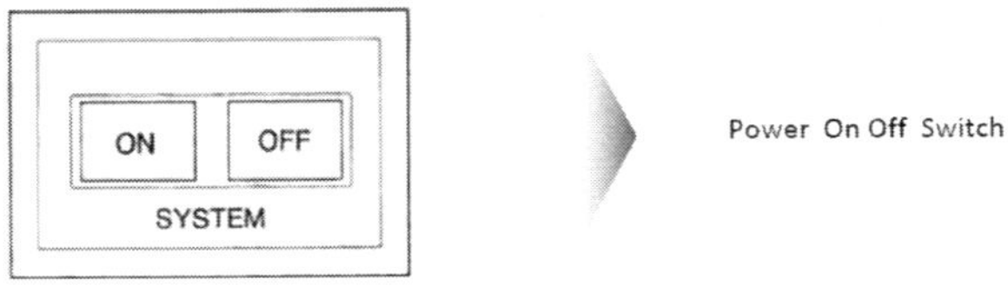

그림 2-58 전원 투입/차단 스위치

(1) 시스템 전원 On/Off 스위치 [전원을 일괄 투입 스위치]

이 스위치는 장치 전원을 투입 또는 차단할 때 사용한다. Main Breaker가 On으로 되어 있는 경우 [On] 또는 [Off] 스위치의 LED가 켜진다. Main Breaker가 Off로 되어 있는 경우는 이 스위치의 스위치 LED는 모두 꺼진다.

(2) [ON] 스위치

이 스위치를 누르면 장치에 전원이 투입되어 장치가 가동된다. 또한 장치를 가동시킬 경우는 전원 투입에 (On) 스위치를 누른다.

(3) [OFF] 스위치

이 스위치를 누르면 장치에 대한 전원이 차단되어 장치가 정지 한다. 또한 장치를 중지시킬 경우는 정지순서에 따라 (Off) 스위치를 누른다.

(4) 비상 정지 스위치

비상사태가 발생했을 때 사용 한다 .스위치를 누르면 Main Breaker가 Off되고 장치 전원이 차단된다. 또한 이 스위치로 장치를 정지한 경우는 장치를 가동했을 때 '이상 전원 차단'의 알람이 발생 한다. 운전시작, 종료, 통상 가동 정지 순서에 따라 일단 전원을 차단한 후 다시 장치를 가동한다.

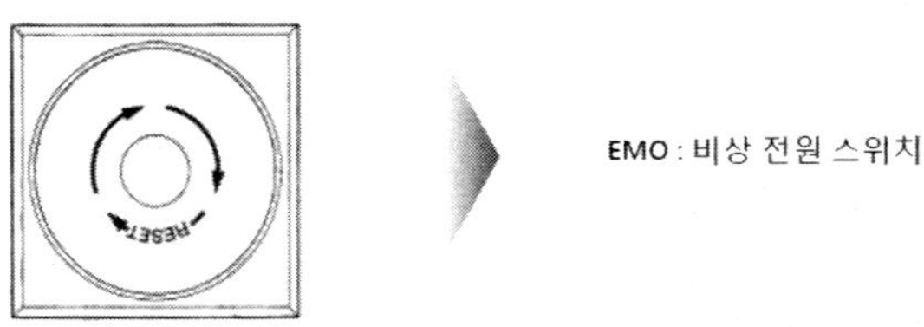

그림 2-59 비상 스위치

(5) Carrier Stage 스위치 기능 설명

그림 2-60 Carrier Stage 스위치

① [Start] 스위치 [Manual Start Mode인 경우]
웨이퍼 송출을 시작할 때 사용한다.

② [Stop] 스위치
웨이퍼 송출을 강제적으로 중지시킬 때 사용 한다.

③ 스위치 표시
웨이퍼 송출을 강제적으로 중지시킬 때 사용 한다.

- [Carrier] : 캐리어를 스테이지 위에 놓으면 켜지고, Carrier를 떼면 꺼진다.
- [Stand By] : 캐리어를 스테이지 위에 놓으면 깜빡인다. 이 상태에서 [Start] 스위치를 누르면 깜빡이다가 켜지고, Mapping이 종료되고 웨이퍼 처리가 시작되면 꺼진다.
- [Running] : Mapping이 시작되면 깜빡인다. Mapping이 종료되면 깜빡이다가 꺼지고, 처리가 끝나면 꺼진다.
- [Finished] : 처리가 끝나면 켜진다.

그림 2-61 ARM 정지

시스템 동작 기능은 다음과 같다.

① Coater Dummy Operation 스위치
Coater Dummy Dispense Panel은 회전 스위치로 기능을 조절한다.

- Mode Select란 : 회전 스위치로 돌려가면서 원하는 위치에 놓고 사용한다.
- Auto Mode란 : Auto에 놓고 사용하면, 레시피상 데이타가 전달된다.
- Off Mode란 : Interval Time 기능이 사용하지 않아, Home에서 P/R이 굳는다. 장시간 장비를 사용하지 않으면, 항상 Auto Mode 놓는다.
- Manual Mode란 : P/R Nozzle이 1~4까지 있어서, 사용자 선택에 따라서 사용 한다.
- Dispense 스위치란 : Time을 1~999Sec까지 선택하여 필요한 시간을 눌러서 원하는 P/R을 수동으로 뿌릴 수 있다.
- Start 스위치란 : Spin 유닛에서 수동으로 뿌릴 때 버튼을 누른다.
- Stop 스위치란 : Spin 유닛에서 P/R을 계속 뿌리고 있을 때, 멈추는 기능이다.
- Nozzle UP 스위치란 : P/R Dispense Nozzle을 위로 올린다.
- Measure 스위치란 : P/R을 Dispense를 Plasma Display 판넬에서 레시피를 전송하면 용액을 뿌린다.

② Step Controller

- Auto Mode : 정상적으로 장비가 Run 진행 상태를 가리킨다.
- Manual Mode : Spin 유닛에 레시피를 단계별로 하고자 할 때 사용한다.
- Change Mode : Spin 유닛에 단계별 기능을 사용할 선택해서 사용한다.
- Step Pass Mode : Spin 유닛에 단계별 기능을 사용하지 않고 통과할 때 사용한다.
- Repeat Mode : Spin 유닛에 레시피를 연속 또는 반복으로 사용할 때 사용한다.

③ 기본 용어

웨이퍼 Out 센서는 스테이지 위에 카세트를 올려놓을 기울게 놓는 경우나, 웨이퍼가 돌출되어 밖으로 튀어 나온다. 상, 하 센서가 있어서 감지하여 올바르게 놓게 경보가 울린다.

C/S ARM Pause 스위치는 스테이지 위에 카세트를 올려놓고, 잠깐 멈추거나 아니면 위험 하거나 하면 긴급하게 누른다.

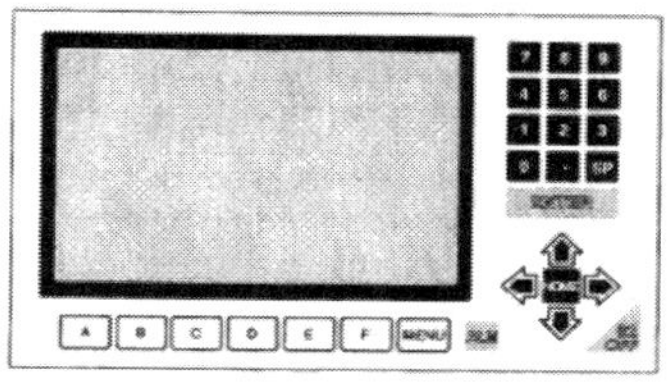

그림 2-62 플라즈마 표시 화면

④ 플라즈마 패널 동작 스위치

- 기능키 A~F까지 6개의 영문키로 표시장치 화면에 제일 아래에 표시되는 명령어를 선택한다. 명령어의 내용은 각 표시장치 화면에 따라 다르며 왼쪽부터 순서대로 각 키에 대응한다.
- 2.0~9 키 : 0부터 9까지의 숫자 키로 수치 데이터의 입력 및 메뉴 번호를 선택한다.
- (●) 키 : 소수점 Data를 입력할 때 사용한다.
- 커서 키 : 커서를 상하좌우로 이동시킨다.
- Space(SP) 키 : 문자 또는 수치를 입력할 때 Space를 삽입한다.
- Alarm 키 : Alarm 발생 시에 통상의 (Operation)화면에서 (Alarm 표시)화면으로 화면을 전환할 때 사용한다. 또한 (Alarm)화면에서 (Operation)화면으로 돌아갈 때는 (Menu) 키를 사용한다.
- BUZZ 키 : 알람 발생할 경우 부저 소리를 멈출 때 사용 합니다.
- Menu 키 : 현재 표시중인 화면을 빼고, 하나 전의 표시화면으로 이행할 때 사용한다. 이 키는 (Alarm) 화면 또는 (간이 Operation) 화면에서 통상의 (Operation)화면으로 돌아갈 때에도 사용한다.
- (←) (→) (↑) (↓) (Arrow Key) : 화살표 키로 화면상의 커서를 상하좌우 이동할 때 사용한다.
- Enter 키 : 화살표 키 또는 10 키로 선택한 메뉴를 확정할 때 사용한다.

14) 제어기 위치와 명칭

반송 유닛은 앞뒤 모듈과의 사이에서 웨이퍼를 주고받는다. 모듈 내에서 각 유닛로 웨이퍼를 주고받는다. Spin 유닛은 웨이퍼 기판 상에 감광제를 균일하게 도포, 웨이퍼를 세정 한다. 노광 Pattering한 웨이퍼상의 감광제를 현상 한다. Edge 노광 유닛은 웨이퍼 주변을 노광하는 유닛이다.

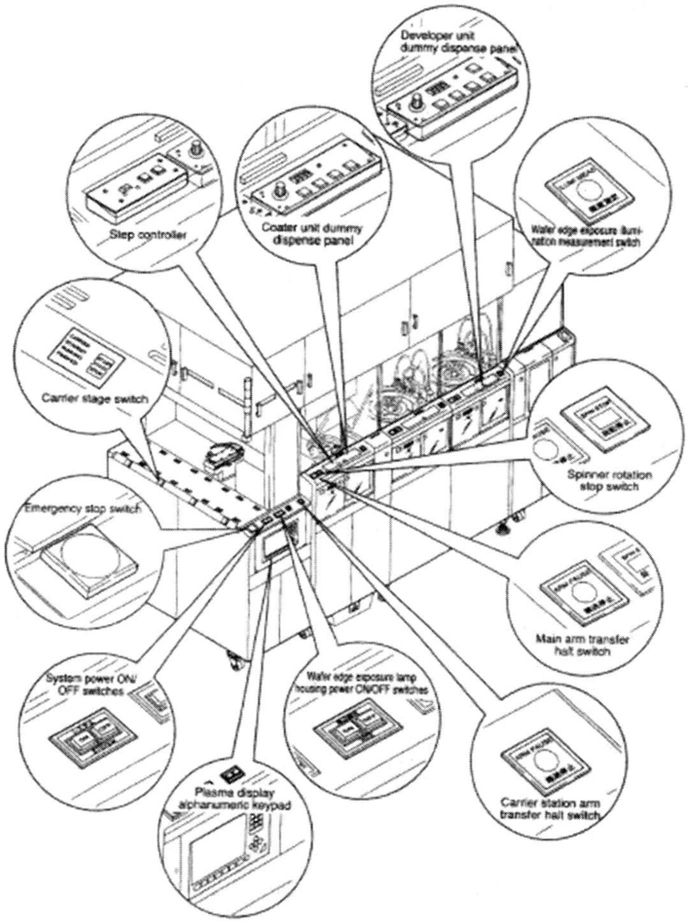

그림 2-63 제어기 위치와 명칭

15) Main Controller(PC) 기능

Mark-7(8) 시스템 전체를 제어하는 장치이다. CPU 80386 이다. 최고 4까지 Block 제어기를 제어 할 수 있다.

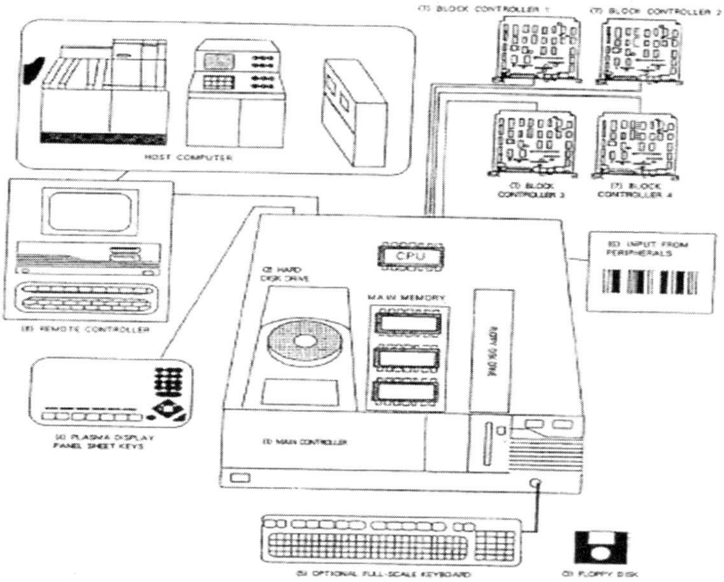

그림 2-64 주 제어기

(1) 주요 기능

① 시스템 내에 웨이퍼 흐름을 제어한다.

② 공정 프로그램(Recipe)의 작성, 편집 유닛 전송한다.

③ Lot 관리한다.

④ 시스템 내에서 발생한 ALARM의 표시, Loging Covery 제어한다.

⑤ 시스템 내의 각종 상태표시 한다.

⑥ Operator Mechanism으로 동작한다.

⑦ On Line 제어한다.

(2) Hard Disk(20 MB)

이 시스템의 제어를 위해 프로그램 및 웨이퍼 Flow 각 유닛, Recipe가 기억되어 있다. 또 Power On시에 주 제어기의 Main Memory Load 된다.

(3) Flopy Disk (1MB)

Process Recipe 등의 Back Up용으로 사용된다.

(4) Plasma Display Sheet Key

조작의 거의 대부분의 입력이 여기서 이루어진다. Operator는 이 Display의 표시대로 조작할 수 있는 대화형으로 되어 있다.

(5) Full key Board(Option)

Full Keyboard의 의한 입력이 이루진다.

(6) 기타 입력

경우에 따라, Bar Code 등의 다른 입력이 가능하다.

(7) Block Controller

Carrier Station ARM Main ARM을 포함한 각 Block의 Mechanism과 각종 온도를 제어한다. CPU는 6800을 사용하고 있다. Carrier Station Main ARM의 각 축은 Multiple 작동의 가능한 고속형으로 되어 있다.

(8) 원격 제어기

On-Line 시스템시에 사용한다. 호스트 컴퓨터 등에 따라 사양에 다르다.

① Carrier Station(카세트 놓는 곳)

카세트 스테이지가 1~4 유닛로 구성 되어있다. 공정 모듈로의 웨이퍼 전송 또는 처리되어 돌아온 웨이퍼의 반입, 수납 목적으로 한다. 공정 모듈이란 카세트 모듈, 또는 Interface에서 전송 되어 온 웨이퍼를 반입하여 Spin 처리 또는 Bake 처리하는 유닛이다.

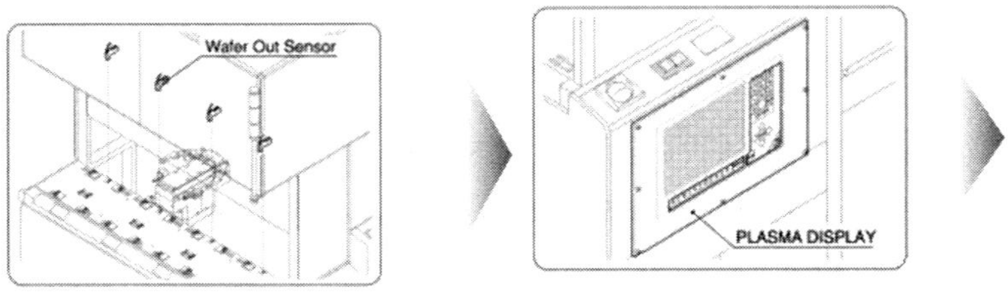

그림 2-65 Carrier Station(1)

• Plasma Display에서 사용하고 하는 Recipe를 선택한다.

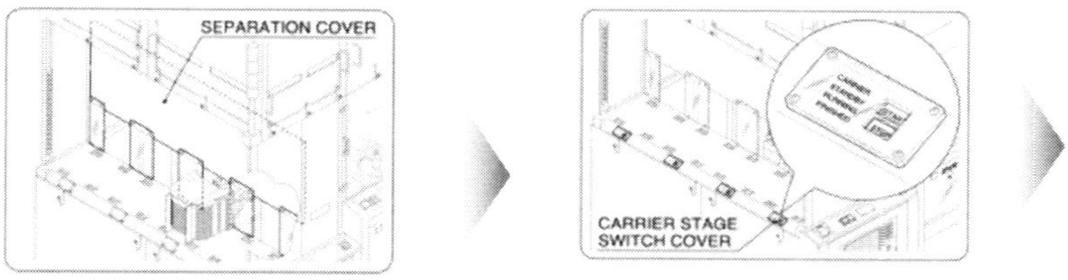

그림 2-66 Carrier Station(2)

• 카세트 안에 웨이퍼 25장을 넣은 후 Carrier Station 올려놓는다.

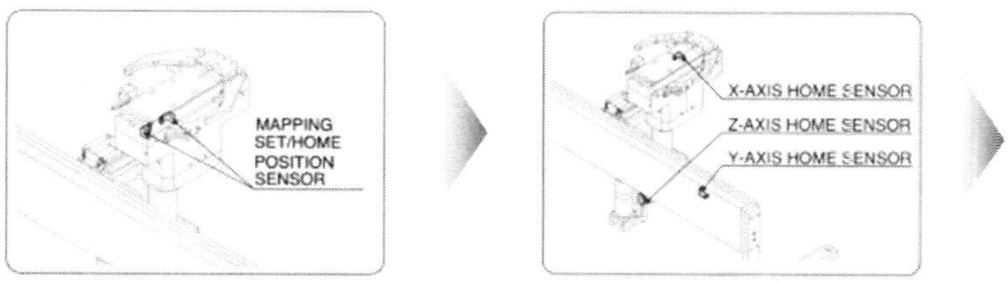

그림 2-67 Carrier Station(3)

Carrier Stage에서 정지/시작 버튼이 있는데, 시작 스위치 누른다. 시작 버튼을 누르면 Mapping 센서가 1 Slot부터 26 Slot까지 Scanning 한다.

② 신호 탑 기능(경광등 램프, 파랑, 빨강, 노랑, 녹색 등)

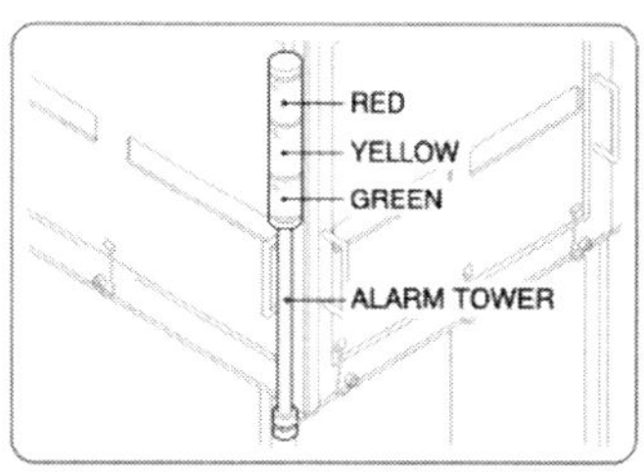

Lamp	Blinking/lit	Buzzer	Status
Red	Blinking	Contiunous	Equipment error
Yellow	Blinking	No sound	Sender empty
Green	Blinking	Intermittent	Lot end/Receiver full

그림 2-68 동작에 따른 램프 색

• Signal Tower 역할은 장비 상태를 알 수 있는 램프이다.

• RED 램프 : 알람타워에 깜박거리며, 알람이 울리는 것은 장비 에러 발생을 표시한다.
• Yellow 램프 : 알람타워에서 깜박거리며, 알람이 울리는 것은 Loader Cassette 내부에 웨이퍼가 비우고 없다는 내용이다.
• Green 램프 : 알람타워에서 깜박거리며, 카세트 내부에 웨이퍼가 가득 차거나 장비가 RUN 진행을 가리킨다.

16) Operation Plasma Panel 기능(Recipe 입력)

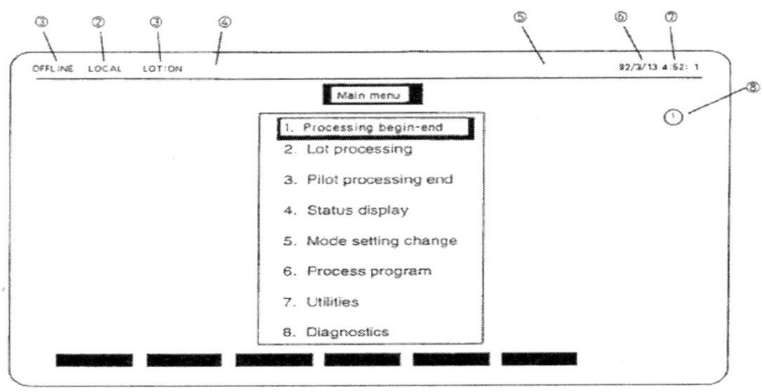

그림 2-69 동작 플라즈마 패널 기능

(1) On Line/off Line Mode 표시 AREA

공장 측 호스트 컴퓨터 또 원격 제어기와의 통신상의 접속 상태를 표시한다.

(2) In Line/Local Mode 표시 영역

노광기와의 통신 상태를 표시한다.

(3) Lot/Controller Mode 표시 영역

Lot 관리의 실행 유무를 표시한다. On이 Lot 관리 실행 Mode이다.

(4) 처리개시 Menu 표시 영역

Lot 처리 메뉴를 사용해 Process 처리를 개시 시키는 Mode인 경우에(Lot 처리) 표시한다. 표시가 없을 경우는 웨이퍼 Flow 등 메뉴로써 웨이퍼 Flow data

를 등록하고 Stage에 Carrier을 Set해서 공정처리를 개시시킨다.

(5) Alarm 통지 영역

보통 작동중은 표시가 없고 장치측(각 Block)에 Alarm이 발생을 통지한다. 고든 알람이 해제된 시점에서 표시가 없어진다. 또 선행처리를 행하는 때 Pilot 웨이퍼가 Start해서 pick-Up에 수납되기까지 pilot Processing을 점멸 표시한다.

(6) 날짜 표시 영역

현재의 년, 월, 일을 표시한다.

(7) 시간 표시 영역

현재의 시, 분, 초를 표시한다.

(8) 화면의 Label 표시

현재 표시중인 화면 메뉴의 표시 Label을 표시한다.

17) 장비 전원 투입과 초기화 작동 방법

전원 투입과 메인 메뉴 화면(전원 투입 후의 초기화면) 전원 투입 화면 Mark-7/8의 화면이 표시되고, 약 2분 후에 메인 메뉴가 표시된다.

초기화가 정상종료 후 (Menu) 키를 누르면 'Do You Retrieve 웨이퍼 (YES/NO)' 라고 묻는다. 회수하는 웨이퍼가 장치 내에 없는 경우는 NO를 선택한다. 만약 웨이퍼가 있는 경우 'YES'를 선택하고, 화면의 지시에 따라 조작을 행한다.

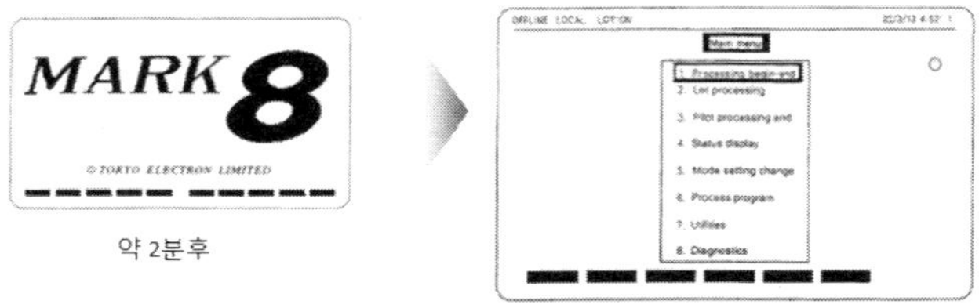

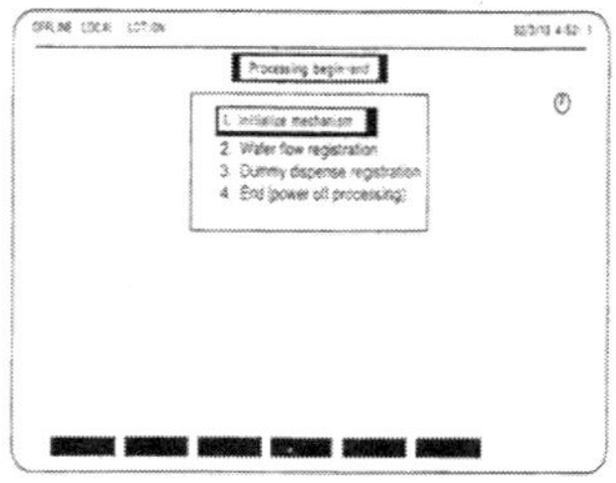

화면 상부 Lot Controller On/Off는 각 사용 방법에 따라서 다르다

Main Menu 화면에서 =>Pocess Begin -End 선택 =>1번 Initialize Mechanism 선택

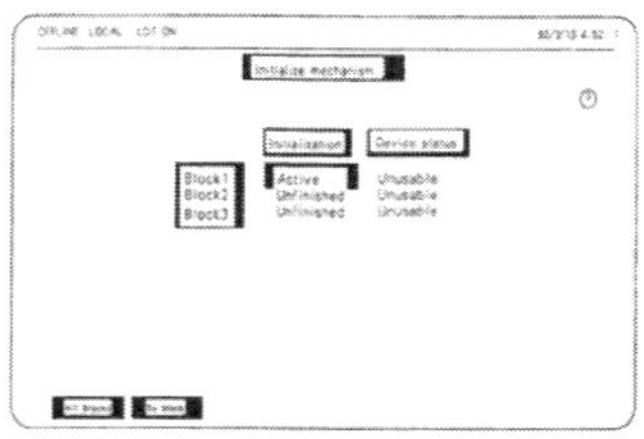

화면 Mode에서 모든(ALL BLOCKS)의 Block을 선택해 초기화를 행한다 각 Mechanism이 Initialize를 개시하고,Initialize가 종료하면 화면안의 초기화 Unfinished에서 Active 끝난다. 화면 안의 장치 상태가(Unusable)의 Block인 경우, 그 Block 에서는 Intialise되지 않는다 이 경우 그 Block에 Alarm 화면중의 대처 방법에 따라서 조작을 행한다

그림 2-70 초기화 화면

18) Dummy Dispense 등록

Dummy Dispense Recipe가 작성 되어 있는 것을 확인한다.

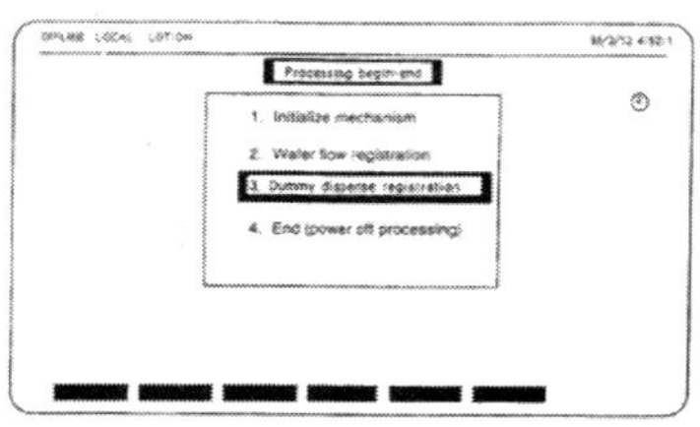

1) Processsing Begin-End 화면에서 3번 Processing ...Dummy Dispense 선택한다

그림 2-71 Processing Begin-End 화면

Dummy Dispense 각 Spinner 유닛 별로 등록을 행한다. 여기서 예 1. COAT을 선택한다.

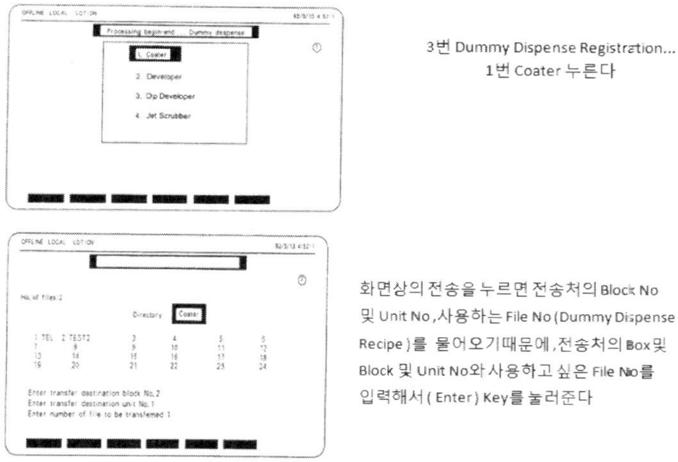

그림 2-72 Dummy Dispense 등록

각 Spinner 유닛의 Dummy Dispense 패널의 LED가 점등해 있는지를 확인한다. 단, 실제로 Dummy Dispense 행할 경우는, Dummy Dispense Panel의 Mode Select가 스위치를 Auto의 위치로 설정한다.

19) 장비 Power Off 절차 순서

모든 작업 완료 후, 시스템의 전원을 끄기 전에 행하는 동작이다. 확인 외에 소프트웨어의 보호도 행하고 있기 때문에 반드시 실행해야 한다.

(1) 장비 Off

① 처리 개시 종료 화면에서 4번 END(Power Off)를 선택한다.

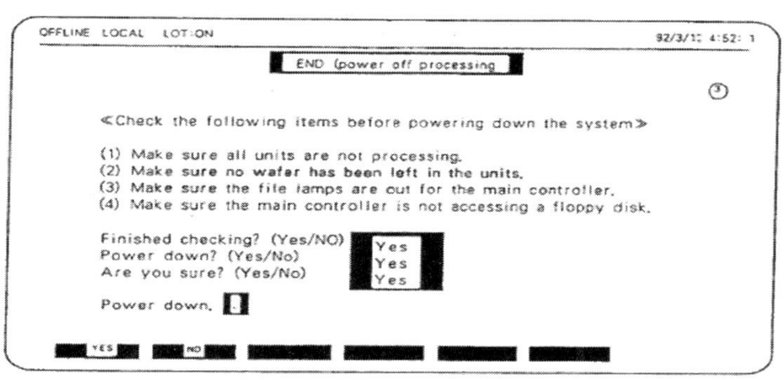

그림 2-73 장비 전원 끄기

② 화면에 표시되어 있는 항목을 확인하고, OK 하면, YES, NG라면 NO를 입력한다. 최종적으로 입력을 마치면 Power Off 처리가 자동적으로 행해진다.

(2) 장비 Off 전원 기능

① Power Off 처리가 종료되면 화면 안에 (Power Down)으로 표시되기 때문에 표시를 확인하고 전원을 끈다.
② 시스템 Power Off 스위치를 누른다.
③ AC 100V, 200V의 Main Breaker를 끈다.

(3) 장비 Utility 정지

공장 공급의 모든 utility를 끈다. 장치에 공급되고 있는 AIR, VACUUM, N_2, DIW, 냉각수, 배기의 각 Utility 밸브를 잠궈준다.

(4) 비상 정지 순서

① 시스템은 반드시 비상정지 스위치가 붙어있다. 만일 비상 사태가 발생한 경우 시스템 가동의 유무에 관계없이 즉시 스위치를 눌러 전원을 꺼야 한다. 또 Spinner 유닛로 처리중인 웨이퍼는 진공으로 흡착된 채로, 인체에 지장을 일으키지 않으므로 안심해도 된다.
② 또한 다시 시스템을 켰을 때는 시스템 내에 남은 채로 웨이퍼를 웨이퍼회수 Mode로 제거한다. 상세한 조작방법에 대해서는 동작 메뉴얼 → 웨이퍼 Retrieval Mode을 참조한다.
③ 비상정지 스위치로 전원을 끈 경우, Display(비정상적인 전원 차단)의 알람이 표시되므로, 알람 화면중의 대책 방법에 따라서 조작을 행한다.

20) 장비 알람 상세 화면 설명

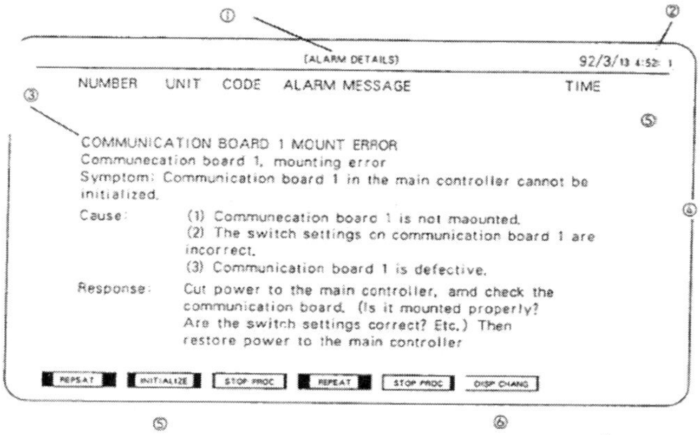

① 화면 Title : 알람 상세 표시 중인 것을 나타낸다.
② 현재 시각 : 현재의 시각을 년/ 월 / 일 시: 분: 초로 표시한다.
③ 현재 시각 : 알람이 발생한 장치의 Block 반호, 유닛 번호, 장치명, 알람 코드, 알람 메시지 발생 시각을 표시한다.
④ 알람이 발생한 이유, 원인, 대처 방안을 표시하고 있다. 알람이 발생한 장치의 Block 반호, 유닛 번호, 장치명, 알람 코드, 알람 메시지

그림 2-74 장비 알람 상세 화면

※ 알람 해제 명령어

- 표시 삭제 : 알람을 제거한다. 시스템은 알람을 무시하고 처리를 계속한다.
- 한번 더 : 알람 발생의 원인이 되었던 처리를 다시 한번 행한다. 정상의 경우 처리는 앞으로 진행한다. 정상이 아닌 경우는 다시 알람이 표시된다.
- 처리 계속 : 알람의 대상이 작동을 정상 완료한 것으로 보고, 다음처리로 나간다.
- 처리 중지 : 알람의 대상이 작동을 중지하고, 다음처리로 나간다.
- 웨이퍼의 제거 : 웨이퍼를 제거하는 외에 복귀할 수 없는 경우는, 이 키를 누르기 전에는 반드시 웨이퍼를 빼 준다.
- 화면 교체 : 기능 키의 "F"를 누르면 알람 표시 화면으로 되돌아간다는 것을 나타낸다.

21) 장비 PM(Preventive Maintenance)

장치를 안전된 상태로 이동시키기 위해서는 나날의 점검, 정기적인 점검이 중요한 요소가 된다.

- 정기 점검 스케줄
- 점검 목록
- Interlock Check

22) 국내 제작 장비 시스템 구성

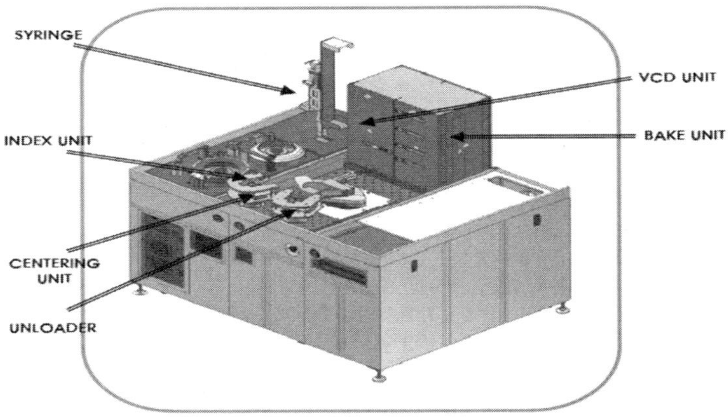

그림 2-75 트랙 장비

(1) 각 유닛의 기능

① Index 유닛, Spin 유닛, Bake 유닛, 이송 로봇으로 구성되어 있다.

② 유닛의 변경, 추가, 제가가 용이 하도록 설계되어 있다.

(2) Transfer Robot

Index 유닛의 카세트 내에 있는 웨이퍼를 Scanning하여 웨이퍼의 정보를 파악한 각 유닛 (COAT, HP, CP, CVD, Center, Cassette)으로 웨이퍼를 주고받는 역할을 한다.

(3) Spin Coater

웨이퍼 기판위에 감광제(PR)을 이용하여 감광막, 절연막 또는 금속막을 웨이퍼 표면에 균일하게 도포하는 유닛이다.

(4) Spin Developer

Align 및 노광 후 현상액을 이용하여 필요한 부분을 구분하여 상을 형성하기 위하여 웨이퍼 상의 포토 Resist를 현상, 제거하는 유닛이다.

(5) Bake 유닛

HP(Hot Plate) 웨이퍼의 습기 제거하고, PR 도포 후 Etch나 Develop시 감광제의 접착력을 증가시키기 위하여 웨이퍼를 가열하는 유닛 이다. Max 200℃까지 가열이 가능 하다. 웨이퍼를 가열시켜 수분 또는 용제를 증발시키거나 현상후의 포토 Resist를 Bake 처리한다. CP(Cool Plate) AD 또는 HP 유닛에서 Bake된 웨이퍼를 냉각시키는 유닛이다. 가열된 웨이퍼를 상온으로 되돌려 주는 기능을 수행한다.

(6) VCD 유닛

Glass의 Hot Plate에서 Baking시 무라 현상 발생을 방지하는 역할을 하는 유닛이다. 코팅 된 Glass의 PR 성분을 진공상태에서 진공 펌프로 Dry하는 역할을 한다.

(7) Index 유닛

웨이퍼를 Loading/Unloading하기 위한 Cassette Station 유닛이다.

(8) Centering 유닛

웨이퍼를 Spin Chuck의 중앙에 위치시키기 위함이다. 웨이퍼가 Spin(Coater, Develop) 유닛에 들어가기 전 Centering을 수행하는 유닛이다.

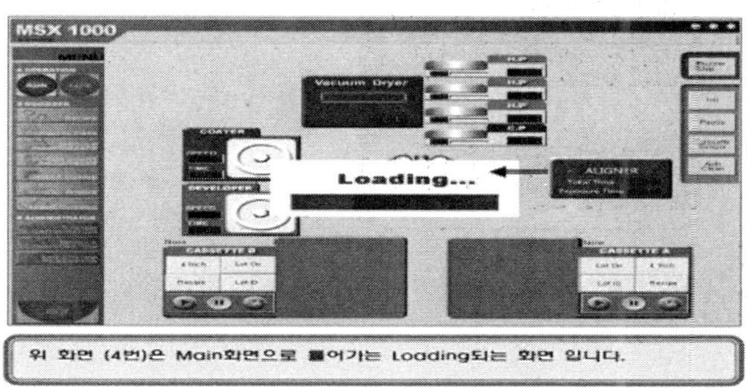

그림 2-76 주 화면 Loading

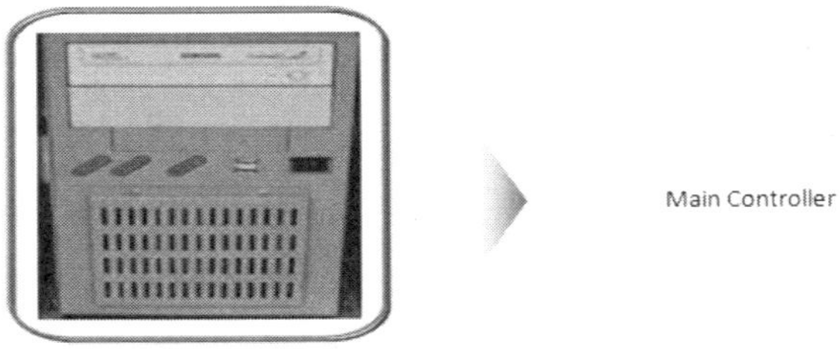

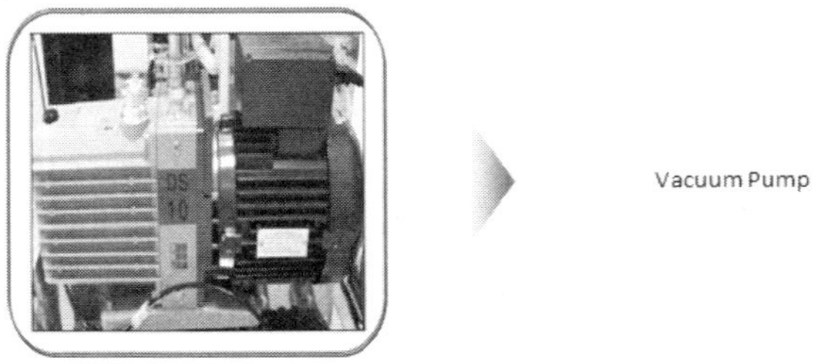

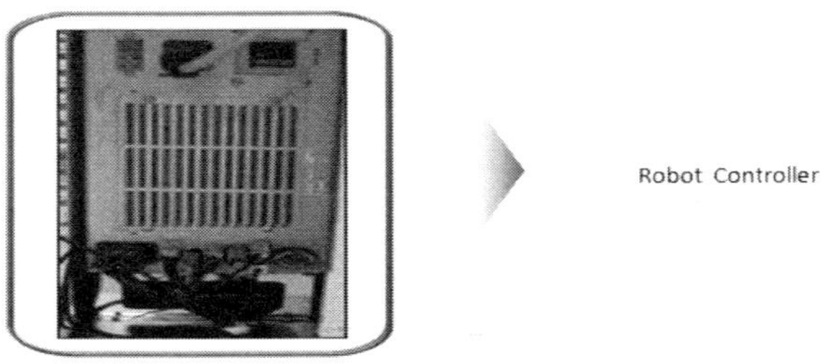

그림 2-77 구성 유닛

(a) Main power s/w

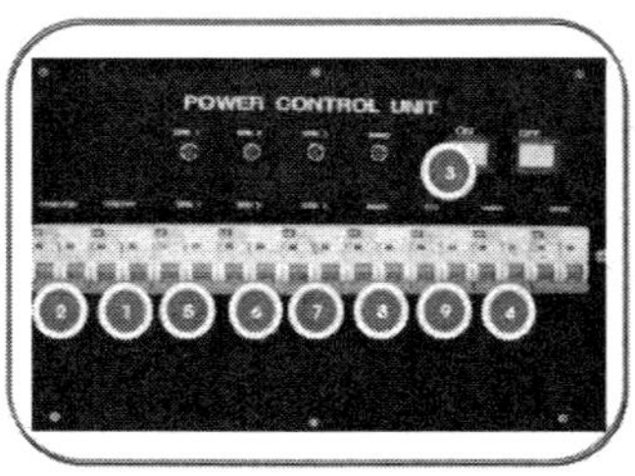

(b) Power box control

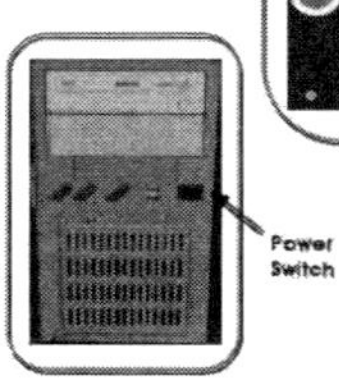

(c) Main PC

1.먼저 장비 뒷면의(그림(a)) Main Breaker "ON" 방향으로 돌려장비 전원을 투입한다
2.위의 Power Box Controller(그림(a))에서 1번 Controller CB(Circuit Breaker)를 올리고 2번 CB 를 올린후 3번 "ON" 스위치를 누릅니다
3.Robot의 Teaching Pendent의 "Motor Lock" 버튼의 깜박임이 정지된후 예, 그다음에 번호순으로 CB를 올려 각 Unit단에 Power 를 공급합니다
위(그림(a))가리키는 Power 스위치를 ON 시켜줘야 합니다

그림 2-78

3. 트랙 장비의 기능 Module별 구성 역할

1) Main Arm 기능

Main Arm은 웨이퍼를 운송하는 Pincette이다.

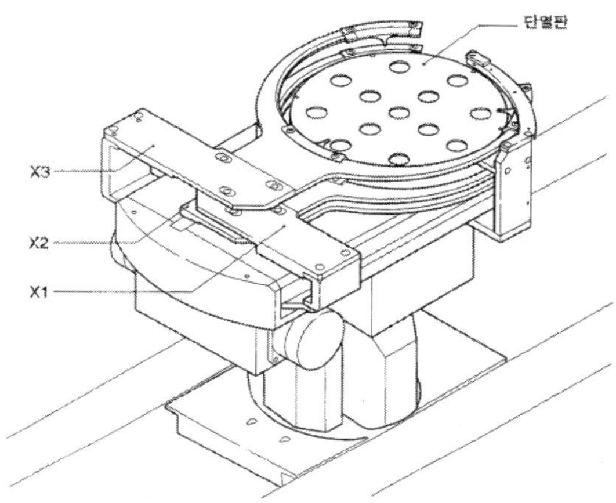

그림 2-79 Main Arm

(1) Main ARM 구동부 기능 설명

Main Arm Pincette는 X1, X2 ,X3 구성 되어 있다. Main Arm Pincette는 X1, X2 Loarding은 HMDS, HP, CP, DHP, WEE, Interfce에서는 웨이퍼를 받을 수 있으며, Spin 유닛로 Loading 할 수 없다. Spin 유닛는 온도 영향을 받아서 필요한 온도, 습도를 관리 한다. Main Arm Pincette 잡는 부위를 쯔메(Pinger)라고 한다. Pincette에 3개로 구성되어 있으며, 핑거에 위에 웨이퍼가 올라간다. Arm Pause 스위치는 Pincette X1, X2, X3가 연속 적으로 움직여서 순간적으로 멈추고 할 때 한시적으로 눌러서 기능을 중단한다. 안에 램프가 있어서 유관으로 확인이 가능하다. 다시 사용하고 할 때는 한번 누르면 멈춰 있다가 암이 움직인다.

(2) Y축

Operation Panel측에서 본 좌우 방향의 동작을 Y축이라고 하고 웨이퍼 반송시에 좌우방향의 유닛간 이동을 AC 서보 모터에 의해서 행한다. 또한 구동부에는 Timing Belt를 사용해서 모터 내장 인코더로 위치를 검출한다.

(3) Z축

상하방향의 동작을 Z축이라고 하고, 웨이퍼 반송시에 상하방향의 유닛간의 이동과 각 유닛에 대한 웨이퍼 탑재를 AC 서보 모터로 한다. 또한 구동부에는 Timing Belt와 Ball Screw를 사용하여 모터 내장 인코더로 위치를 검출한다.

(4) θ축(세타)

Main ARM의 회전동작을 θ축이라고 하고, 웨이퍼 반송시에 좌우의 Block 방향과 전후의 유닛 방향에 대한 회전이동을 스텝핑 모터로 한다. 또한 Home 위치에서 시계방향(CW)으로 최대 271으 회전동작을 한다. 또한 구동부는 Timing Belt를 모터 외부에 있는 인코더에 의해서 위치를 검출한다.

(5) X축

각 유닛에 대한 전후방향의 동작을 X축 이라하고, 3개의 ARM으로 구성되어 있다. 상단 X3축(Pincette 3), 중단을 X1축(Pincette 1), 하단을 X2축(Pincette 2)이라고 부르고, 구동부에는 가각 스텝핑 모터와 Timing Belt를 사용하고 있다. 또 Home 센서라고 부르는 위치센서에 의해 위치를 검출하고 있다.

2) Main Arm 용도

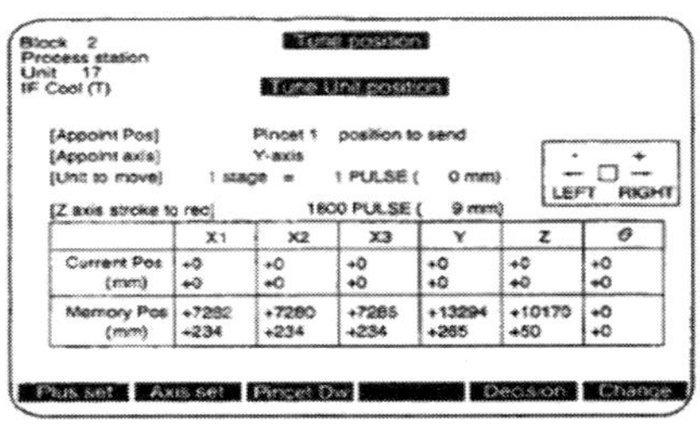

Main Arm Teaching Mode에서 Data 입력함

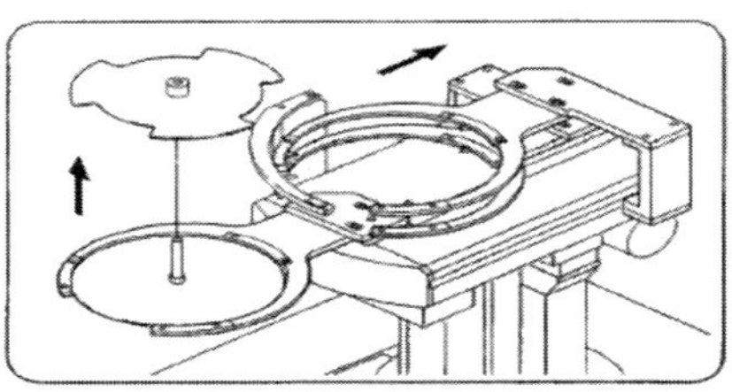

Main Arm Pincette 1,2,3 Centering 지그

그림 2-80 Main ARM Teaching Data

웨이퍼 반송시에는 Pincette 1과 Pincette 2가 교대로 각 유닛에 대한, 반입, 반출을 한다. 또한 Pincette 3은 Cooling 유닛에서 Spinner (COAT, DEV) 유닛에 대한 반송만을 하고, 처리 웨이퍼에 대한 열영향을 최소한으로 억제하는 구조로 되어있다. 또 그 때문에 Pincette 3 사이에 단열판이 설치되어 있다.

3) Hot Plate 유닛(HP, DHP)

Hot Plate 유닛는 Resist 처리장치 중에서 웨이퍼 가열처리에 의해 웨이퍼 표면에 수분을 제거하기 위한 유닛로, 도포 공정 후 또는 현상 공정 전후에 있어서 웨이퍼 표면에 도포된 포토 Resist의 열처리도 한다. 일반적으로는 Baking 장치라고도 한다.

Gap Space를 매개로 해서 열판 위에 웨이퍼를 설치하고 Recipe 설정기간 Proximity Bake를 한다. 또한 열판의 온도에는 다양한 온도 제어기(E5ZD-4H01P)를 사용하고 제어 방식으로는 2 자유도 PID 제어를 하고 있다. 본 제어기는 열판에 내장된 측온저항체(PT 100)에서 오는 온도정보에 의해 Heater Power Line(AC 200V)을 Solid State Relay(SSR)에서 On/Off 시키는 것으로 열판 내장의 히터를 On/Off 시켜서 온도제어를 한다.

※ Hot Plate 유닛에 열처리 분류

- 탈수 Bake(Dehydration Bake) : 포토 Resist 처리의 전처리로서 포토 Resist와 웨이퍼의 밀착성을 강화하기 위해서 수분을 제거하는 결처리를 한다.
- Pre Bake(Pre-Bake) : 웨이퍼 위에 포토 Resist를 도포한 다음 도포막 안에 있는 잔류용제를 증발시키기거나 도포막과 웨이퍼와의 밀착성을 높이기 위해 열처리를 한다.
- Post Bake(Post-Bake) : 현상에 의한 포토 Resist Pattern 형성 후, 포토 Resist 막 안 또는 표면에 남아 있는 현상액, Rinse액을 증발시켜 제거하고 포토 Resist의 경화, 웨이퍼와의 밀착성 강화를 위해 열처리 한다.
- 노광 후 Bake(Post-Exposure Bake) : 단일 파장광으로 노광한 경우의 정재파 효과(빛의 물결)에 의한 포토 Resist Pattern(포토 Resist 측벽형상)의 변형을 경감시키기 위해 노광한 (현상 전) 다음 열처리를 한다.

4) Adhesion 유닛(AD)

Adhesion 유닛은 포토 Resist 코팅 전의 처리로서 포토 Resist 막과 웨이퍼와의 밀착성 향상을 목적으로 한 웨이퍼 표면의 소수화처리를 하기위한 유닛이다. Gap Space를 매개로 해서 열판 위에 웨이퍼를 탑재하고, Chamber Plate에 의해서 밀폐(진공) 상태로 된 유닛안에 Bubbler Tank에 의해서 발생한 HMDS의 대기를 도입하고 열처리를 하는 것으로 친판 아래 OH 결합(Redical Connection)을 과학적으로 분리하고, 수분을 제거하는 것이다.

> Tip
> **OH 결합**
> 수산기이온과의 결합

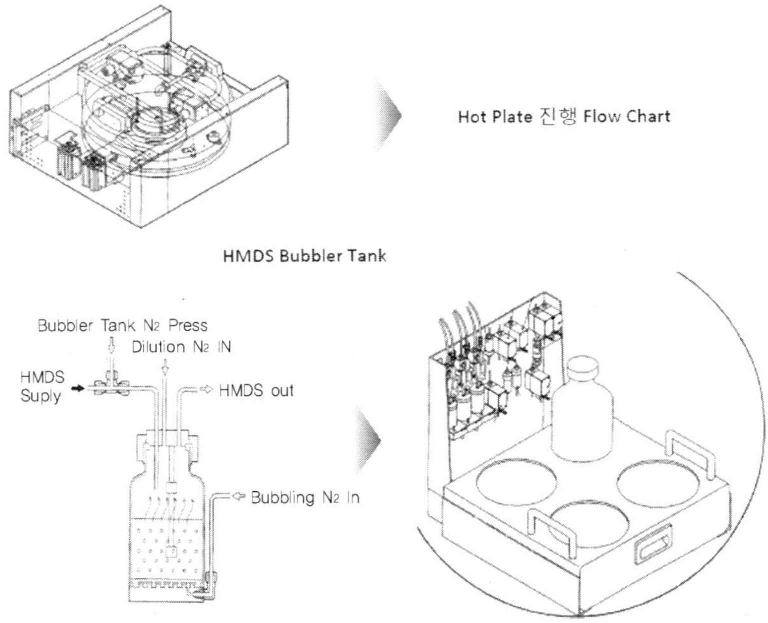

그림 2-81 Adhesion 유닛

또한 Bubbler Tank란 N_2 Bubbler 방식에 의해 HMDS 용제의 휘발성을 이용해서, 그 용제의 대기를 만들기 위한 탱크이다. 일반적인 용제 휘발성 원리에서는 용제의 수납 용기 표면에 비례해서 발휘되고 대기가 만들어지고 있기 때문에, 동일 용기 내에서는 어느 정도 한계가 있다. 그래서 Bubbler Tank에서는 N_2를 Tank 하부의 Teflon충부(최소공질)에 도입하면 N_2 용제 안으로 나올 때 작은 Bubbler이 되어 방출된다. 그 Bubble이 용제 표면에서 터질 때의 구상 면적에 따라 액의 표면적이 넓어지고, 용제 휘발의 효과를 올리고 있다. 이 방식을 N_2 Bubbling이라 한다.

※ AD 유닛에 열처리 분류

- 챔버(Chamber)내 진공처리(Slow Pumping) : 웨이퍼를 열판 위에 올려놓고 챔버 플레이트(Plate)를 Air Cylinder로 Down시키고 열판과 밀폐상태로 한다. 밀폐된 상태의 챔버 안에서 강제적으로 Ejector로 공기를 뺌으로써 진공상태로 한다.
- HMDS(CH3) 3SiNHSi(CH3)의 대기 도포(코팅) : Bubbler Tank 안에서 발생한 HMDS의 대기를 챔버 플레이트 중앙에서 챔버 플레이트 안으로 방출하고 웨이퍼 위에 도포한다.
- 소수화처리(처리) : 챔버 플레이트 내 웨이퍼를 HMDS의 대기 안에 방치하고, 웨이퍼 표면에 HMDS를 코팅 함으로써 소수화를 한다.
- 챔버 내 잔류 Gas 배출(배기) : HMDS의 대기가 대기 중에 방출되지 않도록 챔버 플레이트 안에서 강제적으로 Ejector로 배출한다.
- 챔버 내 대기 개방(대기 개방) : 공기 필터를 매개로 한 공기를 챔버 플레이트 안으로 도입하고, 일련의 처리를 종료시킨다.

4. 모듈별 주요 구성품 및 역할

1) Coater 유닛(COAT) Interlock 기능

Coater 유닛의 Interlock 기능은 하위 CPU의 블록 제어기(Block Controller)에서 센서 정보를 읽은 다음 상위 CPU의 주 제어기(Main Controller)로 통신을 해서, 주 제어기에서 Interlock을 제어한다. 또한 블록 제어기에서 감시하고 있는 Coater 유닛의 Interlock에 관한 센서 정보로서 Cover Open 센서와 Spin 모터 정지 스위치가 있다.

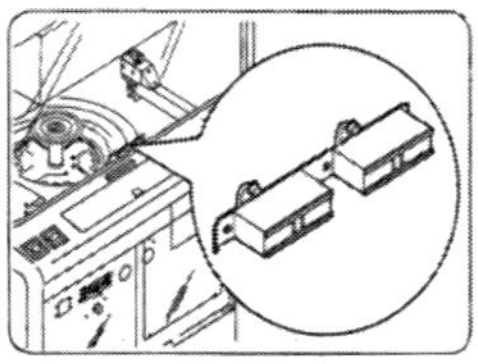

Cover Alarm Key를 눌러서 Alarm을 해제한다 Cover을 열어서 Cover Open하고, Manual 사용한다, Alarm 복귀시 한번 더 Switch 누른다

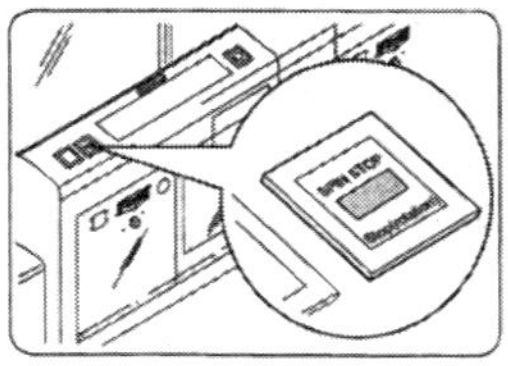

Spin Stop Switch 누르면 Alarm이 출력되고 고속회전 되고 있는 Spin Chuck을 강제적으로 정지된다

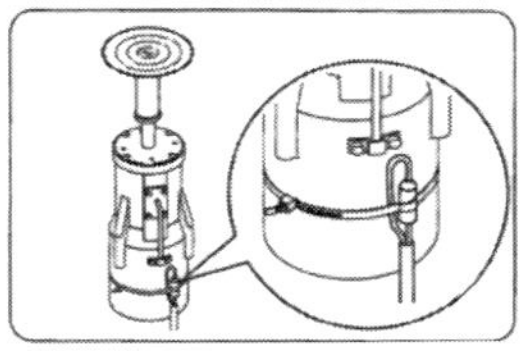

Motor 표면온도가 72℃를 넘은경우는 Fuse가 끊어지고, 장비 전원을 끄고 온도 Fuse를 교환후 다시 장비 전원을 복귀한다

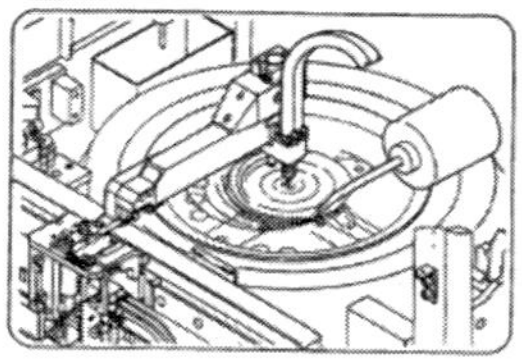

Resist Dispense 후 ,Glass Wafer가 회전하고 있는 상태에서 Squiizzle Bottle 등을 세정용 Thinner로 Glass Wafer를 세정해서 Resist를 제거 합니다

그림 2-82 Coater 유닛

2) Coater 유닛 Diagram

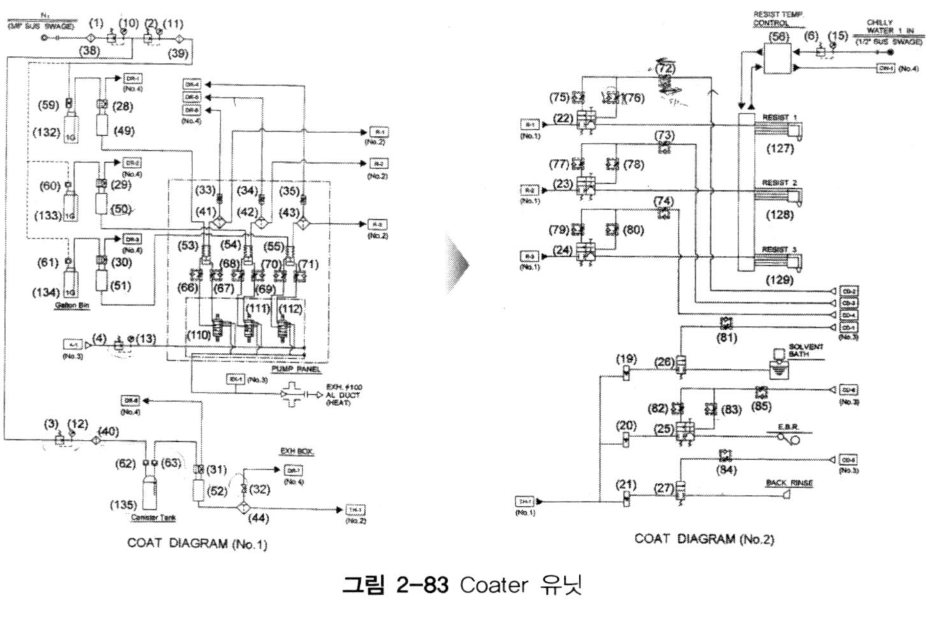

그림 2-83 Coater 유닛

※ P/R 배관 Flow

- P/R Bottle 1 Gal Auto Exchange 기능 → Buffer Tank 45cc
- P/R Pump → Filter Housing → Suck Back Valve
- Chemical Thinner(중앙 공급, 20 Liter Canister) → 필터 → 레귤레이터 게이지 → On/Off 밸브 → EBR(Edge Back Side Rinse), BSR(Back Side Rinse) → Dispense
- Spin Cup → Drain Line, Exhaust Line

3) Coater 유닛(COAT) 기능

P/R Dispense 동작은 공기 실린더 구동에 의해 동작한다. 공기 실린더의 Stoker를 변동시켜 Dispense를 임의로 조정할 수 있다. 유닛 Recipe의 프로그래밍에 의해서 Dispense를 조정할 수 있다.

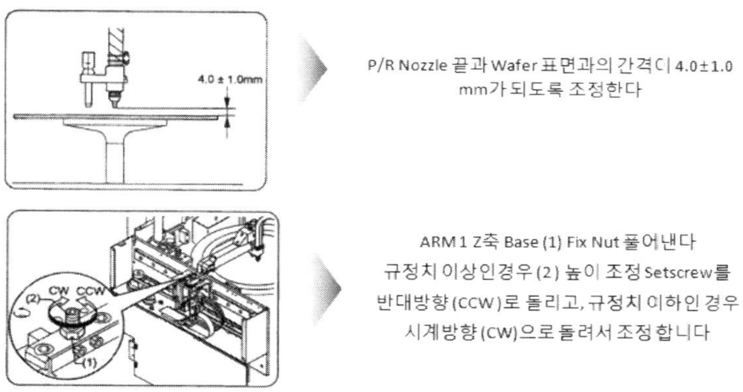

그림 2-84 Dispense 조정

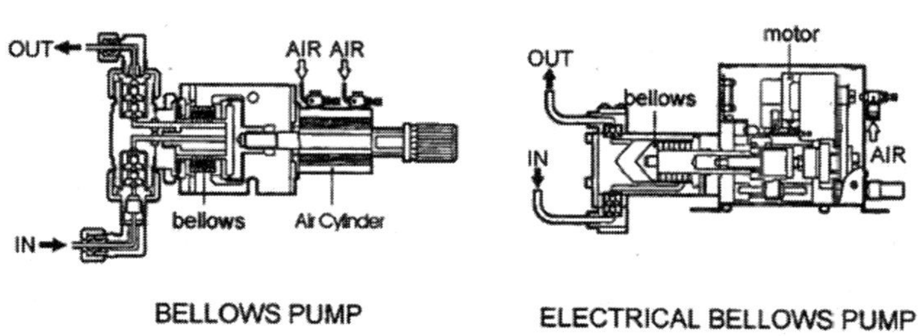

그림 2-85 펌프

P/R 액의 온도 변동에 따라, P/R 필름의 두께가 변동 한다. P/R 액의 온도 제어하여 일정한 온도를 유지할 수 있도록 P/R 필름 두께 안정을 유지한다. Circulator 펌프에서는 P/R 온도를 제어 할 수 있다. Circulator 펌프 내에는 Motor Frange 부의 온도가 제어되고 있다. 온도가 제어된 순수한 물을 모터 Flange부로 순환시켜, 온도를 제어 한다.

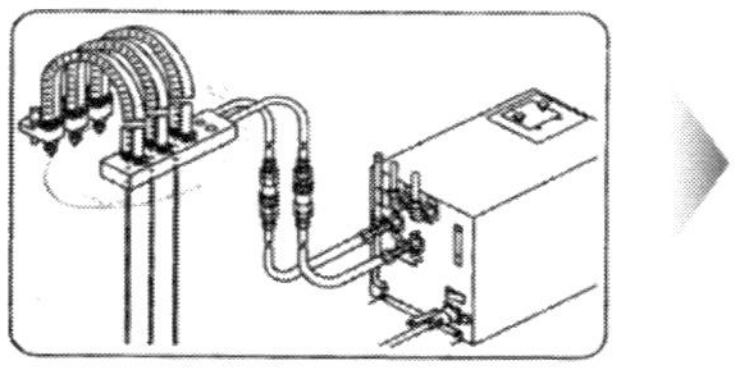

그림 2-86 감광제 온도 조절

4) Coater 유닛(COAT) 온도 제어기

고속회전에 의한 Spin 모터의 발열을 이 Coater, Cup및 Spin Chuck에 열의 영향을 끼치고 P/R 코팅 처리시 P/R 필름의 두께에 변동이 생긴다. Circulator에서는 펌프에 의해 온도가 제어된 순수한 물을 순환시켜서 온도를 제어한다.

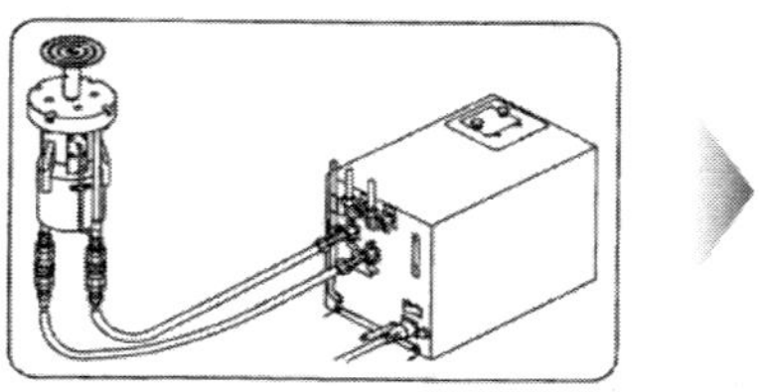

그림 2-87 Motor Flange 온도조절

Coater Cup 내에 온도 및 습도의 변동이 발생하고 P/R 코팅 처리시 P/R Film의 두께에 변동이 생긴다. 제어기 내의 냉각기 히터 및 가습기로 의해 온도와 습도를 조절한 공기를 Flow Fan으로 Coater Cup 안으로 공급함으로써 온도, 습도를 제어하고 있다. 수동 Damper가 있어서 정해진 유속을 조절할 수 있다. ULFA 필터가 있어서 여과 시키기고, 파티클(Particle)을 제어 할 수 있다.

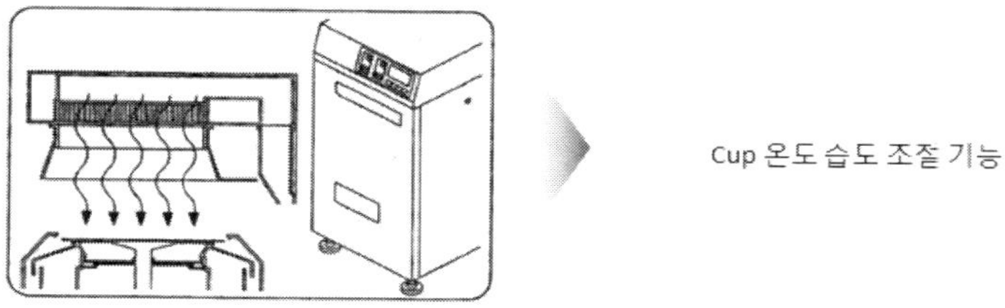

그림 2-88 Cup 온습도 조절

EBR 처리동적에는 Cylinder Scan ARM 이라고 불리고 있다. 이 ARM은 Coater 유닛 좌측면에 설치되어 상하 방향으로의 동작(Cylinder Up/ Down) 최대 45℃의 회전동작(Cylinder Scam ARM In/ Out), Nozzle 끝의 전후 방향으로 동작 한다. EBR 처리 후 용제가 떨어지는 것을 방지하기 위해 Suck Back 기능을 갖추고 있다. 5상 스텝 모터 드라이브는 Home 센서와 엔코더 센서에 의해 EBR를 처리한다.

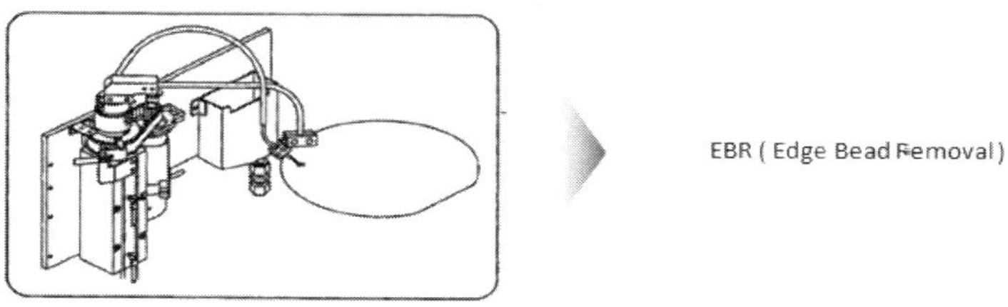

그림 2-89 Edge Bead 제거

5) Coater 유닛 (COAT) Nozzle 조정

웨이퍼 뒷면 오염으로 Oven에서 탄 얼룩, 스텝 노광 시 위치 이탈, 웨이퍼 이면에서 이탈 된다. 이것을 방지하기위해 용제(Thinner등)를 Back Side Rinse Nozzle 끝에서 Dispense시켜 웨이퍼 이면의 P/R를 용해해서 제거한다. Back Side Rinse Nozzle은 Coater Cup 안의 Cup Base위에 설치하고 있다.

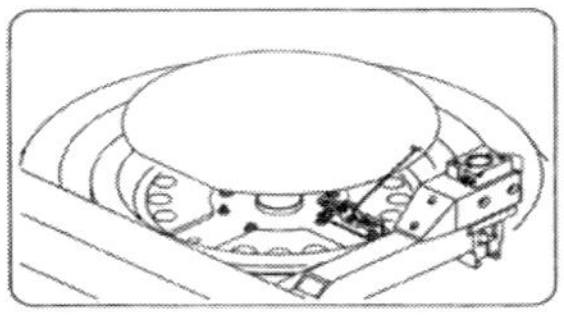

BSR (Back Side Rinse) 이면 세정 처리

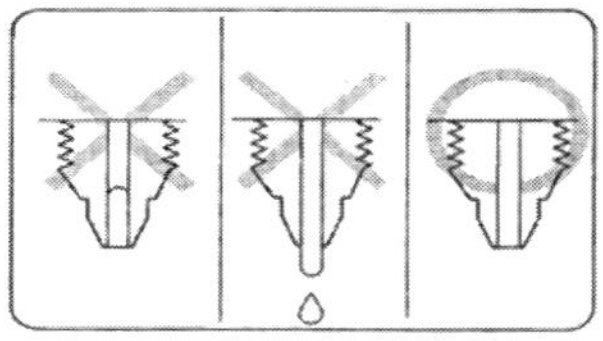

Air Operator Valve를 CW,CCW
조절하여 액체가 흘러 막을수 있습니다

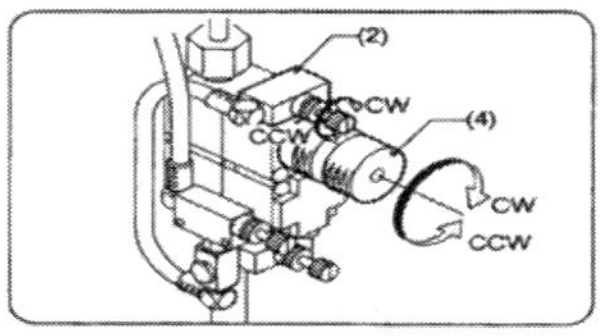

Suck Back Speed Controller의 양 조정
손잡이를 각각 조정한다

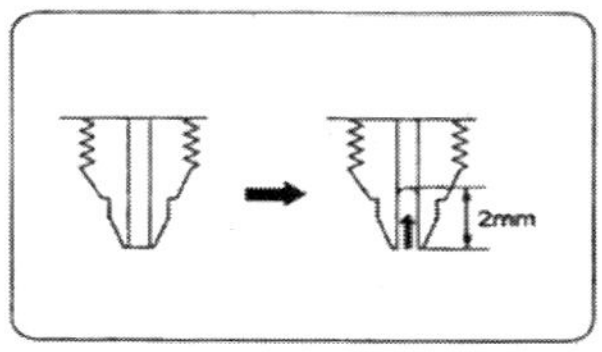

Resist가 Nozzle 끝에서 2mm의 위차가
되도록 조정한다

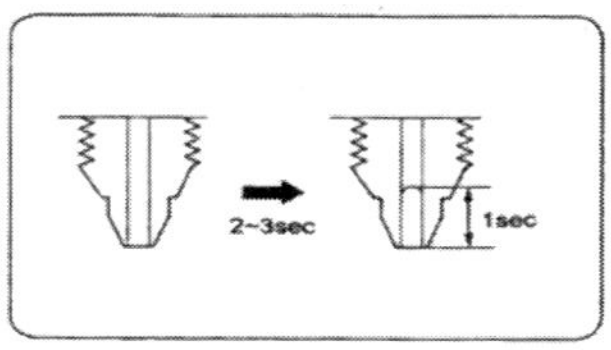

Dummmy Dispense Panel에서 Start 눌러서
2~3초 후에는 Suck Back을 시작하고
1초동안에는 2mm Suck Back을 조정한다

그림 2-90 Coater 유닛 (COAT) 노즐 조정

6) Spin Chuck 교환 및 세정

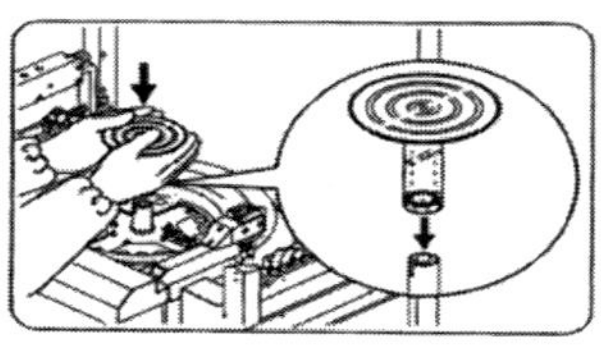

Chuck 표면에 흠집이 나지 않도록 수직으로
빼냅니다,알코올 Clean후 다시 끼워 넣는다

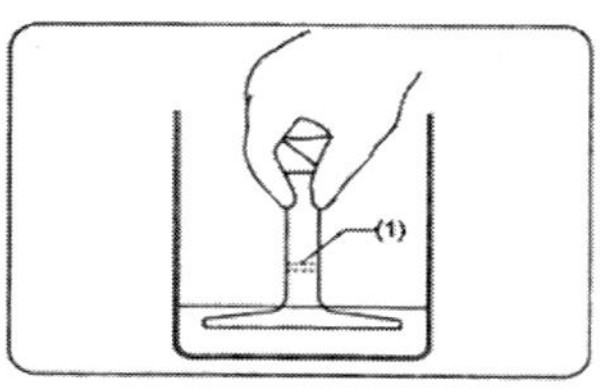

Spin Chuck을 알코올 통에서
흔들어서 Cleaning후, Dry 합니다

그림 2-91 Spin Chuck 교환 및 Cleaning

7) Spin Chuck 교환 및 세정

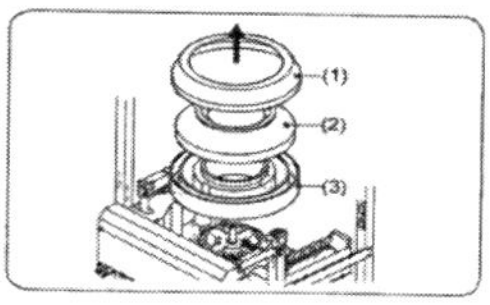

Upper CUP, Middle CUP, Lower Cup 순으로
각각 수직으로 떼어낸다
Chemical에 담가서, Cleaing후 재 장착 합니다

그림 2-92 Spin Chuck 교환 및 Cleaning

8) Spin Motor Vacuum Seal 교환

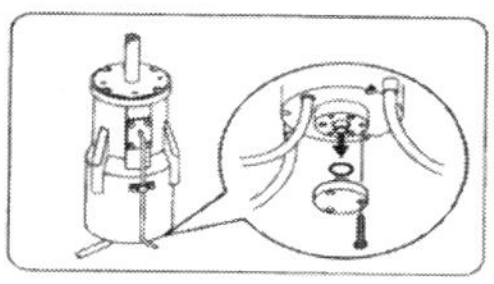

Vacuum을 Seal을 주기적으로 교환
합니다, Vacuum을 일정하게 관리, 유지
할수 있습니다

그림 2-93 Spin Motor Vacuum Seal 교환

9) P/R Nozzle Tip 교환

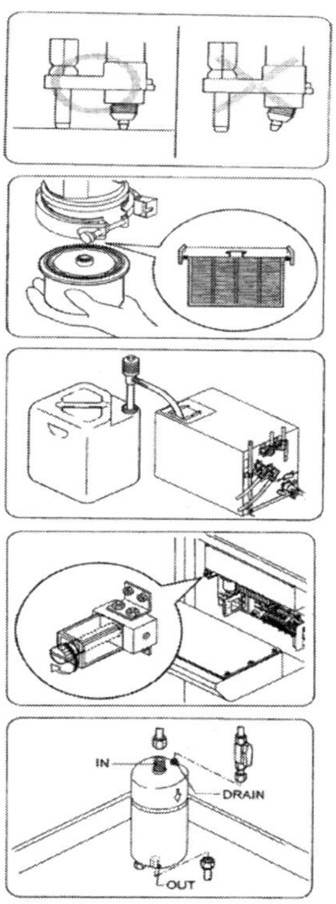

Nozzle Tip을 부착할때는 끝에 흠이 나지
않도록 주의하고, Resist가 Leak할수 있으므로
Nozzle Tip이 기울어 지지 않도록 주의한다

Housing내에 Filter Cartridge를 교체 한다
여과 기능, Particle 문제시, 주기적으로
교체 한다

Circulator Pump내에 오염시 주기적으로
순환수를 보충및 교체 한다

Filter 고정 Screw 풀고, 오염 Broken시
교체 한다

Filter 내에 오염시, 여과가 안되는 경우
주기적으로 교체한다

그림 2-94 P/R Nozzle Tip 교환

5. 모듈별 고장 진단 및 해결 방법

1) 유닛별 진단 동작

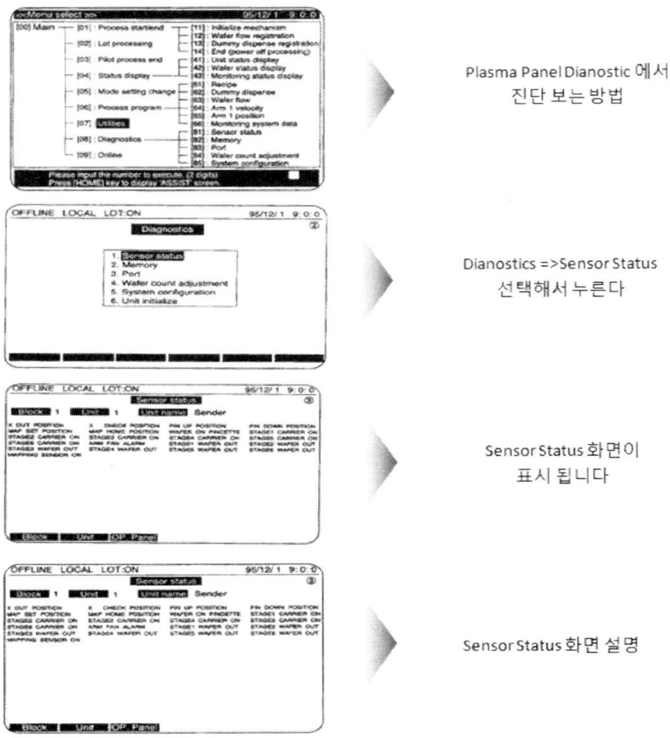

그림 2-95 진단 화면

- (Block) : 현재 표시되어 있는 Status의 Block Number를 표시 한다. 표시되는 Block Number의 변경은 기능 키(Function Key) (A) Block Key로 이다.
- (유닛) : 여기서 표시되는 유닛 Number의 변경은 기능 키 (B) 유닛 Key로 한다.
- (유닛 이름) : 기능 키의 (B) 유닛 Key에서 유닛 수를 변경할 때 시스템 구성 유닛에서 설정된 구성에 따라 유닛 이름이 전환되어 표시 된다.
- 각종 센서의 상태표시 부 : Block 및 유닛 수에 따라 설정된 유닛에서 사용되고 있는 각종 센서를 표시한다.

6. 장비운영

1) Recipe 작성

FILE NAME : HS0.85
STOP RANGE : 50RPM **ALARM RANGE : 30 RPM**
NOTE : HS02A8 0.85 7cp

STEP	TIME	SPEED	ACCEL	ISPENS	ARM1			ARM2
	(SEC)	(RPM)	RPM/SEC)		SPEE	POSI	MODE	
1	1	2000	10000	0	1	CENT	WAIT	HOME
2	1	2000	10000	0	1	CENT	NON	HOME
3	1.7	2000	10000	1	1	CENT	NON	HOME
4	2	2800	10000	0	1	CENT	NON	HOME
5	28	2800	10000	0	1	HOME	NON	HOME
6	1	2000	10000	0	1	HOME	NON	IN1
7	2	2000	10000	6	1	HOME	NON	IN1
8	5	2000	10000	5 6	1	HOME	NON	IN2
9	2	2000	10000	6	1	HOME	NON	IN1
10	1	2000	10000	0	1	HOME	NON	IN1
11	5	2000	10000	0	1	HOME	NON	HOME
12	1	0	3000	0	1	HOME	NON	HOME

5 : BACK_RINSE
6 : EBR

FILE NAME : IX1.35
STOP RANGE : 50RPM **ALARM RANGE : 30 RPM**
NOTE : IX871 13cp

STEP	TIME	SPEED	ACCEL	ISPENS	ARM1			ARM2
	(SEC)	(RPM)	RPM/SEC)		SPEE	POSI	MODE	
1	1	1300	10000	0	1	CENT	WAIT	HOME
2	1	1300	10000	0	1	CENT	NON	HOME
3	3.5	1300	10000	1	1	CENT	NON	HOME
4	2	2800	10000	0	1	CENT	NON	HOME
5	28	2800	10000	0	1	HOME	NON	HOME
6	1	2000	10000	0	1	HOME	NON	IN1
7	2	2000	10000	6	1	HOME	NON	IN1
8	5	2000	10000	5 6	1	HOME	NON	IN2
9	2	2000	10000	6	1	HOME	NON	IN1
10	1	2000	10000	0	1	HOME	NON	IN1
11	5	2000	10000	0	1	HOME	NON	HOME
12	1	0	3000	0	1	HOME	NON	HOME

5 : BACK_RINSE
6 : EBR

FILE NAME : IX3.0
STOP RANGE : 50RPM **ALARM RANGE : 30 RPM**
NOTE : IX415H 60CP

STEP	TIME	SPEED	ACCEL	ISPENS	ARM1			ARM2
	(SEC)	(RPM)	RPM/SEC)		SPEE	POSI	MODE	
1	1	2000	10000	0	1	CENT	WAIT	HOME
2	1	2000	10000	0	1	CENT	NON	HOME
3	3	2000	10000	1	1	CENT	NON	HOME
4	2	2800	10000	0	1	CENT	NON	HOME
5	28	2800	10000	0	1	HOME	NON	HOME
6	1	2000	10000	0	1	HOME	NON	IN1
7	2	2000	10000	6	1	HOME	NON	IN1
8	5	2000	10000	5 6	1	HOME	NON	IN2
9	2	2000	10000	6	1	HOME	NON	IN1
10	1	2000	10000	0	1	HOME	NON	IN1
11	5	2000	10000	0	1	HOME	NON	HOME
12	1	0	3000	0	1	HOME	NON	HOME

5 : BACK_RINSE
6 : EBR

FILE NAME : DEVIMP
STOP RANGE : 100RPM ALARM RANGE : 50 RPM

STEP	TIME (SEC)	SPEED (RPM)	ACCEL RPM/SEC)	ISPENS	ARM1			ARM2
					SPEE	POSI	MODE	
1	1	500	10000	0	1	BEGI	WAIT	HOME
2	0.1	500	10000	2	1	BEGI	NON	HOME
3	1	500	10000	2	1	CENT	NON	HOME
4	1	30	10000	2	6	P2	NON	HOME
5	1	30	10000	2	6	CENT	NON	HOME
6	43	0	10000	6	1	HOME	NON	HOME
7	4	0	10000	0	1	HOME	NON	IN
8	1	500	10000	3 4	1	HOME	NON	IN
9	5	1000	10000	3 4	1	HOME	NON	IN
10	10	800	10000	3 4	1	HOME	NON	IN
11	5	1500	10000	3 4	1	HOME	NON	IN
12	7	800	10000	3 4	1	HOME	NON	IN
13	7	1300	10000	3 4	1	HOME	NON	IN
14	10	500	10000	3 4	1	HOME	NON	IN
15	2	500	10000	0	1	HOME	NON	HOME
16	15	4000	10000	0	1	HOME	NON	HOME
17	2	0	3000	0	1	HOME	NON	HOME
						2 ; DEV.2		
						3 : RINSE_NOZZLE		
						4 : BACK_RINSE		
						6 : AUTO_DAMPER		

HMDS

TEMP : 90℃ ALARM TEMP : 3℃ STOP TEMP : 5℃
AFTER BAKER : 0sec BEFORE BAKER : 0sec

STEP	TIME	REGISTERED DISPENSE	비 고
1	5	3 5	1. HMDS_SUPPLY
2	5	1 3 4 5	2. N2_PURGE
3	30	1 3 4 6	3. CHAMBER_EXH
4	10	2 3 5	4. BUBBLING
5	5	2	5. EJECTOR_AIR
			6. BYPASS_EXH

LOW OVEN

1.90C90 2.110C90 3.120C90 4.30C6 5.105C90
7.IM90C 8.IM110C
90sec

FILE NAME : 90C90	BAKE TIME	:	90SEC
	TEMP	:	90℃
	STOP TEMP	:	3℃
	ALARM TEMP	:	2℃
	AFTER BAKER	:	0sec
	BEFORE BAKER	:	60sec

3. 120C90 : BEFORE BAKER TIME : 0sec
4. 30C60 : BEFORE BAKER TIME : 0sec
7. IM90C : BEFORE BAKER TIME : 30sec
8. IM110C : BEFORE BAKER TIME : 30sec

COOLING (TEMP)

FILE NAME : 23C60S	BAKE TIME	:	60SEC
	TEMP	:	23℃
	STOP TEMP	:	5℃
	ALARM TEMP	:	3℃

WEE								
ILL.CHECK TIME		EVERY INT			INTERVAL		1800sec	
ILL.		700mW/㎠			ILL.LOWER		300mW/㎠	
STEP	CYCLE	EXP.MODE	POSITIO (mm)	ST.ANG (deg)	EX.ANG (deg)	INTERGRATE	ILTER	
1	10	ROUND	1.5	344	32	YES	NO	
2	10	ROUND	1.5	344	32	YES	NO	
3	10	ROUND	1.5	344	32	YES	NO	
4	8	ROUND	0	269	1	NO	NO	

2) 웨이퍼 Flow

동작 패널의 조작에 의해 각 공정 유닛, 웨이퍼 Flow, Dummy Dispense Recipe의 작성 편집을 한다. 작성한 레시피(Recipe)는 주 제어기내의 실리콘 디스크에 저장한다. 또한 1.2MB 플로피 디스크에 복사, 저장도 가능하다. 그리고 공정 유닛에 관한 레시피 설정 범위 등의 자세한 사항은 이다. 웨이퍼 Flow Carrier Stage를 시작으로 공정 유닛의 처리순서를 결정하는 프로그램이다. 동일 Process Station내의 같은 종류 공정 유닛은 병렬처리가 가능하다.

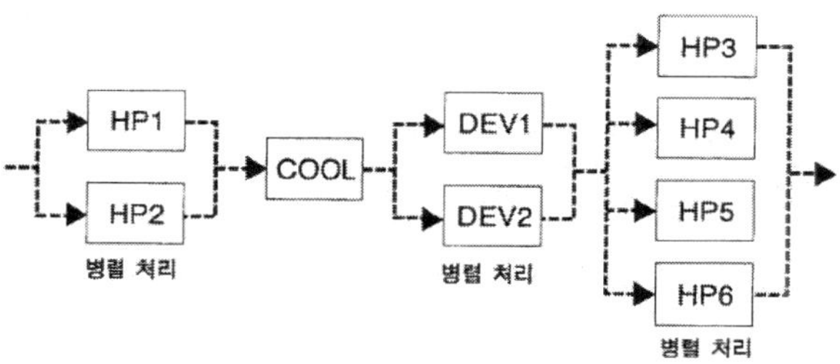

그림 2-96 웨이퍼 흐름

3) Recipe 전송

각 유닛 Recipe는 웨이퍼 Flow Recipe를 등록한 후 자동 전송된다, 또한 Lot 처리 Mode에서는 다음 Lot에 대해서 웨이퍼 Flow Recipe 예약을 할 수 있다.

요 약

- Spin 유닛에서 웨이퍼 표면에 Coating을 잘 하기 위해서는 구성 요소가 있다. P/R을 웨이퍼에 뿌릴 때 주위 환경에 민감하다. P/R Thickness 목표치가 1,000~4,000 Å일 때 Uniformity 값은 균일하게 퍼지는 것이 좋다. P/R Dispense 위치, P/R량, Spin 유닛의 배기, 배수, 온도, Particle 관리가 필요하다. 웨이퍼 가장자리, 뒷면에 용액이 뿌릴 때 튀지 않도록 주의가 필요하다. Spin Chuck에서 웨이퍼 잡을 때 Centering이 중요하다, 나쁘면 Spin부에서 이탈 된다.
- 포토 Track 장비의 세부공정은 포토 Resist ,Develop, HMDS, Solvent, DIW 등 화학 용액을 사용한다. 웨이퍼 Coating시 P/R을 뿌린다. 현상시 Develop 용액을 뿌리고, DIW Rinse 한다. P/R 접착력을 좋게 하기 위해서 HMDS 용액을 증착 한다. 웨이퍼 Rework시 Thinner 용액을 뿌려서 Strip 한다. Track 장비 공정 순서는 아래 내용을 참조 한다. 웨이퍼 표면 → HMDS 증착 → Spin 유닛 Coating → HP 유닛 → Develop 유닛 → HP 유닛
- HMDS(Hexamethyldisilazane) 용액 접착 강화제로서 가장 많이 사용한다. HMDS를 탱크 내에서 N_2를 가압하면, 내부에서 Bubbling 하여 액체가 기체화되어 웨이퍼 표면에 증착 한다
- 포토 Resist 주성분은 Polymer(Metrix Resin 고분자), PAG(포토 ACID Generator), Solvent(용매, Chemical 녹는 성분), Additive(첨가제) 등 구성되어 있다
- 웨이퍼 Coating시 포토 Resist는 Center에 Dispense 하며, 한쪽으로 기울여서 뿌리면 Coating불량, 양 부족현상으로 Uniformity가 나빠진다.
- 포토 공정에서 노광, Coating, 현상 순서 흐름도가 있다. 앞, 뒤 공정이 바뀌면 공정 순서가 원활하지 않아 요구하는 Spec을 얻지 못한다.
- 웨이퍼 Coating 방식은 Static Dispense(웨이퍼 정지 상태), Dynamic Dispense(웨이퍼가 회전 상태), Moving Dispense(P/R Nozzle 이동 상태) 가 구성 되어 있다.
- Develop 유닛에서 웨이퍼 표면에 현상할 수 있게 용액을 뿌린다. Pattern 부위, 뒷면을 DIW(이물질이 없는 물)로 Rinse 한다. Particle을 줄이기 위해서 Develop Line, DIW Line에 여과하는 Fileter를 장착 한다. 노광 따라서 Under Develop, Over Develop 현상이 발생한다.
- P/R Thickness Uniformity는 여러 가지 원인이 있다. Cooling 온도, 포토 Resist 온도, Exhaust, Chamber 습도, Chamber 온도 Motor Flange 온도가 있다.
- 웨이퍼 표면에 Coating후 공정에 영향을 미치는 용어를 나열하면 P/R Lifting(웨이퍼와 계면의 접착력이 약해 Pattern이 떨어지는 현상을 말한다. HMDS 용액이 부족하거나, Pre Bake Temperature, Soft Bake 온도, 웨이퍼 청정도 상태가 불량해도 원인이 된다.

- 웨이퍼 Coating 후 Speed Boat 현상은 회전하면서 PR이 평탄하게 흐르지 않고 V자 모양으로 도포가 잘 안된다. 원인은 Particle, 기포, P/R량 부족 등 발생하며, 최소로 줄이면 불량을 줄일 수가 있다.
- Thinner Attack은 웨이퍼 Coating 후 EBR(Edge Bead Rinse), BSR(Back Side Rise) 공정을 진행 후, Solvent 성분이 떨어지거나, Spin Cup에 맞고 튀어 들어온다. Solvent 성분은 녹는 용액으로서 패턴에 손상을 입힌다.
- 웨이퍼에 패턴과 패턴 사이에 P/R 남는다. 이 현상을 Scum이라고 한다. 패턴과 패턴이 연결되는 것을 Bridging 라고 한다.
- WEE 유닛은 웨이퍼 Edge Exposure로서 가장자리 노광을 한다. 광원의 종류는 g-line(436nm), i-line(365nm), KrF(248nm), ArF(193nm), EUV(13nm), E-beam, Ion Beam, X-ray가 있다.
- Track 장비를 운영하기 위해서 Utility System이 필요하다. 전기, Chemical, Air, N_2, Vacuum, DI(순수), PCW(시수), 현상액, 배기, 폐액 등이다.
- Track 장비를 운영하기 조작 및 수리를 하기 전에 안전 사항을 습득해야 한다.
  - 위험 : 인체에 상해나 사망을 일으킬 절박한 위험성이 있는 경우
  - 경고 : 인체에 상해나 사망을 일으킬 절박한 가능성이 있는 경우
  - 주의 : 인체에 경미한 상해 장치, 기계 설비 등에 손상이나 고장을 일으킬 가능성이 있는 경우

연습문제

01 웨이퍼 표면에 P/R을 뿌릴 때 한방울씩 떨어지면 어떤 문제가 발생 하는가?

ⓐ 웨이퍼 표면에 Uniformity가 좋아진다.
ⓑ 웨이퍼 표면에 EBR(Edge Bead Rinse : Solvent 녹임)이 깨끗해진다.
ⓒ Spin 유닛에 Exhaust(배기) 잘된다.
ⓓ 웨이퍼 표면에 Coating이 불량하여 Uniformity가 나빠진다.

02 웨이퍼 Coating후 EBR(Edge Bead Rinse)을 0.8~2.5mm 깍는다. 무엇을 조정하는가?

ⓐ P/R Nozzle 온도를 맞춰준다.
ⓑ Spin Cup에 배수가 잘되게 Cleaning 한다.
ⓒ 웨이퍼 Center을 맞추고, EBR Nozzle 각도, 간격을 조정한다.
ⓓ P/R Nozzle Tip을 교체한다.

03 P/R Nozzle 온도를 정확하게(23℃±0.5℃) 유지하려면 어디를 점검 하는가?

ⓐ P/R Nozzle및 Circulator Controller(물 순환) 불량인지 확인한다.
ⓑ P/R Bottle 잔량이 있는지 확인한다.
ⓒ Spin Chuck을 교체한다.
ⓓ P/R Drain (폐수 용액)이 잘 되는지 확인한다.

04 웨이퍼 표면에 P/R 도포를 잘 하려면 어떤 용액을 증착 하는가?

ⓐ HMDS 용액을 웨이퍼 표면에 증착 한다.
ⓑ Develop 용액을 웨이퍼 표면에 뿌려준다.
ⓒ Thinner 용액을 웨이퍼 표면에 뿌려준다.
ⓓ DIW 물을 웨이퍼 표면에 뿌려준다.

05 웨이퍼 표면에 P/R Coating시 Uniformity를 좋게 하기 위해서 관계가 없는 것은?

ⓐ P/R 온도를 일정하게 맞춘다.
ⓑ Spin 유닛 내에 온도를 안정되게 관리한다.
ⓒ Spin RPM,Cooling 온도를 잘 맞춰준다.
ⓓ Develop 용액을 많이 뿌려준다.

06 포토 Track 공정에서 In Put 순서를 나열 한 것은?

ⓐ HMDS 증착 → P/R 도포 → 정렬 및 노광 → 현상 및 Mask 검사
ⓑ 현상 및 Mask 검사 → 정렬 및 노광 → P/R 도포 → HMDS 증착
ⓒ 정렬 및 노광 → P/R 도포 → HMDS 증착 → 현상 및 Mask 검사
ⓓ P/R 도포 → HMDS 증착 → 현상 및 Mask 검사 → 정렬 및 노광

07 HMDS 용액을 기체화 하려면 무엇이 필요한가?

ⓐ HMDS 용액, 탱크 ,N2 가압 할 수 있는 Gas가 필요하다.
ⓑ Develop용액이 필요하다.
ⓒ Develop Filter가 필요하다.
ⓓ P/R Filter가 필요하다.

08 Develop 용액의 주성분은 무엇인가?

ⓐ THAH (Methyl Amminium Hydroxide) 알카리 물질 2.38% 대부분 H2O구성
ⓑ Solvent 성분이다
ⓒ 포토 Resist 용액이다
ⓓ HMDS 용액이다

09 HMDS 증착은 어느 유닛에서 기체를 뿌려 주는가?

ⓐ Coater 유닛
ⓑ Develop 유닛
ⓒ HMDS 유닛
ⓓ Hot Plate 유닛

10 Spin 유닛부 내에서 Exhaust가 잘 안되면 어떤 현상이 발생 하는가?

ⓐ 웨이퍼 Uniformity가 나빠지고,P/R 흄으로 Spin부가 오염된다.
ⓑ Spin 유닛부가 깨끗하다.
ⓒ 웨이퍼 Uniformity가 좋다.
ⓓ Particle(이물질)이 감소한다.

11 포토 Resist 구성은 어떻게 되어 있는가?

ⓐ Polymer(고분자) Solvent(용매) Sensitizers(감광제) Additives(첨가제)로 구성되어 있다.

ⓑ g-line(436 nm) i-line(365nm) krf(248 nm) 광원의 파장이다.

ⓒ 노광한 부위를 현상한다.

ⓓ Particle을 발생 시킨다.

12 P/R Dispense후 Suckback 용액 Cut Off 후 뒷쪽 간격은 몇 mm 간격으로 조정하는가?

ⓐ Cut Off 후 0.1mm로 조정한다.

ⓑ Cut Off 후 2~3mm로 조정한다.

ⓒ Cut Off 후 10~20mm로 조정한다.

ⓓ Cut Off 후 50mm로 조정한다 .

13 포토 Track 공정의 순서 흐름도 맞게 나열한 것은?

ⓐ 표면처리 → P/R 도포 → Soft Bake → 정렬/노광 → PEB Bake → 현상 → 검사

ⓑ 정렬/노광 → PEB Bake → 현상 → 검사 → 표면처리 → P/R 도포

ⓒ Soft Bake → 현상 → 검사 → 정렬/노광 → 표면처리 → P/R 도포

ⓓ 검사 → 현상 → 표면처리 → Soft Bake → P/R 도포

14 웨이퍼가 멈춰 있을 때 P/R을 Dispense 방식을 무엇이라고 하는가?

ⓐ Static Dispense 방식　　ⓑ Dynamic Dispense 방식

ⓒ Moving Dispense 방식　　ⓓ Spray Dispense 방식

15 웨이퍼를 회전하면서 P/R을 Dispense 방식을 무엇이라고 하는가?

ⓐ Static Dispense 방식　　ⓑ Dynamic Dispense 방식

ⓒ Moving Dispense 방식　　ⓓ Spray Dispense 방식

16 웨이퍼에 P/R Nozzle을 움직이면서 Dispense 방식을 무엇이라고 하는가?

ⓐ Static Dispense 방식

ⓑ Dynamic Dispense 방식

ⓒ Moving Dispense 방식

ⓓ Spray Dispense 방식

17 웨이퍼 Center가 낮고, 가장자리가 높으면 P/R Thickness Uniformity는 어느 곳에 문제가 있어서 반달형으로 나타나는가?

ⓐ Cooling Temperature 가 높다.

ⓑ P/R Temperature 가 높다.

ⓒ Exhaust 량이 많다.

ⓓ Chamber Humidity(45%)가 일정하지 않다.

18 웨이퍼 Center가 높고, 가장자리가 낮으면 P/R Thickness Uniformity는 어느 곳에 문제가 있어서 오목형, 산 모양으로 나타나는가?

ⓐ Cooling Temperature 가 높다.
ⓑ P/R Temperature 가 높다.
ⓒ Exhaust 량이 많다.
ⓓ Chamber Humidity(45%)가 일정하지 않다.

19 웨이퍼 Center가 높고, 가장자리가 낮으면 P/R Thickness Uniformity는 어느 곳에 문제가 있어서 볼록형 모양으로 나타나는가?

ⓐ Cooling Temperature 가 높다.
ⓑ P/R Temperature 가 높다.
ⓒ Exhaust 량이 많다.
ⓓ Chamber Humidity(45%)가 일정하지 않다.

20 TEL Track MK-7(1Coater/2 Develop 기준)전원 공급 Spec이 맞는 것은?

ⓐ 1₵ 100±10% 50/60Hz, 1₵ 200± 10% 50/60Hz
ⓑ 1₵ 308±10% 50/60Hz
ⓒ 1₵ 408±10% 50/60Hz
ⓓ 1₵ 508±10% 50/60Hz

21 TEL Track MK-7(1Coater/2 Develop 기준) VAcuum(진공) Spec이 맞는 것은?

ⓐ 550mmHg 이상 ⓑ 350mmHg 이하
ⓒ −250mmHg 이하 ⓓ 150mmHg 이하

22 TEL Track MK-7(1Coater/2 Develop 기준)는 몇 인치 사용 할 수 있는가?

ⓐ 4인치~8인치 ⓑ 9인치~10인치
ⓒ 10인치~11인치 ⓓ 11인치~12인치

23 TEL Track MK-7(1Coater/2 Develop 기준) Spin Motor RPM 최소, 최대 설정 Spec은 얼마인가?

ⓐ 0,10~2,000 Rpm ⓑ 0,10~6,000 Rpm
ⓒ 0,10~3,000 Rpm ⓓ 0,10~4,000 Rpm

24 TEL Track MK-7(1Coater/2 Develop 기준) Program Sequence는 얼마까지 설정이 가능한가?

ⓐ 10 Sequence ⓑ 50 Sequence
ⓒ 80 Sequence ⓓ 120 Sequence

25 TEL Track MK-7(1Coater/2 Develop 기준) Spin Motor 가속도는 얼마까지 설정이 가능한가?

ⓐ 0~50,000Rpm Sec, 100Rpm/Sec 단위 설정
ⓑ 0~10,000Rpm Sec, 200Rpm/Sec 단위 설정
ⓒ 0~150,000Rpm Sec, 300Rpm /Sec 단위 설정
ⓓ 0~200,000Rpm Sec, 400Rpm /Sec 단위 설정

26 TEL Track MK-7(1Coater/2 Develop 기준) Spin Motor 처리 시간 설정은 얼마까지 설정이 가능한가?

ⓐ 0~999.9(Sec/Seq)×80 0.1 Sec 단위 설정
ⓑ 0~1999.9(Sec/Seq)×180 0.1 Sec 단위 설정
ⓒ 0~2999.9(Sec/Seq)×280 0.1 Sec 단위 설정
ⓓ 0~3999.9(Sec/Seq)×380 0.1 Sec 단위 설정

27 TEL Track MK-7(1Coater/2 Develop 기준) Spin Motor Dual Band Alarm 기능이 맞는 것은?

ⓐ 경고 회전수 폭이 초과되면 ALARM , 정지 회전수 폭이 초과되면 유닛 정지
ⓑ 경고 회전수 폭이 초과되면 Broken, 정지 회전수 폭이 감소
ⓒ 경고 회전수 폭이 초과되면 유닛 정지, 정지 회전수 폭이 감소
ⓓ 경고 회전수 폭이 초과되면 감소 , 정지 회전수 폭이 감소

28 TEL Track MK-7(1Coater/2 Develop 기준) P/R Filter 역할은 무엇인가?

ⓐ Develop 사용 용액을 줄여 준다.
ⓑ P/R Dispense시 Particle을 감소 준다.
ⓒ P/R Dispense시 Particle을 증가 시킨다.
ⓓ P/R Line을 지저분하게 만든다.

29 TEL Track MK-7(1Coater/2 Develop 기준) Develop Dispense 방식이 맞지 않는 것은?

ⓐ E2 Nozzle 방식
ⓑ EBR(Edge Bead Rinse) 방식
ⓒ Stream 방식
ⓓ Spray 방식

30 TEL Track MK-7(1Coater/2 Develop 기준) Adhesion 유닛 최대 온도 설정 얼마인가?

ⓐ 30~180℃ ⓑ 190~250℃
ⓒ 250~300℃ ⓓ 300~400℃

31 TEL Track MK-7(1Coater/2 Develop 기준) DHP 유닛 최대 온도 설정 얼마인가?

ⓐ 30~180℃ ⓑ 30~350℃
ⓒ 350~400℃ ⓓ 400~500℃

32 TEL Track MK-7(1Coater/2 Develop 기준) Cooling Plate 유닛 최대 온도 설정 얼마인가?

ⓐ 15~30℃ ⓑ 30~50℃
ⓒ 50~100℃ ⓓ 100~500℃

33 TEL Track MK-7(1Coater/ 2 Develop 기준) NEC 9801-F PC Hard Disk 메모리 용량은 얼마인가?

ⓐ 1 MB ⓑ 20 MB
ⓒ 100 MB ⓓ 200 MB

34 TEL Track MK-7(1Coater/2 Develop 기준) Signal Tower 맞게 설명 된 것은?

ⓐ RED Tower : 생산 RUN 진행
ⓑ Green Tower : 장비가 Stop
ⓒ RED Tower : 장비가 Error 발생
ⓓ Green Tower : 장비가 Error 발생

35 포토 공정에서 P/R(포토 Resist) Lifting 현상을 서술 하시오.

36 P/R Coating후 Speed Boat 현상이 발생하는데 무엇이라고 하는가?

37 웨이퍼에 Thinner Attack이 생기는데 무엇 때문인가

38 웨이퍼에 패턴과 패턴 사이에 P/R이 남는ㅠ것을 무엇이라고 하는가?

39 웨이퍼에 패턴과 패턴 연결되어 붙어 있는 현상을 무엇이라고 하는가?

40 광원의 종류 3가지 이상 나열 하시오.

41 장비를 운영하기 위해서 아래 그림은 무엇을 의미 하는가?

42 C/S ARM(Carrier Station) 주의 사항 3가지 이상 작성 하세요.

43 M/A ARM(Main ARM) 주의 사항 3가지 이상 작성 하세요.

44 CP 유닛(Cool Plate) 주의 사항 3가지 이상 작성 하세요.

45 Adhesion 유닛 주의 사항 3가지 이상 작성 하세요.

46 HP 유닛(Hot Plate) 주의 사항 3가지 이상 작성 하세요.

47 Coater 유닛 주의 사항 3가지 이상 작성 하세요.

48 Develop 유닛 주의 사항 3가지 이상 작성 하세요.

49 Interface 유닛 주의 사항 3가지 이상 작성 하세요.

50 In Line Mode/Local Mode를 서술 하시오.

51 In Line/off Line Mode를 서술 하시오.

52 장비 Power Off 순서를 나열 하시오.

53 장비 Power On 순서를 서술 하시오.

54 반도체 노광기를 3종류로 구분하시오.

55 STEPPER 조명계에서 빛의 조도분포(Uniformity)를 향상하는 렌즈는 무엇인가?

56 수은램프에서 발생한 Spectrum에서 각 파장대별 CD Resolution은 얼마인가?

57 XY STAGE에서 위치를 확인하기 위하여 어떤 LASER를 사용하며, 위치를 측정하기 위하여 어떤 효과를 사용하는가?

58 해상도(Resolution)과 초점심도 (Depth of Focus)의 관계식을 설명하시오.

59 웨이퍼 alignment method에서 LSA, FIA, LIA에 대하여 설명하시오.

60 STEPPER의 XY STAGE의 단면 구성도를 설명하시오.

참고문헌

Carrier Station Maintenance Manual, 동경 일렉트론 코리아(주), 1997.
Safety Manual, 동경 일렉트론 코리아(주), 1997.
MSX1000 Spinner, SVS(주)
Operation Manual Korea, 동경 일렉트론 코리아(주), 1997.
Operator's Manual, 동경 일렉트론 코리아(주), 1997.
System Overview Manual, 동경 일렉트론 코리아(주), 1997.
윤대호, 반도체 공정 입문, TEL-FE Training, FU0900100-110.

측정장비

03 Chapter

03
Chapter

측정장비

학습포인트
- 각 측정장비의 개념을 이해하고 설명할 수 있다.
- 공정별 측정장비의 활용을 이해하고 설명할 수 있다.
- 측정장비의 기본 작동법을 이해한다.
- 측정장비의 경향 및 향후경향을 이해 할 수 있다.

1. 측정 장비의 이해

1) 측정공정 개요

- 측정 도구를 이용하여 각 단위 공정의 결과를 확인하는 STEP
- 수, 양, 길이, 모양, 성분, 전기적 특성을 측정
- 설정된 기준 값(SPEC) 대비 측정값 비교로 GOOD/NO GOOD 판정

Photo : CD, PR Thickness, Overlay, Macro Inspection
Etch : CD, Particle, Thickness, Step height.
Diff : RS, Dose, Thickness, Lifetime, Particle.
T/F : RS, 필름 stress, Dose, (Metal) Thickness, Particle.
CMP : Thickness, RS, Profilier
DM : Defect Inspection, Defect review

2) 측정장비분류 및 장비모델

Tip
CD-SEM(Critical Dimension measurement Scanning Electron Microscope)
칩의 미세한 부분이나 구조의 임계 크기(CD)를 측정하는 주사 전자 현미경

표 3-1 측정장비 분류 및 장비모델

측정장비분류	장비모델
Thickness 측정	• Ellipsometer : Rudolph S200 • Reflectometer : Nano9100, OP52XX, Atlas • Metal 필름 thickness : MP200, 300
CD 측정	• CD SEM : Hitachi 92xx, 93xx, Verity U733 • Optical CD : Accent CDS200
Particle 측정	• Surfscan : 6220, 6420, SP1

측정장비분류	장비모델	
DOPANT 측정	• XRF : RIGAKU3640 • ThermaWave : TP500	• TRXRF : TECHNOS 620 • FTIR : BOI-RAD QS-2200
면 저항 측정	• KLA RS 75, 100	
박막 단차	• AFM : VEECO 310	• Stylus Profiler : KLA P22
DEFECT 검사	• MICRO Inspection : Bright field-KLA 21XX, 23XX, Dark field-KLA AIT XX • MACRO Inspection : VIPER	
Overly 측정	• KLA 5300 • Nano/Accent Q240	• NIKON NRM1000A

2. Particle 측정 장비

1) 측정원리

※ 산란 단면적(Scattering Cross Section)

빛의 산란은 반사(Reflection), 굴절(Refraction), 흡수(Absorption), 회절(Diffraction)과 같은 방식으로 산란 단면적이 일어난다.

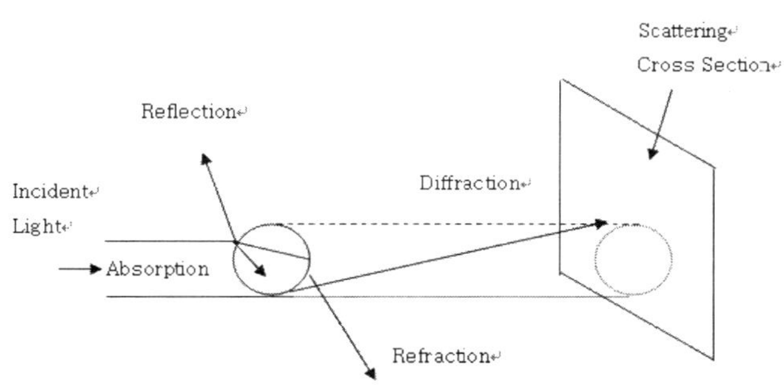

그림 3-1 산란현상

빛이 어떤 매질에 부딪치면 산란이 일어나고 이때 '산란되는 빛의 세기는 그 매질의 크기에 비례한다'는 원리를 이용하여 공기, 가스, 액체, 화학물질 등에 부유하는 입자의 크기와 개수를 측정하여 보여주는 장치이다. 다른 측정 원리를 채용하는 PARTICLE COUNTER와 구별하기 위해 산란식 PARTICLE COUNTER라고도 하며, 광원으로 레이저가 주로 사용된다.

우선 광원인 레이저에서 레이저 빔이 조사되고 웨이퍼표면에서 산란 되는데 산란된 광은 빛 에너지를 전기적 신호로 변환하는 PMT로 보내어져 한 개의 Particledp 대해 하나의 전자 신호를 만들어내고, 이 신호의 개수를 계수기 회로가 계수하고, 산란 이론을 구현한 전자계에서 크기를 측정(sizing)한다. 이렇게 측정된 신호들은 디지털 신호처리 된 후 MONITOR를 통해 보여진다.

Incident mirror를 통하여 20도 각도로 투입된 입사광이 웨이퍼 표면에 맞을 때 53㎛의 직경으로 조절되어 있는 고속, 동원체형, 488nm의 Laser 빔은 일정한 속도로 이동한다. 이 scan 빔은 전체 표면을 표본화 되었다고 확보하는 웨이퍼표면을 가로질러 선 경로를 앞뒤로 가로지르면서 빛은 모든 방향에서 투사점으로부터 장황하게 산란과 반사가 일어나게 된다. 이때 반사된 빛은 reflectivity 1st mirror에서 모아 reflectivity 2nd mirror로 보내어지고 이는 다시 reflectivity detector로 보내져 반사된 laser 빛은 dump 시킨다.

산란된 레이저 빔은 Fresnel lens를 거쳐 S, P polarizer를 지나면서 필요한 〈S〉 polarizer 빛이나 〈P〉 polarizer만을 collection mirror로 보내고 collection mirror에서 산란된 빛을 모아 PMT(Photo Multiplier Tube)로 보내서 연산을 시작하게 된다.

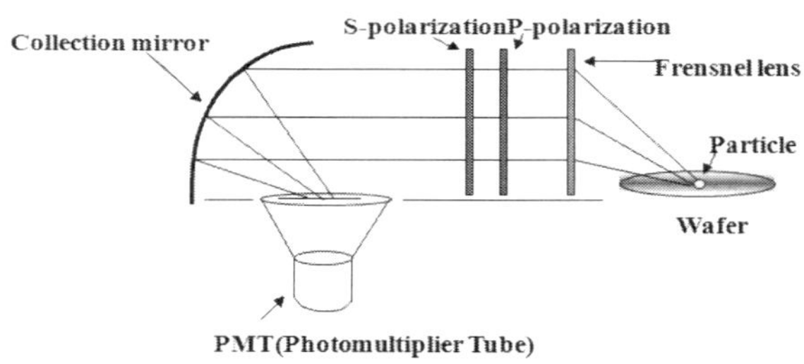

그림 3-2 렌즈 구성

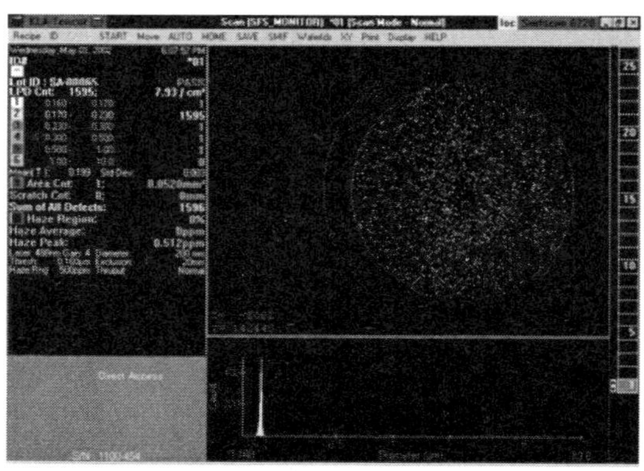

그림 3-3 실제 웨이퍼 스캔화면

2) Particle Counter SFS6x20(레이저 산란)

(1) 작동원리

현재 대부분의 표면 오염을 검출하는 장비는 빛의 산란에 의해 측정이 이루어지며 다양한 크기, 모양 그리고 굴절 범위로 다음과 같이 나타난다.

그림 3-4 Particle Counter SFS6x20 시리즈 외형

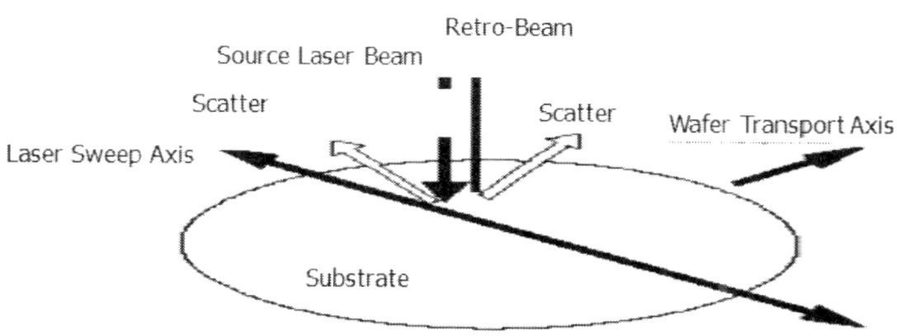

그림 3-5 Particle Counter의 산란현상

① 정상적인 레이저 빔을 90㎛의 Spot에 Focusing하여 표면에 고속 Scan한다.

② 빔에 의해 Sampling 유, 무를 확인하기 위해 기판은 빔을 통해 일정한 속도와 Scan의 선에 수직으로 이동된다.

③ Laser Spot이 표면에서 결함을 비추면 빛은 산란되고 이 빛은 광학체계에 의해 모아져서 진폭을 위해 약한 Noise PMT를 통과한다.

④ 지름이 0.3㎛보다 작은 표면 결함일 경우는 산란된 빛의 양이 아래 그림처럼 다섯 번째 전원에 대한 결함 지름과 반대로 다양해진다.

⑤ 32X보다 작은 신호를 측정해야 하며 2X 크기로 검증 한계를 향상시킨다.

⑥ Defect size가 작아질수록 신호는 Background signal의 잡음에 비교하게 된다.

⑦ Defect Pulse와 잡음을 구별하기 어려워서 신호대잡음비(Signal-to-Noise) 3 : 1을 검출 한계로 한다.

표 3-2 장비모델 간 비교

6220	6420
488nm, 30mW Ar laser	488nm, 30mW Ar laser
0.09㎛ sensitivity	0.10㎛ sensitivity
smooth surfaces	rough surfaces
surface quality	varying film thickness
2″~200mm	100~200mm

(2) 내부 구성

① Argon Laser

② OPTIC

③ Boards

④ Main PC

(3) Boards

① Pre-Amp board : Scatter 된 신호를 받아 증폭하는 역할.

② Analog board : 아날로그 빛을 디지털 신호로 변환시키는 역할.

③ Haze Separator board : Photo Mutifier로부터 Haze와 Defect 데이터를 분리한다.

④ Particle processor board : Particle size를 계산하고 잡음을 제거한다.

⑤ GPIO board : 레이저 전원, shutter, vacuum solenoid, Through 빔 LED's를 제어 한다.

⑥ 4-channel motor driver board : Surfscan의 구동 모터 제어

(4) Optic 구성

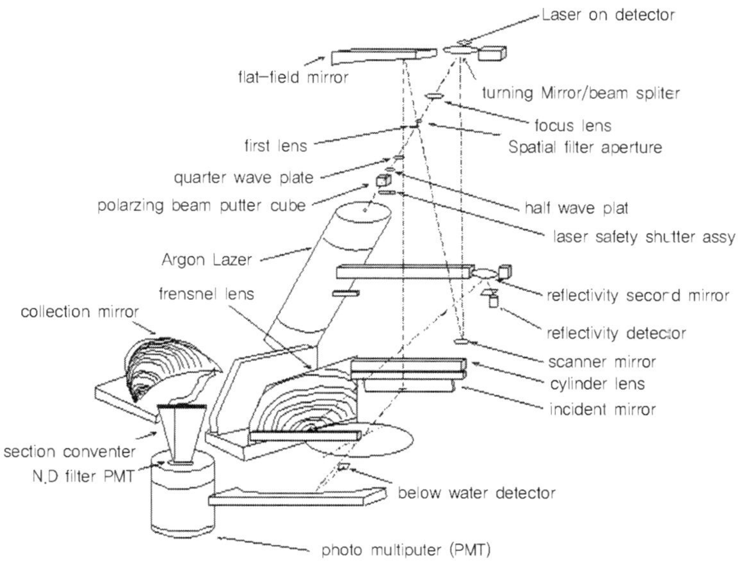

그림 3-6 Optic 부분 구성도

3. 패턴 검사 측정장비

1) 시스템 구조

(1) Defect Inspection KLA2139 시스템 구조

① KLA2139 시스템의 기본구성

KLA2139 웨이퍼 Inspection System	• optics and Auto Focus system • Stage/Auto load unload system • 2 웨이퍼 cassettes • Electronics drawer
User Interface	• Image computer • Image display • User interface display

② 분석 시스템

조사한 데이터의 저장 및 분석 시스템으로 현 QC부에서 KLA255x나 Quest 보다 업그레이드된 DMS가 검토 중이다.

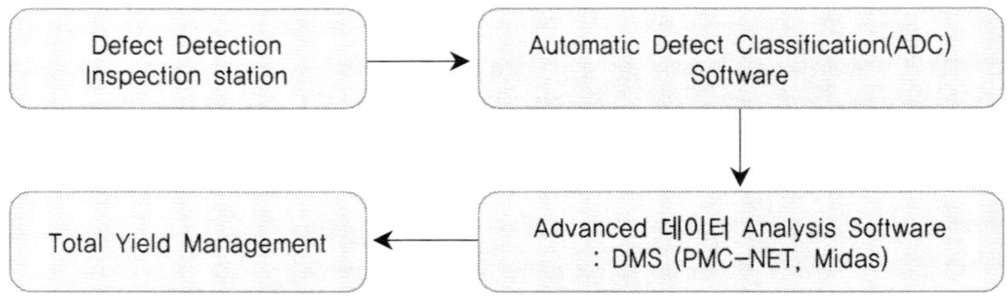

(2) KLA2139 시스템의 성능

① Full 웨이퍼 inspection

Recipe setup을 통한 Inspection : 패턴 웨이퍼, Bare 웨이퍼

② Defect의 Review

- Auto defect classification
- Clustering
- Size sorting

③ Transfer Analysis Station-Defect information transfer to review station and review SEM

2) 기능적인 기초 이론

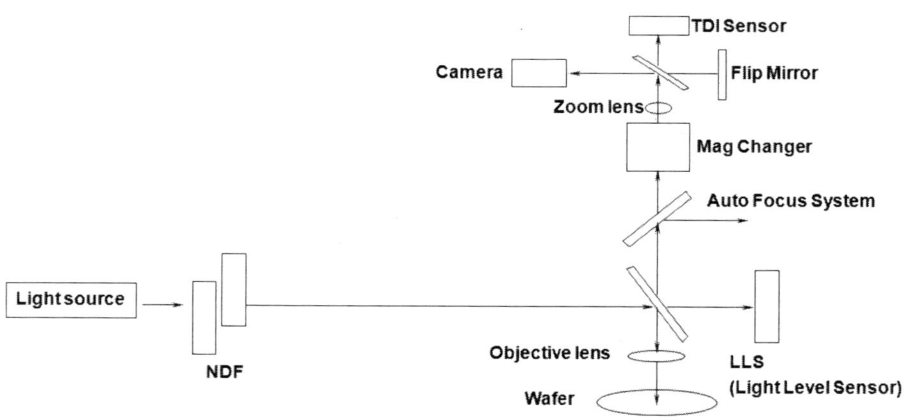

그림 3-7 광학 시스템 구조

(1) Light Source

① 2132, 2135 Earlier Models : mercury/Xenon(Hg-Xe) Arc 사용

② 2138, 2139 Later models : Xenon(Xe) Arc 램프 사용 → Winder 스펙트럼, 백색광을 다향한 색의 패턴을 갖는 현대 웨이퍼에 대해서는 보다 견고하다.

(2) NDF (Neutral Density Filter)

엷게 코팅된 부분과 질게 코팅된 2개의 얇은 유리면으로 구성되어 있으며 유리면 양 끝에 작은 모터로서 구동된다. NDF의 열고 닫힘에 따라 빛의 양을 조걸하는 기능을 수행하며 0~625의 수치로서 어둡고 밝음을 표시한다(0= 닫힘=어두움, 625=열림=밝음).

(3) LLS(Light Level Sensor)

Light level sensor를 통해서 NDF를 조정하는 기능이다. 즉 NDF를 통해 들어오는 빛의 양은 항상 같을 수는 없으며 시간이 지남에 따라 빛의 양은 줄어들게 되며 센서를 통해 자동으로 gain offset를 보정하여 NDF를 열고 닫음을 수헝토록 하는 기능을 한다.

(4) 자동 초점 시스템(Auto Focus System)

① 휜 웨이퍼상에서 조차 scanning과 review동안 설정된 웨이퍼 초점은 연속적으로 유지한다.

② Focus offset : Achieved on 2132 by moving the wafer/2135/8 is achived by moving the TDI

(5) Magnification changer

Magnification에 따라 픽셀 크기가 정해진다.

표 3-3

Optic Mag.	픽셀 Size	Defect sensitivity	
		Array	Random
10×2	1.25um	0.5um	1.0um
20×2	0.62um	0.39um	0.60um
32×2	0.39um	0.2um	0.40um
50×2	0.25um	0.15um	0.25um
50×3	0.16um	0.13um	0.18um

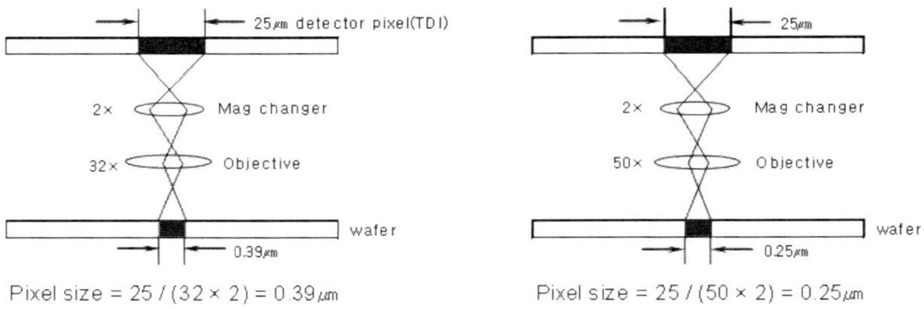

그림 3-8 픽셀 크기

※ TDI 센서 active 픽셀 크기는 25um 이다.

(6) Flip Mirror

Sony 9000 카메라 밑에 위치하며 빛이 카메라 이미지로 나타낼 건지 TDI 이미지로 나타낼 건지를 결정해주는 장치이다.

(7) TDI(Time Delay Integration) 센서

TDI 센서는 256 픽셀 wide x 2048 픽셀 high로 구성된다. TDI scanning process는 1×2048 픽셀씩 x 축으로 scanning 하면서 축적한 후 이미지를 이미지 컴퓨터로 보낸다.

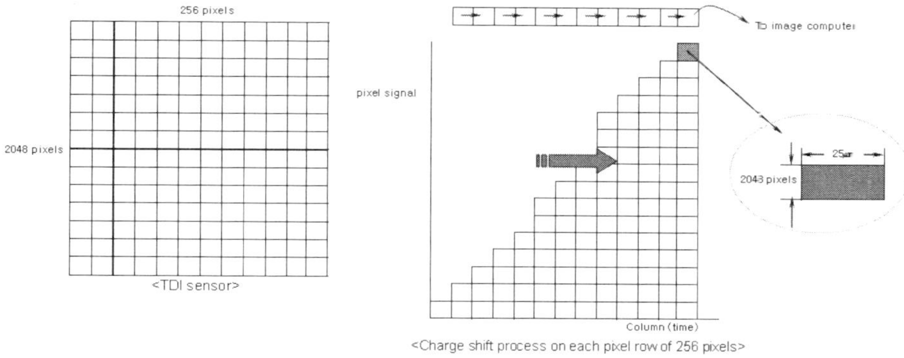

그림 3-9 TDI 센서에 따른 픽셀변화

1×2048 픽셀에 해당되는 이미지는 256 픽셀의 integration이 RMx나면 이미지 컴퓨터로 보내지고, 1×2048 픽셀은 swath의 높이가 된다.

※ Swath : X 축의 웨이퍼 scanning시 2048 픽셀의 높이를 가지고 scanning하며 이는 TDI Detector의 높이와 같다.

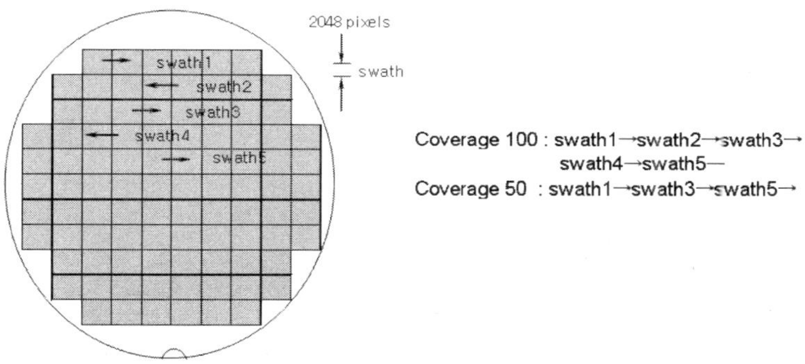

그림 3-10 웨이퍼 상의 픽셀

2) 영상처리

(1) 모델 2132

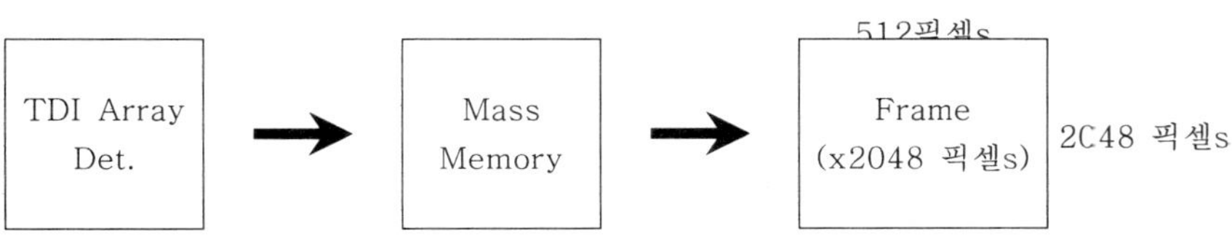

그림 3-11 모델 2132

스캔동안 데이터는 1×2048 ribbons으로 TDI로 전달된다. 한 이미지 컴퓨터 프레임 크기는 512×2048 픽셀이다.

(2) Model 2135/38 & 2139

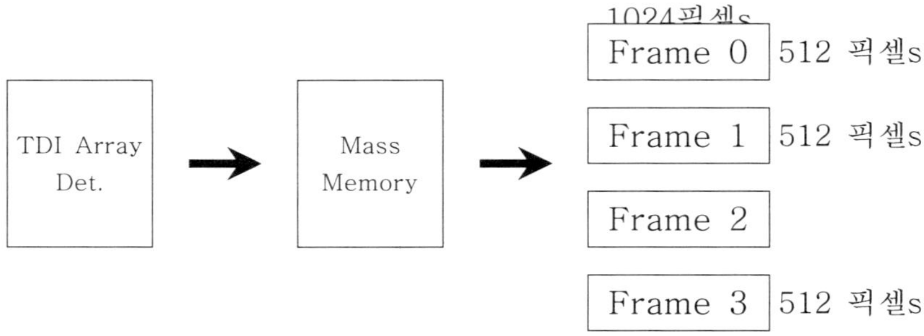

그림 3-12 모델 2135/38 & 2139

※ 네 개의 영상 컴퓨터

- 병렬로 동작
- 더 빠른 계산 처리량
- 더 빠른 웨이퍼 scanning stage
- Super frame size=1024×2048 픽셀

3) 광학적 영상의 디지털화

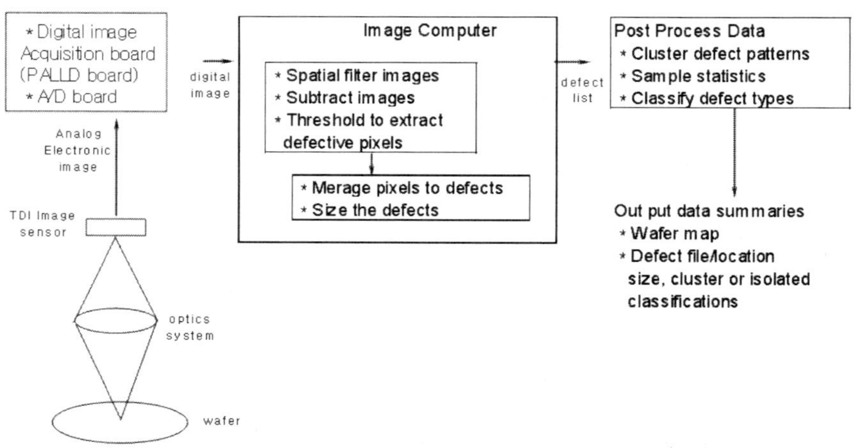

그림 3-13 광학 이미지의 디지털화

광신호의 디지털화는 TDI 센서에서 나오는 신호에 따라 PALLD board에서 디지털로 바꾸어 준다. TDI 센서는 웨이퍼 scanning시 들어오는 빛의 밝고 어두움을 0~255 gray level로 PALLD board에 전해준다.

표 3-4 그레이 레벨

2진 bit	Gray level	Remark
00000000	0	최고 어두움
11111111	255	최고 밝음

PALLD board는 TDI 센서의 픽셀에서 방출되는 gray level에 해당되는 전자의 방출에 따라 디지털화 되어진다.

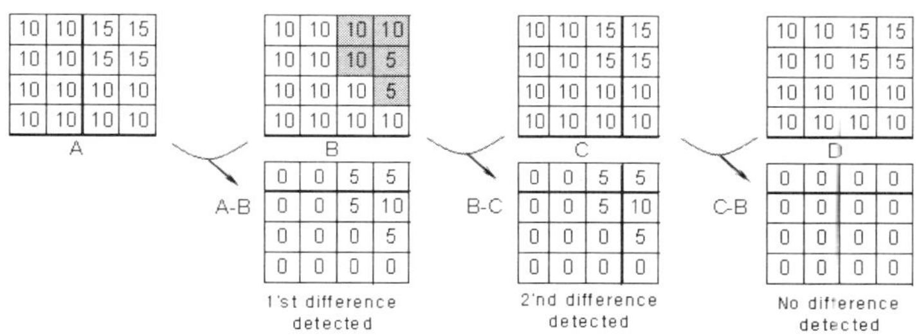

그림 3-14

시간 지연에 의해서 PALLD board에 보내진 신호는 이중 감지된 차 영상(difference image)을 defect로 인식하며 inspection set up시 설정해 준 문턱 값(threshold value)에 의해서 defect로 감지된다. 위의 예와 같이 문턱 값이 5인 경우 검게 칠해준 부분은 defect로 인식되어 진다.

3) KLA2129 블록 다이아그램

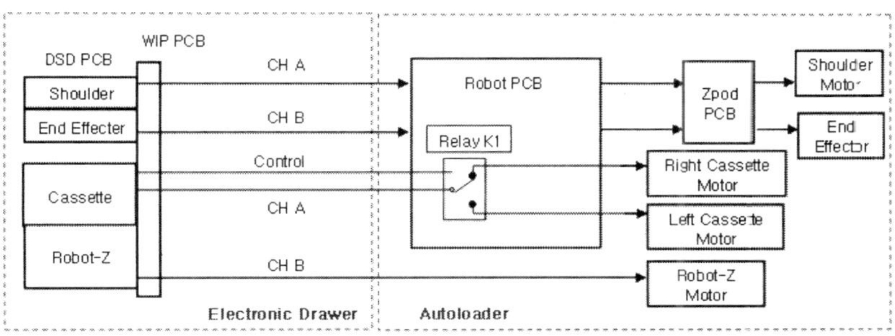

그림 3-15 AUTOLOAD 모터 제어

(1) Zpod PCB

Zpod PCB는 로봇 PCB와 웨이퍼 handler의 각 유닛부 사이에서 interface 역할을 수행하며, 로봇의 shoulder 아래 assembly에 위치해 있다.

(2) Robot PCB

Zpod PCB와 함께 Electronics drawer내의 스텝퍼 모터 제어기, Autoloader, docking 시스템의 interface역할을 수행한다.

(3) WIP PCB

로봇 PCB에서 autoloader와의 interface에 필요한 버퍼와 로직 역할을 수행한다.

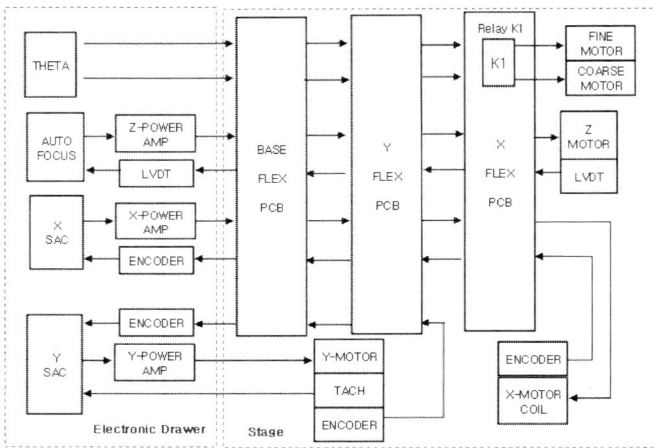

그림 3-16 STAGE 시스템

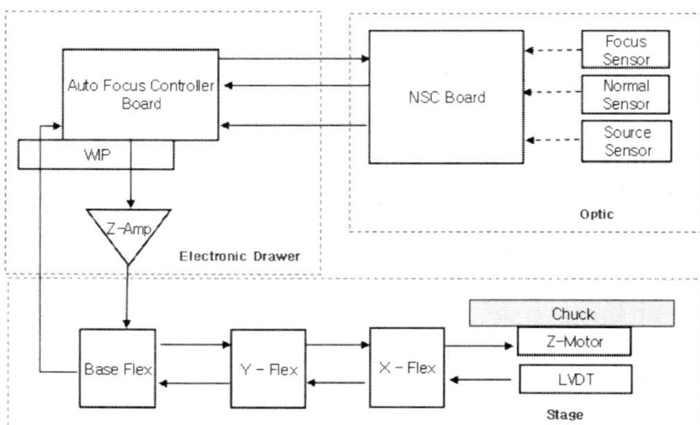

그림 3-17 OPTIC Auto focus Servo 시스템

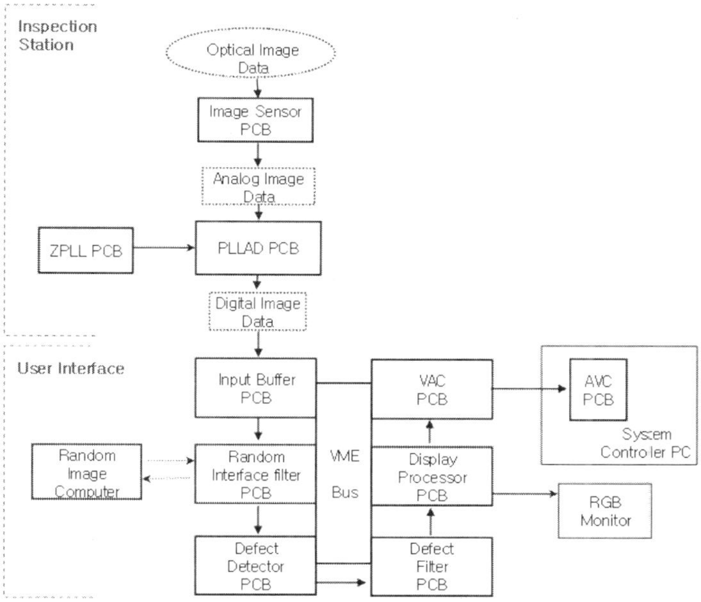

그림 3-18 Array Image Computer

4. 두께(Thickness) 측정장비

1) 박막 두께 측정의 원리

박막과 인접 매체(공기, 기판, 등)간 일어나는 간섭에 기초를 한다. 간섭의 성격은 박막 표면에 흡수되는 광선과 박막 표면에 반사되는 광선의 위상 차이에 따라 다르게 나타난다. 기판으로부터 반사된 광선이 박막표면에서 반사된 광선과 동위상이면 보강간섭(Constructive interference) 기판으로부터 반사된 광선이 박막표면에서 반사된 광선과 위상을 달리 하면 감쇄간섭(Destructive interference)과 광원의 파장, 박막의 두께, 박막과 기판의 굴절률이 함께 작용하여 간섭의 건설성내지는 파괴성을 결정하고 반사의 높고 낮음에 따른 패턴이 주어진 박막에 대해 표현될 수 있다.

TIP

보강간섭(Constructive Interference)
같은 위상의 두 파동이 중첩될 때의 간섭

(1) 장비구성 소개

① 반사계(Reflectometer)

비누거품이나 수면에 퍼진 기름 막은, 빛을 받으면 예쁘게 착색되어 보이는데 이것은 박막의 상면 및 화면에서의 반사광(또는, 투과광)이 서로 간섭하기 때문에 생기는 현상으로 착색된 박막의 색은 간섭색이라고 한다. 이 간섭색은 두께가 빛의 파장정도의 얇은 투명 막에서 관측되는 것으로, 막의 굴절률이나 두께가 바뀌면 그 간섭색도 변한다. 따라서, 거꾸로 이 간섭색을 측광함으로써 박막의 두께를 측정할 수 있다. 나노 스팩의 막 두께측정원리는, 이 간섭색 측광 법을 응용한 것이다.

② 엘립소미터(Ellipsometer)

편광상태의 빛이 박막 표면에서 반사되는 경우 필름의 두께 및 성질에 따라 편광의 크기와 각도가 변화하게 되는데 타원계측법(Ellipsometry)은 바로 이 샘플(박막 필름)에 반사된 후의 편광의 크기와 각도 변화 상태를 통해 박막의 두께를 측정 한다.

표 3-5 측정 도구

측정법	광원(파장)	입사각	관련식
Spectrophotometer	Halogen lamp(400~800nm) Deuterium lamp(UV) Xe lamp(UV+VIS)	수직입사	파장별 수직입사 반사도 R
Ellipsometer	HeNe laser(632.8nm) 단파장	경사입사	편광진폭반사계수비 Rp/Rs=tan(Ψ)exp
Beam Profile Reflectometer	small spot laser 단파장	가변입사	입사각별 편광 반사도 Rs, Rp
Beam Profile Ellipsometer	small spot laser 단파장	경사입사	
Spectroscopic Ellipsometer	Xe lamp	경사입사	파장별 편광진폭 반사계수비

NANOSPEC은 웨이퍼를 SCAN할 경우 감지기에 되돌아오는 빛의 강도는 많은 요소, 예를 들면 광원, 회절 그레이팅, 대물렌즈, 그리고 SCAN하고 있는 웨이퍼 표면 상태들의 요소가 복합적으로 작용된 것이다. 일단 이 강도의 정보가 얻어지면 데이터들은 상대반사도 간섭도(Relative Reflectance Interferogram)를 만들어 내기 위하여 저장되어 있던 자료에 의해 나누어진다.

상기의 반사 데이터로부터 박막두께를 측정해내는 원리는 박막과 인접매체(공기 다른박막, 기판 등)간에 일어나는 간섭현상에 기초하고 있다. 얇은 박막(가시광선이나 자외선에 부분적으로 투명)을 측정해 보면, 일부 광선이 박막을 뚫고나가 기판에 반사되는 반면 다른 일부는 박막 표면으로부터 반사되고 또 다른 일부 광선은 박막과 기판에 흡수된다.

간섭의 성격은 위에 설명한 두 반사광선의 위상차에 따라 다르게 나타난다. 기판으로부터 반사된 광선이 박막표면에서 반사된 광선과 위상이 일치하면 보강간섭 (Constructive Interference)이 일어나며, 위상이 불일치하면 상쇄간섭(Destructive Interference)이 일어난다. 반사광의 강도가 높은 곳에서의 간섭은 보강간섭이며, 강도가 낮은 곳에서의 간섭은 상쇄간섭이다.

- 두께측정 RANCE : 100~50,000A
- 측정 SPOT SIZE : 50, 25, 5, MICRON SPOT SIZE를 선택적으로 사용가능 (5X, 10X, 25X OBJECTIVE LENS 사용)
- 초점 : 자동 초점이 가능하며 초점 시간은 1~2초 사용됨
- STAGE −RESOLUTIN : 0.08㎛
  −POSITION REPRODUCIBILITY : ±5㎛
- 빛의 반사 및 회절원리를 이용한 박막두께 측정
- 박막의 기본특성(반사율, 흡수율 등)만 알고 있으면 박막의 두께 측정 가능

Tip

박막(Thin Film)
진공 증착이나 형태화(patterning) 등을 이용하여 절연된 유리, 세라믹 또는 반도체 등의 기판(substrate) 위에 형성된 매우 얇은 피막

표 3-6 측정 도구의 장/단점

측정법	장 점	단 점
Spetrophotometer	• 측정 모호성이 없음 • 넓은 측정 범위 • 신뢰성 높은 광학계	• 초박막 측정의 어려움 • Reference 필요 • 광학 상수 측정의 어려움
Ellipsometer	• 우수한 초박막 측정 • 광학 상수 측정 • Reference 불필요	• 측정 모호성 • 느린 측정 속도 • 좁은 측정 범위
BPR+BPE	• 박막+초박막 측정 • 작은 측정 spot • 광학 상수 측정	• 측정 모호성(BPE) • 불균질 샘플 측정의 어려움 • Reference 필요 • 좁은 측정 범위
Spectroscopic Ellipsometer	• 박막+초박막 측정 • 측정 모호성이 없음 • Reference 불필요 • 전파장의 광학 상수 측정	• 느린 측정속도 • 데이터 해석이 복잡 • 측정 spot이 큼

(2) 적용 공정

① 단일 박막 측정

Poly/Amorphous Si, TiN, PECVD Nitride, Silicon Oxinitride 등이다.

② 3층 이상의 다층막 동시 측정

Nitride/poly/Thin Oxide/Si, TiN/Oxide/Si, Thin ONO, ONPO, Thin oxide/Si Damaged layer/Si 등이다.

2) 장비 소개

그림 3-19 나노스펙의 외형

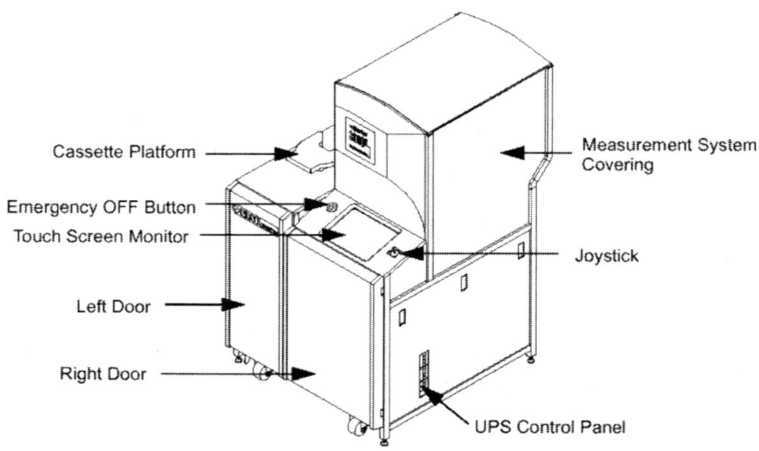

그림 3-20 나노스펙 구조

(1) Optic 구조

① NANO 8000X Reflectometer System

② NANO 8000XSE(Reflectometer System+Ellipsometer System)

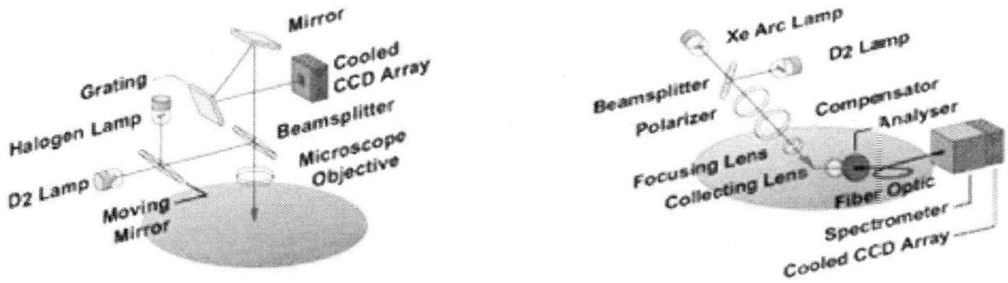

Reflectometer System　　　　Ellipsometer System

그림 3-21 시스템 비교

(2) 빔 경로 구조

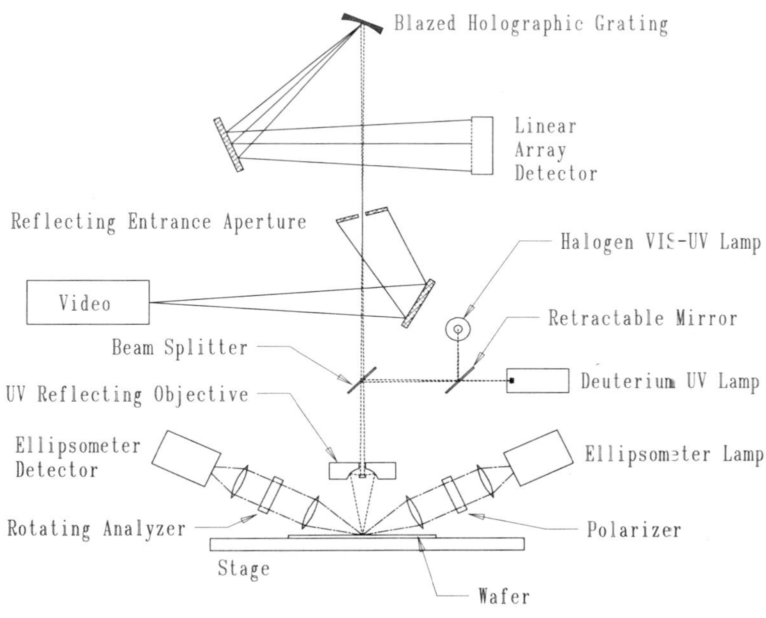

그림 3-22 빔 경로

(3) 외관(Appearance)

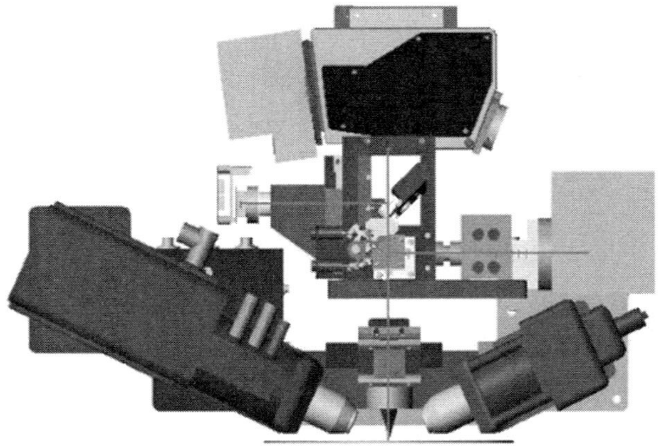

그림 3-23 두께 측정장비 외관

(4) 블록 다이어그램(Block Diagram)

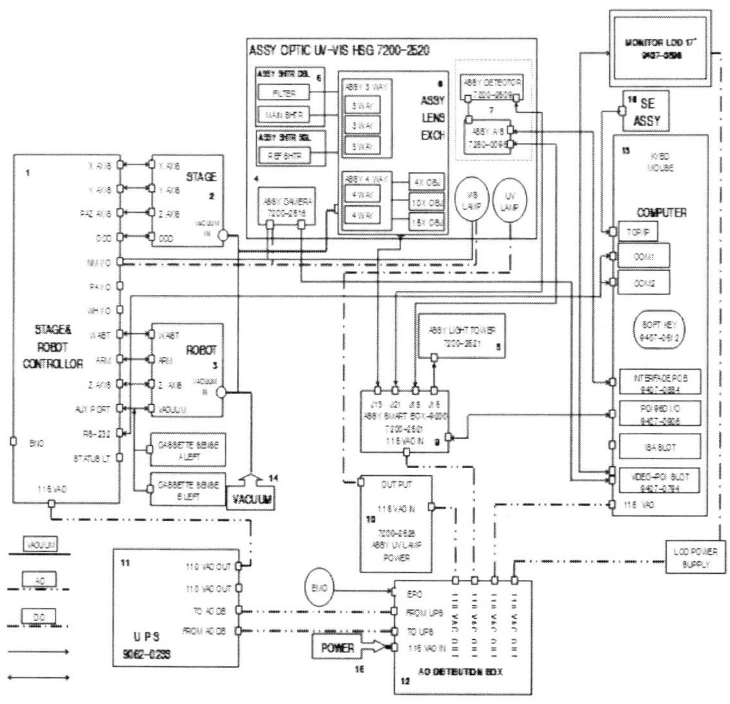

그림 3-24 블록 다이어그램

(5) 동작원리

Nano Spec으로 웨이퍼를 Scan할 경우 감지기에 되돌아오는 빛의 강도(Intensity)는 광원, 회절 Grating, 검출기, 대물렌즈 그리고 Scan하고 있는 웨이퍼 표면의 상태 등의 기능이 복합적으로 작용된 것이다. 정보가 얻어지면 데이터들은 상대반사도 간섭도(Relative reflectance interferogram)를 만들기 위해 Bear 실리콘 웨이퍼의 정보를 기준으로 만들어진다.

① Scanned Wavelength Algorithms

박막의 두께를 측정하기위해 간섭 도를 그리기 위한 데이터 수집을 하고 여러 파장을 Scan을 실시한다.

- 예상 박막두께를 측정한다.
- 측정된 간섭도의 데이터와 그 예상 치에 근접한 다른 두께들의 이론적이 반사도 모델을 비교 분석한다(모델을 비교 분석에는 Curve fitting법이 사용되며 최종 결과치는 이론적 모드와 측정간섭도가 최적 커브 fitting을 갖는 값으로부터 얻어지는 두께이다.).

② Spectroscopic Ellipsometry

초박막 측정의 뛰어난 반복성, 신뢰도를 제공해 주고 다층막에 있어 두께와 굴절계수를 동시에 또는 개별적으로 측정해 줌으로써 새로운 자질개발과 다층 박막 구조의 정확한 특성을 측정할 수 있다.

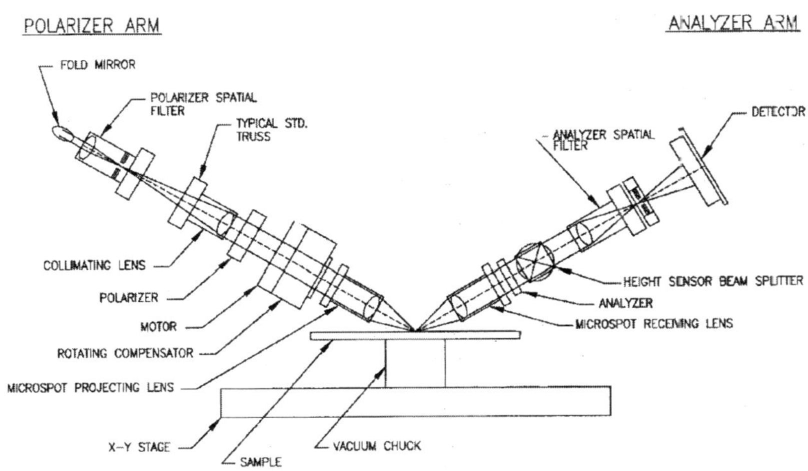

그림 3-25 SE(Spectroscopic Ellipsometry) 광학 시스템

③ SE 데이터 획득

Nano Spec(SE)는 회전 분광기(Rotating Analyzer)형으로서 분광기를 보통 수십회 회전시켜 원하는 Psi(Ψ)와 Delta(Δ)를 400~800nm 대역에서 얻는다. 분광기가 회전할 때마다 한번씩 데이터가 얻어지는데, 수십 회의 데이터의 평균값이 Psi(Ψ)와 Delta(Δ)의 평균값이 되고, 그 표준편차가 데이터의 잡음량 즉 데이터의 신뢰도가 된다.

표 3-7 용어

1		컴퓨터의 COM1, 2를 통하여 STAGE와 로봇 및 램프를 제어한다.	
	1	X AXIS	STAGE의 X축을 컨트롤을 한다.
	2	Y AXIS	STAGE의 Y축을 컨트롤을 한다.
	3	Z AXIS	STAGE의 Z축을 컨트롤을 한다.
	4	CCD	PRE ALIGNER CONTROLL
	5	NM I/O	NANO MATRIX INPUT OUTPUT으로 VISIBLE LAMP를 CONTROL 한다.
	6	PA I/O	
	7	WH I/O	ROBOT의 몸통을 좌우로 회전을 제어한다.
	8	WAIST	ROBOT의 몸통을 좌우로 회전을 제어한다.
	9	ARM	ROBOT ARM을 제어한다.
	10	Z AXIS	ROBOT의 몸통의 상하를 제어한다.
	11	AUX PORT	ROBOT VACUUM 유무와 CASSETTE의 존재여부를 감지한다.
	12	RS-232	COMPUTER의 COMPORT와 연결되어 COMPUTER의 제어 및 데이터를 전송한다.
	13	STATUS LT	
2		STAGE 구동 BOART이다.	
	1	X AXIS	STAGE의 X축을 컨트롤을 한다.
	2	Y AXIS	STAGE의 Y축을 컨트롤을 한다.
	3	Z AXIS	STAGE의 Z축을 컨트롤을 한다.
	4	CCD	PRE ALIGNER CONTROLL
3			
	1	WAIST	ROBOT의 몸통을 좌우로 회전을 제어한다.
	2	ARM	ROBOT ARM을 제어한다.
	3	Z AXIS	ROBOT의 몸통의 상하를 제어한다.
	4	VAC	VACUUM을 감지 및 제어한다.

4		ASSY UV VIS VISIBLE한 영역을 컨트롤 한다.	
5		SHUTTER를 컨트롤 하여 여러 SOURCE을 제어한다.	
6		LENS의 배율을 교환하는 장치로써 SHUTTER와 연계하여 작동한다.	
7		웨이퍼에 반사되어 나온 SOURCE를 검출하는 부분으로 ASSY DETECTOR에서 검출하여 ASSY A/D를 통하여 아날로그 신호를 디지털 신호로 변환하여 컴퓨터의 INTERFACE CB로 전송한다.	
8		ASSY LIGHT TOWER : 장비에 부착된 SIGNAL TOWER	
9		ASSY SMART BOX : COMPUTER PCI 98D I/O BOARD를 통하여 제어를 받고 LENS의 교환, SIGNAL DETECTOR와 A/D CONVERT를 제어 및 SIGNAL TOWER를 제어한다.	
10		UV LAMP의 안정적인 POWER를 공급한다.	
11		UPS : UNINTERRUPTED POWER SUPPLY로서 정전 및 POWER의 불안정성을 제거할 수 있다.	
12		AC DISTRIBUTION BOX : 외부에서 공급받은 220V전원을 110V로 변환하여 주며 UPS와 연계하여 안정적인 POWER를 공급받는다. 또 EMO와 연결되어 있어 EMO S/W를 누르면 이 AC BOX를 통하여 SYSTEM POWER가 OFF된다.	
13		컴퓨터 사용자의 INTERFACE이며 SLOT에 꽂혀있는 카드로 각 모듈을 제어한다.	
		TCP/IP	TCP/IP를 통하여 SE MODULE을 제어한다.
		COM PORT	이 포트를 통하여 STAGE ROBOT CONTROLLOR에 RS-232 방식으로 접속되어 물리적인 장치를 제어한다.
		INTERFACE	PCB SR(SPECTROSCOPIC REFLECTOMETER)의 DETCTORD에서 디지털로 변환되 신호를 수신 받는다.
		PCI 96D I/O	SMART BOX를 제어한다.
		VIDEO-PCI	두 가지의 기능을 수행하는데 하나는 카메라의 영상을 수신을 하고 두 번째는 수신된 영사과 일반 모드의 기능을 함께 수행된다.
		SOFT KEY	WVASE32의 소프트웨어의 복사방지 키라고 볼 수 있다.
14		VACUUM	외부에서 연결되는 유틸리티이며 웨이퍼의 제어 및 SHUTTER 사용된다.
15		POWER	외부전원이며 입력은 220V이나 AC BOX에서 110V로 감압시켜 사용된다.
16		SE	SE MODULE로 컴퓨터의 TCP/IP로 데이터 전송 및 제어가 된다.

3) 기타 장비 소개

(1) RUDOLPH Ellipsometer

일반적으로 빛(전자기파)이 어떤 물질을 통과하게 되면 빛은 그 물질의 영향을 받아 변화하게 된다(즉, 입사광의 기준점에 대한 반사광의 위상각도가 변화하는 것). 이변화의 정도는 빛이 통과한 물질의 굴절률과 두께에 비례한다.

ELLIPSOMETER는 물질의 표면에서 일어나는 반사에 의한 단색 편광빛의 변화를 측정하는 광학 기구이다.

입사된 빛과 반사되어 나오는 빛의 편광 상태의 차이를 결정하여 샘플의 다양한 성질을 계산하는 것이다. 위와 같은 원리를 이용하여 굴절률을 알고 있는 투명한 막에 빛을 입사시켜서 반사된 j나오는 빛을 분석하여 막의 두께를 측정할 수 있다. 반대로 두께를 알고 있는 경우에는 굴절율을 측정할 수 있다.

그림 3-26 RUDOLPH Ellipsometer

① 편광기(polarizer)

광원에서 나오는 빛이 편광기를 통하여 선형으로 편광된다.

② 보정기(compensator)

선형으로 편광된 빛은 보정기를 통해서 타원으로 편광된다.

③ 분석기(analyzer)

변화된 위상곡도를 Analyzer가 분석하여 분석기에 연결된 컴퓨터가 샘플의 두께 또는 굴절률을 계산한다.

④ Compensator

고속 회전하면서 감지기에 보내주는 정보의 수를 줄여준다. 따라서 측정 속도 증가한다.

TIP

공간 필터(Spatial Filter)
화상에 포함되는 특정의 공간 주파수 성분을 강조하거나 감쇠하기 위해 사용되는 필터

⑤ 편광기 공간 필터(Polarizer Spatial Filter)

잡음을 제거하기 위해 쓰이고 10㎛ Spot을 만들어 준다 입사빔은 128도로 나누어지며 이것의 정보는 128개의 감지기에 의하여 감지하게 되며 128개의

Δ와 Ψ를 측정하여 푸리어 변환으로 해석하여 두께를 결정한다. 즉, 1회 측정에서 128개의 측정을 수행하는 효과가 있다.

⑥ DioedLaser Illumination

기울기 분석기(Tilt Analyser)로 웨이퍼가 기울어지는 정도를 감지하여 자동적으로 교정해주는 역할을 한다. IR Laser Diode에서 나온 빛이 반사되어 렌즈를 통하여 Positive Sensitive Detector를 통하여 마이크로프로세서로 보내어진다. 이 정보를 통하여 Front Right Lifter, Front Left Lifter, Real Lift Control을 조정한다(0.005의 오차를 가지고 있다.).

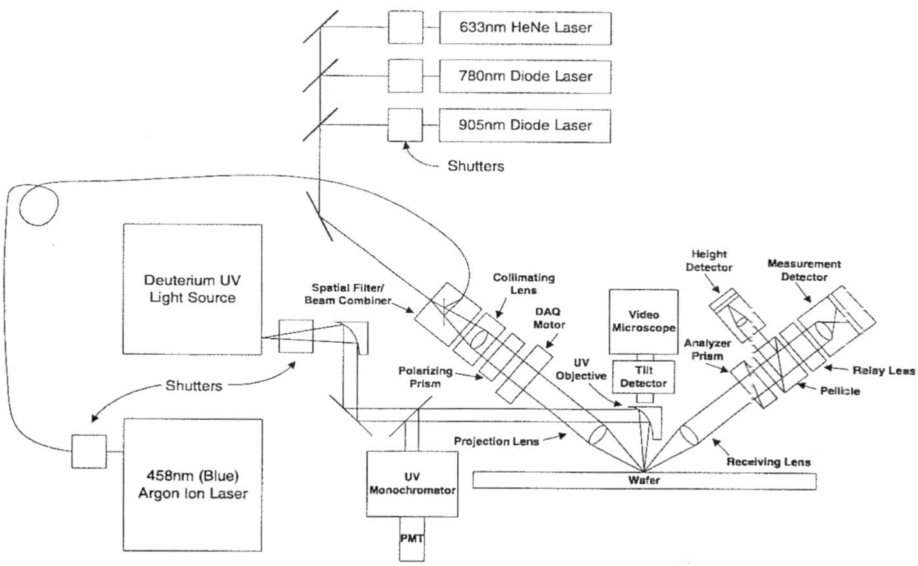

그림 3-27 Ellipsometer 구조도

(2) OPTIPROBE

OPtiProbe 계열장비는 Therma-wave의 특허기술인 BPR(빔 Profile Refelectometer)과 BPE(빔 Profile Ellipsometer), 그리고 이미 널리 사용되고 있는 가시광선 분광계(spectrometer) 장비들을 통합하여 하나의 장비로 개발한 것이다. 초박막의 측정이 가능하고 최대 3개 변수끼리 측정되며 가장 적은 빔spot(0.9㎛) 또는 자동 교정과 보정이 되고 자동 측정이 가능하다. 그러나 반사율이 높은 금속막은 측정이 어렵고 표면의 거친 막의 경우 측정값을 신뢰할 수 없다.

• 패턴 인식 기능이 있어서 자동 측정이 가능하다.
• 일정 시간마다 참조를 한다.
• 측정위치는 기본 조건을 사용할 수도 있고 새로 설정할 수도 있다. 패턴의 경우는 측정 위치를 다시 인식하여 축 조정을 하므로 재현성이 뛰어나다.
• 측정막질의 기본 조건을 이용하거나 약간 수정 또는 변형하여 사용한다.
• Reference 웨이퍼의 자연 산화막이 자라므로 FAB 환경에서는 3개월 주기로 조정한다.
• 반사율이 높은 금속막은 측정이 어렵고 표면이 거찬 비정질 다결정 규소막은 측정값의 신뢰도가 떨어지므로 ELLIPSOMETER와 같이 확인해야 한다.

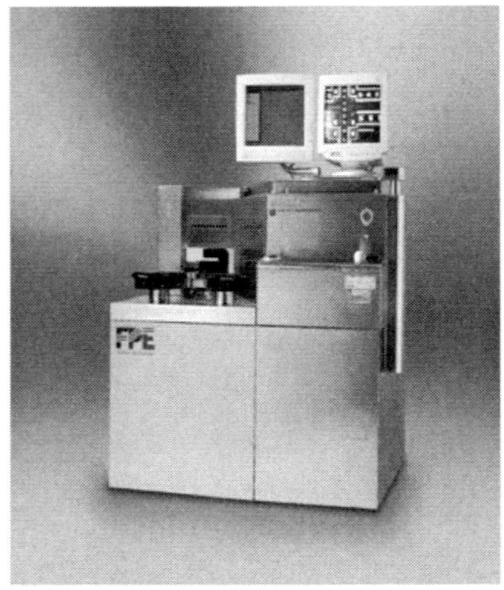

그림 3-28 OPTIPROBE 모델

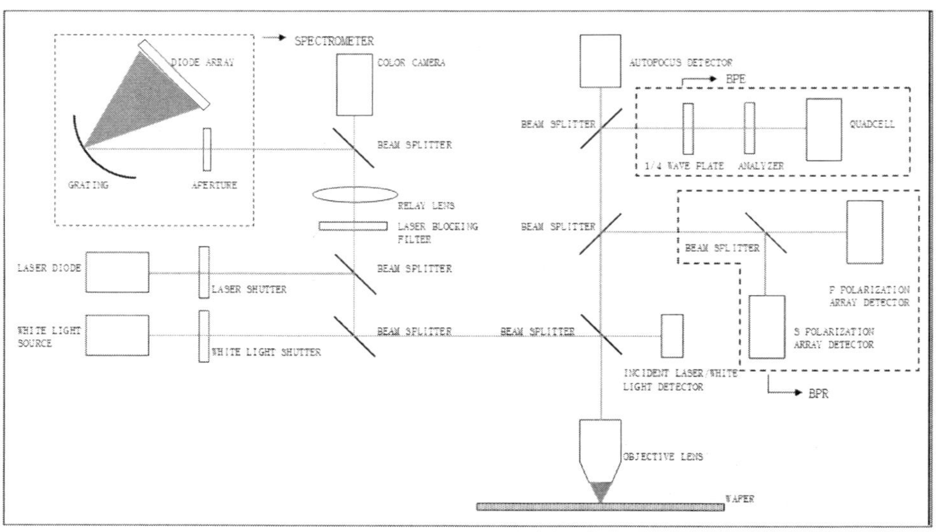

그림 3-29 OPTIPROBE 구성도

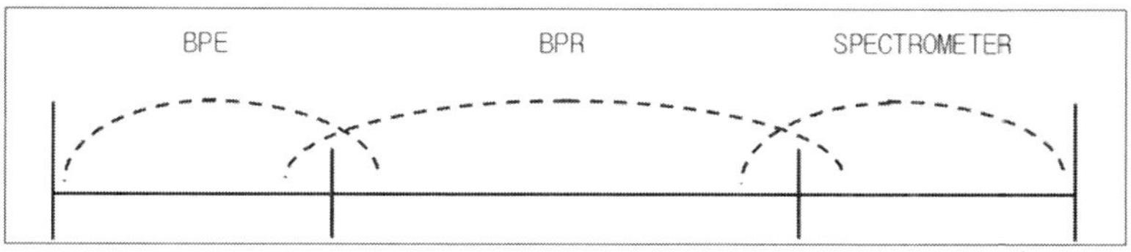

그림 3-30 BPR, BPE, SPEVTROMETER 채용

산화 박막(Oxide Thin film)에서 High Index 필름 Poly까지 전체적인 측정이 가능하다. BPR, BPE, SPEVTROMETER의 3원리를 동시 채용하며 상호 보완하는 기능이 있다.

① BPR(Beam Profile Reflectometer)

- BPR의 정의 : 다이오드 레이저(675nm) 빔을 수직에서 ±64도의 입사각을 대물렌즈를 통하여 시료에 입사시킨 후 표면에서 반사된 반사광을 A, B ARRAY DETECTOR를 이용하여 두께를 검출한다. Polarized Reflectometry의 일종으로 단일파장의 다이오드 레이저(6730 A)로 각도에 따른 두 선형편광(s, p)의 반사도를 측정하는 장치임. 200A 이상의 두께를 갖는 다층 절연막의 두께, n, k값 등을 측정할 수 있다. BPR은 OP system의 근본이 되는 기술로 넓은 각도(0~64)의 반사도를 한번에 측정이 가능해 아주 빠른 측정이 가능하다. BPR은 Spectrometer와 같이 사용하여 6개 이상의 필름 stack을 측정할 수 있다.
  - 장점 : 빠른 측정 시간, 작은 spot의 크기(0.9mm), 다 층막 측정 가능, 비등방성(Anisotropy) 물질막 측정가능
  - 단점 : 얇은 박막 측정에 약함(200 A 이하), n 값이 큰 물질(Poly, metal..)에 대한 민감도가 떨어짐

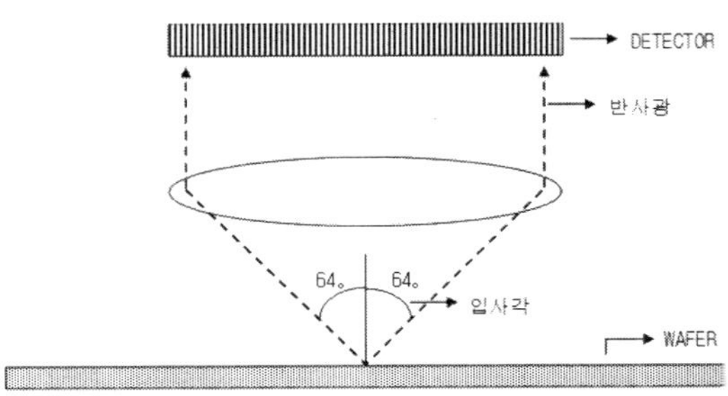

그림 3-31 BPR

• 측정원리 : 64도로 입사되는 레이저 반사광이 위상차에 따라 빛의 간섭 현상이 일어나 A, B Array에 도착 시에는 빛의 강도를 가지고 있기 때문에 강도 사이클을 만들게 된다. 이 강도 사이클(Intensity Cycle)을 가지고 필름의 두께를 구해낸다.

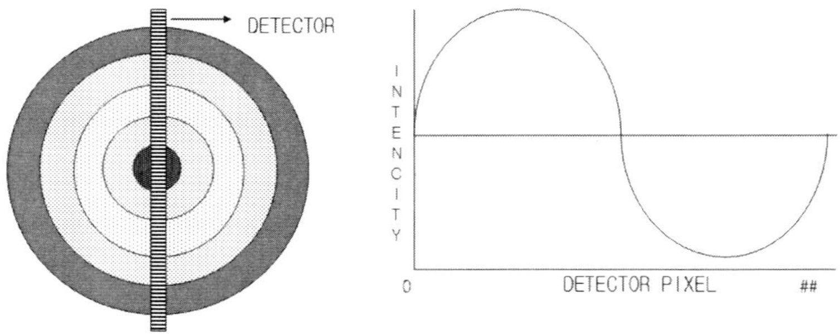

그림 3-32 측정원리

② BPE(Beam Profile Ellipsometer)

• BPE의 정의 : 다이오드 레이저(675nm) 빔을 수직에서 ±64도의 입사각을 대물렌즈를 통하여 시료에 입사시킨 후 사각으로 반사되는 빛의 위상변화를 측정하고 이를 Fresnel 방정식에 대입하여 필름 두께를 측정한다.

Ellipsometer의 일종으로 얇은 막질을 재는데 사용되며 BPR과 같은 레이저를 쓰며 동일한 Path로 필름에 들어간 후 나누어지기 때문에 BPR과 동시에 측정 가능하며 BPR로 재기 힘든 얇은 막질을 측정함으로서 BPR을 보완하는 좋은 측정장비이다. 얇은 단일 막 측정에 쓰이며 BPR과 함께 게이트 산화물(gate oxide) 에칭에서 남아있는 산화물이나 중합체(polymer) 또는 손상된 Si의 두께를 측정하는데도 사용된다.

> Tip
> 게이트 산화물(Gate Oxide)
> 트랜지스터에서 폴리실리콘으로 만든 게이트

-장점 : 빠른 측정 시간, 얇은 물질 막 측정(100 A 이하), 작은 spot의 크기(0.9mm)

-단점 : 환경변화에 민감. 두께를 정확히 재기 위해 n이나 k값이 필요

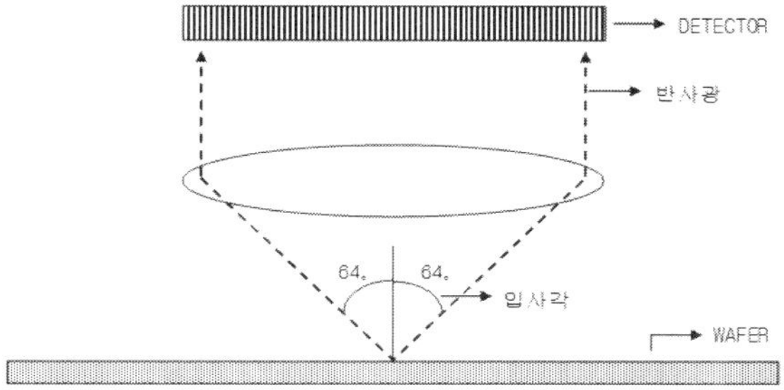

그림 3-33 BPE

• 측정원리 : 레이저 빔이 시료에 맞고 QUAD CELL에 맺히는 빛의 강도 변화를 가지고 필름의 두께를 계산한다. 얇은 필름은 위상차가 작기 때문에 빛의 간섭현상을 이용할 수가 없다. 따라서 위상차에 따른 빛의 강도 변화를 이용한다.

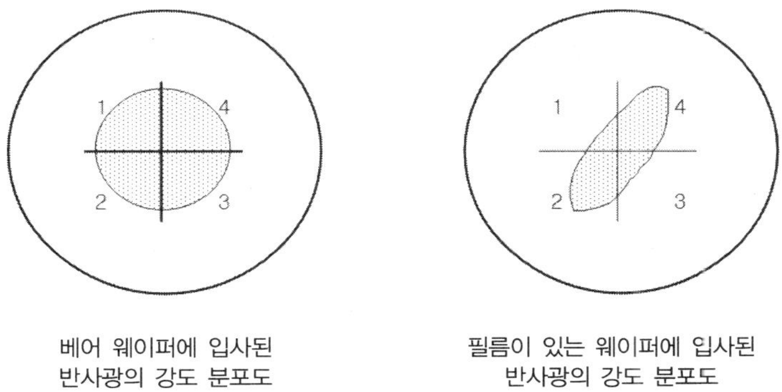

그림 3-34 반사광의 강도 분포도

③ 분광기(Sfectrometer)(C-ARRAY)

• 분광기의 정의 : 가시광선 대역(470~850nm)에서 입사된 빔의 반사광은 높은 굴절률의 필름에서 발생 하는 주기의 불확실성을 제거하며 이 반사광들의 간섭현상을 이용하여 필름의 두께를 계산한다.

• 측정 원리 : 가시광선 대역(470~850nm)에서 입사된 빔의 방대한 파장은 HIGH INDEX 필름이 라도 빛의 강도 사이클을 만들 수가 있다. 이 빛의 강도 사이클을 가지고 필름 두께를 측정한다.

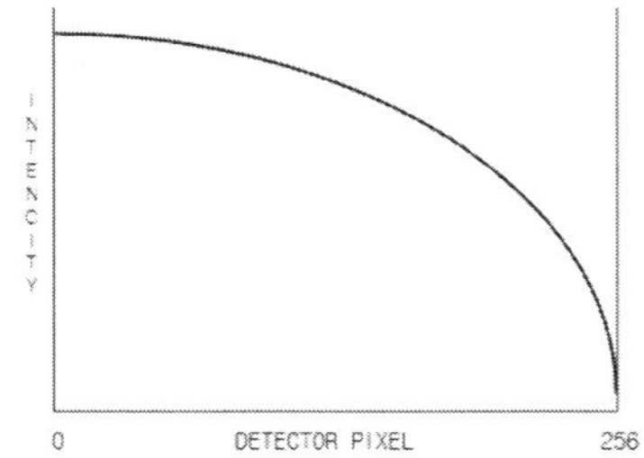

그림 3-35 High Index 필름의 BPR 신호

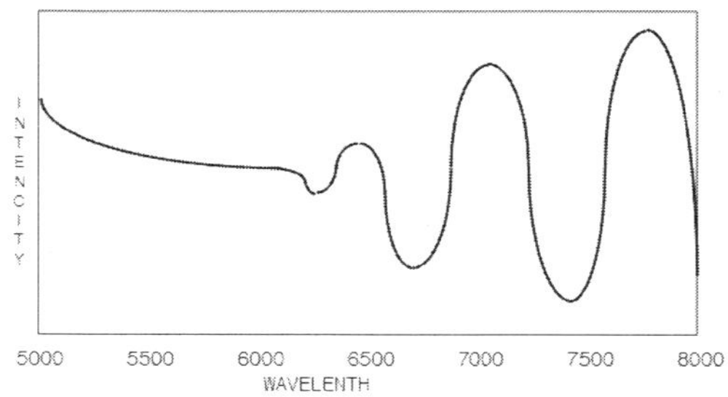

그림 3-36 High Index 필름의 분광계 신호

- 반사광이 C-Array에 맞히는 상

OPTI-PROBE에서 얻은 자료를 정리하면 BPR에서

—입사각의 변화에 대하여 'S'와 'P'로 편광된 반사광도

—반사광의 간섭에 의해 발생하는 반사광의 최대값과 최소값

—절연체의 BREWSTER'S 각도

BPE로부터는

—'S'와 'P' 편광 반사광도의 위상차이

분광계(SPECTROMETER)로 부터는 입사광 파장의 변화에 따른 반사광도 등의 측정된 자료로 박막두께를 계산한다.

그림과 같이 할로겐 램프의 반사광은 GRATING을 맞고 각 파방별로 감지되도록 되어 있다. 가가가의 파장은 서로 다른 CYCLE을 만들게 되며 이 CYCLE을 분석하여 HIGH INDEX 필름의 두께를 구하도록 되어 있다.

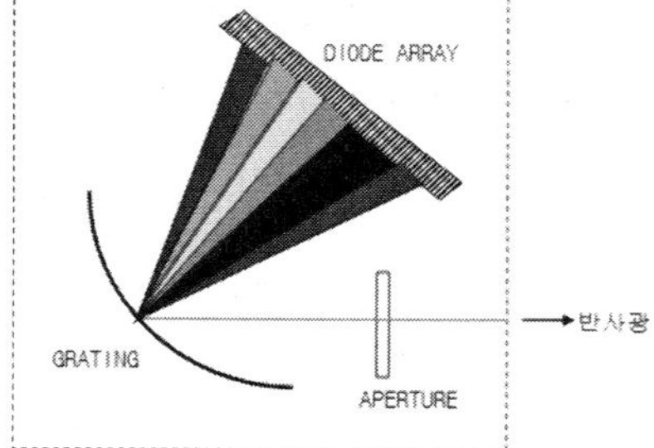

그림 3-37 분광계

(3) Vis-spectrometer

Unpolarized reflectometry로 일정한 각도에서 입사하는 빛의 반사도를 파장(4,800~8,000A)에 따른 변화로 박막의 두께, 때로는 n 그리고 k 값 등을 알아내는 장치이다. 가시광선 영역의 반사도를 측정하므로 이 영역 내에서 확산(dispersion) (n(l) 과 k(l)) 의 변화가 있는 물질을 알아내어 알고자 하는 층의 두께나 n, 그리고 k 값을 알아내는데 쓰이며 비교적 spot 크기가 크므로 거친 표면을 가진 박막을 측정하는데도 쓰인다.

BPR과는 다르게 n 값이 큰 물질을 재는데 변별력이 있다. BPR과 함께 써서 복잡한 다층 막의 측정이 가능하고 빠른 속도를 보인다.

장 점	단 점
• 빠른 측정 시간 • dispersion을 알 때 단층막 측정가능 • BPR과 같이 써 복잡한 필름stack 측정 • 거친 표면갖는 막의 측정 • n 값이 큰 물질에 대한 민감	• 얇은 박막(Thin ONO와 OPO) 측정에 약함 (100 A 이하) • UV 파장영역에서 변화가 많은 dispersion을 갖는 물질은 정확한 측정에 한계가 있음

① BB(Broad band-spectrometer)

Unpolarized reflectometry로 일정한 각도에서 입사하는 빛의 반사도를 파장(1,900~8,000A)에 따른 변화로 박막의 두께, 때로는 n 그리고 k 값 등을 알아내는 장치이다. Vis-spectrometer와 같은 원리이나 UV를 흡수하지 않는 특수한 렌즈를 통과해야 하므로 Vis-spectrometer과 다른 렌즈를 통과한 후 다른 detector(CCD array)로 분석한다. UV영역에 dispersion(n(l) 과 k(l))의 변화가 있는 물질들을 분리해 내 정확한 측정이 가능하다.

② AE(Absolute ellipsometer)

이 방법은 초안정적이고 reference가 필요 없는 ellipsometer로 극도의 얇은 gate 유전체의 두께를 측정하는데 쓰인다. BPE가 다이오드 레이저를 쓰는 반면 AE는 안정성이 아주 우수하고 잘 알려진 파장과 긴 수명 그리고 정확한 Gaussian 빔 profile을 갖는 He-Ne 레이저를 사용한다. 작은 두께의 변화에도 민감하게 변하며 좋은 signal-to-noise를 주기 위하여 입사각도를 65를 택했다. OP 5000에 있는 AE와 SE (Spectroscopic ellipsometer)는 일반적으로 다른 벤

더들이 사용하는 RAE(Rotating Analyzer Ellipsometer)와 다르게 RCA (Rotating Compensator Ellipsometer) 방법을 사용한다. RAE는 얻어진 DC, sin(2wt), cos(2wt) 항으로부터 tanY 값과 cosD를 얻으나 Y 값은 실리콘 위의 얇은 유전체의 두께에 무관하고 D값은 두께에 선형적으로 변화하므로 cosD 보다는 sinD를 재는 것이 필요하다. RCE는 DC, sin(2wt), cos(4wt), sin(4wt) 항을 얻어 tanY, cosD 그리고 sinD를 계산하므로 얇은 유전체를 정밀하고도 반복적으로 측정 할 수 있다.

장 점	단 점
• 매우 얇은 물질막 측정가능 • Reference가 필요 없음	두께를 정확히 재기위해 n이나 k값이 필요함

③ SE(Spectroscopic ellipsometer)

일반적인 ellipsometer는 단일 파장에서 Y과 D값을 제공하나 SE는 여러 파장(1,900~8,000A)에서 Y과 D값을 제공하므로 많은 데이터로 인해 복잡하고 얇은 필름 stacks의 두께와 n 값을 독립적으로 구할 수 있다. AE와 마찬가지로 입사각은 65이고 RCE 형태를 채택하고 있어 아주 얇은 두께도 측정할 수 있다. 많은 데이터를 바탕으로 물질의 dispersion을 알아냄은 물론 BPR과 함께 사용하여 보다 불안정한 dispersion을 최소한으로 줄일 수 있다. 감지기로는 BB와 같은 CCD array를 사용하며 많은 데이터를 다루기에 생기는 시간이 필요하고, 다 파장으로 인해 spot 크기가 AE 보다 다소 크다. 거의 모든 공정에서 발생하는 필름 stack의 측정이 가능하다.

장 점	단 점
• dispersion을 모를 때도 단층막 측정가능 • BPR과 같이 써 복잡한 필름 stack 측정 • 거친 표면 갖는 막의 측정 • 모든 thin ONO와 OPO을 잴 수 있고 물질의 dispersion 모델을 만들 수 있음 • Anisotropic 필름과 multi-component로 이루어진 필름 등을 측정	• 아주 얇은(AE나 가능한) 박막을 재는데 정확성이 떨어짐 • 다른 측정도구에 비해 측정시간이 느리고 spot 크기가 큼

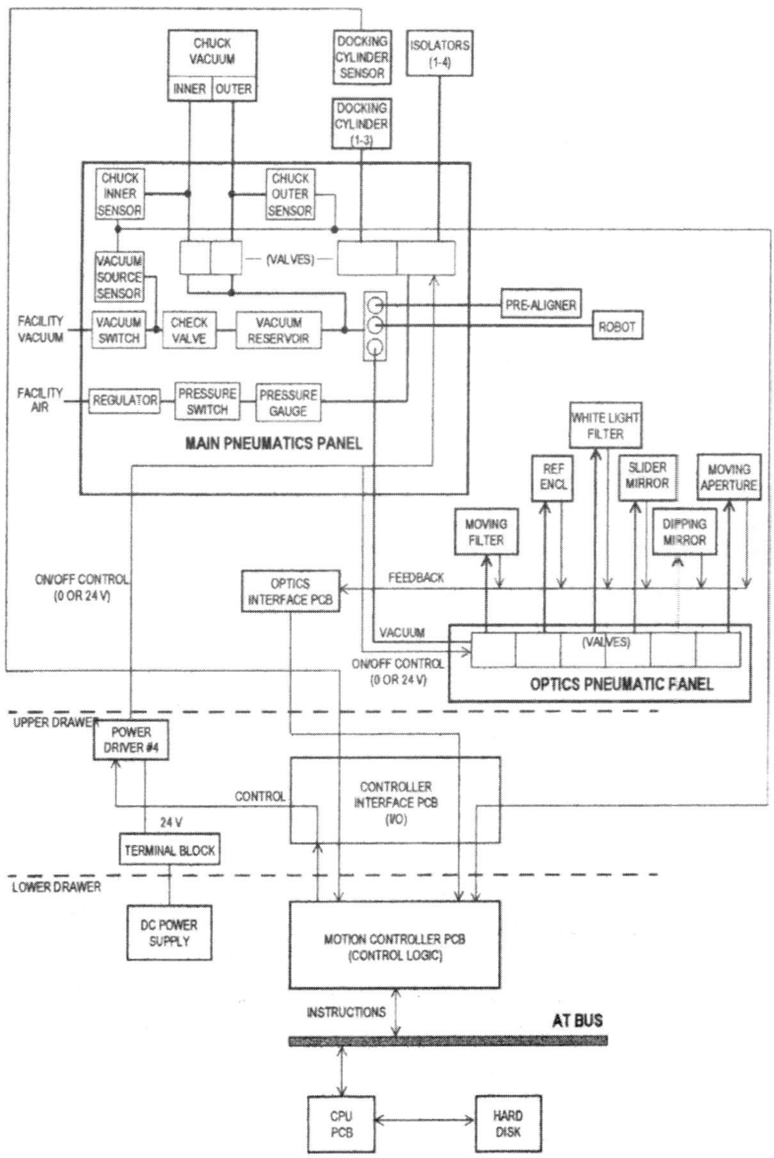

그림 3-38 블록 다이어그램

(3) Meta PULSE의 여러 가지 모델

MetaPULSE의 유연성은 모든 금속 필름 응용을 위한 해법을 제공한다.

표 3-8 Meta PULSE

모 델	설 명
MP 200	• 800nm 단일 파장 사용 • Al-based metal 공정에 적합
MP 200XCu	• 800/400nm 두 파장 사용 • Cu 및 Al -base metal 공정 모두 적용 가능
MP II 200Cu	• 400nm 단일 파장 • Cu 및 Cu CMP 공정 모니터링 전용 • Cu w/low-k, 50% dense lines
MP II 200XCu	• 800/400nm 두 파장 사용 • 모든 metal 공정 적용 - Al, Cu, Cu CMP, Cu w/low-k

① MetaPULSE 주요 특징

- Picosecond(10~12초) 단위의 초음파를 이용한 비접촉, 비파괴 방식
- Multi-layer metal 필름 두께 동시 측정
- 작은 빔 size : 20m－product 웨이퍼 에서 측정 가능
- 뛰어난 throughput 및 재현성(repeatability)－40 to 60 웨이퍼s/hour
- 필름 특성 분석 기능－밀도, 표면 거칠(roughness), 상태(phase), adhesion, reflectivity, edge profiles

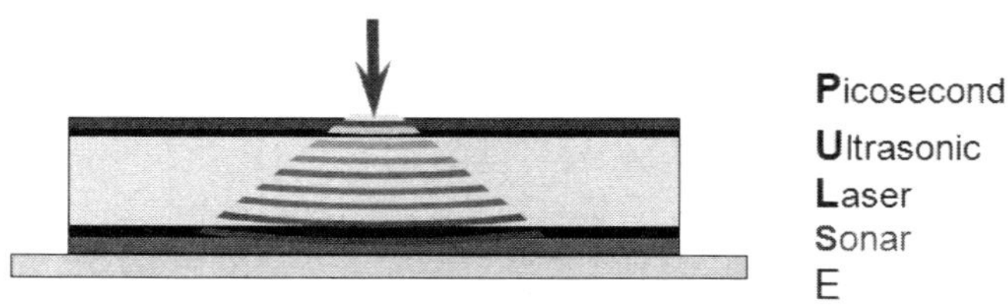

그림 3-39 PULSE

② MetaPULSE 측정 원리

0.2ps 레이저 펄스 ⇒ 온도상승〈 10° ⇒ 열창 ⇒ 음파발생

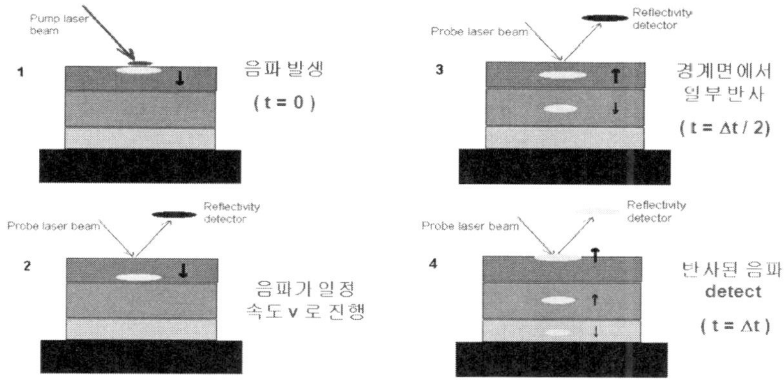

그림 3-40 MetaPULSE 측정 원리

③ MetaPULSE System Optics 구조

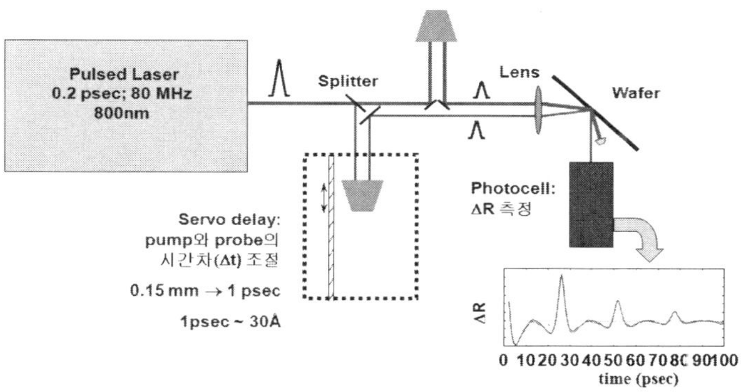

그림 3-41 MetaPULSE System Optics 구조

- Modeling 이전의 Raw Signal

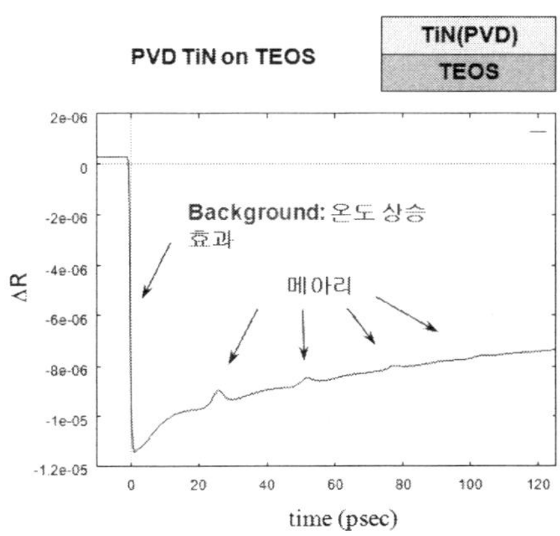

그림 3-42 Raw Signal

• Background 제거 이후

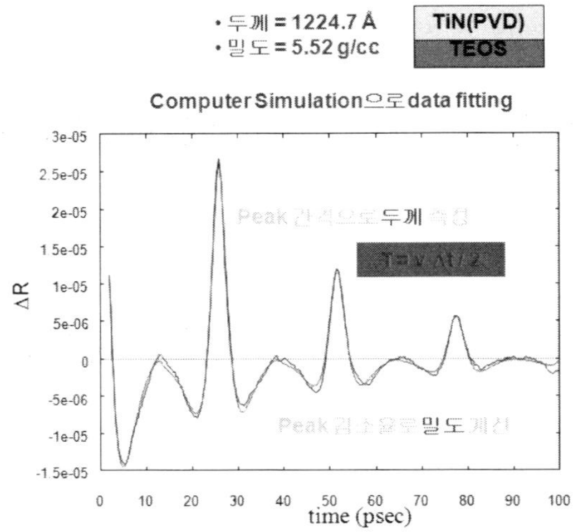

그림 3-43 Background 제거 이후

④ MP200 Block Diagram

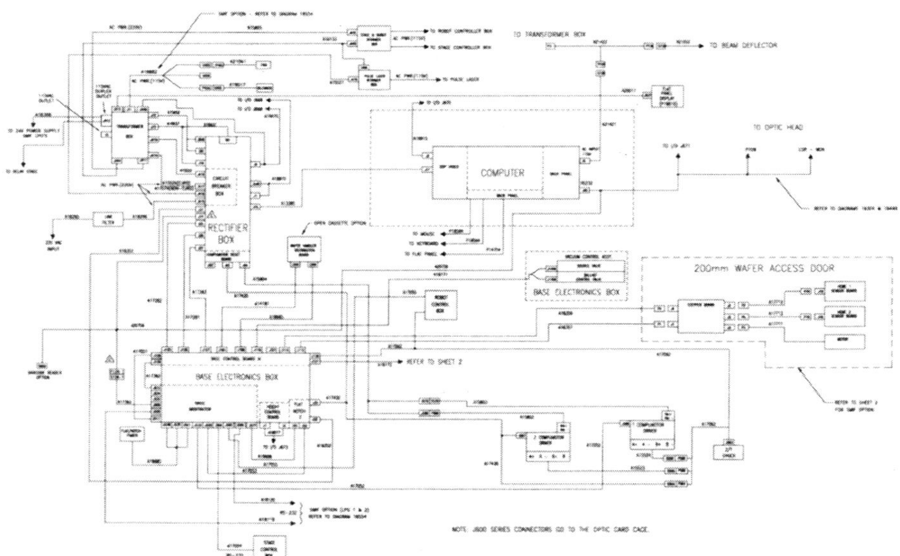

그림 3-44 MP200 Block Diagram

⑤ MP시리즈 Optic signal processing configuration

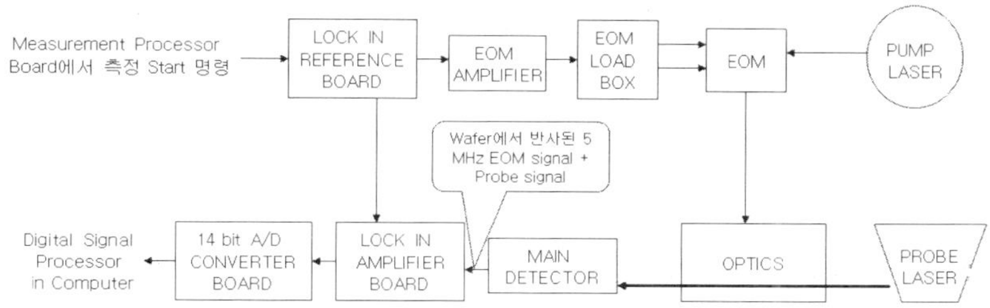

그림 3-45 MP200 Block Diagram

- 각 유닛별 설명
  - IO 카드 : Optic내의 모든 boards와 PC 간의 톤신 역할
  - Optic arbitrator 카드 : 측정 관련 Optic의 제반 신호 제어
  - A/D 카드 : 측정 신호을 14 bit A/D converting 처리
  - Base arbitrator 카드 : Stage 및 로봇 관련된 제어 신호 처리
  - Rectifier Board : Transformer box로 부터 AC를 정류하여 DC 공급
  - Pulse Aux transformer Box : Coherent Laser에 전원 공급
  - Transformer Box : 장비의 주 전원이 circuit breaker를 통하여 공급됨
  - Equip Robot controller : 로봇에 전원 공급 및 제어
  - Stage controller : Stage에 전원 공급 및 제어

5. CD SEM(주사전자현미경 장비) (Critical Dimension Scanning Electron Microscopy)

1) 전자현미경의 소개

전자현미경은 크게 나누어 투과전자현미경(Transmission Electron Microscope)과 주사전자현미경(Scanning Electron Microscope)으로 구분할 수 있다. 이의 구조상 차이는 광학현미경의 투과형과 반사형의 차이와 같으며 시료를 준비하는 작업 역시 광학현미경의 그것으로 투과전자현미경과 주사전자현미경을 구분지어도 크게 무리는 없을 것이다. 투과전자현미경(TEM)에서는 고에너지를 갖는 전자선이 전자 렌즈계를 거쳐 시료를 통과하여 형광판에 상을 맺게 되므로 그 시료는

극히 얇아야 된다는 것을 전제 조건으로 하고 시료의 밀도, 두께 등의 차이에 따른 명암(contrast)상을 얻을 수 있다. 또한 시료에 도달하는 전자선을 회절시켜 회절상을 얻을 수 있으므로 원소내부의 정보도 얻을 수 있다.

> Tip
> **이차전자**
> (Secondary Electron)
> 입사방사선과 물질과의 상호작용에 의하여 생성한 운동에너지를 가진 전자

그러나 주사 전자현미경(SEM)은 상을 얻는 방법이 아주 달라 전자선이 시료면 위를 면상으로 주사(Scanning) 할 때 시료에서 발생되는 여러가지 신호 중 그 발생확률이 가장 많은 이차전자(Secondary Electron) 또는 반사전자(Backscattered Electron)를 신호원으로 CRT(Chthode Ray Tube)상에 시료와 동시에 주사시켜 한 면(Frame)의 화면을 만든다. 따라서 주사전자현미경에서는 주로 시료표면의 정보를 얻을 수 있고 시료 크기 및 준비에 크게 제약을 받지 않는다.

현재 이 두 종류의 전자현미경은 각기 다른 목적으로 발전되고 사용되어져 왔으나 투과형 전자현미경이 주사형 전자현미경에 비해 그 구조상 복잡성과 운전이 쉽지 않은 점, 가격이 비싼점 등 때문에 주사전자현미경이 그 보급률에서는 앞서가고 있다. 응용에 있어서 투과 전자현미경은 금속, 세라믹, 반도체, 고분자 합성체 등의 재료분야, 의학 등의 생체시료 조직 관찰에 주로 사용되고 주사전자현미경은 거의 모든 분야에서 광학현미경의 영역을 커버하며 이에 분석장비를 추가하여 분석 장비로써의 영역도 확보해 나가고 있다.

① 반도체공정에서의 CD-SEM : Sub Micron
② 재료과학에서의 요구되는 분해능 : Typically 1nm-100nm

광학 현미경(Optical microscopy)은 분해능이 부적합하다.
전자현미경(Electron microscopy)

- SEM : 1~2nm 분해능
- EM : 원자수준의 분해능
- SPM : 원자수준의 분해능

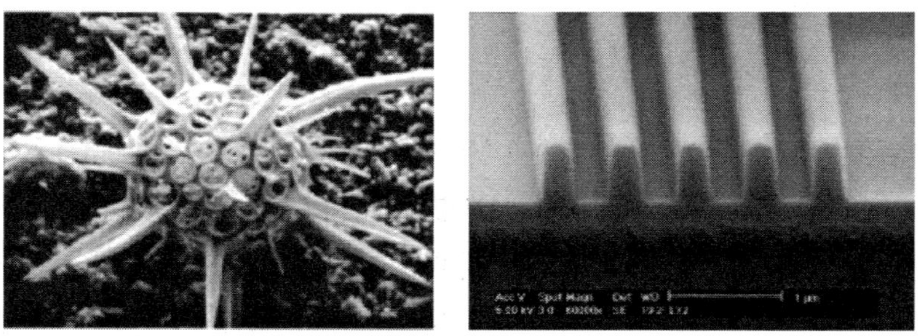

그림 3-46 SEM 자료화면 1

2) 전자현미경의 응용

(1) 미소 형상의 관찰

① Grain Size
② 패턴 형상, CD 측정
③ 필름 growth 양상
④ 제품 결함 모니터링
⑤ Lithography

(2) 분석전자현미경

① 화학적 정량 분석
② 결함 물질의 화학적 원소 식별

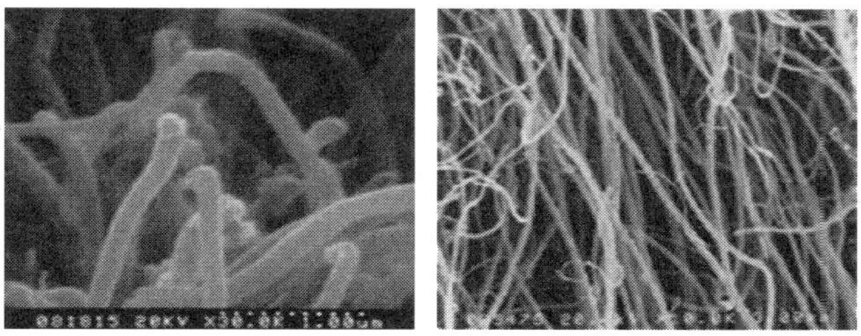

그림 3-47 SEM 자료화면 2

3) CD-SEM 구성

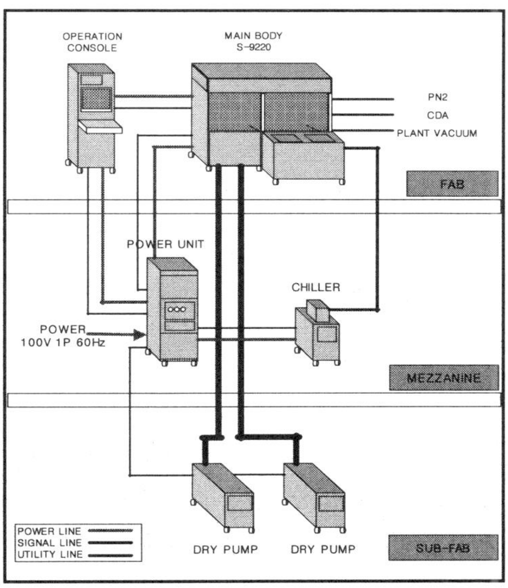

그림 3-48 CD-SEM 구성도

4) CD-SEM의 개요

(1) SEM의 측정 원리

① SEM(Scanning Electron Microscope)

전자 빔이 샘플의 표면에 주사하면서 샘플과의 상호 작용에 의해 S.E(Secondary Electron)를 이용해서 샘플의 표면을 관찰하는 장비이다.

② SEM 측정

진공상태에서 입사전자가 시료표면에 닿으면 시료로부터 그림과 같이 2차 전자, 반사전자, X-선, 음극분광전자 등이 발생하고 흡수전자는 접지에 흡수되어 떨어지고 시료가 얇을 때는 입사전자가 시료를 통과하여 투과전자가 된다. 따라서 각각의 신호는 통과한 검출기에 의해 전기 신호를 변화시켜 제각기의 상으로 영상이 되고 원소를 분석하는 분석원이 되기도 한다. 신호 중에서 가장 분해능이 사용하는 것이 2차전자이다. 일반적으로 SEM이라 하면 특별한 이유가 없는 한 2차전자 관찰하는 장비라 할 수 있다.

③ 2차 전자의 발생

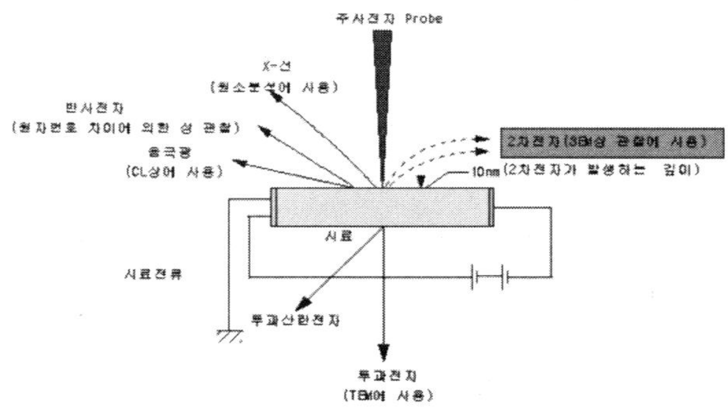

그림 3-49 2차 전자 발생 모식도

(2) Configuration of SEM

① 전자빔 ② 집속

③ 시편에 xy 스캐닝 ④ 신호발생

⑤ 이차전자(SE)/후방산란전자(BSE)

⑥ 오거전자(Auger electrons)/특성 X-Ray

⑦ SE 검출 및 증폭(CRT와 동기화)

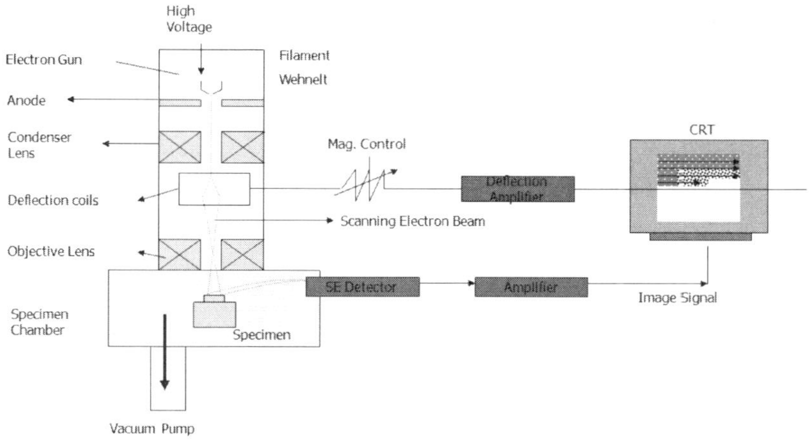

그림 3-50 SEM 구조

(4) CD-SEM의 운용

① SEM의 운용(Photo, Etch)

포토공정은 Photo Resist, Track System, Exposure System 1(Stepper/Scanner) 그리고 Mask를 사용하여 Mask와 Circuit Design이 같은 Resist 패턴을 웨이퍼 위에 형성하는 것으로 이 공정을 통해 생성 된 패턴 형성 상태를 SEM으로 측정하게 된다. 포토 공정 진행 후 에치 공정이 진행되는데 에체 공정에서는 포토에서 형성 된 패턴 상으로 에칭 후의 웨이퍼 패턴을 SEM으로 측정하게 된다.

② SEM 측정 패턴

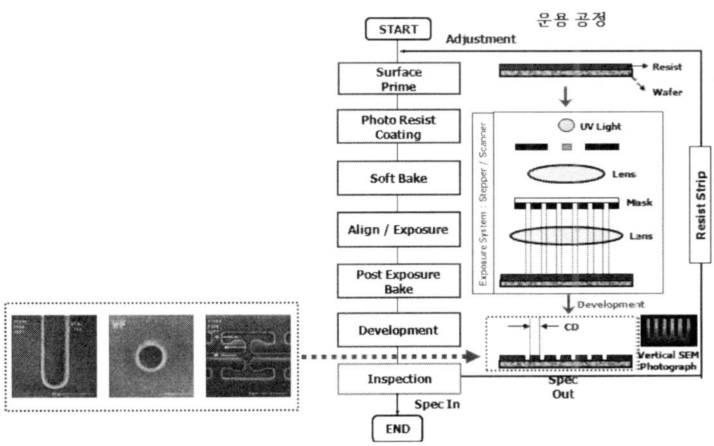

그림 3-51 SEM processing

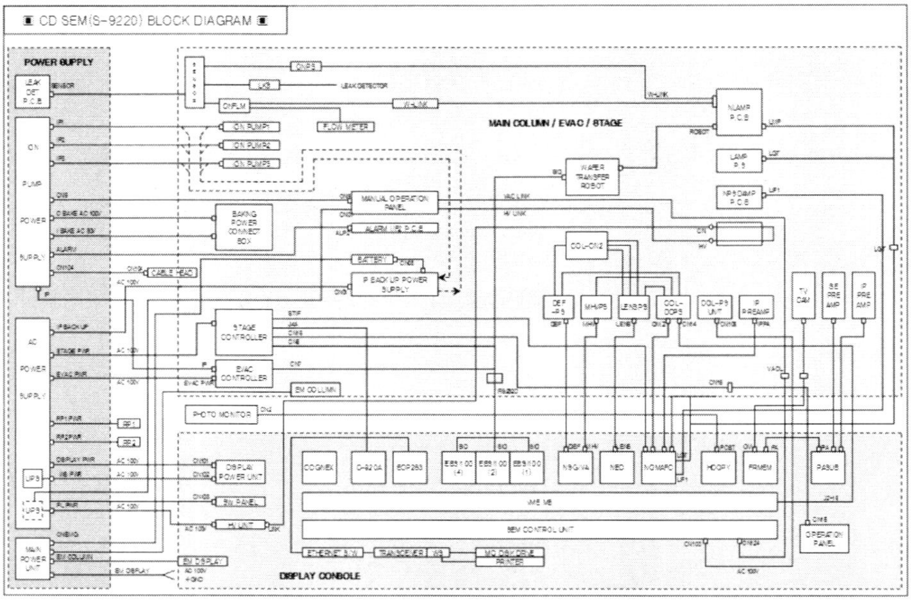

그림 3-52 CD-SEM Block Diagram

③ 전자 현미경 내부는 항상 진공을 유지해야하는 이유는 다음과 같다.

- 내부의 오염 방지
- 필라멘트(Filament) 및 조리개(Aperture)의 산화방지
- 발생된 빔의 빔 free path 증가 등

④ CD-SEM 진공 시스템 구성

- I이온 펌프(3 유닛)
- Turbo-Molecular pump(2 유닛)
- Dry Pump(2 유닛)

*** Evacuation System

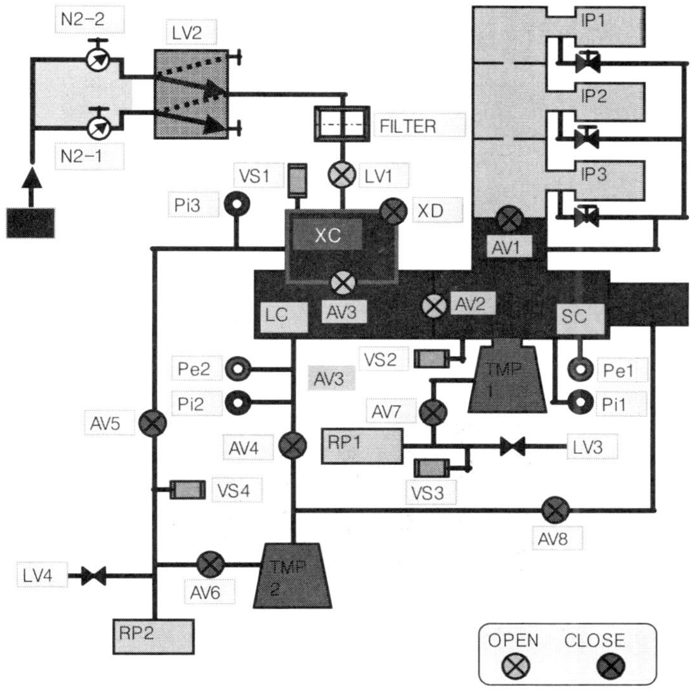

IP 1, 2, 3 : Lon pumps
MV 1, 2, 3 : Manual valves
RP 1, 2 : Rotary pumps
TMP 1, 2 : Turbo molecular pumps
Pi 1, 2, 3 : Pirani gauges
Pe 1, 2 : Penning gauges
VS 1, 2, 3, 4 : Atmospheric pressure sensors
LV1-LV4 : Leak valves
AV1-AV8 : Vacuum valves(airlock valves)
F : Filter
XD : Specimen exchange chamber lid

그림 3-53 Evacuation 시스템

⑤ CD SEM 측정 방법

- Width Measurement

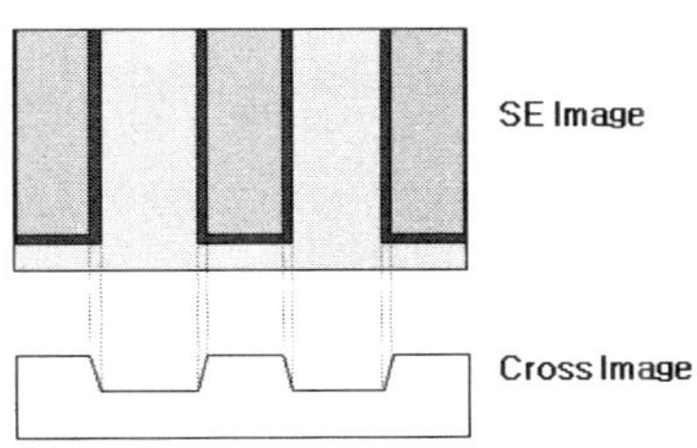

그림 3-54 영상

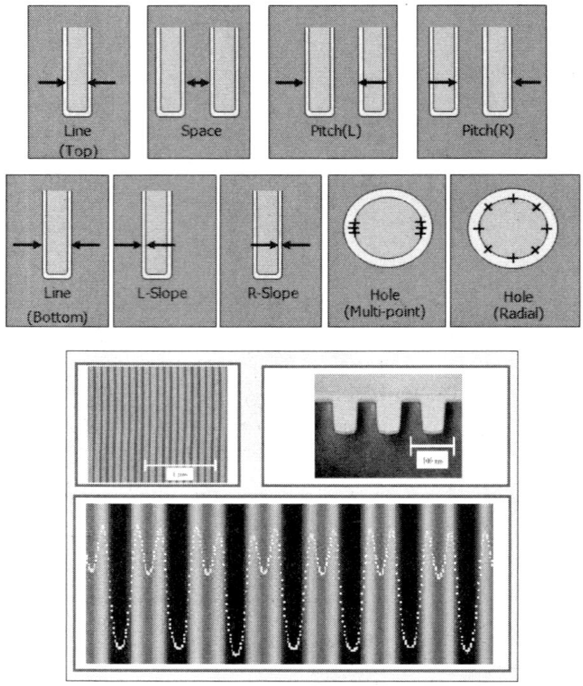

그림 3-55 Width Measurement

- Contact Hole Measurement

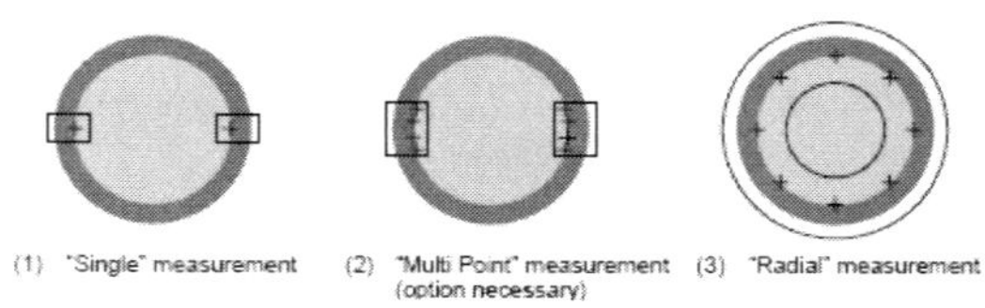

그림 3-56 Contact Hole Measurement

- CD Measurement Under Close Edge

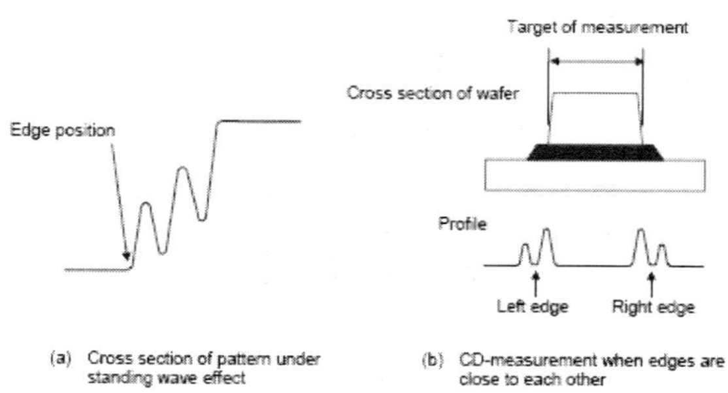

그림 3-57 CD Measurement Under Close Edge

• Multi Point Measurement

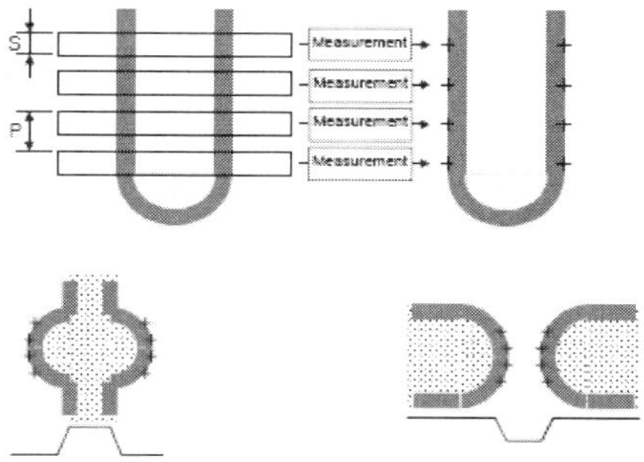

그림 3-58 Multi Point Measurement

(5) 전자총

필라멘트(Filament)에 전류를 흘려 가열이 되면 필라멘트로부터 열전자가 발생하는데 이것을 필라멘트와 양극(Anode)사이에 전압을 주어 양극부터 끄집어 낸다. Wehnelt cap과 필라멘트사이에는 바이어스(Bias)를 가하여 필라멘트에서 발생하는 열전자를 집속시키고 바이어스를 변화시켜 그 양을 조절할 수 있다 이렇게 발생한 열전자는 애노드를 통해 Condenser Lens로 간다. 이 때 전자 빔이 가장 가는 점을 Crossover라고 부른다. Wehnelt cap과 애노드 사이의 전위차에 의해 빔은 가속된다. 가속전압은 Wehnelt cap과 애노드 사이의 전위차를 말한다. SEM의 신호원이며 광학현미경의 광원에 해당한다. 필라멘트로는 텅스텐(W), LaB6가 있으며 전계 방출 전자총(Field Emission Gun)도 있다.

Tip
바이어스(Bias)
전자관이나 트랜지스터의 동작 기준점을 정하기 위하여 신호전극 등에 가하는 전압 또는 전류

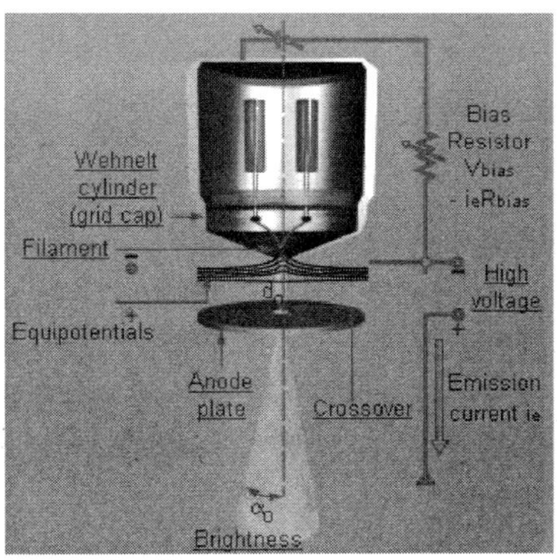

그림 3-59 전자 총

① 필라멘트 전류(Filament Current)

전자가 방출 될 수 있도록 필라멘트의 온도를 증가시키기 위해 필라멘트에 가해지는 전류

② 방출 전류(Emission Current)

필라멘트로부터 방출된 전류가 애노드(anode)에 의해 집적되는 전류. High voltage supply로 되돌아감

③ 빔 전류(빔 Current)

애노드(Anode)에 있는 전공(Hole)을 통해서 전자총으로부터 탈출하는 전류

④ 프로브 전류(Probe Current)

Column에 있는 렌즈 및 조리개를 통과하면서 최종적으로 시료에서 측정되는 전류

⑤ 전자원(Electron Sources) 비교

표 3-9 전자원 비교

구 분	W-filament	LaB6	Cold-FE	Schottky FE
Beam size	30um	10um	5nm	20nm
Brightness(A/cm^{2}str)	10^6	10^7	10^9	10^8
Energy spread(eV)	2	1.5	0.2	0.5~1
Cathode temp(℃)	2,500	1,800	Room Temperature	1,500~1,600
Operating vacuum(Pa)	10^{-4}	10^{-5}	10^{-7}	10^{-6}
Life time(h)	50	1,000	over a year	6,000h
A Effect of aberration	great	great	small	small

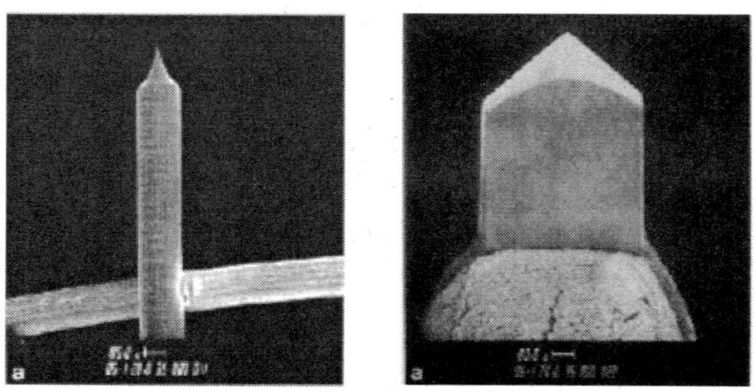

FE-TIP LaB6

그림 3-60 전자원의 비교

(6) 렌즈 시스템

① 집광렌즈(Condenser Lens)

집광렌즈에 흐르는 전류에 따라서 빔의 굴절 정도가 다르며 결국 조리개를 통과하는 빔의 양이 변하게 된다.

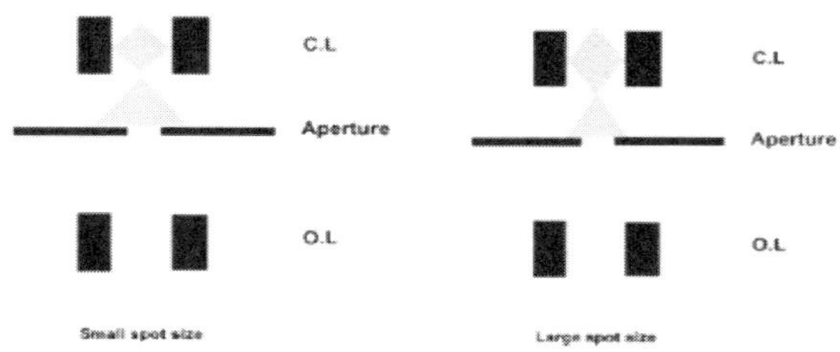

그림 3-61 Condenser Lens

② 대물렌즈(Objective Lens)

O.L은 샘플 바로 위에 있는 렌즈로 최종적으로 집속해주는 작용을 한다.

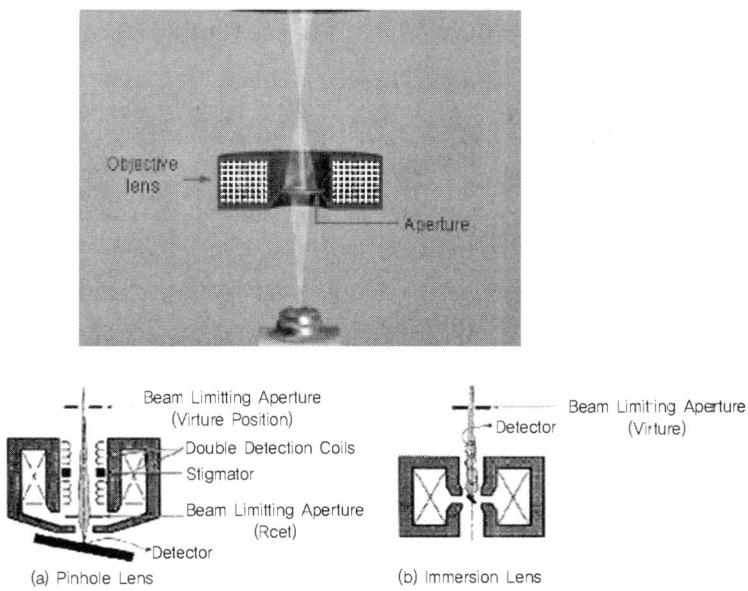

그림 3-62 Objective lens

대물렌즈의 힘은 작동거리(Working distance)와 관련이 있다. 대물렌즈의 힘을 바꾸고 초점을 맞추면 전자현미경에서 표시된 Scale bar가 변한다. WD가 길어질수록 OL의 힘은 약해지고 WD가 짧아질수록 OL의 힘은 커진다.

③ Astigmation Correction Method

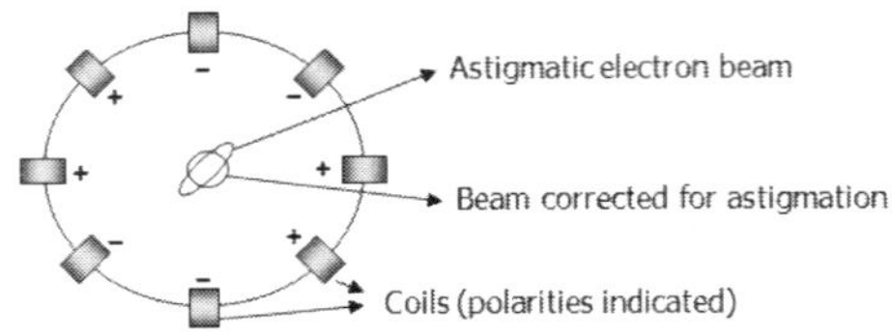

그림 3-63 Astigmation Correction Method

렌즈의 불량이나 Column의 오염에 의해 비 점수차가 발생한다. 빔(Beam)의 단면은 완전한 원으로 되어 있어야 하지만 위의 문제로 인해 타원형으로 만들어질 수 있다.

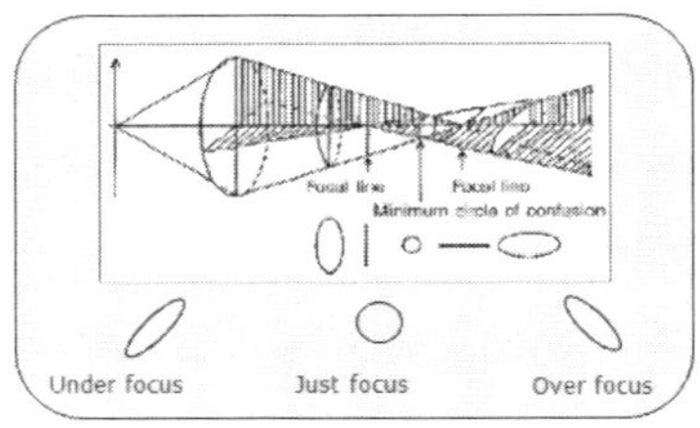

그림 3-64 초점

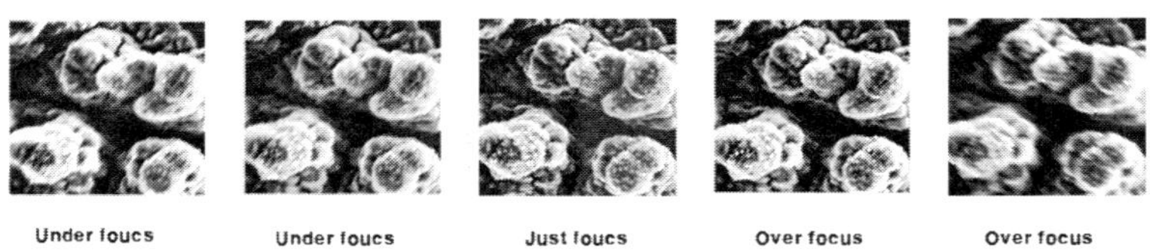

그림 3-65 오염물질

④ 조리개 시스템(Aperture System)

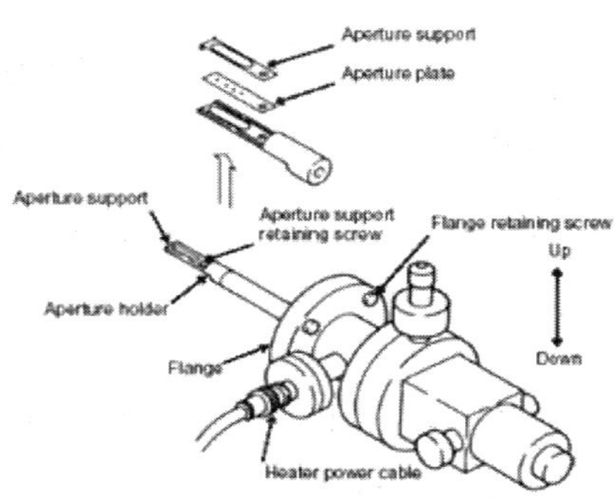

그림 3-66 조리개

조리개 크기(Aperture size)가 바뀜에 따라서 빔 크기, 밝기, 입사각도, 초점심도가 변한다. 조리개 크기가 작으면 빔 전류가 작아져서 구면 수차를 감소시킨다. 입사각도의 감소로 초점심도가 커진다.

Tip
빔 전류(Beam Current) 자유공간에 있어서 다발로 된 전자의 흐름

⑤ Scanning Coil

집광렌즈와 대물렌즈 사이에 있다. Scan coil의 전류 값을 바꿈으로 팀을 이동시킬 수 있다(X scan coil에 전류를 주면 X방향으로 이동한다.). Scan coil과 CRT scan coil을 동기 되어 있어서 Scanning된 부분이 CRT상의 영상 영역과 동일하게 된다. 배율은 Scan area를 변화시켜서 조정한다 (Scan area가 작아질수록 고 배율이 된다.).

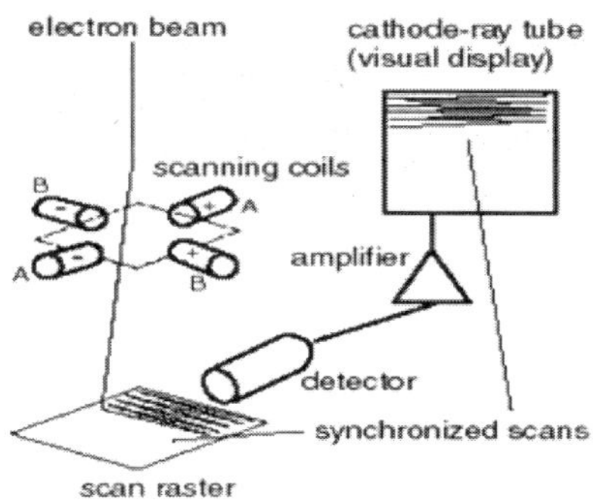

그림 3-67 Scan coil

(7) 전자빔에 의한 시료의 오염

① 전자 빔 에너지 → 열(Heat)

② 증가하는 온도

- 빔 강도
- Scan Area
- Conductivity of specimen
- 시간

③ Preventing Damage

- Low Accelerating Voltage
- 낮은 강도
- Short Time Scanning
- 더 낮은 코팅 두께

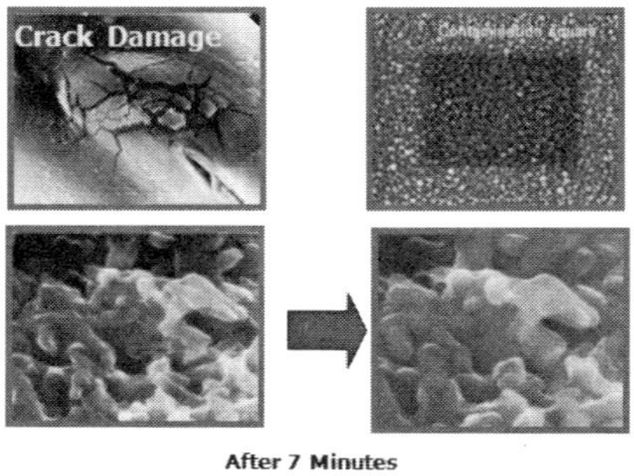

그림 3-68 Damage

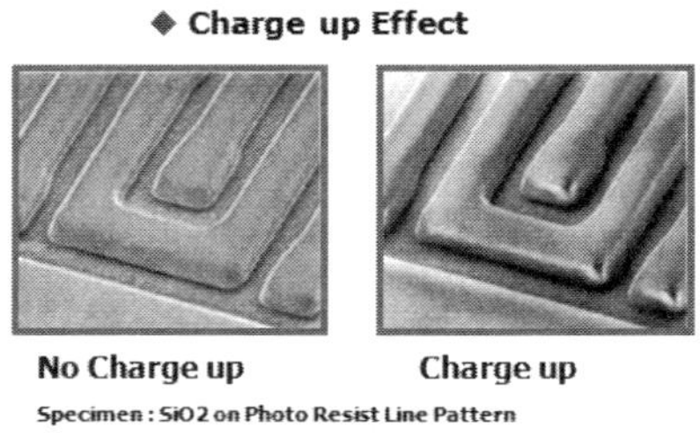

그림 3-69 비교영상

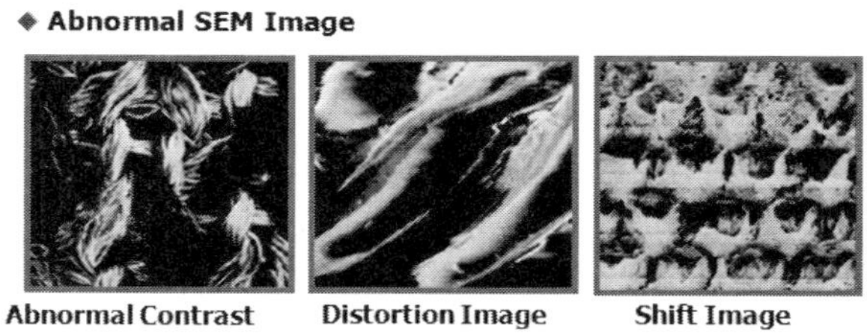

그림 3-70 오염영상

6. 오버레이(Overlay) 장비

1) Overlay KLA5200의 개요

(1) Overlay 측정원리

① Overlay(Align measurement)

Visual 빔을 정렬된 웨이퍼 상에 방사하고 그 웨이퍼로 부터 감지함으로써 웨이퍼 상에 형성된 이전의 패턴과의 벗어난 정도를 측정한다.

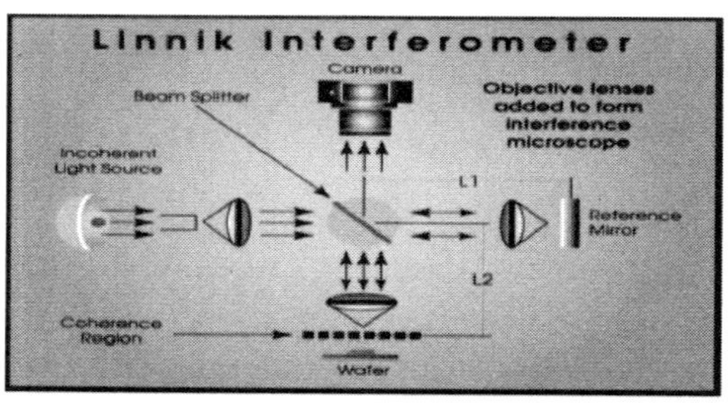

그림 3-71 LINNIK 간섭계

② Overlay 측정

그림의 왼쪽부터 Illumination source로부터(White Light) 들어와 빔 splitter로 들어가는 파면(wave front)은 똑같은 두개의 광선으로 분할된다. 하나의 빔은 Reference Mirror로 향하고 나머지는 반사되어 웨이퍼로 향한다. 웨이퍼와 Reference mirror에서 반사된 광원(L1, L2)은 카메라의 Light Detector에 결합되면 두개의 빔이 진행한 Path Length가 실제로 똑같을 때만 두개의 빔이 간섭이 발생된다. Coherence 영역(Focus length)에 웨이퍼 있을 경우에 빛을 감지하여 파형(신호)이 발생되어 간섭이 일어난다.

Overlay Mark의 Edge 신호를 측정하는 간섭계를 이용하여 Outer Box와 Inner Box를 scan 하고 Scan한 영역 내 Edge 신호 위치의 각 중심점을 확인하고 중심점 간격인 A, B를 이용하여 Overlay 측정값을 계산하게 된다.

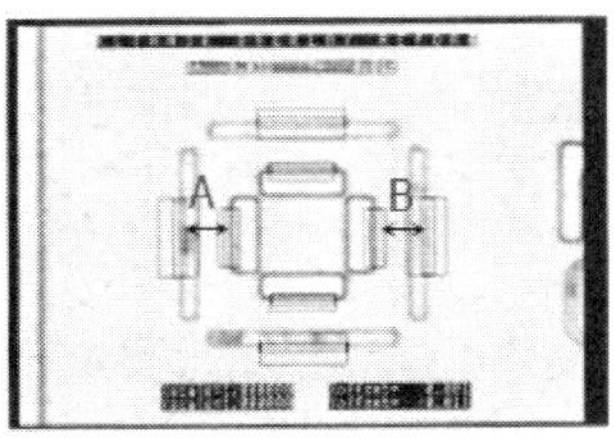

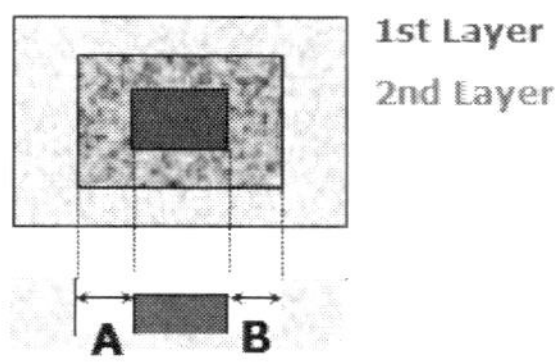

$$\text{Shift} = \frac{(A-B)}{2}$$

그림 3-72 Overlay Mark

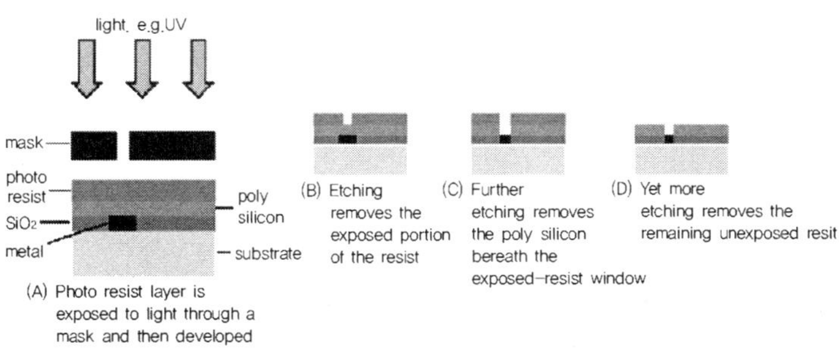

(a) 성공

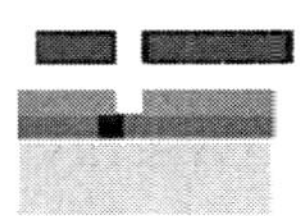

(b) 실패

그림 3-73 Registration

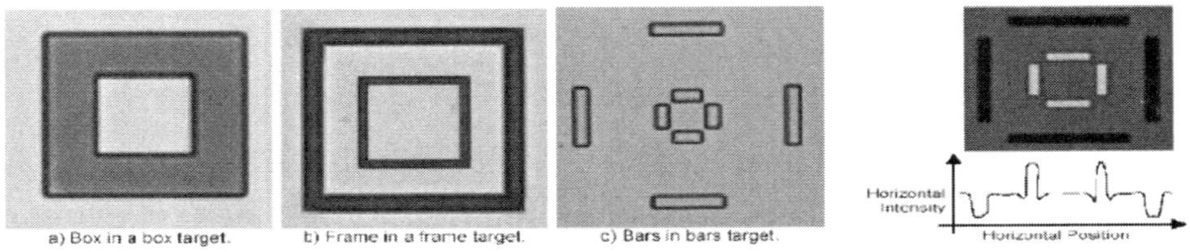

(a) 전형적인 overlay 타겟 (b) TP 생성

그림 3-74 Overlay

③ Optic을 이용하여 패턴의 좌, 우, 상, 하의 CD를 측정하여 Align 정도를 평가하는 장비

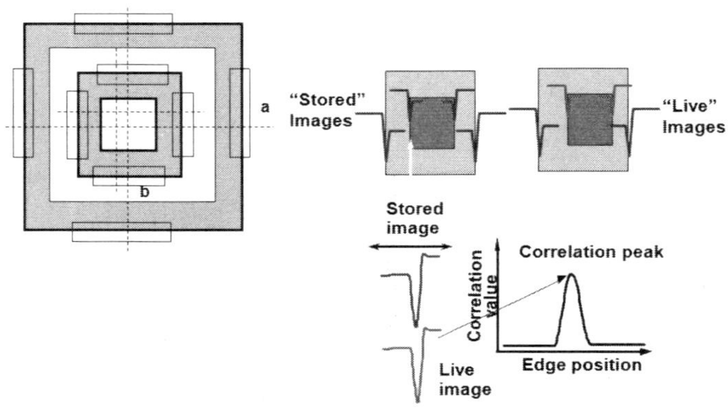

그림 3-75 Overlay

④ 각각의 edge에서 signal folding 방법을 사용하여 inner/outer box의 center line를 이용한 overlay offset값 산출하며, TIS calibration값을 보상하여 최종 데이터 값을 산출한다.

2) Overlay의 운용

(1) Overlay의 운용

① Photo Lithography Process

Photo Resist, Track System, Exposure System(Stepper/Scanner) 그리고 Mask를 사용하여 Mask와 Circuit Design이 같은 Resist 패턴을 웨이퍼 위에 형성하는 것으로 이 공정을 통해 형성된 패턴과 기존 패턴이 정확히 정렬되었는지를 측정한다.

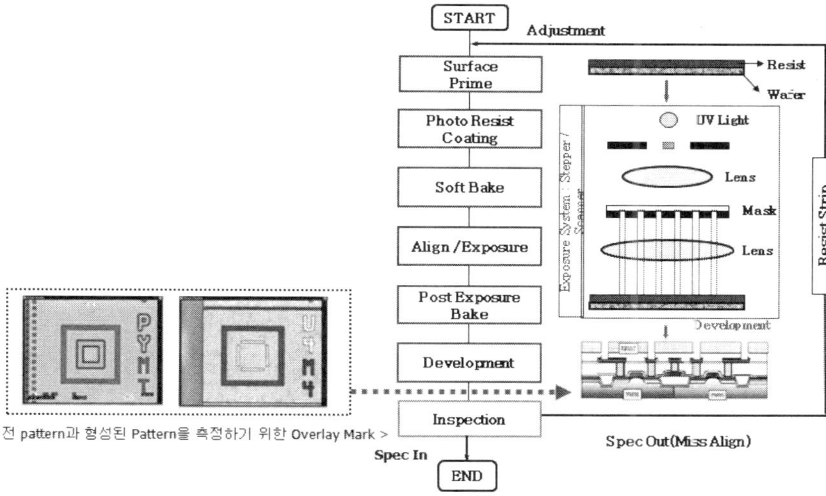

그림 3-76 흐름

② Overlay Miss Align

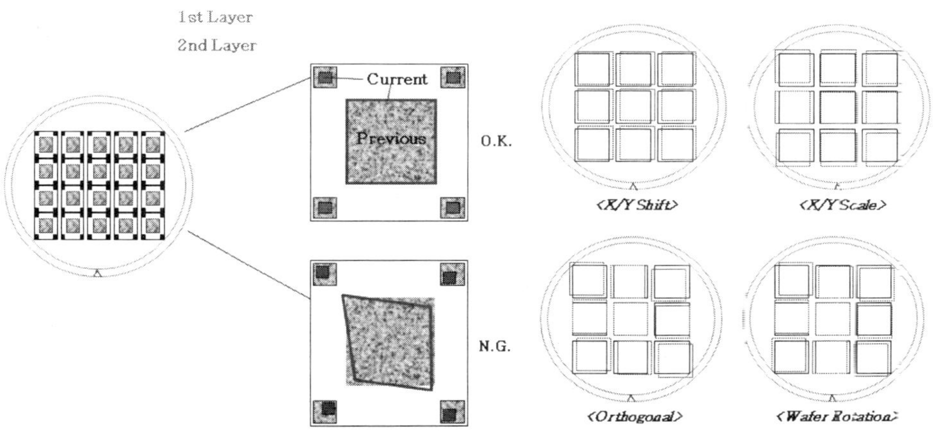

그림 3-77 Overlay Miss Align

③ Optic－Overlay Optic은 크게 2가지로 나눈다.

표 3-10 Overlay Optic

Sub System	FOV	Nominal FOV	Pixel	Purpose
KLAASP	13.9mm	12mm	28um	Rough Wafer alignment to 0.01°
	940um	750um	1.9um	fine wafer alignment across the wafer to <±1 micron
LINNIK	50um	50um	0.1um	Taget acquisition & Overlay Measurement

(2) KLAASP Optic

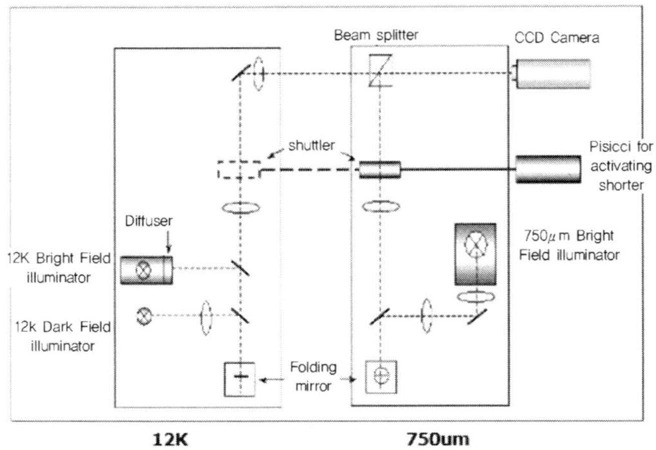

그림 3-78 KLAASP Optic 구조

① Macro 웨이퍼 alignment & 패턴 acquisition(12K & 750um)

웨이퍼 패턴 align tilt시 Stage Theta axis이 Rotation하여 웨이퍼의 reference position을 찾아낸다. 정확성을 높이기 위해 High(750um) 에서 반복으로 웨이퍼 패턴을 획득한다.

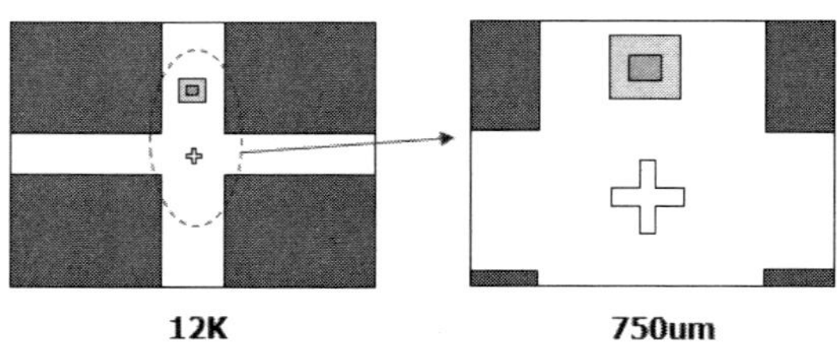

그림 3-79 Pattern acquisition

(3) LINNIK Optic

① Target acquisition & Measurement(50um)

• 웨이퍼의 Overlay Mark를 찾게 되는데 스테이지의 기계적인 오차로 인해 Overlay Mark Position을 찾지 못하는 문제가 발생 될 수 있다. 이를 보정하기 위해 High Magnification Optic을 사용하여 이미지 처리 소프트웨어로 보정하여 Overlay Mark를 찾아 측정을 한다.

- Source of Illumination : 광원으로는 150W의 Xenon ARC 램프를 사용한다(파장 : 450nm~720nm).
- LINNIK Interferometer : 측정을 위한 간섭계(빔 스플리터, P PZT, Z PZT로 구성)
- Pin Diode Assembly : 카메라보다 100배 정도 빠른 Focusing을 하고, 빛의 강도를 이미지 신호로 변환하여 전송하는 장치

Tip
빔 스플리터
(Beam Splitter)
빔의 빛을 두 개 이상의 이미지로 쪼개도록 사용되는 카메라 내의 반사경 장치

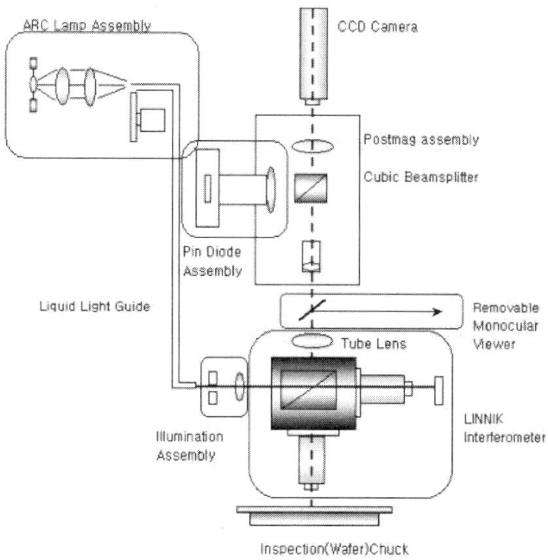

그림 3-80 LINNIK Optic 구조

② LINNIK Microscope Assembly(Interferometer)

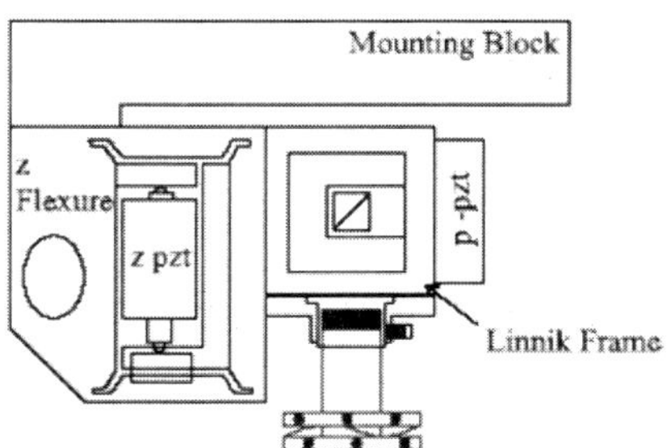

그림 3-81 LINNIK Microscope, 측면

※ 각 부위 명칭과 역할

- PZT(Piezoelectric) : Crystal 재질로 이루어져 고전압(High Voltage) 사용하여 Crystal의 팽창과 축소로 미세한(Micro) 단위를 움직일 수 있는 역할을 한다.
- Z Axis PZT : Focusing을 하기 위해 미세하게 Z axis를 움직이는 PZT

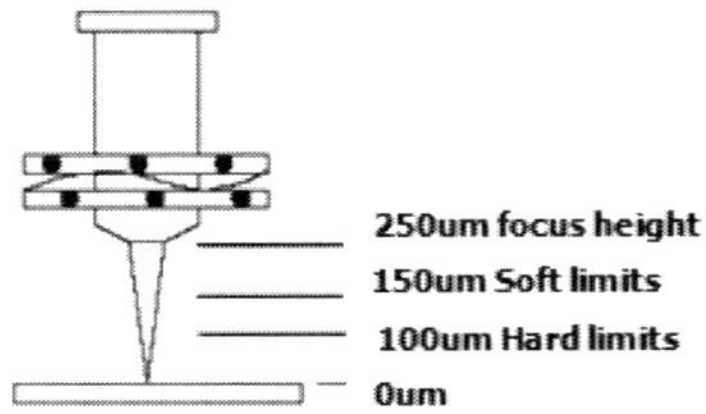

그림 3-82 Z Axis scan Range

- P Axis PZT : Overlay inspection 시 빔 Splitter의 up/down 역할을 한다. 측정될 수 있는 Coherence region으로 움직이는 역할을 한다. P PZT의 움직이는 정도는 0~8um 사이를 up/down 한다.

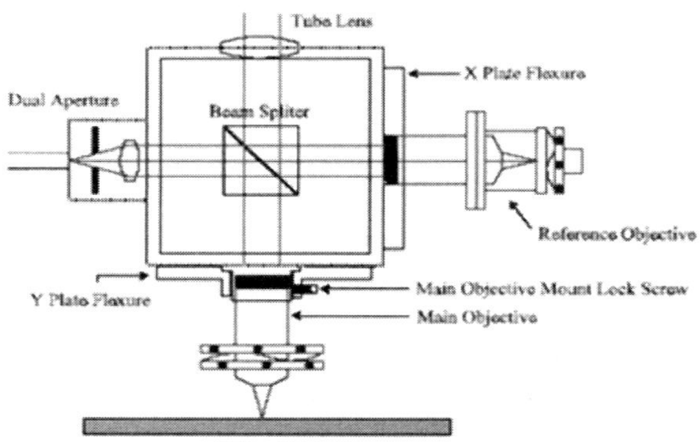

그림 3-83 Link Microscope, 정면

③ Pin Diode

Pin Diode는 Focusing하는데 중요한 역할은 한다. 카메라의 Focusing하는 속도 보다 빠른 Focusing하는데 사용된다(약 100배 정도 빠름).

빔 스플리터(50% to the Pin Diode, 50% to the camera)

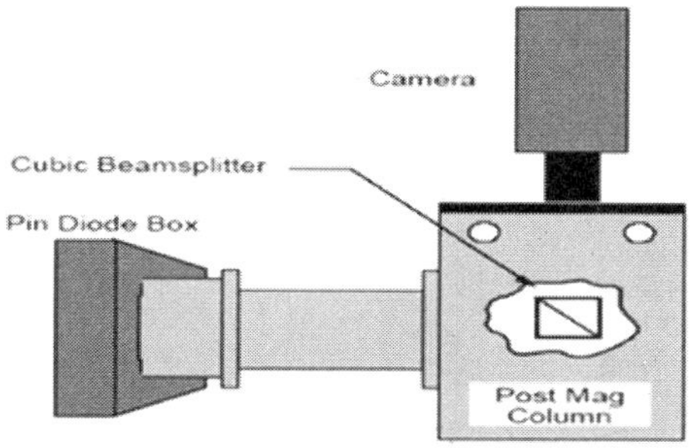

그림 3-84 PIN 다이오드와 카메라 조립

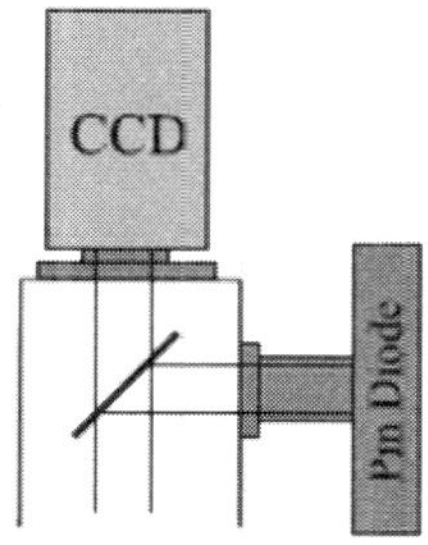

그림 3-85 Pin 다이오드 조립

Pin diode는 측정하기 바로 전에 Focusing을 정확하게 잡기 위해서 웨이퍼와 reference mirror에서 반사된 빛이 Cubic 빔 splitter에서 두 가지로 나누어져 한 개는 Pin diode(50%) 나머지 한 개는 카메라(50%)로 Pin Diode로 들어가는 빛이 전기적 신호로 변환되어 컨솔(Console)로 전송되면 소프트웨어에서 계산되어 가장 좋은 Focus로 나타내어진다.

3) Overlay의 구성

(1) 구성 요소

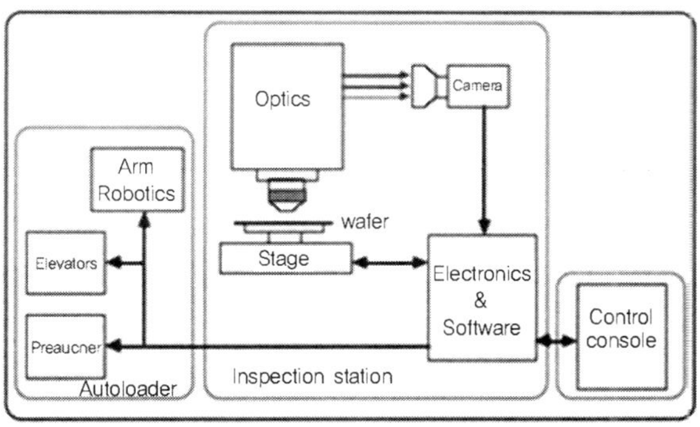

그림 3-86 시스템 블록 다이어그램

Overlay Measurement(KLA5200XP)는 크게 3가지 부분으로 나눈다.

① Auto Loader : 웨이퍼를 매핑을 하고 정렬을 한 뒤 스테이지까지 Loading 하는 부분

② Inspection Station : Stage 위에 웨이퍼를 측정하는 부분

③ 제어 컨솔(동작 컨솔)

(2) 전원부

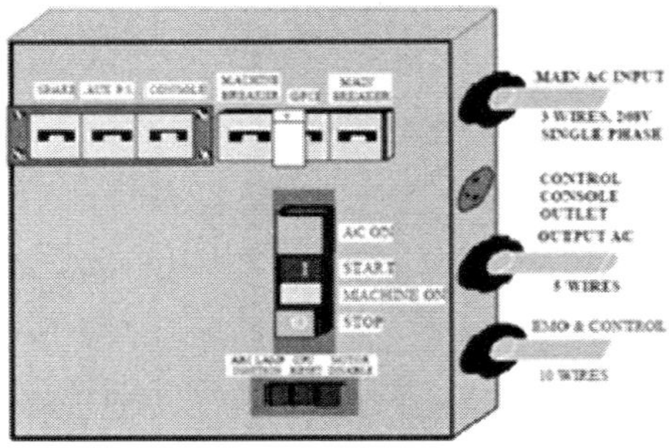

그림 3-87 오버레이 전원부

- The VME Power Supply-Sierra Power Systems

  +5 VDC, 60Amp used by VME bus and peripheral boards

  +12 VDC, 10Amp used by VME bus boards, cameras, pin diode

  −12 VDC, 2Amp used by VME bus boards,

  +24 VDC, 2Amp used by Relays, solonoids, lamps

- The Motor Power Supply

  +48 VDC, 19Amp used by Strpper Motors

- The Oriel Arc Lamp Power Supply

  120V∼180V used by Arc Lamp

- The High Voltage Power Supply

  +1,200 VDC, 30Amp used by PZT crystals

- The Auxikiary 24V Power Supply

  +24 VDC used by EPO circult and air flow sensor boards

(3) Overlay System 블럭도

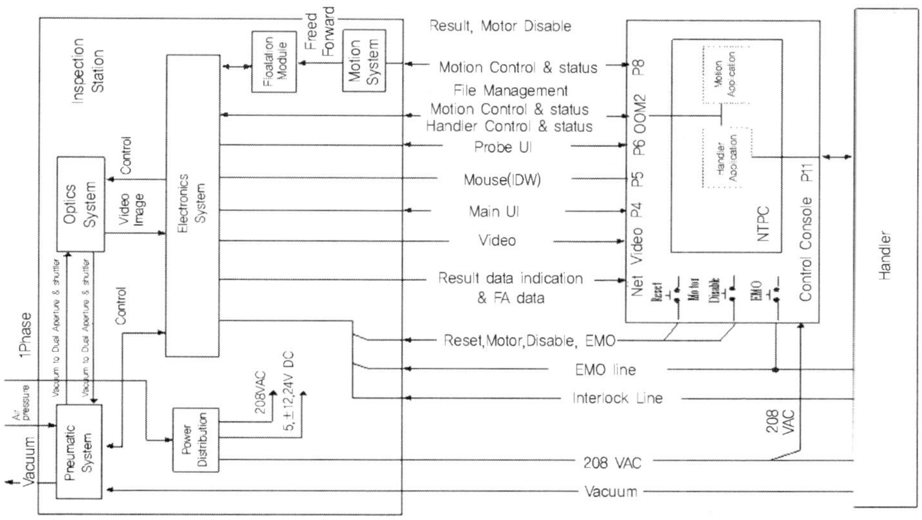

그림 3-88 Overlay System Block Diagram

요 약

- Particle 측정장비
  - Surfscan 6220 : Bare 웨이퍼 particle monitoring
  - Surfacan 6420 : 필름 웨이퍼 particle monitoring
  - SP1 : Bare, 필름 웨이퍼 monitoring
- Defect Inspection 측정장비
  - Bright Field : KLA 2139, 2365, Stealth series
  - Dark Field : KLA AIT, Puma series
  - Defect Review : LEICA INS Series
- Thickness 측정장비
  - Ellipsometry : Thin Oxide, Gate Oxide 등 초박막 측정 유리, 단파장 또는 듀얼 파장 Reference 불필요
  - 빔 Profile Refletrometer : 빠른 측정 시간, small spot의 크기(0.9mm), 다 층막 측정 가능, 얇은 박막 측정에 약함(200 A 이하), n 값이 큰 물질(Poly, metal..)에 대한 민감도가 떨어짐
  - 빔 Profile Ellipsometry : 빠른 측정 시간, 얇은 물질 막 측정(100A 이하), small spot, 환경변화 민감. 정확한 두께측정을 위해 n이나 k값 필요.
  - Spectroscopic Ellipsometry : 박막 초박막 측정, 측정 spot이 크고 속도 느림, 다 파장 Reference 불필요, 복잡한 필름 stack 측정가능
  - Meta Pulse : Metal 필름 thickness 측정, 초음파를 이용한 비접촉 방식, 필름의 밀도, 표면 거칠(roughness), 상태(phase), adhesion, reflectivity, edge profiles 분석 가능, Vittesse Laser+Verdi laser
- CD SEM(주사전자 현미경 장비)
  - Critical Dimension Scanning Electron Microscope : 주사형 전자 현미경
  - Electron 빔이 Sample의 표면에 주사하면서 Sample과의 상호 작용에 의해 S.E(Secondary Electron)를 이용해서 Sample의 표면을 관찰하는 장비
- Overlay
  - 웨이퍼 상에 형성된 이전의 패턴과의 벗어난 정도를 측정
  - Optic을 이용하여 패턴의 좌, 우, 상, 하의 CD를 측정하여 Align 정도를 평가

연습문제

01 Particle counter(SFS6220)의 측정 방식에 대하여 설명하시오.

02 Defect Inspection(Kla2139) 장치의 측정원리에 대하여 간단히 설명하라.

03 TDI 센서에 대하여 설명하시오.

04 두께 측정 장비의 대표적인 측정방식 2가지를 예로 들고 설명하시오.

05 Overlay 장치에 대하여 설명하시오.

식각공정(Etching) 장비

04 Chapter

04
Chapter

식각공정(Etching) 장비

학습포인트
- 식각공정의 개념을 이해하고 설명할 수 있다.
- 식각공정장비의 기본 작동법을 이해한다.
- 식각공정장비의 경향 및 항후경향을 이해 할 수 있다.

1. 식각장비 개요

1) 식각(Etching) 공정의 개요

식각(etching)의 방법은 크게 습식에칭(Wet etching)과 건식에칭(Dry etching), 두 가지로 나눌 수 있으며 습식에칭은 소자의 최소선 폭이 수백~수십 μ대의 LSI 시대에 범용으로 적용되었으나, VLSI/ULSI 소자에는 등방성 식각이 보이는 집적도의 한계 때문에 거의 사용되지 않고 있다. 건식에칭은 활성 미립자와 대상물질과의 화학반응에 의하여 대상물질을 제거하는 방법과 대상물질을 물리적 이온 충격으로 파괴하여 제거하는 방법 등 두 가지로 표현한다. 건식에칭 기술은 플라즈마(Plasma), 가스(Gas), 진공(Vacuum) 등의 상태를 어떻게 만드느냐에 따라 식각 성능이 달라지며 위험요소(Damage), 오염(Contamination) 등을 고려해야 한다. 에칭 종류와 메카니즘은 다음과 같다.

(1) 폴리실리콘(Poly silicon) 에칭

폴리실리콘은 여러 가지 가스를 이용하여 식각이 가능하다. 예를 들면, Cl_2, F 화합물, Br 화합물 등이다. 특히, 많이 쓰이는 염소(Chlorine)를 사용한 실리콘 식각을 알아보면 다음의 일련의 과정을 거쳐서 에칭이 되게 된다.

① 폴리 실리콘 측벽보호를 위해 Cl 이온들이 C와 결합하여 폴리머(Polymer)를 형성한다.

② Cl 이온이 폴리실리콘의 실리콘(Si)와 결합하여 SiCl 화합물을 형성하여 결국 휘발성 $SiCl_4$를 형성한다(그림 4-1).

$2Si + 4Cl_2 \rightarrow 2SiCl_4$

③ 폴리실리콘이 식각되면 기판(substrate)에 SiO_2가 들어나게 되어, 감광액의 C와 SiO_2의 O가 결합하여 C-O 화합물을 형성하게 된다.

④ Cl 이온은 SiO_2에서 Si와 결합하여 SiCl을 형성한다(그림 4-2).

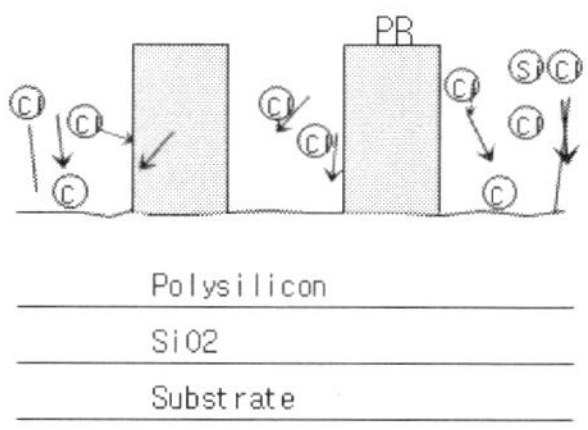

그림 4-1 $SiCl_4$ 형성

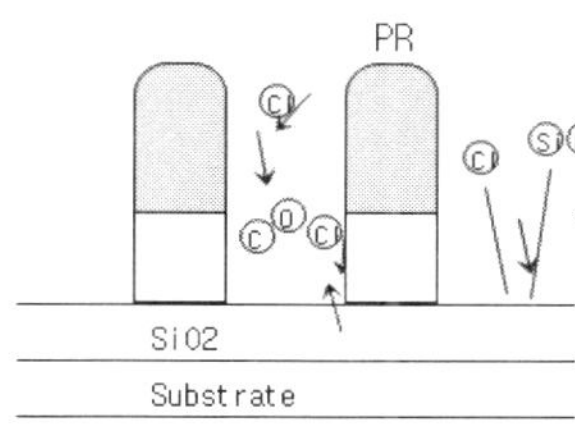

그림 4-2 SiCl 형성

(2) 실리콘 디옥사이드(Dioxide) 에칭

SiO_2는 화학적 반응 및 이온 충격(Ion Bombardment)의 도움으로 에칭이 된다. 여기에 Polymer를 형성하는 중합(Polymerization)은 식각을 느리게 하거나 방해하는 역할을 함으로서, 원하는 선택비를 얻는 중요한 요소로 작용한다. 전형적인 SiO_2 에칭은 다음과 같다.

> **Tip**
> **중합(Polymerization)**
> 중합체(polymer)의 원료가 되는 단위체 또는 모노머(monomer)가 화학반응을 통해 2개 이상 결합하여 분자량이 큰 화합물을 생성하는 반응

① 식각제(Etchant)인 Fluorocarbon이 SiO_2와 반응하여 F기나 CF_3기를 형성한다.

$CF_4 + e^- \rightarrow CF_3 + F + e^-$

② F기나 CF_3기는 SiO_2와 화학적인 반응을 잘하고 쉽게 결합하는 성질을 갖고 있어서 SiF_4, CO, CO_2를 형성시킨다.

$4CF_3 + 3SiO_2 \rightarrow 3SiF_4 + 2CO_2 + 2CO$

③ Si-O 결합은 200Kcal/mole이어서 상대적으로 Si-Si 결합의 80Kcal/mole 보다 2배 이상의 결합력을 갖고 있어서, CF_3(혹은 F)기가 SiO_2 계면에 흡착되어있어도 양으로 대전된 아르곤(Argon)이나 헬륨(Helium)의 충격 에너지를 받아야만 SiO_2 계면을 침투하여 SiO Chain을 끊을 수(식각이 되게 하는) 있게 된다.

(3) 금속(Metal) 에칭

기본적으로 전도성이 높고, 안정하며, 가공이 용이한 알루미늄이 Metal etch의 대상이며, Cap Metal이나 Barrier Metal은 TiN(or Ti)나 TiW이 사용되고 있다. Al 에칭의 주 Etchant는 Chlorine으로 Al과 Cl은 자발반응에 의해 식각이 되며, 부산물인 $AlCl_3$는 휘발성이 강하여 가열을 해주면 쉽게 펌프를 통해 제거된다.

$$2Al + 3Cl_2 \rightarrow 2AlCl_3 - 38Kcal/mole$$

(4) ISO 에치과정

STI 형성 과정은 다음과 같다.

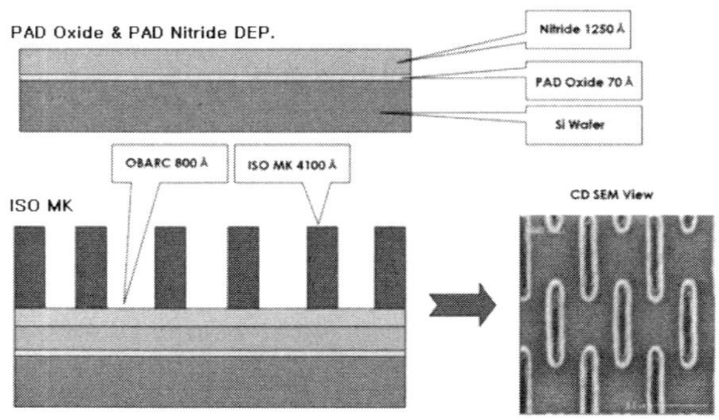

그림 4-3 STI 형성과정

ISO ETCH는 Nitride Etch 와 Si Trench로 구분한다. 다음 그림은 ISO Nitride Etch를 나타난다.

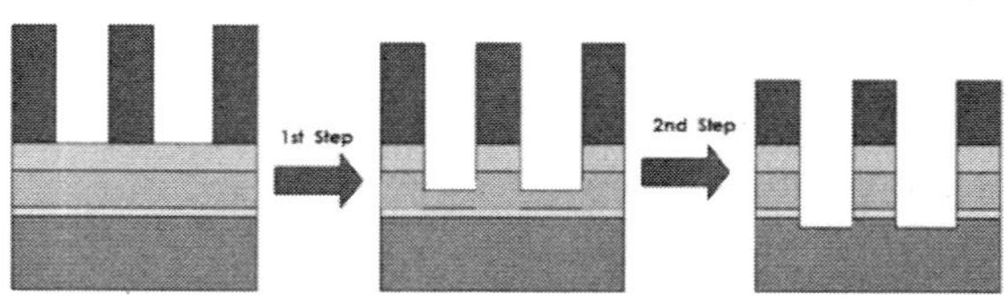

그림 4-4 ISO Nitride ETCH

첫 번째 스텝의 특징 OBARC Etch를 위하여 상대적으로 선택비가 낮은 CF4/O2를 사용하며 따라서 낮아진 PR 선택비를 보상하기 위하여 CHF_3를 첨가한 것이 특징이다(한때 CHF_3를 배제한 검사가 진행되었으나 Base Change가 안 되었다.). CD BIAS를 조절하기 위한 Major Factor는 O_2의 양. 두 번째 스텝의 특징은 E/R향상을 위하여 Gauss을 인가하며 PR 선택비 및 Si Loss 최소화를 위하여 O_2 사용의 배제한다. 그림 4-5는 Nitride Etch 시 발생한 Particle을 보이고 있다. Nitride Etch 후 후처리 공정 없이 Si Etch 공정이 진행되드로 Nitride Etch 중(후) 발생한 Particle은 곧바로 ISO Bridge로 보내진다.

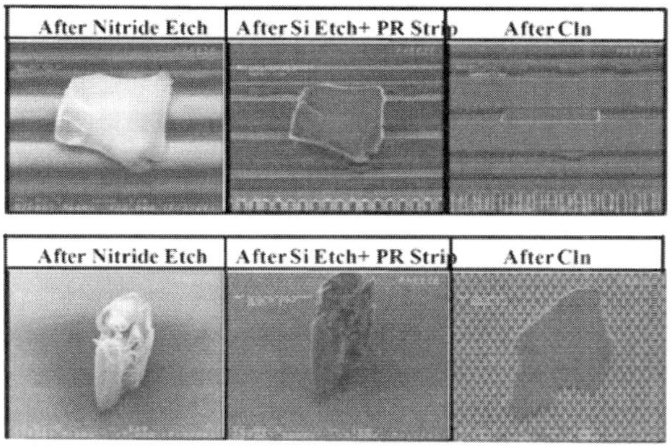

그림 4-5 Nitride Etch 시 발생한 Particle

그림4-6은 Si Trench를 나타난다.

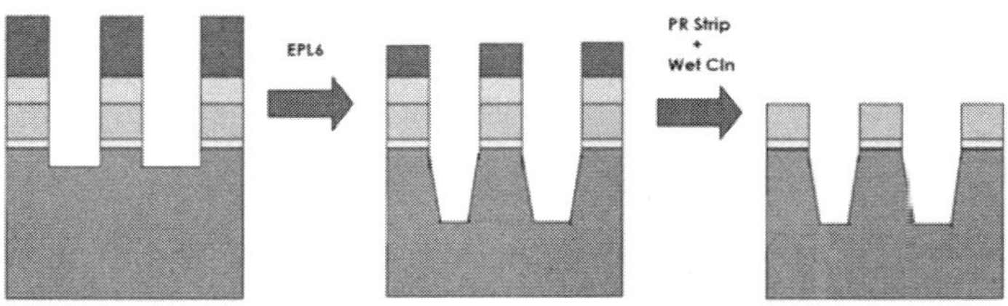

그림 4-6 Si Trench

첫 번째 스텝의 특징은 Si Surface Native Oxide 제거(Si Trench Etch시의 초기 Blocking Layer 제거)한다. 두 번째 스텝의 특징은 Si Trench Profile을 위하여 HBr Rich Recipe로 구성되어 있다. 초기 Set-Up 시 Cl_2 Rich Recipe로 사용하였으나 0.10 Tech ISO 공정을 위하여 HBr Rich 조건으로 변경된다. Low Pressure/High Power 조건에서 Space 확보 가능한 조건이 구현 가능하다. Cl_2 Only 조건의 Test 진행 되었으나 0.16Tech에만 적용 가능하여 Base Line Change 안된다. 현재 R_2의 Si Trench Recipe는 Tech에 구분 없이 동일한 Recipe 사용 중이다. 그림 4-7은 ISO ETCH 후 Inspection Method이다.

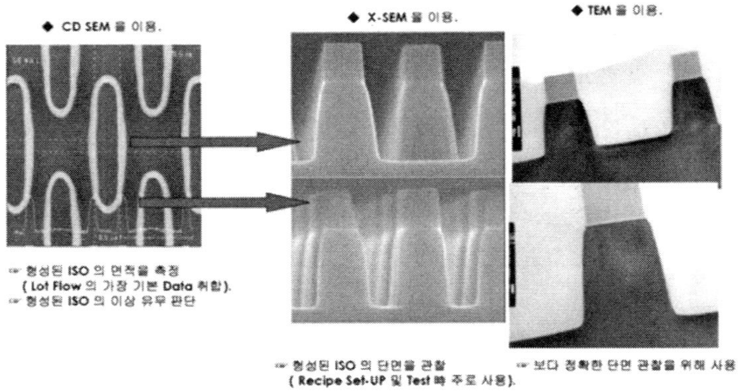

그림 4-7 SO ETCH 후 Inspection Method

(5) 식각 장비의 기본사양 이해

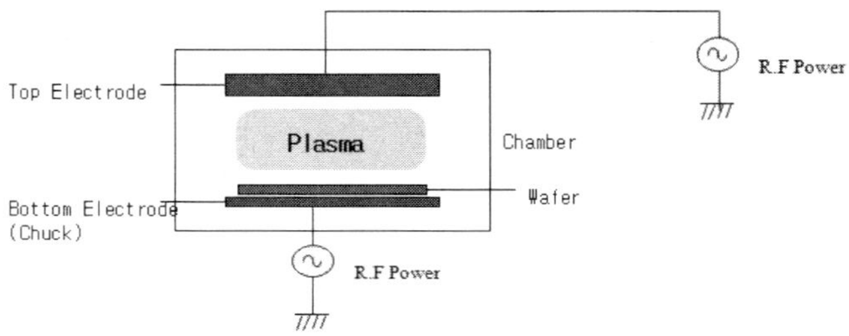

그림 4-8 Dry Etcher의 기본개념도

> **Tip**
> **척(Chuck)**
> 공정진행 동안 웨이퍼를 잡아주는 장치

Dry 식각 장비의 주요 구성품은 다음과 같다.

① 일정한 압력을 유지하면서 공정을 진행하기 위한 챔버와 진공시스템

② 웨이퍼가 Load되어 공정 진행 시 웨이퍼의 온도를 일정하게 유지시킬 수 있는 척(Chuck) : 기구방식 척(Mechanical Chuck, M-Chuck))과 정전방식 척(Electrstatic Chuck, E-Chuck)이 있다.

③ 공정을 위한 가스를 공급하는 가스 공급 시스템

④ 공정을 위해 플라즈마를 발생시키기 위한 플라즈마 소스

⑤ 플라즈마 소스 및 척에 에너지를 공급하기 위한 RF System

⑥ 공정의 끝을 검출하기 위한 EPD(End Point Detector)

플라즈마를 발생시키는 RF 발생기(Generator)의 주파수는 보통 13.56MHz를 많이 사용하고, 이외에 400KHz, 800KHz, 2MHz, 27.12MHz를 사용한다. 그 이유는 FCC(Federal Communication Commission)에서 ISM(Industrial Scientific

Medical)용으로 특정 주파수만을 배정하여 RF 발생기에서 발생한 고조파들이 다른 통신장비에 방해를 줄 수 있으므로 이것을 방지하기 위해서다.

2) 식각공정의 기술발전 추이

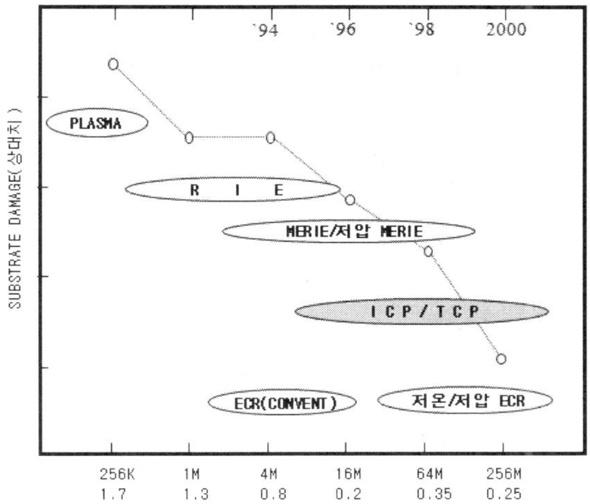

그림 4-9 Etcher 기술 추이도

(1) 기술발전 추이

① 플라즈마 밀도를 높이는 방향(플라즈마발생)

- Radical, 이온 생성량 증가

② 플라즈마 활용도 개선(Control)

- 재결합율≪웨이퍼 표면 반응율(신속한 입자이동)
- 균일한 플라즈마 분포(Uniformity)
- 분포 면적을 최대한 넓게 형성(대구경화)
- 필요 면적으로의 밀집화

③ 피해를 최소화할 수 있는 방향

- 이온과 전자의 분리제어 : 생성은 최대, 반응은 soft
- 반응 메카니즘의 개선 : 가스, 척, 펌핑(Pumping)

(2) 플라즈마 소스의 기본개념

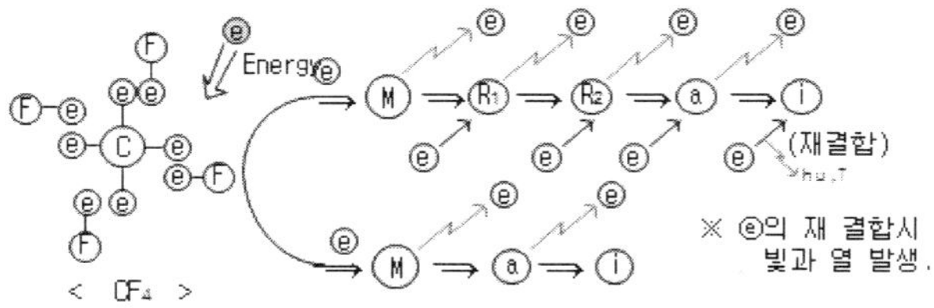

그림 4-10 플라즈마 내 존재 물질

분자(A) 〉 원자(a) 〉 Radical(R) 〉 이온(i) 〉 전자(e)

(플라즈마 기초원소) (반응요소) (해리요소)

① M(분자) : 물질의 성질을 가진 최소입자(CF_4, O_2, SiO_2 …)

② a(원자) : 독립된 원소(C, F, H, … 등)

③ i(이온) : (+) 전하, Sputtering 반응의 요소.

④ R(Radical) : 최 외각 전자의 일부를 잃은 가스 분자(화학적 반응의 요소로서 CF^{3+}, CF^{2++} 등)

⑤ e(전자) : (−) 전하, 질량은 이온의 1/1,890로 활동성이 강함(재결합 또는 분자나 원자의 해리 Source)

2. 식각 장비의 기본 구조

1) 식각 장비의 기본 구성

플라즈마를 이용한 Dry 식각 장비는 반응성 가스를 진공 Chamber 내에 주입한 후 에너지원에 의해 가스를 해리함으로써 플라즈마를 발생시켜 플라즈마 내의 Radical과 이온을 활용하여 반응에 의한 화학적 식각나 이온 Bombardment에 의한 물리적 식각에 의해 대상체를 식각 하고 이 부산물을 배기라인을 통해 배기하게 된다. 식각 장비의 구성은 크게 웨이퍼를 카세트(Cassette)에서 반응 챔버로 이송하는 반송부와 진공을 유지시키기 위한 진공부, 공정을 위한 플라즈마를 발생시키는 전극부 등이다. 일반적으로 전극 구조에 따라 식각 장비를 분류한다. 식각 장비의 구성 요소는 다음과 같다.

(1) 전력(Electric Power)

① RF Power(27.12MHz, 13.56MHz, 800KHz, 400KHz)
② Micro-wave Power(2.45GHz)

(2) 온도제어유닛(Temp. Control Unit)

① 난방기 제어
② 냉동기 제어

(3) 진공펌프유닛

① Rotary oil 펌프
② Dry 펌프
③ Turbo molecular 펌프

(4) 진공측정유닛

① Capacitance manometer
② Penning 게이지
③ Pirani 게이지
④ Convectron 게이지
⑤ 이온 게이지
⑥ Auto Pressure Controller

(5) 공압 및 가스 제어유닛

① MFC(Mass Flow Controller)
② 솔레노이드 밸브
③ 필터
④ 레귤레이터
⑤ Air operated valve
⑥ Fitting 류(VCR, VCO, SWG 등)

2) 플라즈마 소스의 종류

(1) 바렐 타입(Barrel Type)

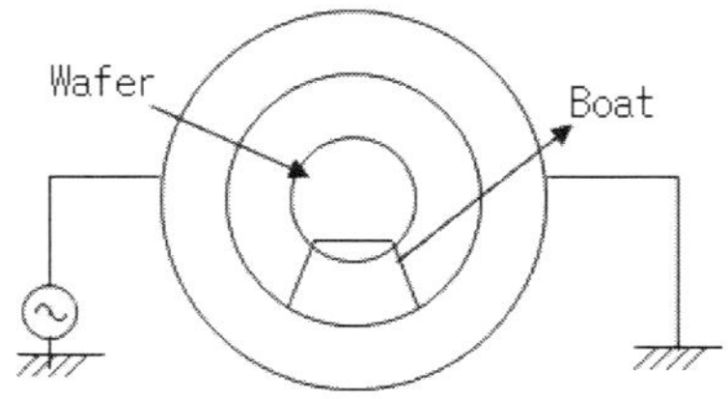

그림 4-11 바렐타입 구조

바렐타입에서는 Neutral species들이 비교적 긴 Life time을 가지고 있기 때문에 등방성 (Isotropic) 식각이 된다.

① 적용공정 : PR Stripping

② 적용장비 : DES-212, 220 등, RAM-8500, 250 등

(2) 플래너 타입(Planar Type)

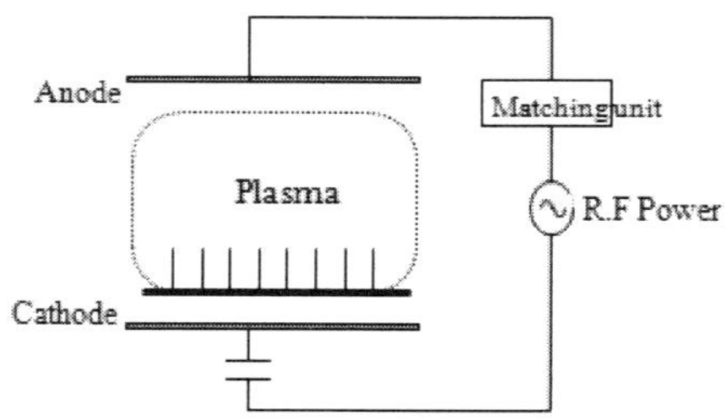

그림 4-12 플래너타입 구조

TIP

글로우 방전
(Glow Discharge)
음주에서의 2차 전자 방출이 열전자 방출보다 한층 큰 방전

초기 개념의 플라즈마 생성방식으로 글로우(Glow) 방전에 의해 플라즈마를 형성시키며, R.F주파수는 글로우 방전이 한 Cycle 동안 유지될 수 있도록 Charging Time (10㎲)보다 작게 될 수 있는 최소의 주파수인 100K~13.56MHz의 범위에서 사용하나 일반적으로 400KHz, 2MHz, 13.56MHz, 27.12MHz의 주파수를 사용한다. 구조적 특징으로는 애노드(+)와 캐소드(−)의 크기가 동일하며, 애노드와 캐소드의 간격을 가능한 좁게 구성한다.

① 문제점

- 직류 바이어스가 적으므로 이온의 에너지가 적어 식각 Rate가 낮다.
- 애노드와 캐소드의 전압차가 커서 아크현상이 자주 발생하여 균일한 플라즈마가 형성되지 못한다.
- 가공 정밀도가 낮다.
- 등방성 식각 특성이 있다.

② 활용장비

- LAM 社 : Rain Bow 4400, LAM 490/590
- TEL 社 : TEL 580
- TOK 社 : TCA-2500

(3) Split RF Power 인가방식

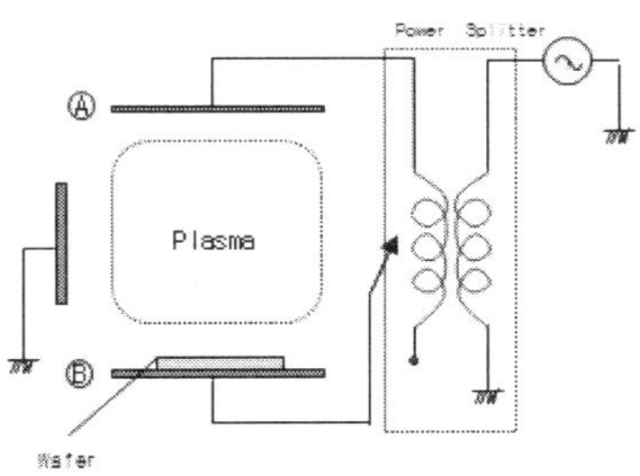

그림 4-13 Split RF Power 구조

LAM 사(50 : 50 Split)와 TEL 사(50 : 50을 제외한 비율의 Split)의 특허이며, 기존의 R.F 플라즈마 방식의 개선형으로, 기존방식의 경우 높은 전압인가에 따라 전극과 그라운드 사이에서 Arcing과 Stray Discharge 현상이 발생되는 문제점을 개선하기 위하여 고안된 장치이다.

식각율 향상을 위해서는 높은 전압을 인가하는 것이 필요한데, R.F 플라즈마 방식에서는 필요한 전압을 상, 하부 전극에 직접 공급하며, 이에 따라 상, 하부 전극 간 높은 전압차가 발생하게 되어 문제를 유발하며, Split 방식에서는 위상이 180° 차이가 나는 전압을 상하부에 나누어 공급함으로써, 목표 된 전압차를 최소화함으로 기존의 문제를 해결할 수 있다.

이 방식의 특징은 안정되게 비교적 높은 전압 인가에 따른 식각 Rate을 개선하고, 플라즈마의 연속성 향상으로 균일성을 개선했으며, Arcing 문제해결에 의한 장비 Damage 개선했다. 현장적용 안정도가 뛰어나 현재 가장 널리 활용되고 있다. TEL 사–TE 5000, TE 8500과 LAM 사–Rain Bow 4500이 여기에 속한다.

(4) RIE(Reactive 이온 에칭) 타입

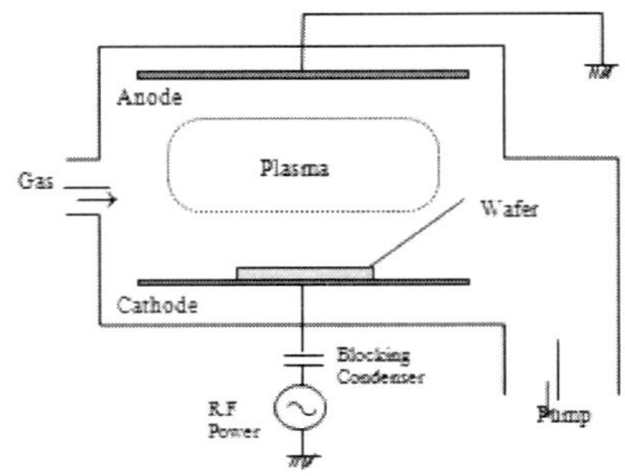

그림 4-14 RIE 타입 구조

RF 전압
고주파 전압

웨이퍼가 놓이는 전극에 R.F 전압을 인가하고, 공정압력을 낮게 유지(100mTorr)하여 플라즈마 중의 양이온이 플라즈마 Sheath를 통해 가속되게 함으로서 Planar 방식에 비해 이방성 식각 특성을 향상시킨 구조이다. 단점으로는 Radiation Damage가 크고, 선택비가 빈약하다. 적용공정은 Poly, Nitride, Al Etch, Asher 장비에 사용되며, AME 사–AME 8300, 8200, 8115(Hexagonal Type)과 TOK 사–OAPM(Diode Type) 장비에서 적용중이다.

(5) MERIE(Magnetically Enhanced RIE) Type

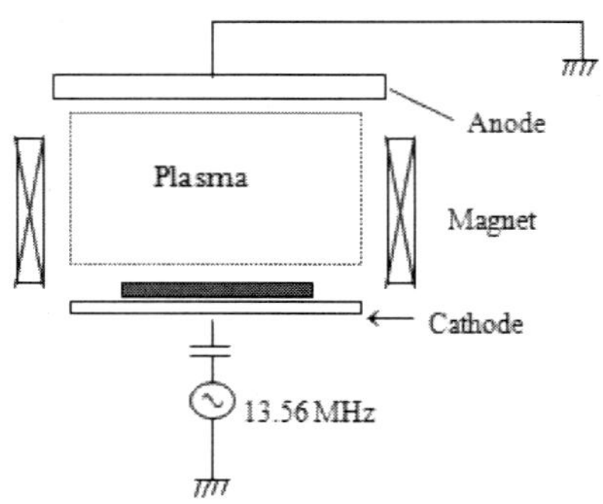

그림 4-15 MERIE 타입 구조

캐소드 측면에 자성을 띤 물질을 설치함으로서 자장(Magnetic Field)을 형성하여 전자를 목표된 영역(공정하고자 하는 웨이퍼 주변)에 가둬 둠으로서 필요한 부분의 플라즈마 밀도가 높아지고(Ionization Efficiency 향상) 이에 따라 사용압력을 낮출 수 있어 Neutral Atom의 Scattering이 적어져 불필요한 발열현상을 줄일 수 있고 이온이 충분한 에너지를 얻어 Surface Diffusion이 잘되어 공정성능(식각 Rate) 효율이 높아진다.

전자가 자장에 따라 원운동을 함으로서, 분자나 원자와의 충돌 횟수가 증가되어 이온화 효율을 증가시키면서도, 에칭에 관여하는 이온은 거의 영향을 받지 않아 직선운동을 한다. 이 방식의 문제점은 자석 설치 등에 따라 장비가 대형화되고, 장비의 구조가 비교적 복잡하다. 적용장비로는 AME 사-P-5000 (Etcher, CVD)과 히다찌사-DMX 이다.

(6) CDE(Chemical Downstream 에칭) Type

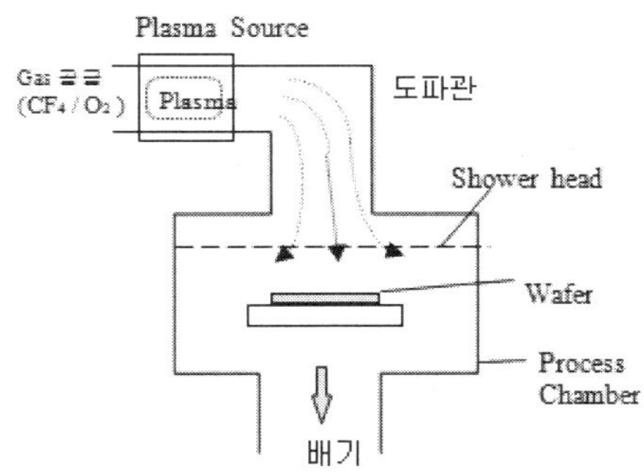

그림 4-16 CDE 타입 구조

플라즈마 발생부와 공정부를 분리시켜 공정 중 웨이퍼 내의 손상을 최소화하기위해 개발된 방식으로 공급된 가스를 마이크로파에 의해 여기시킴으로서 플라즈마 상태로 만들고, 이때 생성된 이온과 Radical을 가능한 손실없이 Process Chamber부로 이송 시켜 에칭 공정이 이루어지도록 한다.

문제점으로는 플라즈마 소스부(마이크로 Generator)에서 전자의 강한 에너지에 의한 여기 작용의 영향으로 내부 석영이 급속히 식각된다(Quartz Life Time이 짧다). 공정부에서의 에칭 효과가 낮아 식각 보다는 PR-Strip 등 Soft 한 공정에의 적용만이 가능하다. 화학반응에 의한 에칭으로 등방성 에칭 특성을 나타낸다. 적용장비로는 Tokuda 사-CDE-7-3(PR-Strip, Light 식각)이 있다.

(7) ECR(Electron Cyclotron Resonance) Type

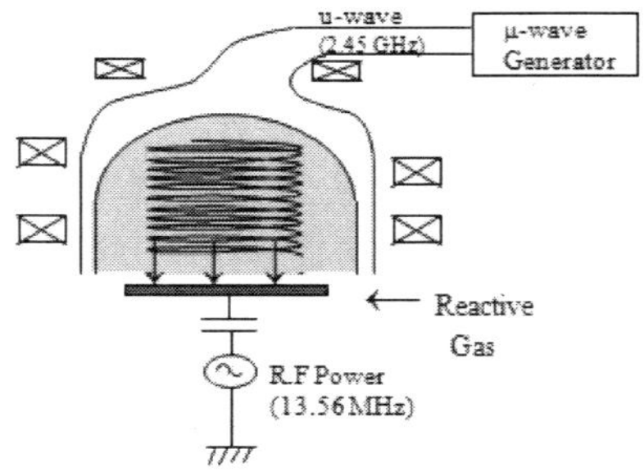

그림 4-17 ECR 구조

플라즈마에 자장을 걸어주면 B Field와 E Field가 생성되며 E field를 따라 전자는 회전운동을 하게 되는데 이 회전운동을 주파수로 나타내면 다음과 같다.

W=eB/m

여기에 마이크로파를 인가해주어 공진을 시켜서(이를 싸이클로트론(Cyclotron) 공진이라고 함) 전자의 운동에너지를 증가시킴으로서 많은 충돌을 발생시켜 고밀도 플라즈마를 얻는다.

(ex) 전자의 m=9.109×10-31Kg, e=1.6021×10-19C
B를 875 Gauss로 한다면(0.0875W/m^2)
공진주파수 f=W/2π=1/2π×eB/m
=(1.6021×10-19C×0.0875W/m^2)÷(2×3.14×9.109×10-31Kg)
=2.49 GHz

따라서 ECR에서는 875 Gauss의 자장과 2.45GHz의 μ-wave를 사용한다. 문제점으로는 자장의 형성을 위한 장치가 복잡하고, 큰 면적을 요하므로 장치 크기가 커진다. 전자가 E-Field에 따라 운동함으로서 제한된 확산 운동을 한다. 대구경 웨이퍼에서 균일성이 저하. 적용 장비로는 히다찌사–M 206, M216, M 308, M 318, DM-501이 있다.

(8) Helicon Type

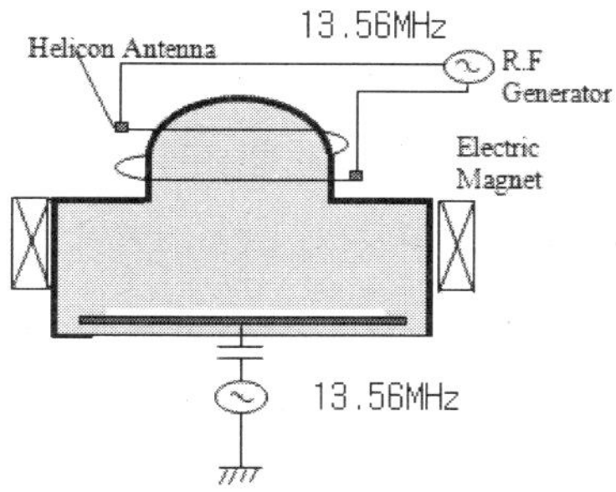

그림 4-18 Helicon Type 구조

이온화 확률이 최대가 되는 전자 에너지를 생성할 수 있도록 안테나와 코일을 Chamber 외부에 구성하고 전자의 속도와 일치되는 파동(Helicon wave)를 가 함으로서 파동의 에너지가 전자에 전달되어 특정 전자의 에너지를 높임으로서(Landau Damping) 전체적으로 전자의 에너지를 높여, 충돌횟수를 증가시켜 고밀도의 플라즈마를 형성할 수 있게 된다.

안테나의 코일 방향에 따라 Helicon wave의 교란상수(m)가 결정되며 일반적으로 교란이 없는 m=0(정지교란)인 경우 MORI라 부르고, m > 0(시계방향), m < 0(반시계 방향)인 경우 일반적으로 Helicon 이라 부른다. 외부에 전자장을 인가하여 형성된 전계 내에 전자를 구속함으로서 고밀도의 플라즈마를 형성한다.

문제점으로는 아직 반도체 제조용으로 상용화 되어 있지 않으며(PMT 사 제품만 일부 사용중임) 플라즈마가 불균일하게 형성될 수 있어 균일성이 저하된다. 활용장비로는 PMT 사 MORI 장비가 있다.

(9) TCP(Transformer Coupled 플라즈마) Type

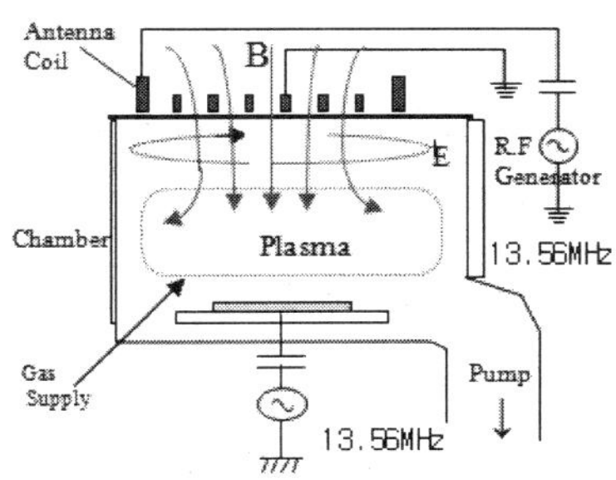

그림 4-19 TCP 구조

Chamber 상부에 원형 또는 나선형 (Spiral)의 Coil을 설치하고 RF Power를 가한다. Coil을 흐르는 전류에 의해 Plsama 내에도 유도성 인덕턴스 성분이 유기된다(즉, 전기적으로 결합된 변압기-Transformer-형태가 형성됨).

플레밍의 왼손법칙에 따라 수직방향의 자계(B-Field)나 수평방향의 전계(E-Field)가 형성되고, Skin Depth 내에 형성된 전계를라 전자가 회전운동을 함으로서 가속되어 에너지를 얻는다. 가속된 전자가 가스 입자와 충돌하여 플라즈마를 형성한다. 이 방식의 특징은 1012 EA/cm^2 이상의 고밀도 플라즈마를 얻을 수 있다. 낮은 압력에서도 안정된 플라즈마가 형성(10mTorr 이하)되며, 구조가 간단하다. 대구경에서도 균일한 플라즈마가 형성된다. 플라즈마 밀도와 이온 Energy를 개별적으로 조절할 수 있다.

문제점으로는 반응 가스가 고속으로 해리되어 Radical 조성이 기존 방식들과 다르며, Selectivity 저하, 반응 부산물(Polymer)이 재분해, 재 축적됨에 의한 이물이 발생되며, 높은 전자온도로 자외선이 발생되고, 이것은 필름에 Damage를 줄 수 있다. 적용장비로는 LAM 사—TCP 9400, TCP 9600, TCP 9100 등이 있다.

(10) ICP(Inductively Coupled 플라즈마) Type

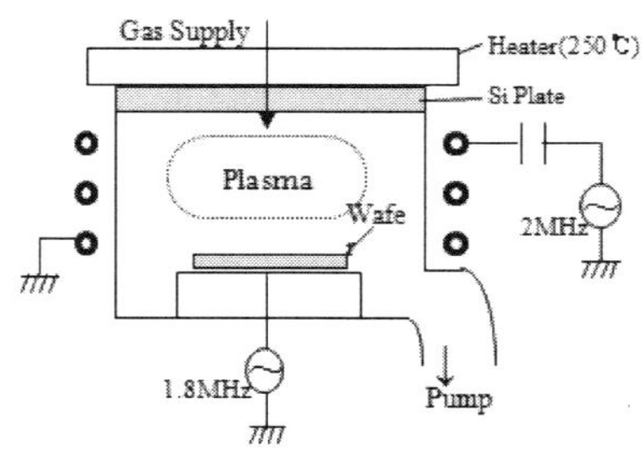

그림 4-20 ICP 구조

Chamber의 측면에 코일을 감고 2MHz의 RF Power를 인가한다. 척 하부에서 Reactive 가스를 공급한다. 공정압력은 10mTorr 이하로 유지한다. E-척을 사용하여 Chamber 내부구조를 단순화하고 웨이퍼 표면의 온도 유닛을 개선한다. 상부에 Si Plate를 두고, Heating하여 Si를 발생시켜 공정 중 과다하게 발생하는 F+를 SiF_4 형태로 처리한다.

이 방식의 특징은 1012EA/cm^3 이상의 고밀도 플라즈마가 형성됨으로써 식각율이 9,000Å/min 이상으로 탁월하며, Chamber의 구조가 간단하고, Compact해서 Cluster 화에 적합하다. 플라즈마가 넓고, 균일하게 형성되어 대구경화에 조절하고, 이온을 가속시키지 않음 으로서 이온 충격에 의한 Damage가 없다.

문제점으로는 반응 가스가 고속으로 분해되어 Radical 조성이 기존 플라즈마 방식과 다르게 나타날 수 있다. 반응 부산물(Polymer)이 재분해, 재 축적되는 현상이 나타날 수 있으며, 코일에 의해 Wall 쪽으로 끌리는 이온과 전자의 영향에 의해 Chamber벽에 생성물이 퇴적되고, 이에 의해 플라즈마 Source의 성능을 변화시킬 수 있다(공정 재현성 저하). 활용장비로는 AMT−Centura 5300(Oxide 식각), W/J−W/J-2000(HDP CVD), LAM−Rain Bow 4470(Oxide 식각), Matson−PR-Stripper 등이 있다.

3) ES−Chuck

(1) ES-Chuck의 종류

척(chuck)은 공정진행 동안 웨이퍼를 잡아주는 장치로 크게 E-척과 M-척으로 나눌 수 있는데, M-척은 기구적으로 웨이퍼를 누르기 때문에 파티클(Particle) 및 웨이퍼 에지부를 쓸모없이 만든다. ES-척의 개발로 이런 문제점은 사라졌다. ES-척은 말 그대로 정전력(Electrostatic Force)에 의해 웨이퍼를 잡는 방법으로 기존의 M-척에서의 문제점을 제거했다. ES-척에는 단극(Uni-polar), 양극(Bi-polar), 3극(Tri-polar) 유형 등이 있는데, 단극 유형은 척에 + 전압만을 인가하고 플라즈마 발생에 의해 그라운드와 연결되어 Chucking을 한다.

> Tip
> **정전력**
> (Electrostatic Force)
> 전기 전하에 의해서 생기는 흡인력 또는 반발력

이 방식의 단점은 웨이퍼에 Charge가 되어 플라즈마에 의해 Dechucking을 해야 한다. 이런 단점을 개선한 방식이 양극 유형인데, 이것은 척에 +/− DC 전압이 인가됨으로써 척 자체만으로 Chucking, Dechucking이 가능하며, 플라즈마에 의한 Dechucking이 필요없다. 상극 유형은 양극 유형과 비슷한데, 한가지 다른 것은 플라즈마에서 발생한 DC Self Bias를 Reading하여 +/− 전압을 Vcc 만큼 보상해 줌으로써 웨이퍼와 척 사이의 Net charge를 '0'으로 한다.

(2) M-Chuck의 특징

① 웨이퍼 윗면 에지에 접촉(Contact)이 필요하다.

② 웨이퍼 전면적이 균일하게 척에 접촉되지 않아 온도조절에 나쁜 영향을 미친다.

③ Clamping movement에 의한 파티클 오염이 발생된다.

(3) Uni-polar ESC의 특징

① 플라즈마를 통해서 웨이퍼와 전극 사이의 전기적 연결이 이루어진다.

② 웨이퍼를 Declamping하기 위해서 플라즈마 Dechucking step이 필요하다.

③ $F=A/2\times\varepsilon\times(V/d)^2$

F : Clamping force(g/cm^2)

A : Electrode area(cm^2)

ε : 유전율(F/cm) V : 인가전압(V) d : 절연체두께(cm)

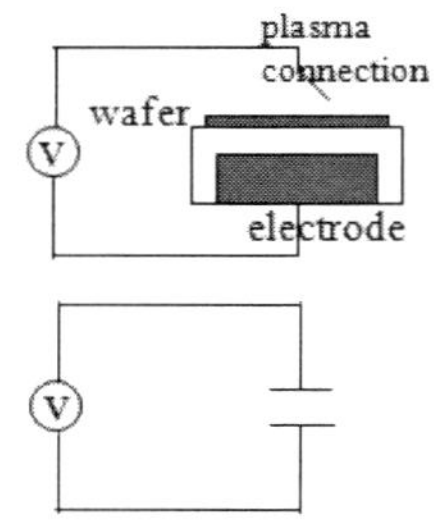

그림 4-21 전기적 특성

(4) Bi-polar ESC의 특징

① 전기적 연결(Electrical connection)이 웨이퍼를 통해서 이뤄지지 않는다.

② Net charge가 웨이퍼에 영향을 주지 않는다.

③ 플라즈마 Dechucking step이 필요하지 않다

④ 웨이퍼와 척사이 Gap이 Clamping에 영향을 주기 때문에 척 Flatness가 대단히 중요하다.

⑤ $F=A/8\times\varepsilon\times(V/d)^2$

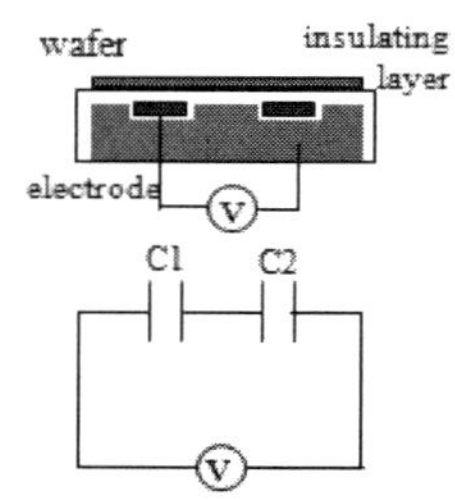

그림 4-22 전기적 특성

(5) Tri-polar ESC의 특징

① 전극 P1, P2와 웨이퍼간의 전위차를 항상 균등하게 유지할 수 있다(즉 Vwp1=−Vwp2).

② 전극 P3와 직류 바이어스를 연결시켜 주는 안테나가 필요하다.

③ $F=A/8\times\varepsilon\times(V/d)^2$

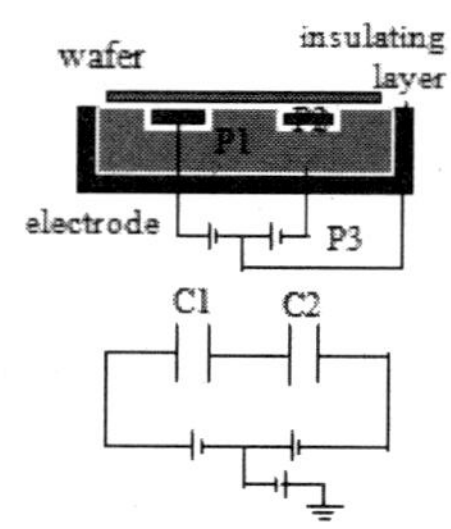

그림 4-23 전기적 특성

(6) J-R ESC의 특징

① 전극과 웨이퍼 사이에 반도체 물질을 사용한다.
② 절연체 두께 d가 매우 작다.
③ Dielectric material이 가스이므로 유전상수가 유일하다.
④ High clamping force
⑤ J-R 척은 Flatness 뿐만 아니라, 두꺼운 Coating을 사용하기 때문에 Breakdown에 Critical하지 않는다.
⑥ Clamp force ramp up timing은 누설전류(Leakage current)에 의존한다.

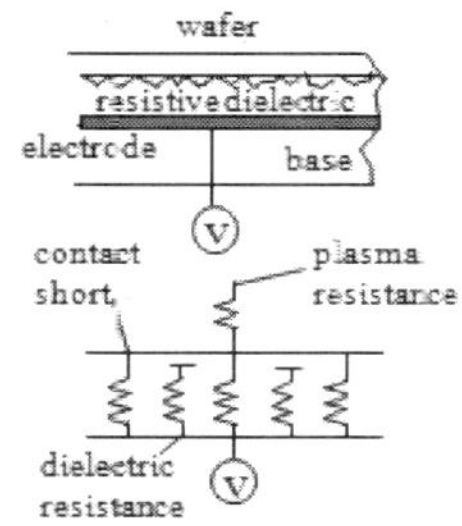

그림 4-24 전기적 특성

3. 식각장치 TE8500의 개요

1) TE8500 SYSTEM 소개

본 장에서는 건식각 장비 중 국내에서 가장 많이 사용되어지고 있는 일본 TEL(Tokyo Electron Limited)사의 TE8500 장비에 대하여 소개하기로 한다.

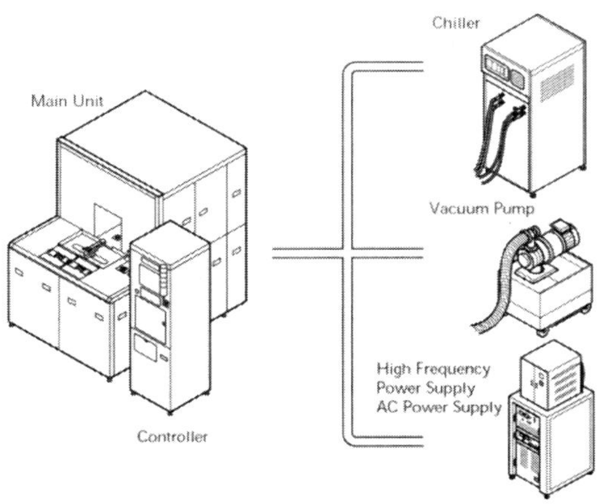

그림 4-25 TE-8500 구성

TE8500 장비는 TEL사에서 8인치 대응용 장비로 양산 되었으며, TE4000, 5000 장비의 하드웨어(Hardware)와 소프트웨어(Software) 시스템을 가지고 공정의 미세화와 웨이퍼의 대구경화에 적합하게 만들어진 장비이며, 조작과 유지 보수가 타 장비에 비하여 쉬운 편이다.

2) TE8500 SYSTEM 구성

(1) 본체(Main Unit)

이 장에서 소개 하는 TE8500 장치의 본체이며, 웨이퍼의 반송 및 공정이 진행되어 지는 곳이다.

(2) 제어장치(Controller)

제어장치에는 하나의 작은 컴퓨터를 각각의 보드로 분산해 놓았으며, 중앙처리 장치(CPU) Board만 5개가 들어간다. 또한 보드와 보드 간의 통신을 위한 연결용 보드(Interconnection Board)가 있다.

(3) 냉각기(Chiller)

냉각기는 식각 웨이퍼의 온도를 일정 수준으로 유지하기 위하여 사용되어 진다. 냉각기에서 사용 되어 지는 용액은 무한대의 저항을 가진 용액을 사용 하며 사용 온도에 따라서 각기 다른 용액을 사용한다.

(ex) 사용 용액 : 에칠렌그리콜(Ethlene glycol), 갈덴(Galden_FC3283), 순수물(DeIonize Water)

(4) 진공 펌프(Vacuum Pump)

진공 펌프는 진공을 만드는 배기 장치이다. 공정 챔버(Process Chamber)와 반송 챔버(Transfer Chamber)를 진공으로 만들어 주며, 장치의 뒤쪽에 위치한 배기관(Pumping Port)과 연결된다.

(5) 고주파 발생기(RF Generator)

고주파 발생기는 공정 챔버에 가스와 반응하여 플라즈마(Plasma)를 웨이퍼의 막(Film)을 식각 할 수 있도록 하는 장치이다. 건식각(Dry Etch) 장치에서 가장 중요한 부분을 차지한다. 이 장에서 소개 하는 TE8500 장비의 고주파발생기(RF Generator)는 380KHz의 주파수를 가지며, 최대 2000Watt 까지 출력할 수 있다.

(6) 교류 전원 공급 장치(AC Power Supply)

교류 전원 공급 장치는 TE8500 장치의 모든 전원을 분해 공급 하는 장치이다. 용량이 가장 큰 누전차단기(ELB)를 통하여 외부로부터 전원을 공급 받아서 각각의 부분품에 전원을 공급하며, 공급하기 전에는 부분품(Module)의 용량에 맞는 누전차단기가 설치되어 있다.

3) TE8500 장치의 모듈 구성 및 기능

TE8500 장치는 진공 부분과 대기 부분으로 구성되어져 있다. 웨이퍼의 반송과 웨이퍼의 정확한 위치를 확인해 주는 장치는 대기 부분에 위치하고 있고, 공정챔버(Process Chamber)와 공정챔버로 반송챔버(Loadlock Chamber)는 진공 부분에 위치한다.

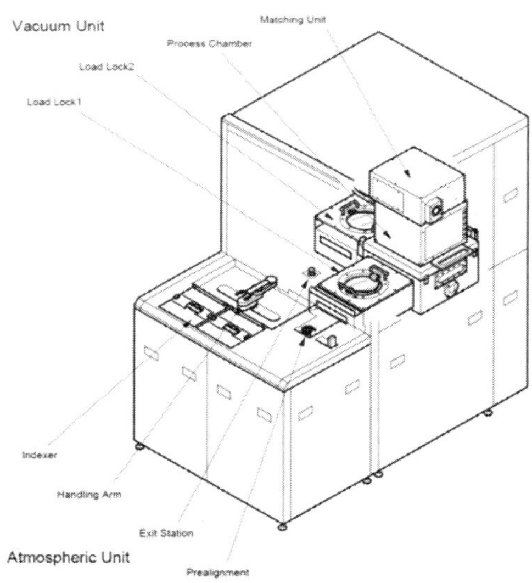

그림 4-26 TE8500 각 모듈별 명칭

(1) 인덱서(Indexer)

인덱서는 카세트(Cassette)에 있는 웨이퍼를 반출/반입하는 장치이다. TE8500 장비의 인덱서는 2개가 있으며, 왼쪽 부분을 Indexer#1, 오른쪽 부분을 Indexer#2 라고 한다. Indexer는 5인치, 6인치, 8인치 웨이퍼를 반송할 수 있으며, 반송하기 위해서는 웨이퍼를 설정을 바꾸어줘야 한다. Indexer의 또다른 기능은 카세트 안에 있는 웨이퍼의 유무를 판단하여 Cassette안의 어느 위치에 웨이퍼가 있는지 확인하는 기능을 가지고 있다(웨이퍼 Mapping 기능).

(2) 반송로봇(H/A-Handling Arm)

인덱서에서 웨이퍼를 반출하여 P/A(Pre Alignment) 로 이동 시키고, 공정이 끝나고 반송 챔버(Load Lock)에서 나오는 웨이퍼를 인덱서(Indexer)에 반입 시킨다. 반송 로봇은 3개의 로봇팔(Motion Arm)으로 이루어져 있으며, 각각의 Arm은 Motor로 구동한다. 웨이퍼는 세라믹(Ceramic)으로 이루어져 있는 제3Arm, 제3Arm은 웨이퍼를 진공으로 흡착해서 이동 중에 미끄러지거나 떨어지지 않게 한다.

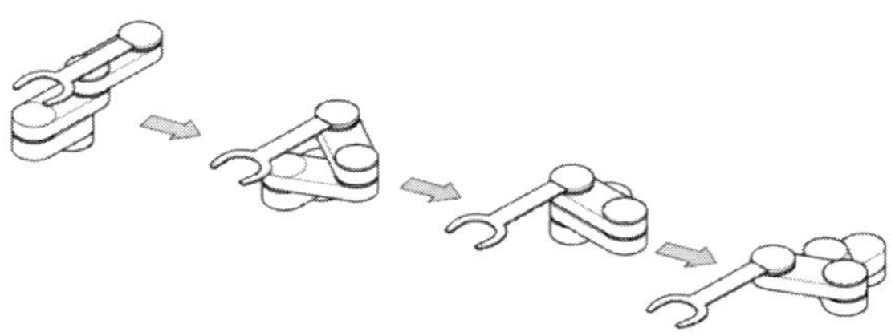

그림 4-27 반송 로봇의 움직임(인텍서)

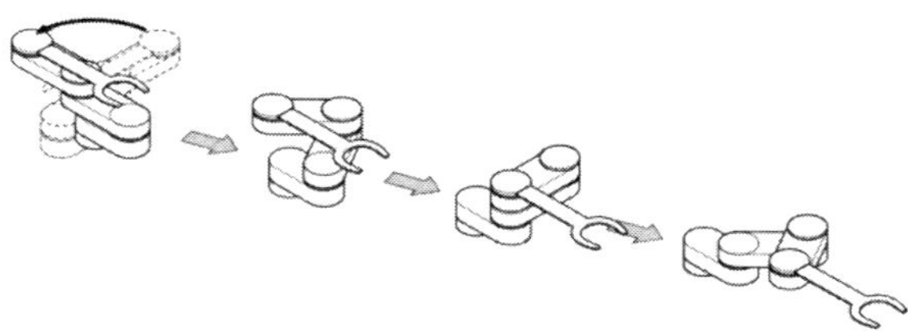

그림 4-28 반송 로봇의 움직임(P/A)

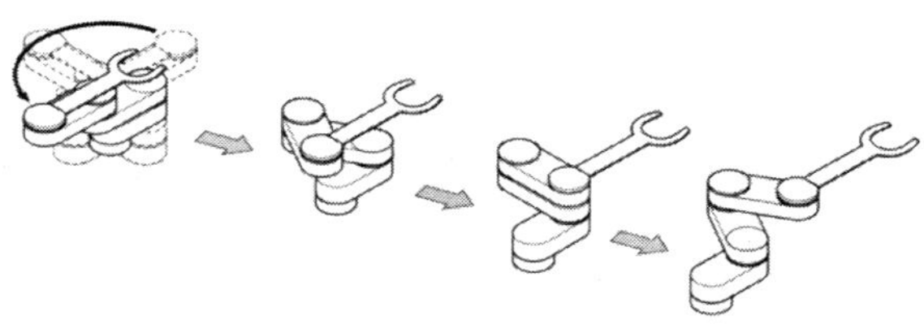

그림 4-29 반송 로봇의 움직임(반송 챔버)

(3) P/A Unit(Pre Alignment)

P/A는 인덱서로 부터 반출 되어져 나온 웨이퍼를 반송 로봇으로 부터 받아드리고, 웨이퍼의 중심(Center)을 맞추고, 플랫존(Flat zone)을 사용자가 임의로 정해놓은 위치대로 맞추는 작업을 한다.

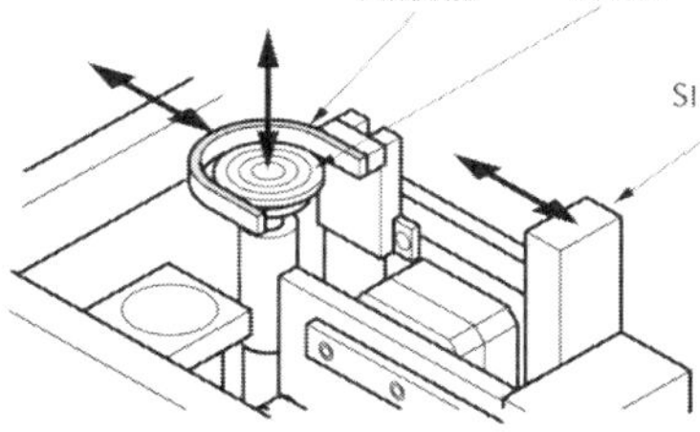

그림 4-30 P/A Unit

반송 로봇에서 웨이퍼가 P/A Unit으로 오게 되면, 척(Chuck)이 올라오면서 진공으로 웨이퍼를 흡착 하게 된다. 척은 30도씩 오른쪽으로 회전을 하게 되며, 한번 씩 회전 할 때 Slider Sensor가 웨이퍼의 가장자리(Edge)의 위치를 기억 한다.

웨이퍼가 360도 회전을 하고나면, P/A Unit은 웨이퍼의 중심 위치를 계산 하고 이동해야 하는 방향과 거리를 계산한다. 그 계산에 의하여 웨이퍼를 다시 회전 시키고, 핀셋(Pincette)도 그 거리만큼 이동하게 된다. 척이 아래로 핀셋 위에 흡착되어 지고 핀셋은 웨이퍼의 중심이 척에 올 수 있도록 웨이퍼의 중심을 찾게 되면 척은 다시 웨이퍼를 흡착 하여 올라오게 되고, Slider Senscr가 웨이퍼의 가장자리에 위치하여 회전하는 척 위의 웨이퍼에서 Flat zone을 찾는다.

(4) Exit station(E/S)

E/S 는 웨이퍼가 공정 챔버(Process Chamber)에서 공정을 끝내고 반송 챔버(Load Lock)을 통해 밖으로 나와서 반송 로봇에 전달 하기전에 반송 챔버의 Robot이 웨이퍼를 가지고 E/S에 오게 되면 E/S의 Chuck이 올라오면서 진공으로 웨이퍼를 흡착하게 된다. 반송 로봇이 (H/A) 웨이퍼를 가지러 오기 전까지 웨이퍼를 흡착 한 상태에서 올라와서 대기 한다. 반송 로봇이 E/S로 오게 되면 반송 로봇의 제3 Arm 위에 웨이퍼를 내려놓는다.

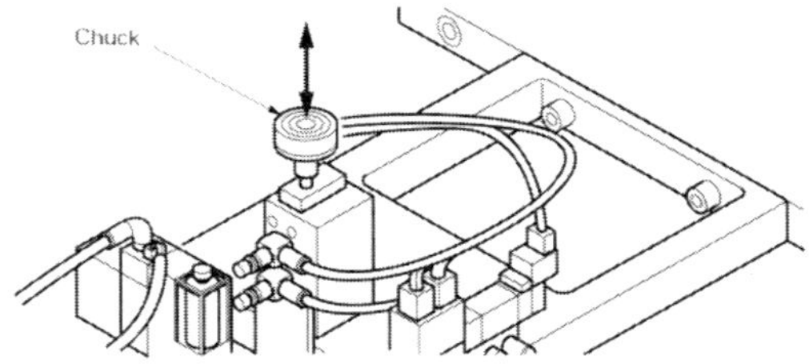

그림 4-31 Exit station

(5) 반송 챔버(Load Lock-L/L)

TE8500 장비에서는 반송 챔버가 2개가 있으며, 3개가 있는 장비도 있다. 반송 챔버는 웨이퍼를 반송하는 작업을 수행하며, 2개의 출입문(Gate Door)이 있다.

두 개의 출입문 중에 공정 챔버 쪽에 위치한 것을 내측도어(Inner Gate Door)라고 하고, P/A나 E/S쪽에 위치한 출입문을 외측도어(Outer Gate Door)라고 한다. 챔버 중앙에는 웨이퍼를 반송하는 Robot이 있으며, 이 Robot은 직진과 회전 운동을 하며, 2개의 모터로 구동된다. 반송 챔버는(Atmosphere) P/A 위의 웨이퍼를 진공인 공정 챔버(process Chamber)로 이송 하는 작업을 수행하거나, 진공 상태인 공정챔버의 웨이퍼를 대기(Atmosphere)중의 E/S로 이송하는 작업을 수행한다. 그러므로 반송 챔버는 진공(Vacuum) 상태가 일 때도 있고, 대기(Atmosphere) 상태일 때도 있다.

- Load Lock #1은 웨이퍼를 P/A에서 공정 챔버로 이송 한다.
- Load Lock#2는 웨이퍼를 공정 챔버에서 E/S로 이송 한다.

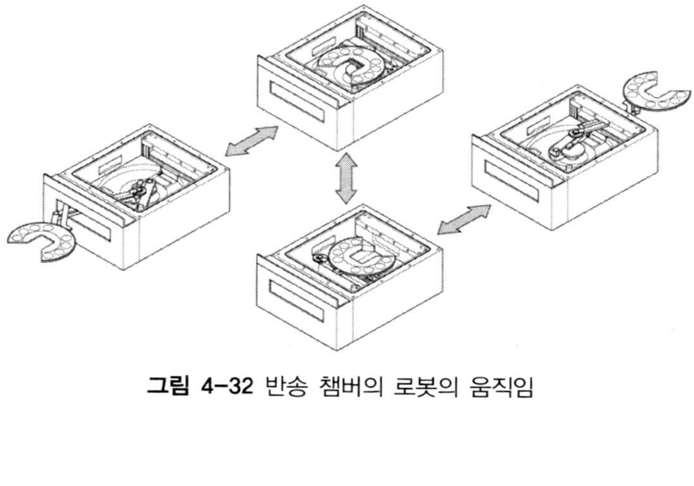

그림 4-32 반송 챔버의 로봇의 움직임

(6) 공정 챔버(Process Chamber-P/C)

공정 챔버는(Upper Electrode), 하부 전극(Lower Electrode), 하부 전극 구동부, 진공 분배기(Vacuum manifold)로 구성되어 있다. 또한 공정 챔버는 식각 진행시 가스로 인한 부식을 방지하기 위하여 표면은 양극산화피막(애노다이징_Anodizing) 처리가 되어있다.

(7) 상부 전극(Upper Electrode)

상부전극 부는 상부전극과 웨이퍼 Clamp 기구와 RF Shield Eox로 구성되어 있다. 프로세스 가스(Process Gas)는 상부전극의 다수의 세공으로 도입할 수 있지만 상부전극 내에 설치된 Baffle 에 의해 균일하게 가스가 Chamber내로 도입되고 있다. 상부전극에는 RF 전원이 접속되어 있고 RF 누수방지를 위하여 RF Shield Box가 설치되어 있다. 그 위에 상부전극내부에 온도 제어된 액체를 순환시켜는 것으로 상부전극 내를 일정한 온도로 유지한다. 웨이퍼 Clamp기구는 4개의 Air Cylinder에 의해 웨이퍼에 균일하게 압력이 걸리도록 한다.

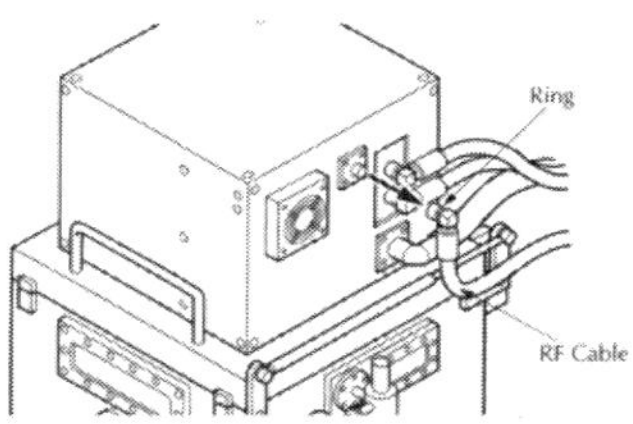

그림 4-33 상부 전극

(8) 하부 전극(Lower Electrode)

하부전극부는 웨이퍼가 공정 챔버(Process chamber)에 출입하는 경우 실린더(Cylinder)로 상하로 움직이는 Lifter Pin에 의해서 들어올려진다. 또한, 하부전극은 웨이퍼 온도조절의 '열 교환기'로서의 역할도 가지고 있다. 이 때문에 하부전극에서는 온도센서가 부착되어 측정된 온도의 데이터는 CPU에 보낸다. 온도제어시스템은 감열 도는 냉각된 액체를 하부전극내부에 순환시키는 것으로 하부전극을 소정의 온도로 유지한다. 또한 웨이퍼와 하부전극간에 헬륨가스(He)를 흘리는 것에 의해 보다 균일한 온도제어를 가능하게 한다.

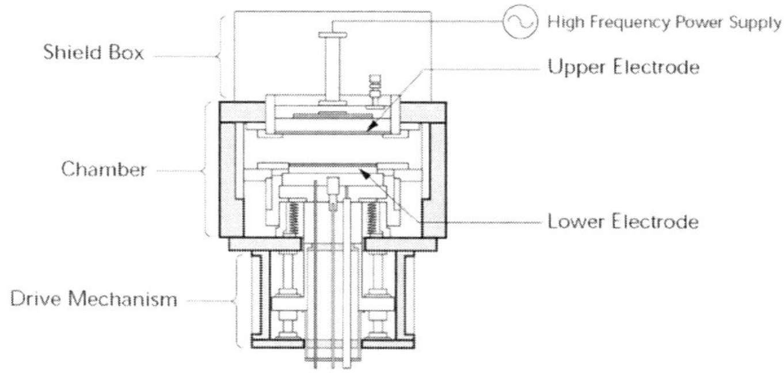

그림 4-34 하부 전극

(9) 하부전극 구동부(Lower Chamber GAP Assembly)

하부전극 구동부는 하부전극을 하한까지 내려 반송 챔버 1(Load Lock 1)로부터 웨이퍼를 받아들여 하부전극을 웨이퍼 Clamp 기구부까지 올려 공정을 진행(ETCHING)한다. 공정 종료 후 챔버 2(Load Lock 2)에서 웨이퍼를 주고받는 구동기구로 되어 있다. 이 상하 구동은 3개의 Ball Screw를 1개의 AC 서보모터로 구동하며, 3개의 Ball Screw는 하부전극과 상부전극의 평행을 유지하기 우해서 체인의 연동을 움직인다.

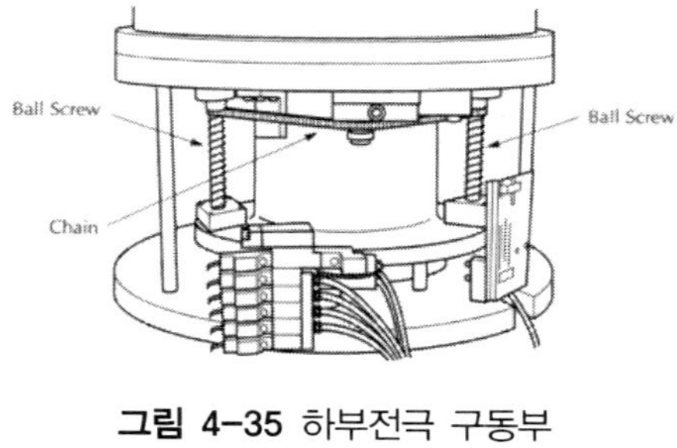

그림 4-35 하부전극 구동부

(10) 진공 배기부(Vacuum Exhaust Manifold)

진공 배기부는 공정 챔버의 뒷면에 설치되어있으며, 공정 챔버를 진공상태로 만들어 유지하는 역할을 한다. 진공 배기부에는 차단밸브(Isolation Valve), 자동압력제어 밸브(Auto Pressure Control Valve), 고분자 펌프(Turbo Molecular Pump), 게이트 밸브(Gate Valve) 등으로 구성되어져 있다.

차단밸브(Isolation Valve)는 공정 챔버와 배기부의 고분자 펌프 간의 진공상태를 차단하기 위한 장치이다. 공정 챔버의 수리(Repair) 및 보수(Maintenance)를 위하여 진공(Vacuum)상태를 대기(Atmosphere)상태로 만들 때 차단 밸브를 닫아서 배기부의 진공 상태를 유지 한다. 반대로 배기부의 고분자 펌프의 수리 및 보수를 위하여 탈착 할 경우 차단 밸브를 닫아서 공정 챔버를 진공상태로 유지 시켜 주는 역할을 한다.

자동 압력 제어 밸브(Auto Pressure Control Valve)는 공정 챔버에서 식각을 할 때 일정한 압력을 제어하는 밸브이다. 자동 압력 제어 밸브는 PID 제어 시스템으로 구동 하며, 진공 게이지로 공정 챔버의 진공압력을 받아서 자동 압력 제어 밸브 컨트롤러 에서 사용자가 지정한 진공 압력에 도달 할 수 있도록 밸브를 조금씩 닫는다. 밸브를 열고 닫는 방법은 스로틀(Throttle Valve)방식을 사용 하고 있으며, 원판을 회전시켜 관로를 열고 닫음으로써 유체의 흐름을 조절하여 공정 챔버의 진공압력을 맞춘다.

고분자 펌프(Turbo Molecular pump)는 공정 챔버에서 식각공정을 진행할 때 낮은 압력을 사용할 수 있도록 하는 고진공펌프(High Vacuum Pump)이다. TE8500 장비에서는 Seiko Seiki사의 STP-H600이라는 고분자 펌프를 사용하고 있으며, 고분자 펌프는 고속으로 회전 하는 펌프 이므로 사용상 주의해야 한다.

Tip

스로틀(Throttle)
유체가 국부적으로 면적이 작은 유로를 통과하면 압력이 내려가는데 이 좁은 유로 또는 압력이 내려가는 현상

스로틀 밸브
(Throttle Valve)
통로의 단면적을 바꾸는 데 따른 스로틀 작용에 의해 감압이나 유량을 조절하는 밸브

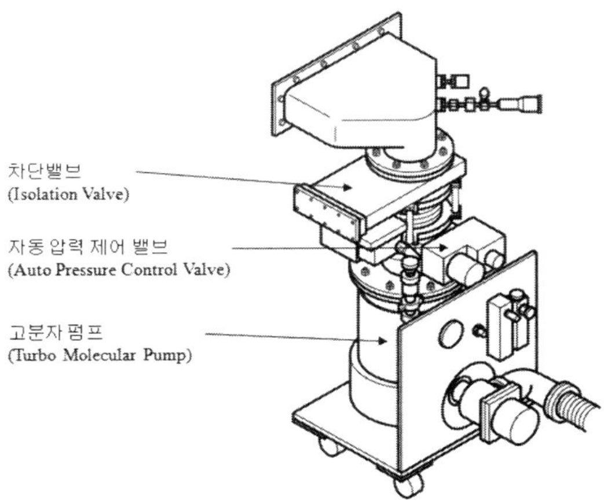

그림 4-36 진공 배기부

(11) After Treatment Chamber(ATC)

ATC는 후처리 챔버(Chamber)라고도 불리고, Light Etching(Ashing 공정과 유사 하며, 조금의 Si도 식각한다.) 등을 TE8500 장치에서 한 번에 처리가 가능한 공정 챔버이다. 구성은 다음과 같다.

① Ball Jar부(석영으로 만들어진 종 모양의 형태)

특수한 형상을 하고 있는 석영(Quartz) Bell Jar의 주위에 고주파(RF)를 인가하여 내부 가스를 이온화한다. Bell Jar는 Shield Box로 뒤덮혀 Matcher를 탑재하고 있다.

② 열판(Hot Plate)

여러 가지 공정진행을 가능하게 하기 위해서 열판(Hot Plate)은 최고 250도까지 온도를 상승시켜 유지할 수 있다. 웨이퍼를 주고받기 위해서 실린더(Cylinder)로 구동하는 Lift Pin을 가지고 있다.

③ 진공 배기 부(Vacuum Manifold)

진공배기부는 ATC의 하부에 설치되어 있고, 차단 밸브(Isolation Valve), 자동 압력제어 밸브(Auto Pressure Valve)가 설치되어 있다.

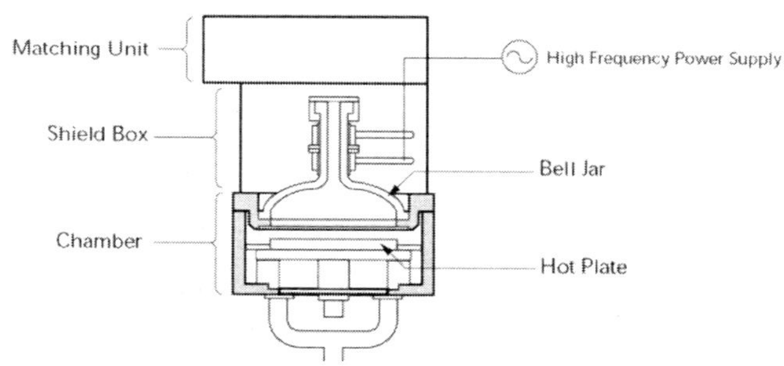

그림 4-37 ATC

(12) 가스 박스(GAS BOX)

여러 가지 플라즈마(Plasma)를 만들기 위해서는 기체의 혼합을 제어하는 것이 필요하다. 가스 박스(Gas Box)는 장치 본체의 뒤쪽 우측에 있고, 최대 6종류(ATC 사양은 별도로 최대 3개)의 가스(Gas)를 독립적으로 유출 제어 한다. 가스 박스에는 UJR 피팅(Fitting)이 사용되어 부품의 교환을 용이 하게 하고 있다.

공정가스(Process Gas)는 가스박스 후방의 UJR 피팅에 접속되어 유량제어기(Mass Flow Controller)로 들어가기 전에 2㎛의 필터를 통과 한다. 각각의 가스 라인은 Purge의 교체 밸브를 가지고 통상의 공정 모드에서 이 벌브는 닫힌 차로 있다. 또한, 이 교체 밸브와 가스 공급밸브를 바꾸는 것에 의해서 질소(N2)로 가스 라인을 Purge하기도 하고 공정 챔버와 가스라인을 차단하는 것도 가능하다.

유량제어기(MFC)의 앞쪽 및 뒷쪽에는 뉴매틱 밸브(Air Valve)가 장착 되어있다. 또한, 가스 라인에는 컴퓨터로부터의 지시에 의해 가스를 공정 챔버에 도입시키는 밸브가 설치되어있다. 가스 유량은 컴퓨터에 프로그램 되어 있고 그 유량에 대한 유량제어기(MFC)의 제어 전압이 컴퓨터의 지시로 주어진다. 그리고 가스 공급 설비로부터 필요량의 가스가 유량제어기를 통하여 공정 챔버로 도입된다.

Tip
뉴매틱(pneumatic) 밸브
압축 공기로 작동되는 밸브

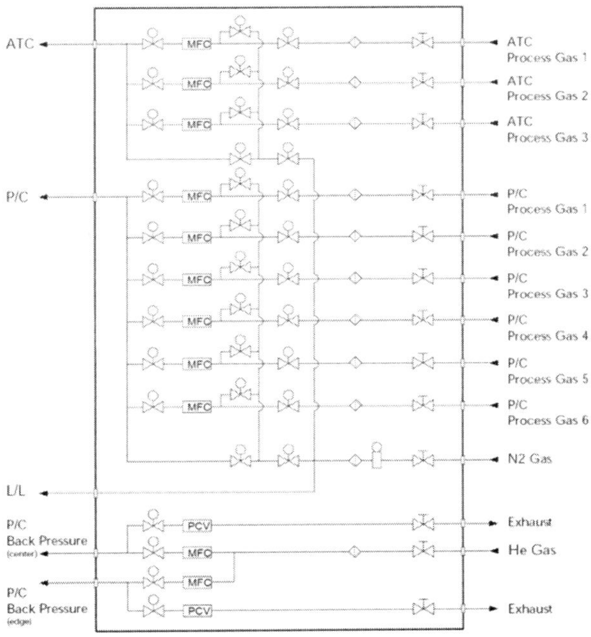

그림 4-38 가스 박스 콘트롤러

(13) 웨이퍼 반송 경로

공정에서 진행되는 웨이퍼는 아래의 그림의 순서대로 반송되어지게 된다. 인덱서 1에서 반출 된 웨이퍼는 반송 로봇에 의해서 P/A 로 이동하게 되고, P/A 에서 웨이퍼의 중심점과 Flat을 확인하고 나서, 반송 챔버 1을 통해서 공정 챔버로 이동하게 된다. 공정이 끝난 웨이퍼는 공정 챔버에서 반송 챔버 3으로 이동하게 되고, ATC 공정을 진행 하지 않는다면 E/S 로 이동한다.

ATC 공정을 진행 한다면 ATC 공정 챔버로 이동한다. ATC에서 공정이 끝난 웨이퍼는 반송 챔버2로 이동 하게 된다. 반송 챔버2가 대기 상태(Atmosphere)가 되면 웨이퍼는 E/S로 이송되어 진다. 반송 로봇은 E/S의 웨이퍼를 인덱서로 반입하게 된다.

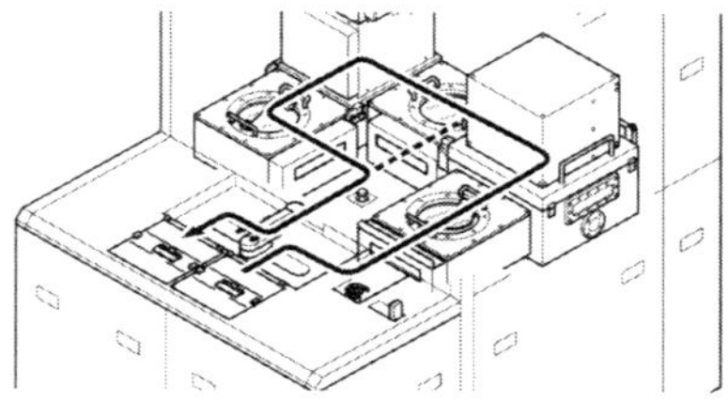

그림 4-39 웨이퍼 반송 경로

(14) 비상 스위치의 위치(Position of the EMO Switch)

반도체 장치에서 가장 중요한 부분 중에 하나가 비상 스위치다. 비상 스위치(EMO : Emergency OFF Switch) 는 장치의 앞 쪽과 뒤쪽에 기본적으로 설치되어 있어야 하며, 노란색 바탕에 붉은색 둥근 누름 스위치로 되어져 있다.

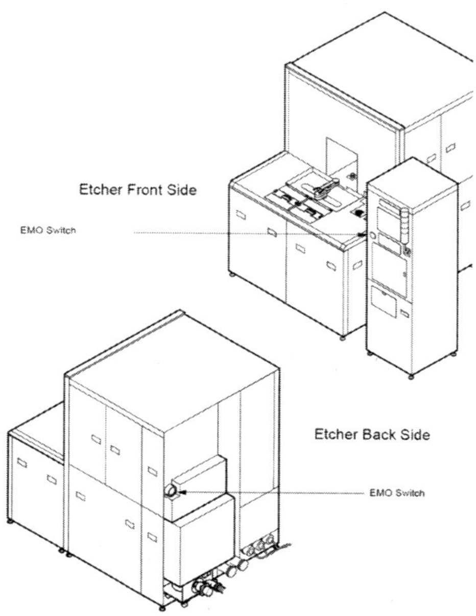

그림 4-40 비상 스위치의 위치

4. TE8500 장비 운영

1) 장비의 기능 조작

이 장은 화면의 표시와 조작 판넬(Operation Panel)을 중심으로 기본적인 조작 설명에 대하여 설명한다. 화면 및 조작 판넬은 제어장치(Controller) 내에 설치되어 있다.

(1) 장비조작 순서

① 장치의 전원 켜기(Turning ON the Machine)

장치의 전원을 켜거나 끄기 위해서는 제어장치(Controller)에 부착 되어있는 스위치 판넬에서 전원 스위치를 동작 시켜야 한다.

TE8500 장비는 2종류의 전원이 있다. 판넬의 [Power] 스위치를 켜게 되면 장치의 각 부분품에게 교류 전원이 공급 된다. [Machine] 스위치를 켜게 되면 장치의 시스템에 전원이 공급 되어서 제어장치 내에 있는 각각의 Board가 동작 하게 되고, 시스템이 부팅된다.

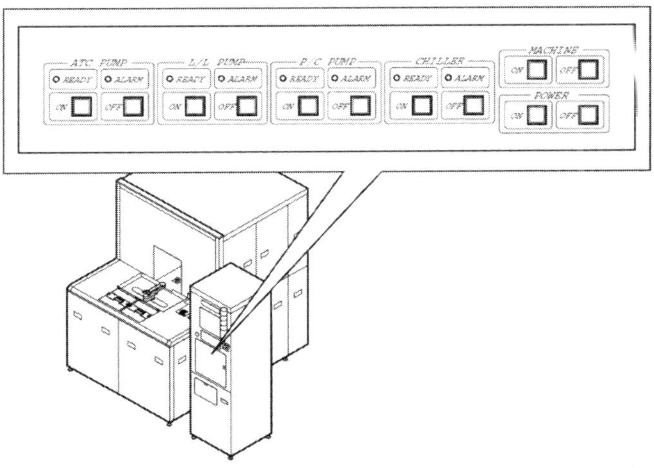

그림 4-41 전원 켜기 순서

② 버튼조작 패널(Operation Key Pannel)

제어장치의 화면 아래쪽에는 아래의 사진과 같은 버튼으로 구성된 조작 패널이 있다. 이 조작 패널을 이용하여 사용자가 장치를 조작할 수 있다.

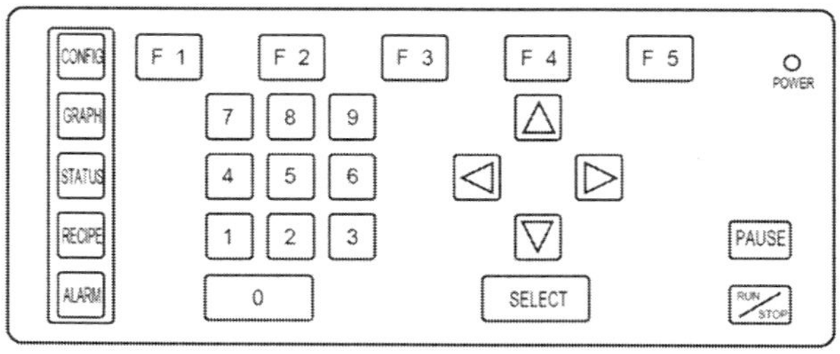

그림 4-42 조작패널

③ 기능 키(Function Key)

[F1]~[F5] : 각 화면의 기능을 가지고 있다.

예를 들어 부팅 화면에서 [AUTO START]를 하기 위해서는 기능키의 [F5]를 눌러야 한다. 하지만 [STATUS] 화면에서의 [F5]의 기능은 [INDEXER UP] 이나 또 다른 기능으로 바뀌게 된다. 각 화면의 아래쪽에 기능을 실행한다.

④ 메뉴 키(Manu Key)

버튼 조작 패널의 좌측에 세로로 위치한 5개의 버튼을 말한다.

- [CONFIG] : System Configuration 화면으로 전환되며, 각종 매개 변수들을 수정 할 수 있다.
- [GRAPH] : EPD(End Point Detect) Signal Monitor 화면으로 이동하게 된다.
- [STATUS] : Status 화면으로 이동하게 되며, 장비를 자동으로 사용 할 수 있는 화면이다.
- [RECIPE] : Recipe 화면으로 이동하게 되며, 식각 .
- [ALARM] : Alarm 화면으로 이동하게 되며, 각종 Error 메시지를 확인 할 수 있다.

⑤ 시작/멈춤 키(RUN/STOP Key)

[RUN/STOP] 키는 [STATUS] 화면에서 공정의 진행을 지시 할 수 있다.

웨이퍼가 들어있는 카세트(Cassette)를 인텍서, [RUN/STOP] 키를 누르게 되면 키의 우측 상단에 있는 작은 LED가 점등 되면서 장치가 자동으로 웨이퍼를 반송 하면, 공정이 진행되게 된다.

⑥ 일시 정지 키(PAUSE Key)

[PAUSE] 키는 공정 작업 진행 중 일시 정지가 필요 할 때 사용 하는 키 이

다. 다시 한번 누르면 일시 정지 되었던 명령이 계속 진행(Continue) 명령으로 바뀌게 된다.

⑦ 숫자 키와 방향키

숫자 키는 각종 숫자를 입력 할 때 사용 하며, 방향키는 화면의 커서의 위치를 옮기기 위하여 사용 한다.

⑧ 선택 키(Select Key)

[SELECT] 키는 화면에서 어떤 숫자를 변경 하거나, 어떤 기능을 선택 할 때 눌러서 선택 하는 할을 한다.

⑨ 부팅 화면(Boot Screen)

정상적으로 부팅이 되면 아래와 같은 화면이 나타나게 된다.

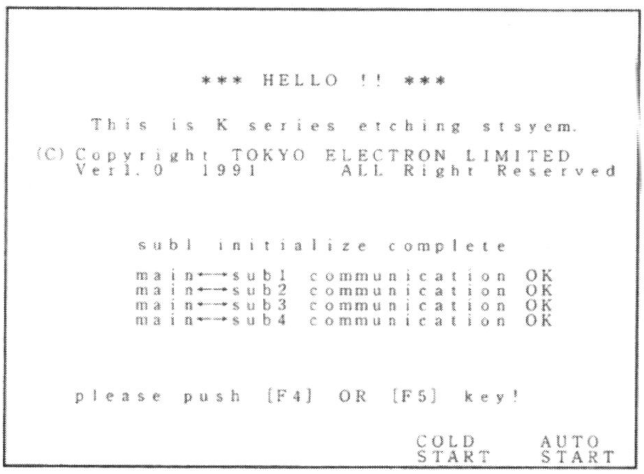

그림 4-43 부팅화면

화면의 중앙에 보이는 "Communication OK"라는 메시지가 보이지 않으면 부팅이 정상적으로 이루어 지지 않았다. 이 경우에는 제어장치의 Board에 문제가 있을 수 있고, 또한 Board에 연결된 커넥터(Connecter) 에 문제가 있을 수 있으므로 확인 후 재부팅 하여야 한다.

화면이 정상적으로 부팅 되었고, 장치를 정상적으로 사용하기 위해서는 [AUTO START] 버튼을(F5 Key), [AUTO START]는 장치의 조작 화면을 STATUS(상태) 화면으로 전환 시키고, 각각의 구동 부들을 움직여서 초기화(Initialize)를 실시한다. 또 장치의 데이터(DATA) 및 매개변수(Parameter)를 변경하기 위해서는 [COLD START] 버튼을(F4 Key) 눌러 준다.

※ 주의

- 여기서 말하는 장치의 데이터 및 매개변수는 [DIAG] 화면에서 설정하는 모터의 매개 변수 및 각종 장치의 추가 기능들을 말한다.
- ATC가 없는 모드 설정 시에는 "Main-communication OK"가 출력 되지 않는다.
- [RESET] 키를 눌러도 [AUTO START] 키가 표시되지 않는 경우가 있다.
  - 주 CPU와 각 CPU의 동시 작동이 이루어지지 않는 경우
  - 주 CPU의 로컬버스(Local Bus)에 접속되는 각 슬레이브 보드의 초기화가 종료되지 않는다.
- [CONFIG] 화면에서 "SYSTEM AUTO START : [ON]"으로 설정되면 시스템은 [AUTO START] 키 가 자동적으로 눌려진 것으로 인식하고 자동적으로 구동부의 초기화를 실행한다.

(2) TE8500장치의 화면 구성

TE8500 장치의 화면 구성은 아래의 같이 구성 되어져 있다.

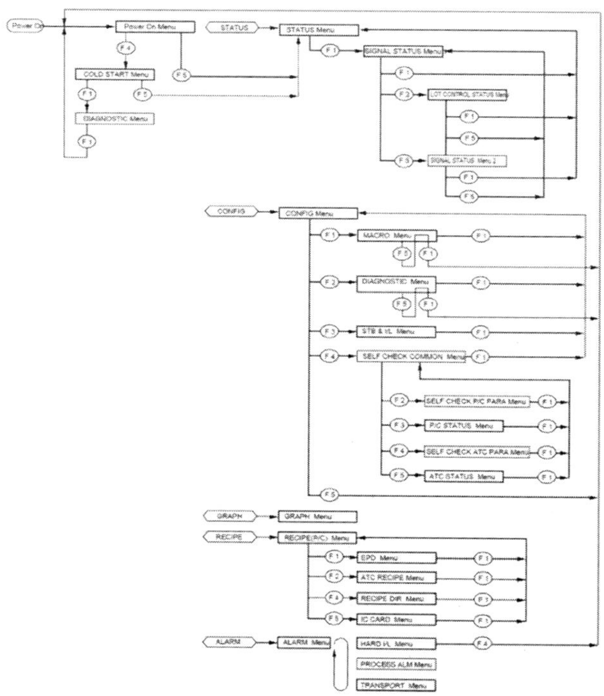

그림 4-44 TE8500 장치 화면 구성

① 상태 화면(Status Screen)

부팅 화면서 [AUTO START] 버튼을 누르면 아래와 같은 상태 화면으로 이동하게 되며, 이동함과 동시에 각 구동 부들의 초기화 작업이 이루어진다. 구동부의 초기화 작업은 대략 2~5분 정도 소요 되며 그 이상이 시간이 지나게 되면 자동으로 에러(Error) 메시지를 띄운다.

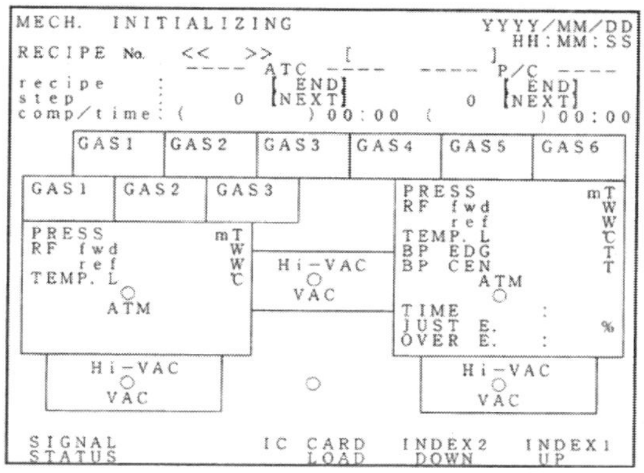

그림 4-45 구동 부 초기화 진행 중인 화면

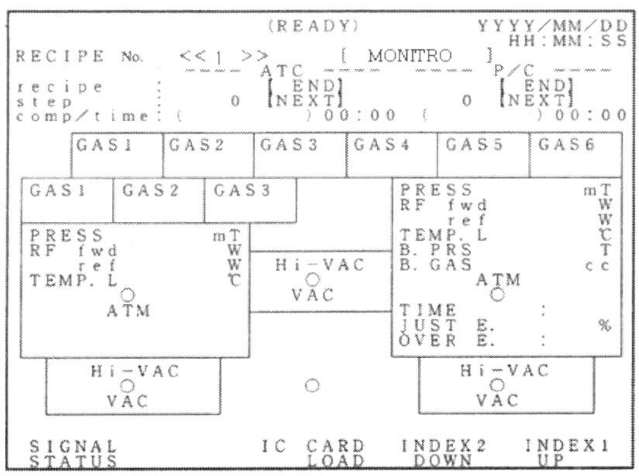

그림 4-46 구동 부 초기화 완료 화면

② STATUS 화면의 각 부분별 설명

- 선택 분야(Select Field) : 방향 키(Cursor)를 선택 분야(Select Field)로 이동하고 [SELECT] 키를 누름으로써 다음과 같은 2종류를 표시하고 실행 할 수 있다.
  - [MONITOR] : [STATUS] 화면에서 장치의 모든 동작 상태를 표시한다.

– [SET POINT] : [STATIS] 화면에서 RECIPE 화면에서 설정한 단계(Step)의 내용을 표시한다.

- 공정 챔버 RECIPE 마침 분야(Process Chamber RECIPE END Field) : 방향키를 공정 챔버 RECIPE [END] 분야로 이동시키면, 기능(Function)표시 항목 두번째에 [ACTION] (F2)가 표시 된다. 현재 실행중의 공정 RECIPE 처리를 강제로 종료 시키는 경우에 유효한 분야이며, [ACTION](F2) 키를 누름으로써 실행된다. 공정 단계 표시가 '0'으로 표시 되며, RECIPE는 종료 된다.
- 공정 챔버 RECIPE 다음 단계 분야(Process Chamber Recipe Next Field) : 방향키를 공정 챔버 Recipe [NEXT] 분야로 이동시키면, 기능 표시 항목 두 번째에 [ACTION](F2)키가 표시 된다. 현재 실행중의 공정 챔버 Recipe 의 단계를 강제로 종료시키는 경우에 유효한 분야이며, [ACTION] (F2)키를 누름으로써 실행된다. 공정 챔버 단계 표시가 다음 단계(Step) 번호로 되고, Recipe도 다음 단계로 전환된다.

표 4-1 STATUS 화면의 각 부분별 설명

항 목	표 시	설 명
Wafer 위치	● ○	반송중의 Wafer를 파란색으로 표시한다. 공정 챔버나, ATC 내에서 RF인가 중은 분홍색 표시로 된다. (주의) Wafer 위치는 Wafer가 존재해야 할 위치를 표시하였기 때문에 실제 Wafer가 존재한다고 할 수 없다.
출입문의 폐쇄상태 (Gate door open/close status)	—— —— 닫힘 —— —— 열림	L/L1, L/L2, L/L3의 출입문(Gate door) 폐쇄 상태를 파란색으로 표시한다. 파란색으로 표시되어 있을 때는 출입문이 닫혀 있는 상태를 나타낸다.
가스 유량 표시 상태 (Gas flow status)	공정 챔버 6 ATC 3	설정된 가스명과 유량을 유출중일 때는 황색이며, 정지 중일 때는 파란색으로서 선택 분야의 내용에 따라서 표시도이다. [MONITOR] 실 유량을 표시한다. [SET POINT] RECIPE 단계 설정량을 표시한다.
진공(Vacuum), 흡기(VENT)	L/L1, 2, 3 내에서 VENT, VAC으로 표시	각각의 L/L의 동작상태를 표시한다. VENT : 흡기중을 표시한다(Atmosphere). VAC : 배기중을 표시한다(Vacuum).
기압 상태	각각의 챔버 내에 ATM, HI-VAC를 표시	각각의 챔버 내의 기압상태를 대기 센서(ATM SW) 및 컨벡트론 게이지(Convectron gauge)에 의해 대기/진공 상태를 표시한다. ATM : 대기상태를 나타낸다. HI-VAC : 진공상태를 나타낸다.

③ Recipe 화면

RECIPE 화면은 Operation 패널의 [RECIPE] 키 입력에 의혀 표시 된다. 이 화면은, 5화면으로 구성되어 있고, 공정(Process) 조건을 설정 할 수 있다. RECIPE는 공정 순서와 매개 변수(공정 챔버, RF Power, 식각, 식각)가 식각 공정(Etch Process)을 제어하도록 설정된 프로그램 이다. Recipe는 최대 99를 저장해서 사용 할 수 있다. 한 개의 Recipe에는 2가지의 타입이 있으며, P/C Recipe는 식각공정 챔버, ATC Recipe는 After Treatment Chamber이다. P/C와 ATC recipe는 15개의 공정 순서 Step으로 이루어져 있다.

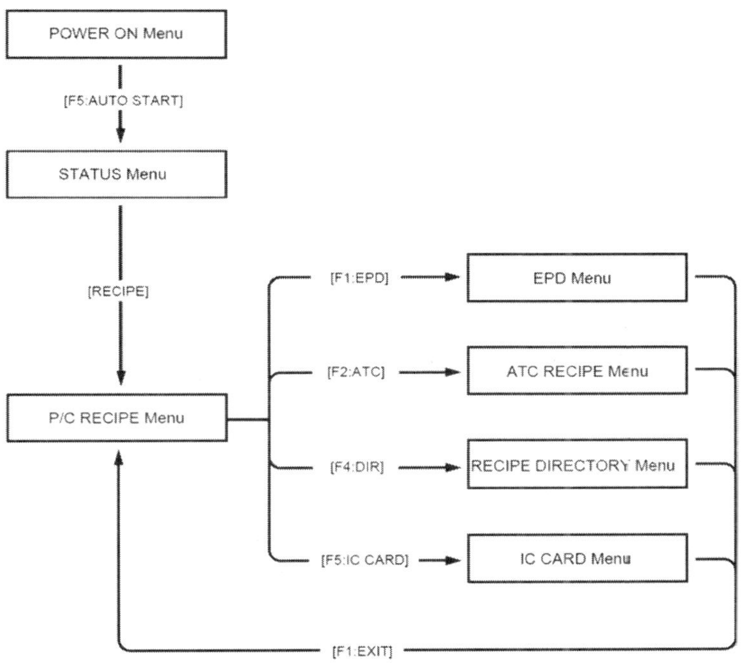

그림 4-47 Recipe 화면

2) 식각 장치 TE8500의 Module

(1) MFC(Mass Flow Control, 질량 유량 제어)

가스(기체)의 질량을 열식 센서로 측정하고 제어하는 것이다. 온도, 압력 변동의 영향을 받지 않고 일정한 유량제어가 가능하다. MFC의 제어는 외부의 입력 신호(0~5Volt)에 의해 원격조작 하여 임의의 유량 제어가 가능 하다. MFC는 센서, PCB, 밸브, Bypass 등으로 구성 되어져 있다.

그림 4-48 MFC 모듈 외형과 내부회로

① 동작 원리

MFC에 공급된 기체는 Bypass에서 분류시켜 일부 센서를 통과 한다. 센서 유량에 비례한 온도 변화를 Bridge 회로에 전달하여 이것을 전기 신호로 변환한다. 이 신호를 0~5Volt의 Linear한 신호에 증폭하고 유량 신호에 대해 출력한다. Bypass와 센서는 통과하는 기체가 합류하는 유량에서 전체 유량을 계측하는 것이 가능하다. 한편, 외부에서 유량 설정 신호도 0~5Volt에 대응하고 있고 이 신호와 센서로 부터 밸브를 구동하여 설정치와 유량치가 일치하도록 밸브를 제어한다.

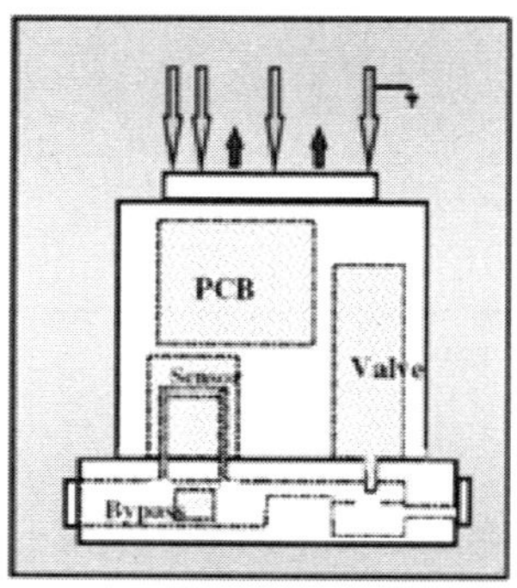

그림 4-49 동작 원리

② MFC 센서 원리

MFC에 사용 되는 유량 센서는 열식질량 유량 센서이며, 센서 튜브에는 2개의 발열저항선이 감겨있고, Bridge 회로를 형성하고 있다. 이것에 전류를 흐르도록 센서 튜브를 가열(Heating)한다. 센서에 기체가 흐르면, 상류측(Upstream side)과 하류측(downstream side)에 온도차가 발생한다. MFC는 ΔT의 변화를 Bridge 회로에서 전기적으로 Reading하고 질량 유량을 계측한다.

③ MFC 유량 오차 발생 원인

- Zero Drift("0"점 변화) : 일반적으로 "0"점 변화의 Error offset 원인은 오염에 의한 것이다. 이것은 Actual Flow Rate에 영향을 미칠뿐 아니라 출력치의 전반적인 곡선에도 영향을 미친다.
- Thermal Siphoning : Thermal Siphoning은 제로 설정점(Zero set point)에 영향을 미칠 뿐 아니라 Zero set point측정값을 변화시키고, 유량 오차를 발생시키며, 설정된 유량의 결과값에 재현성
- Contamination : 오염 정도 및 오염 부위에 따라 유량오차를 발생시킨다.

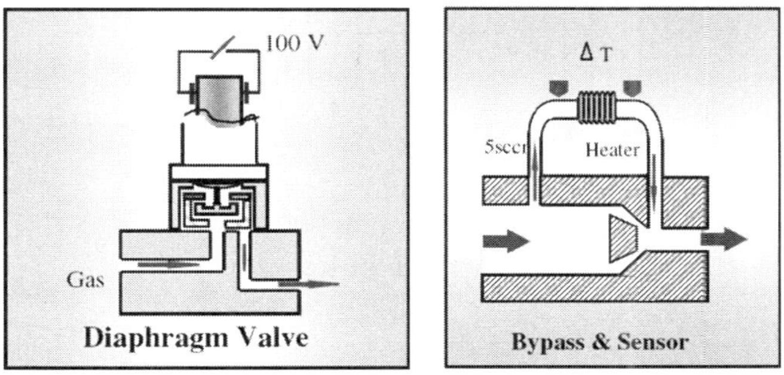

그림 4-50 MFC

④ MFC Troubleshooting

표 4-2 MFC Troubleshooting 방법

증 상	원 인	해결방안
출력이 없다	계량기 결함	디지털 전압계로 출력전압을 확인한다.
	흐름이 없다	압력, 밸브, 가스라인 및 필터의 막힘을 확인한다.
	센서가 닫힘	MFC 교환
	밸브 닫힘	MFC 교환
	전기적 문제	MFC 교환
최대신호	밸브열림 고장	밸브 전압선의 전압을 확인한다. 밸브에 문제가 있을 경우 밸브를 수리 혹은 교체한다.
	입력신호 문제	입력 전압과 출력 정압을 확인한다.

MFC에서 발생 되어지는 대부분의 문제는 "0"점이 틀어지는 경우이다. 그 이외의 문제들은 현장 에서 해결 할 수 있는 부분들이 많지 않다. 위와 같이 몇 가지 점검 후 대부분 수리나 교정을 해야 한다. 수리나 교정은 전문 업체에서 하는 것이 좋다.

"0"점(Zero Calibration) 교정을 위해서는 MFC의 0점 교정 가변 저항을 조절 하여야 한다. 조절하기 위해서는 디지털 전압계를 MFC의 입력 신호의 Pin3과 2번에 연결하여 0±10mV가 되도록 가변저항을 조절 한다.

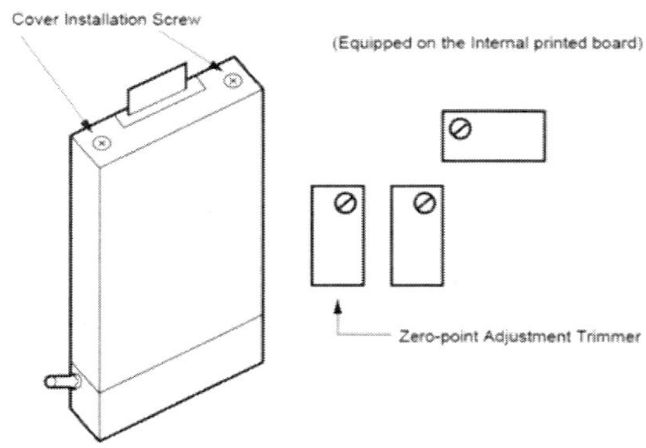

그림 4-51 0점 교정

(2) ESC(Electrostatic Chuck, E-chuck, 정전 척)

건식각 챔버 Chuck 위의 웨이퍼를 고정(Clamping) 2가지로 나누어진다. 가장 쉬운 방법이며 처음부터 사용 되어졌던 방식이 Mechanical Clamping 타입이고, 진보되고 현재 가장 많이 사용되어지고 있는 방식이 여기서 소개하는 Electrostatic Clamping 타입이다.

ESC는 정전기적인 힘(Electrostatic force)을 이용하여 웨이퍼를 고정하는 장치로써 기계적 척(Mechanical Chuck)에 서의 웨이퍼와 Clamp의 접촉에 의한 입자 오염 문제가 없고 진공분위기에서만 사용 될 수 있는 진공척(Vacuum Chuck)과 달리 분위기에 상관없이 사용될 수 있다.

또한, ESC가 웨이퍼를 고정시키는 힘은 평판형(capacitor)에서 하전된 평판간에 발생하는 인력(attratction)에 근원을 두고 있으며 반도체 공정상 에서 웨이퍼를 냉각시키기 위해 웨이퍼 뒷면에 He를 불어 주는데 ESC의 Clamping 압력이

He의 압력을 지태아기 충분해야 하며, 이 압력 값의 개략적인 범위는 0.7~2.0Pa 이다. ESC는 일반적으로 전극의 개수에 따라 Monopolar(Unipolar)와 Bipolar 타입으로 구분 된다. 또한 유전층 Columb과 Jonsen-Rahbek 타입으로 나뉜다.

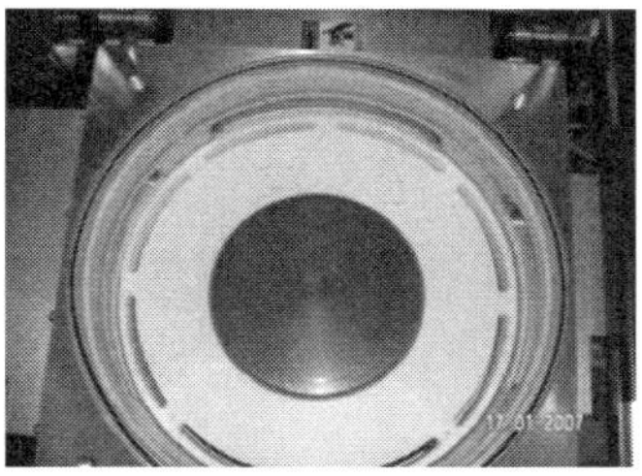

그림 4-52 M-chuck

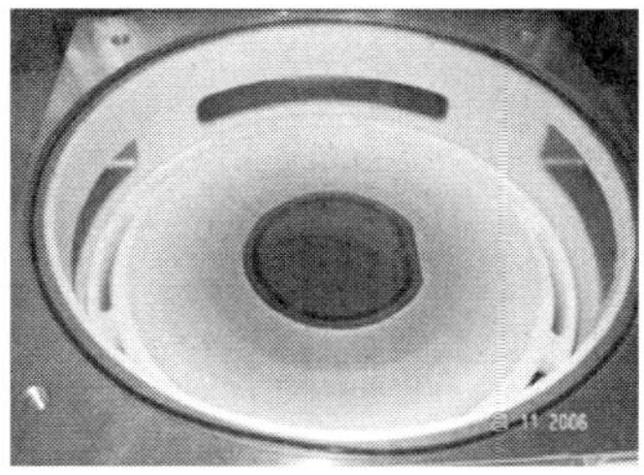

그림 4-53 E-chuck(ESC)

TE8500 장치에서 ESC는 하부 전극에 직류 고 전압을 인가하여 웨이퍼를 흡착 시킨 것으로 웨이퍼 뒷면에 He 가스를 주입 시켜서 웨이퍼 냉각 효율 및 균일성(Uniformity)의 향상을 목적으로 하고 있다. 다음 그림은 ESC의 블록도 이다.

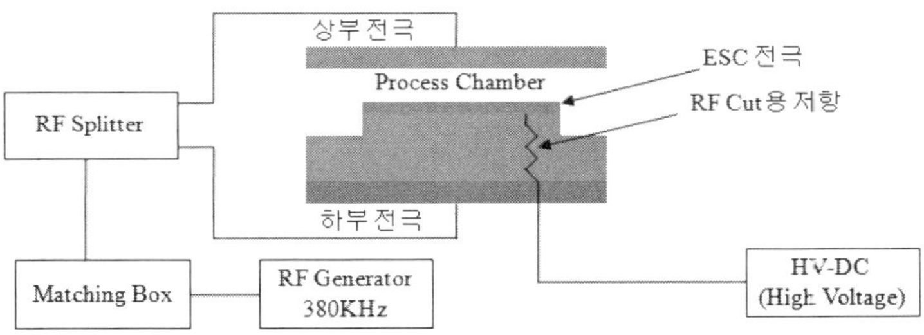

그림 4-54 ESC 블럭도

(3) RF Generator(고주파 발생기)

고주파 발생기는 건 식각 장치에서 플라즈마를 생성하기 위하여 꼭 필요한 장치이다. 이 장에서 소개하는 TE8500 장치에는 2종류의 고주파 발생기를 사용 하고 있다. 식각 공정 챔버에 사용 되어 지는 고주파 발생기는 380KHz의 주파수에 2000Watt의 전력을 가지고, ATC에 사용 되어 지는 고주파 발생기는 일반적으로 사용되어 지는 13.56MHz에 1000Watt의 전력를 가진다.

구주파 발생기를 사용하여 플라즈마를 생성하기 위해서는 기본적으로 고주파 발생기, RF 케이블, RF Matcher, RF Matcher Controller 등이 필요 하며, 여기서 소개하는 TE8500 장치에서는 RF Generator Panel Meter, RF Split 등이 필요하다.

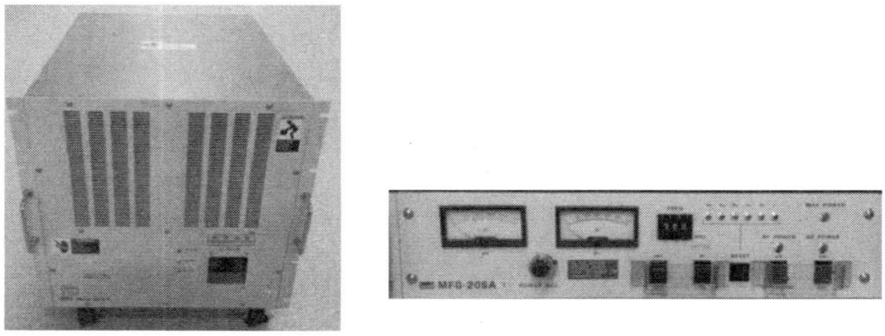

그림 4-55 RF Generator

또한 고주파 발생기의 주파수는 각각의 장치의 특성에 맞게 사용 하고 있으며, 가장 보편적으로 사용 되어지는 주파수는 13.56MHz 이다.

표 4-3 장비별 RF 주파수

사용 주파수	사용장비	사용공정
380KHz	TEL TE8500, TE5000	Oxide ETCH
450KHz	TEGAL6500	Metal ETCH
2.0KHz	TEL Unity SCCM	Oxide ETCH
3.2KHz	TEL Unity SCCM	Metal ETCH
13.56KHz	TEL Unity DRM, LAM, AMAT, Hitachi	Oxide, Poly, Metal ETCH
27.12KHz	TEL Unity IEM	Oxide ETCH
40.68KHz	TEL Unity DRM	EMTAL ETCH
60.0KHz	TEL Unity SCCM	Oxide ETCH

반도체 장치에서 사용 하는 RF 주파수는 표에서 나오는 것처럼 정해진 주파수만 사용 할 수 있다. 고주파 발생기에서 출력되는 주파수는 산업용 주파수이기 때문에 일반적으로 사용 되어지는 통신 주파수와 혼선을 줄 수 있으므로 세계적으로 정해진 주파수만 사용 한다.

가장 기본이 되는 주파수는 13.56MHz이며, 13.56MHz의 배수의 주파수를 사용하는 것을 기본으로 하고 있다. 반도체 장치 및 LCD, LED, OLED 등에서 사용되어지는 고주파 발생기 주파수의 98% 이상이 13.56MHz가 사용되어 지고 있다.

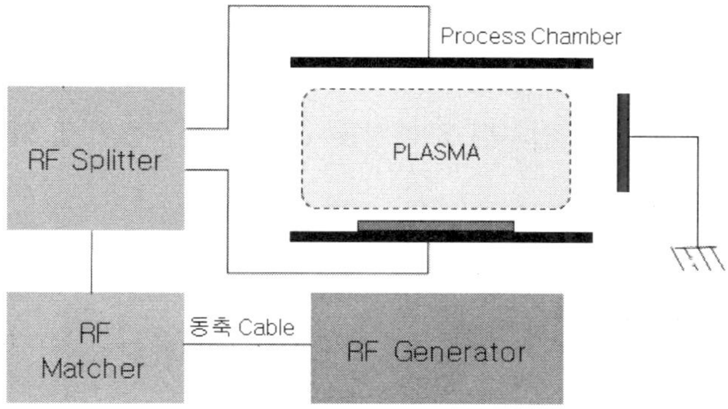

그림 4-56 RF Block Diagram

앞에서도 설명 하였듯이 고주파 발생기를 사용 하는 목적은 플라즈마를 생성 시켜 웨이퍼 표면에 있는 필름을 식각하기 위함이다.

플라즈마를 생성하기 위해서는 고주파 발생기의 전력 손실없이 Process Chamber에 직접적으로 잘 전달되어야 한다. 손실 없이 잘 전달하기 위하여 동축(Coaxial) 케이블을 사용 하고, 고주파 발생기와 Process Chamber 사이에 RF Matcher를 사용한다. 동축 케이블의 사용 목적은 RF Power의 손실을 줄이기 위함이며, 그로 인하여 동축 케이블의 저항은 50Ω(Ohm)이다. 또한 부하 임피던스 값과 입력 임피던스 값이 같게 하기 위하여 계산된 길이의 케이블만 사용 할 수 있다.

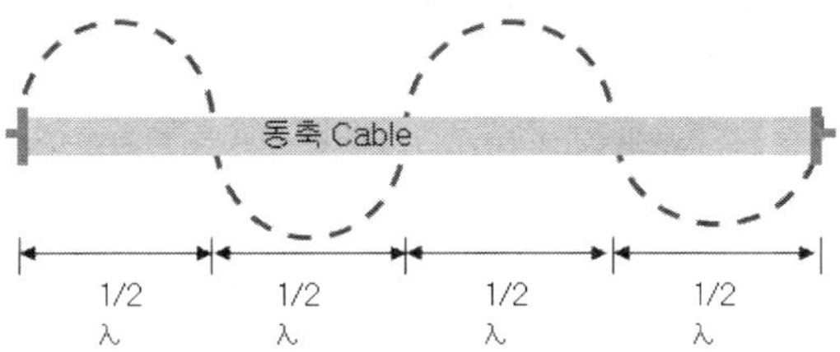

그림 4-57 고주파

RF 전력선(Power Cable)의 길이는 고주파 발생기에서 출력된 Power가 Matcher를 거쳐서 Chamber에 도달 했을 때 RF Power의 손실을 최소화하기 위함이다.

RF Cable과 Matcher, Process Chamber의 저항은 모두 50Ω(Ohm) 이다. 50Ω을 사용 하는 이유는 전자파 에너지의 전력 전송 특성이 가장 좋은 임피던스는 33Ω이고, 신호 파형의 왜곡이 가장 작은 임피던스는 75Ω이다. 그래서 그 중간

정도가 49Ω 정도 인데, 계산상의 편의를 위해서 50Ω을 사용 하게 되었고, 암묵적으로 기준 임피던스로 자리 잡게 되면서, 모든 임피던스의 입력단과 출력단을 50Ω으로 만들어 주면서 임피던스 매칭을 손쉽게 할 수 있게 되었다.

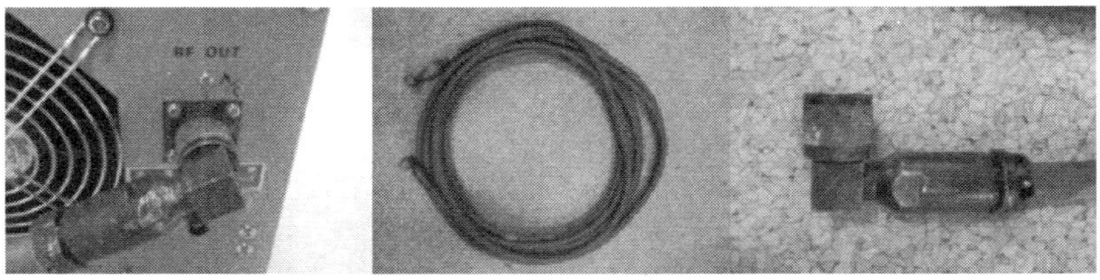

그림 4-58 RF Power Cable

RF Matcher는 고주파 발생기에서 출력된 RF Power가 부하단인 Process Chamber에 손실없이 전달되게 하기위한 장치이다. RF Matcher는 RLC로 이루어져 있다. RLC란 저항(Resistor), 코일(Inductor or Coil), 콘덴서(Capacitor)를 말한다.

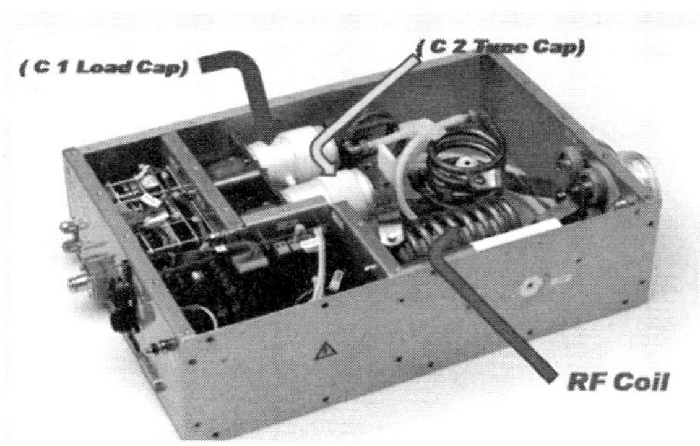

그림 4-59 RF Matcher 구성요소

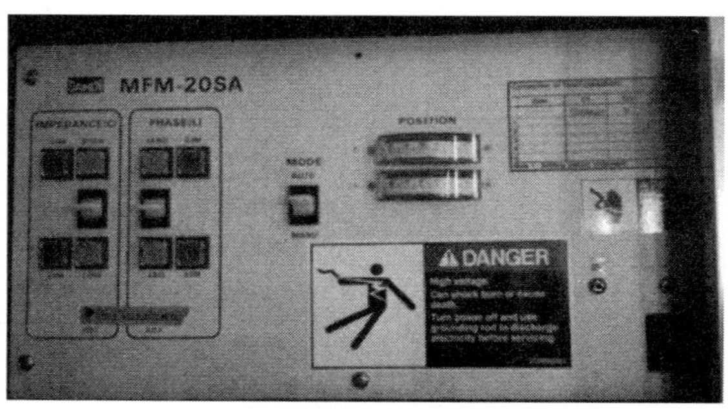

그림 4-60 RF Matcher 전면패널

3) 식각 장치 TE8500의 Maintenance

(1) RF 조정의 필요성

기계제어장치(Machine Controller)의 제어 전압과 고주파 발생기의 출력전압과의 관계를 바르게 조정하여야 사용자가 원하는 RF Power를 정확하게 Process Chamber에 인가 할 수 있다.

(2) Machine Controller와 RF Generator와의 동작 관계

Process Chamber용	RF Generator
설정 범위	0~2000Watt
Control 전압	0~10.0Volt(DC)
ADC Control	0~4095Count

ADC는 0~4095 Count에서 0.0~10.0 Volt의 출력전압에서 고주파 발생기를 제어하고 있다. 고주파 발생기는 입력 전압 0.0~10.0Volt에서 출력 전압 0~2000Watt의 제어를 하고 있다.

2000Watt/10 Volt=200 ······ (식 2-1)
식 2-1에 의해 RF Generator의 입력 1.0Volt에서
200Watt의 출력을 얻는다.
1.0 Volt=200Watt
ADC의 4095 Count에서 10.0 Volt의 전압을 만들기 때문에
1 Count의 전압은
10.0Volt/4095=2.44mVolt ······ (식 2-2)
RF Generator의 출력을 200Watt로 하기 위해서
ADC의 Count를 아래 식 에서 구하면
1.0Volt/2.44mV=409.5Count
=(약 410 Count) ······ (식 2-3)
에서 200Watt=410Count로 구해진다.
역으로 1Watt의 전압과 Count 수는
1.0V/200Watt=5.0mV ······ (식 2-4)
409.5Count/200Watt=2.05Count
=(약 2Count) ······ (식 2-5)
식 2-4와 2-5에 의하여
1Watt=5mV=2Count ······ (식2-6)
에서 ADC의 2Count로 RF Generator에 5mV를 출력하고 1Watt의 출력을 얻는다. 따라서 ADC의 Count수가 2Count 변화하면 RF Generator의 출력은 1Watt 변하게 된다.

- Interlock : Interlock에는 발생기의 신호와 Process Chamber에서의 Cover Open 신호등이 있다. 고주파 발생기에서의 Interlock Alarm은 Power Over load, Over Heat, PCW Not Flow 등이 있으며, 이런 Interlock이 발생시 RF Power는 OFF 된다.

(3) 주의 사항

발생기의 RF Power Out Line은 고출력이 나오고 있기 때문에 동작 중에 손이 닿지 않도록 한다(특히 케이블의 Connector 부분은 주의 한다.).

반사파 전력의 조정을 할 때 에는 동축 Cable을 떼어내기 때문에 RF Power의 Out의 Connector 부를 비닐 테이프 등으로 절연해 줘야 한다.

케이블 등을 끼우거나 뺄 때는 반드시 전원이 OFF 되어 있는 것을 확인하고 작업을 해야 한다(특히 RF Power Out Line은 RF 출력이 OFF 되어 있는 것을 확인하고 작업을 해야 한다. 아래와 같은 안전 표시가 있는 곳은 고전압과 RF Power가 있는 곳이기 때문에 주의 하여야 한다.).

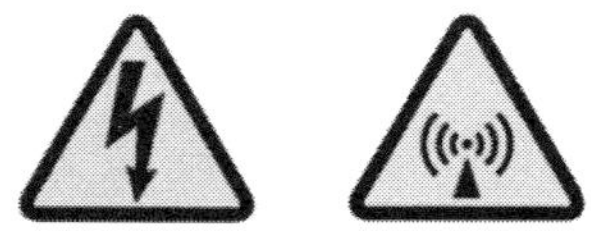

그림 4-61 안전/주의 표시

(4) Process Chamber측의 RF 조정

① 장치 Block Diagram

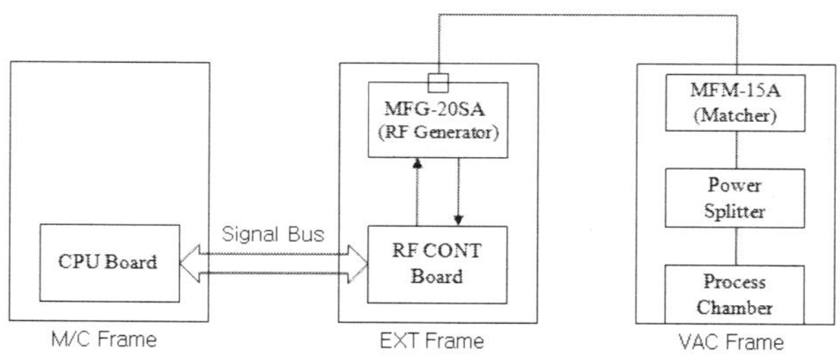

그림 4-62 도면 A

② RF 전원 조정시의 Block Diagram

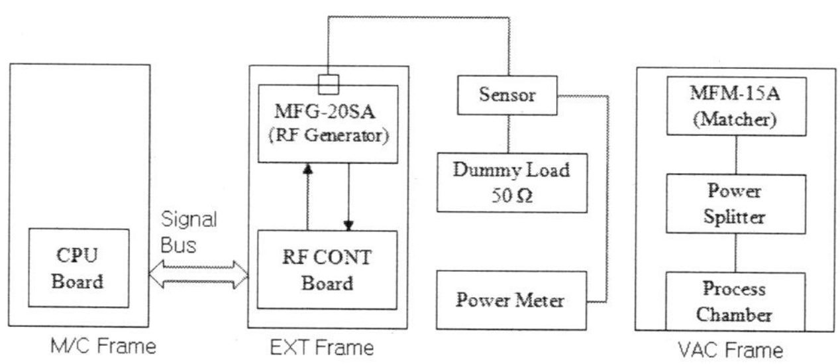

그림 4-63 도면 B

③ 필요 기구

- Digital Voltmeter(DVM)
- 교정 완료 된 RF Power Meter
- RF Power Sensor
- Dummy Load(50 Ohm)
- RF-14/U 동축 Cable
  (HN형 Connector 부착) 2개
- 가변저항 조정용 드라이버(일자형 시계 드라이버)

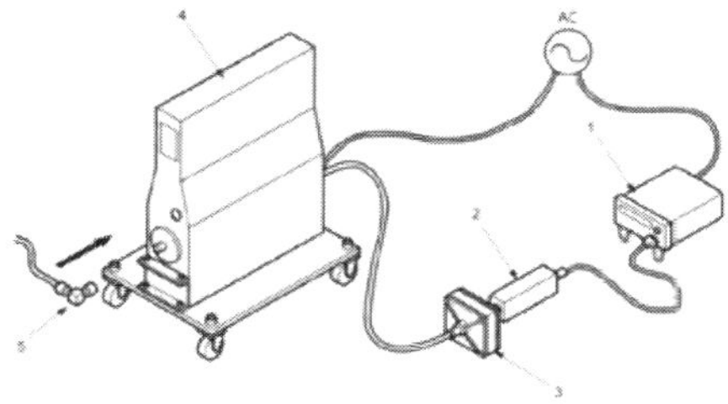

그림 4-64 교정순서

④ RF 전원의 Panel Meter 지시치의 교정

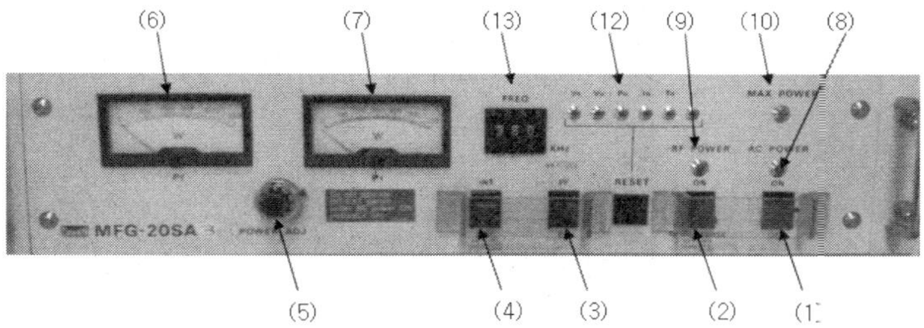

(1) AC Power Switch : C200V 입력 전원의 ON/OFF Switch
(2) RF Power Switch : RF 출력의 Manual/Remote 변환 Switch
(3) PF / PL Switch : RF 출력제어 변환 Switch
(4) INT / EXT Switch : RF 출력 Power의 제어 변환 Switch
(5) Power ADJ DIAL : RF 출력 Power의 Manual 설정 Dial
(6) PF Meter : 진행파 전력의 표시 FS=2500Watt
(7) PR Meter : 반사파 전력의 표시 FS=600Watt
(8) AC ON 표시 : AC 전원의 ON 표시
(9) RF ON 표시 : RF ON 표시
(10) Max Power 표시 : 최대 출력 표시
(11) Reset Switch : Alarm 해제 Switch
(12) Alarm 표시 : Alarm 표시
(13) FREQ Switch : 출력 주파수 표시

그림 4-65 RF 전원의 전면 Panel

※ 접속 및 조정 하기전의 준비

- 기계의 기계 스위치가 "OFF"(ON LED 소등)로 되어 있는 것을 확인 한다. 만약 장비가 켜져 있으면 전원을 OFF 한다.
- 각 장치의 Power Switch가 "OFF"로 되어 있는 것을 확인 후 도면 B와 같이 Dummy Load와 Power Meter를 접속한다.
- Dummy Load와 Power Meter의 Power를 "ON" 한다.

• 기계의 기계 스위치를 "ON" 한다.
• Auto START를 실행 후 화면을 DIAG 화면으로 한다.
• DIAG#1 화면 [MANUAL ACTION]에서 UNIT [P/C RF]를 선택한다.
• DIAG#2 화면에서 [SIGNAL MONITOR] [P/C]를 선택한다.
• 전기적 동작 및 출력 안정을 위해 15분 정도 IDLE로 놔둔다.

⑤ RF Control Board의 교정(RF CONT BOARD 2)

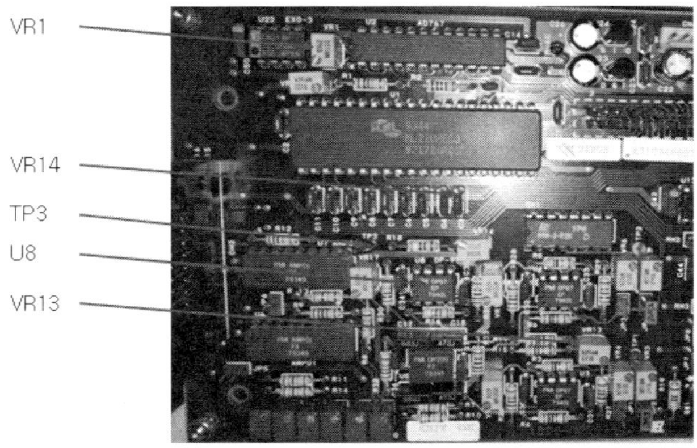

그림 4-66 RF Control 보드(조정포인트)

• SET Power의 교정
  - Zero 조정
    ‣ DIAG#1 화면에서 RF Power에 "0" Watt를 입력 하고 Action을 누른다. 또 RF [ON]을 선택하고 ACTION을 누른다.
    ‣ TP3의 값이 0.0mV ±10mV로 되도록 VR13을 조정 한다.
  - 기준 전압 조정
    ‣ DIAG#1 화면에서 RF Power에 "2000" Watt를 입력 하고 ACTION을 누른다. 또 RF [ON]을 선택하고 ACTION을 누른다.
    ‣ U8-3Pin(OP-97)이 5.0V ±10mV로 되도록 VR1을 조정한다.
  - GAIN 조정
    ‣ DIAG#1 화면에서 RF Power에 "1300"Watt를 입력하고 ACTION을 누른다. 또 RF [ON]을 선택하고 ACTION을 누른다.
    ‣ Power Meter가 "1300" Watt로 되도록 VR14를 조정 한다.
    ‣ RF를 OFF로 하고 Power를 "0" Watt로 한다.

• 표시 Power의 교정(RF Forward Power)

그림 4-67 콘트롤보드 조정 포인트

-Zero 조정

‣ DIAG#1 화면에서 RF Power에 “0” Watt를 입력 하고 Action을 누른다. 또 RF [ON]을 선택하고 ACTION을 누른다.

‣ TP1의 값이 0.0mV ±10mV로 되도록 VR15을 조정한다.

-GAIN 조정

‣ DIAG#1 화면에서 RF Power에 “1300” Watt를 입력하고 ACTION을 누른다. 또 RF [ON]을 선택하고 ACTION을 누른다.

‣ DIAG#2 화면[MONITOR]의 RF Fwd의 값이 “1300” Watt로 되도록 VR3을 조정한다.

‣ RF를 OFF로 하고 Power를 “0” Watt로 한다.

• 반사파 Power의 교정(RF Reflector Power)

그림 4-68 Power 교정 포인트

-Zero 조정

‣ DIAG#1 화면에서 RF Power에 “0”Watt를 입력하고 Action을 누른다. 또 RF [ON]을 선택하고 ACTION을 누른다.

‣ TP2의 값이 0.0mV ±10mV로 되도록 VR16을 조정한다.

－GAIN 조정

- DIAG#1 화면에서 RF Power에 "1300" Watt를 입력 하고 ACTION을 누른다. 또, RF [ON]을 선택하고 ACTION을 누른다.
- DIAG#2 화면의 RF ref의 ADC COUNT값이 0±5로 되도록 VR5을 조정한다.
- RF를 OFF로 하고 Power를 "0" Watt로 한다.

요 약

- 식각공정은 식각 방식에 따라 건식식과 습식각으로 구분되며, 깍아내는 막질(Film)에 따라 실리콘(Silicon) 에칭, 옥사이드(Oxide) 에칭, 나이트라이드(Nitride) 에칭, 폴리실리콘(Poly-Silicon) 에칭, 메탈(Metal) 에칭 그리고 포토리지스(Photo Resist) 제거 공정인 에셔(Asher) 공정으로 나눌 수 있다.
- 플라즈마를 이용한 건식각(Dry Etching)장비는 반응성 가스를 진공 Chamber 내에 주입한 후 에너지원으로 RF(Radio Frequency) 또는 고주파(Microwave)에 의해 가스를 해리함으로써 플라즈마를 발생시켜 플라즈마 내의 Radical과 이온을 활용하여 반응에 의한 화학적 식각나 이온 Bombardment에 의한 물리적 식각에 의해 대상체를 식각 하고 이 부산물을 배기라인을 통해 배기하게 된다.
- TE8500 Oxide 식각 장비는 본체(Main Unit), 제어장치(Controller), 냉각기(Chiller), 진공 펌프(Vacuum Pump), 고주파 발생기(RF Generator), 교류 전원 공급 장치(AC Power Supply)로 구성 된다.
- RF 발생기(RF Generator)는 건식각 장치에서 Plasma를 생성하기 위하여 꼭 필요한 장치이다. TE8500 장치에는 2종류의 RF Generator를 사용 하고 있다. 식각 공정 챔버에 사용 되어 지는 RF Generator는 380KHz의 주파수에 2,000Watt의 Power를 가지고, ATC에 사용되어 지는 RF Generator는 일반적으로 사용되어 지는 13.56MHz에 1000Watt의 Power를 가진다. RF Generator를 사용 하여 Plasma를 생성하기 위해서는 기본적으로 RF Generator, RF Cable, RF Matcher, RF Matcher Controller 등이 필요하다.

연습문제

01 건식각(Dry Etching) 장비의 주요 구성품들을 5개 이상 나열하고 그 역할을 간단하게 기술하시오.

02 플라즈마(Plasma) 소스(Source)의 종류를 5가지 이상 기술하시오.

03 MFC(Mass Flow Control, 질량 유량 제어)의 동작 원리를 기술하시오.

04 RF 조정에 필요한 기구를 3가지 이상 쓰시오.

05 건식각 챔버 Chuck 위의 웨이퍼를 고정(Clamping)하는 방식이 2가지 있는데, 이 2가지 방식에 대해서 기술하시오.

참고문헌

TE8500ATC Manual by Tokyo Electron Limited

에싱공정(Ashing) 장비

05 Chapter

05
Chapter

에싱공정(Ashing) 장비

학습포인트
- 에싱공정의 개념을 이해하고 설명할 수 있다.
- 에싱공정장비의 기본 작동법을 이해한다.
- 에싱공정장비의 경향 및 향후 경향을 이해 할 수 있다.

1. 에싱(Ashing) 공정 개요

반도체 공정 중에서 가장 많이 반복되는 단위공정들 중 하나가 에싱공정이라 할 수 있다. 그럼 반도체 공정이란 무엇일까?

웨이퍼위에 구성 물질을 순서대로 쌓고(증착공정) 필요한 부분만 남기고 나머지 부분을 제거(식각공정)해서 최종적으로 전압을 인가했을 때, 전류가 흐를 수 있게 되는 반도체 성질을 이용해서 트랜지스터를 만드는 것이다.

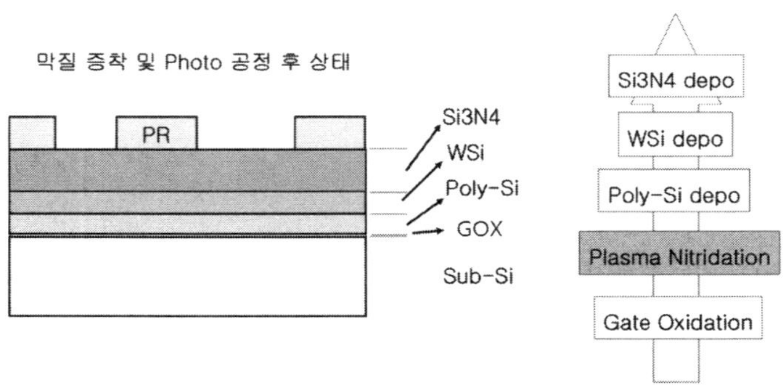

그림 5-1 트랜지스터 형성 공정 1

상기의 그림과 같이 트랜지스터를 만들기 위해서는 도체, 부도체, 전극 등의 막을 순차적으로 증착한 후 원하는 부분은 남기고 불필요한 부분만 선택적으로 제거하기 위해 노광공정을 통해서 감광막(Photo Resist)을 형성한다.

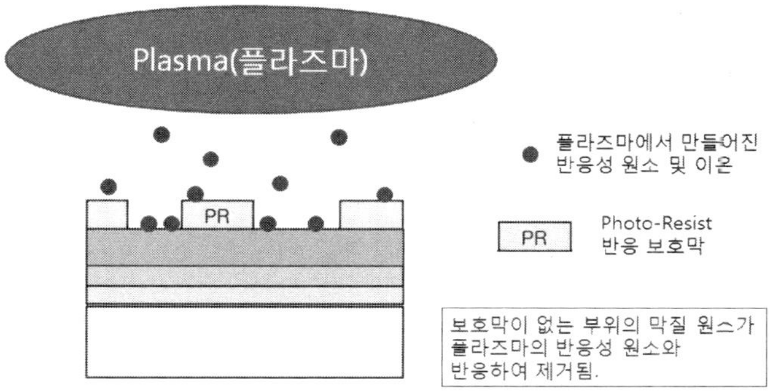

그림 5-2 건식식각 공정

그림 5-2에서 같이 건식식각(Dry Etch) 설비 내에서 플라즈마를 발생시켜 반응성 원소(radical)와 이온을 이용하여 감광막이 없는 부위의 막질을 제거한다.

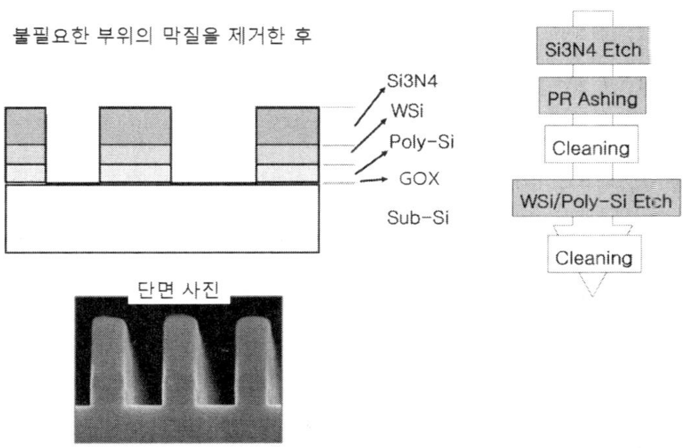

그림 5-3 트랜지스터 형성 공정 2

그림 5-3은 불필요한 부위의 막질이 모두 제거된 이후의 그림이며, 하단의 사진은 주사(走査) 전자 현미경(SEM : scanning electron microscope)을 이용하여 촬영한 건식식각이 완료된 단면 사진이다. 앞에서 언급한 바와 같이 반도체 공정은 구성 물질을 순서대로 쌓고, 필요한 부분만 남기고 나머지 부분을 제거하는 공정의 반복이라고 할 수 있다.

그럼 반도체 공정 중에서 에싱(Ashing) 공정이란 무엇일까?

에싱 공정은 상기 그림 5-2에서 보이는 바와 같이 노광공정으로 만들어진 감광막(Photo-resist)이 식각 공정 혹은 이온주입공정(ion implantation)시 보호막

(mask)으로 사용된 후 남게 되는 감광막을 제거하는 공정이다.

"Plasma Ashing"은 일종의 플라즈마(plasma) 에칭(etching)의 응용분야중 하나라고 할 수 있으며, 아래와 같이 산소플라즈마에서 만들어지는 산소래디컬(Radical)을 이용하는 등방성(isotropic) 에칭이다.

TIP

라디칼(Radical)
화학변화가 일어날 때 분해되지 않고 다른 분자로 이동하는 원자의 무리

$$e + O_2 \rightarrow 2O + e \rightarrow O^* + O^* + e$$

여기에서 e는 전자, O*는 산소래디컬이다.

감광막(Photo Resist)은 주로 탄소성분(C-H)으로 구성된 폴리머 재료로서, 플라즈마 내에 산소 래디컬과 감광막이 반응하여 CO, CO_2 그리고 OH와 같이 휘발성(Volatile) 성분이 되어 제거되는 방식이다.

에싱(Ashing)이란 사전적인 의미로 "태운다", "재로 만든다"는 의미이며, 앞에서 언급한바와 같이 산소 래디컬(radical)과 감광막이 반응되어 이산화탄소가 만들어진다는 점에서는 사전적인 의미와 잘 부합이 된다 할 수 있다. 또한 에싱공정은 'PR strip' 공정으로도 불린다(Photo Resist의 첫자만 따서 'PR'이라고도 부름).

PR strip 공정은 주로 케미컬(chemical)을 이용하여 감광막을 벗겨낸다는 의미이나, 플라즈마 에싱과도 혼용하여 사용되며, 이러한 설비를 Asher 혹은 PR Stripper라고 부른다.

이전에는 감광막을 제거하는 방법으로 케미컬(chemical)을 사용하는 습식(wet)공정이 주류를 이루었으나, 현재는 환경, 생산원가 그리고 공정적인 측면 때문에 주로 플라즈마를 이용하는 건식(dry)방식이 사용되고 있다. 특히 공정적인 측면에서, Fluorine(불소계열 가스)이나 Chlorine(염소계열 가스)을 이용한 건식식각 그리고 고 전류(High-current) 이온 임플랜트(ion implantation)공정한 후에 감광막은 경화되거나 변성(원래의 감광막이 갖는 성질과 전혀 다른 특성으로 바뀜)이 되어, 습식방식의 케미컬(chemical)에 잘 제거되지 않아, 플라즈마(Plasma)를 이용한 에싱공정이 더욱 더 중요해지고 있으며, 반도체 공정 중 가장 많은 단위공정중 하나이다.

통상적으로 감광막 아래에 박막물질들(예를 들면, 유전막(dielectric)과 금속막(metal film) 등등)의 경우 산소 플라즈마에 거의 반응을 하지 아니하여, 충분한 오버에칭(식각이 완료된 이후에 추가 식각하는 것을 "Overetch"라고 함)을 하여 감광막 잔류물(residue)이 남지 않도록 공정을 한다.

1) Ashing 공정의 다른 응용 분야들

최근에는 단순히 PR를 제거하는 전형적인 Ashing 공정 외에도, 반도체 공정 개선을 목적으로 하는 에싱(Ashing) 공정들이 있어서 몇 가지 공정에 대해 소개한다.

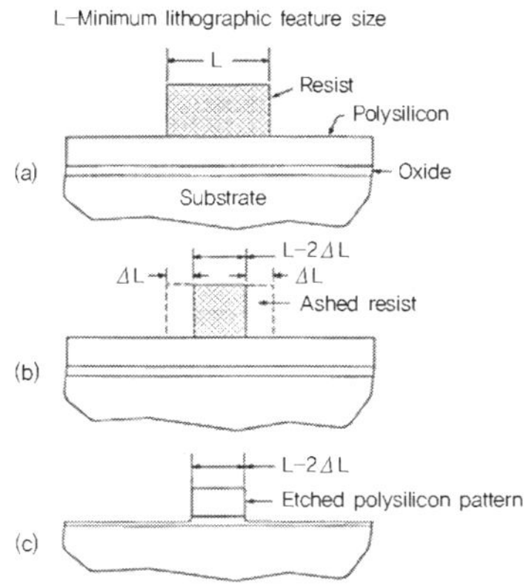

그림 5-4 노광공정에서 capability 이하의 선폭패턴 구현

통상적인 g-line(436nm) 노광설비(Lithography tool)로 구현 가능한 선폭은 ~ 0.7um이지만, h-line(405nm)혹은 i-line(365nm)을 사용하지 않고도, 이보다 작은 미세 선폭을 구현 할 수 있는데, 이때 에싱(Ashing) 공정의 도움을 받는다.

예를 들면, 상기 그림과 같이 (a) 0.7um의 패턴을 g-line 노광설비로 구현하고 (b) 산소플라즈마를 이용한 부분 에싱(Partial Ashing : PR을 전부 제거하는 것이 아니라 일정 두께의 PR을 남기고 에싱하는 것)을 실시하여 감광막의 선폭을 줄인다, (c) 그 다음 건식식각(Dry etching) 공정을 하여 0.2um 이하의 CD(critical dimension)를 구현하였다.

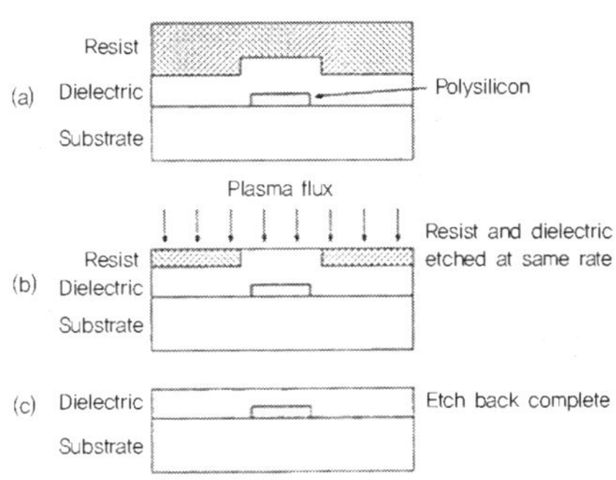

그림 5-5 건식 식각방식의 Planarization 공정 흐름도

평탄화(Planarization) 작업은 반도체가 집적화됨에 따라 더 많은 요구가 있으며, 통상적으로 CMP(Chemical Mechanical Polishing)를 이용하지만, 건식 식각(dry etching)을 이용하는 평탄화(planarization)공정도 있다.

평탄화(Planarization)공정은 그림 5-5에서와 같이, (a) 우선 다결정 실리콘(Poly-silicon) 위에 유전막(dielectric film)을 증착하면서 시작된다. 이때 유전막(dielectric film)은 산화막(oxide)과 포스포실리케이트 글라스(PhosphoSilicate Glass)혹은 보로-포스포실리케이트 글라스(Boro-PhosphoSilicate Glass)가 이용된다. 그 다음 감광막(Photo Resist)을 뾰족한 모서리 패턴이 없어질 때까지 코팅을 하여 먼저 평탄화를 이룬다. (b) 플라즈마 식각을 한다. 이때 감광막(Photo Resist)과 유전막(dielectric film)의 선택비(selectivity)가 동일한 식각공정을 사용한다는 것이 중요하다. (c) 마지막으로 평탄화가 완료된다.

2) Ashing 공정에 주로 이용되는 하드웨어.

현재 주로 Ashing 공정에서 주로 사용되고 있는 플라즈마 발생 방법과 플라즈마 발생위치에 따라 아래와 같이 구분할 수 있다.

- 다이렉트 플라즈마 소스(Direct Plasma source)
  - 영통형(Barrel type)
  - 평판형(Planar type)
- 리모트 플라즈마 소스(Remote plasma source)
  - 마이크로웨이브(microwave) 플라즈마 소스
  - 원환체형 RF 플라즈마 소스(Toroidal RF powered plasma)

(1) 다이렉트(direct) 플라즈마 소스

다이렉트 플라즈마 방식은 웨이퍼가 놓이는 공정챔버에서 직접 플라즈마를 발생시켜 공정하는 방식으로, 건식식각(Dry etch), 화학기상 증착기(PECVD) 등에서 주로 사용되는 방식이다.

① 배럴(Barrel) 형 플라즈마

직접 공정챔버내에서 플라즈마를 발생시키는(즉, Direct plasma) 방식 중 배럴형(Barrel type)의 경우, 주로 150mm 웨이퍼 혹은 그보다 작은 소구경의 웨이퍼 공정에서 사용되어 왔다. 따라서 현재는 주로 학교나 연구소에서 사용되고 있다.

이 설비는 "Descum" 용도로 사용되기도 한다. "Descum"이라고 하면, 노광공정(Photo lithography)에서 "Hard Baking" 이후에 감광막 찌꺼기(PR Residue) 혹은 기타 유기물질(Organics)을 제거하는 공정을 말한다. 통상적으로 산소플라즈마를 이용하여 1분 내외의 짧은 시간 내에서 처리한다.

또한 배럴(Barrel) 타입의 가장 큰 특징 중 하나는 평판형(planar)과 달리 웨이퍼(Wafer)의 앞면과 뒷면 모두가 플라즈마에 노출되어 웨이퍼의 양면이 한번에 Ashing/descum/cleaning 할 수 있다는 것이다.

그림 5-6과 같이 배럴(Barrel) 타입의 Ashing설비는 원통형 챔버에 두 개의 전극을 이용하는 축전 결합형 플라즈마(CCP : capacitively coupled plasma), 석영튜브(Quartz tube)에 코일을 감아 사용하는 유도 결합형 플라즈마(ICP : inductively coupled plasma) 혹은 마이크로웨이브(Microwave) 파워를 이용하는 세 가지 방식이 가장 대표적으로 사용되는 방식이다.

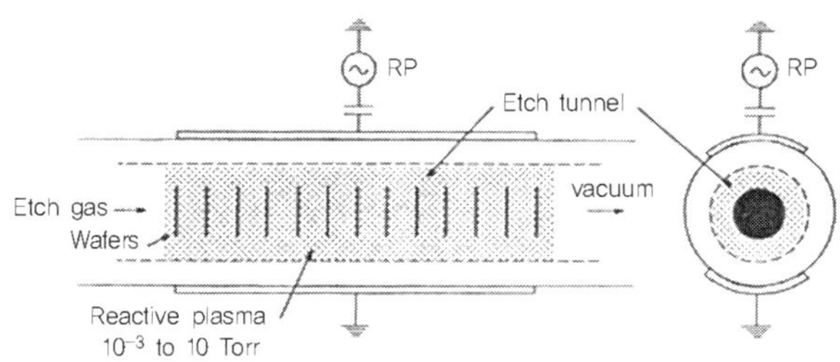

그림 5-6 일반적인 Barrel type system 형태

통상적으로 사용되는 Ashing공정조건은, 공정압력은 주로 Torr(토르 : 압력 단위중 하나로서, 대기압은 760Torr 이다) 부근의 압력에서 이루어지므로, O_2와 N_2를 10대 1 비율로 사용하며, 가스 공급(Gas Flow)은 분당 ~수 리터에서 수십 리터까지 공급된다. 따라서 일반적인 건식식각설비와는 달리 고진공 펌프(예를 들면, 터보분자펌프(Turbo molecular pump), 확산펌프(diffusion pump) 그리고 초저온펌프(cryogenic pump) 등)를 사용하지 않고, 일차펌프(예를 들면, Rotary oil pump, Dry pump)만을 주로 사용한다. 참고로 펌프는 일차펌프와 이차펌프로 구분이 된다. 일차펌프는 대략 대기압에서 부터 ~10^{-3}mTorr 정도의 진공압력까지 동작하는 펌프이며, 그이상의 진공을 뽑기

Tip

토르(Torr)
압력의 단위. 기호는 torr이며, mmHg와 같은 단위이다. 표준대기압(101,325dyn/cm^2)을 760torr로 정의한다.

위해서는 고진공펌프(즉, 이차펌프)와 함께 사용해야 한다. 또한 고진공펌프는 단독적으로 사용이 되지 않고 일차펌프의 도움이 필요한데, 그 이유는 대기압 ~ 저 진공에서는 동작이 되지 않고 일정 진공압력이후에서부터 동작이 되기 때문이다.

그럼 간단히 배럴형(Barrel type)의 설비중 하나를 소개해 보도록 하겠다. 아래 사진의 설비는 PVA Tepla(독일)사에서 제작된 반자동(Semi-Automatic) 모델이다.

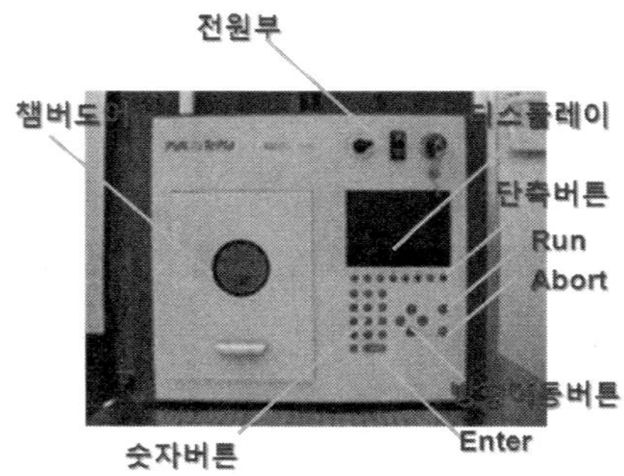

그림 5-7 배럴(Barrel)형 asher 전경

주요 하드웨어(Hardware) 구성품으로는 석영(Quartz) 재질의 공정챔버, 진공펌프(Rotary pump), 1~2 slm(standard liter per minute) O_2 gas MFC, N_2 gas MFC(mass flow controller), 2.45GHz 주파수를 사용하는 1KW급 마이크로웨이브 파워 그리고 도파관(waveguide)이다.

상기사진의 제품의 가지고 있는 특이사항에 대해 간단히 살펴보면 다음과 같다.

- 4", 6" wafer 혼용이 가능하다.
- 웨이퍼의 loading은 전기로(furnace) 공정에서처럼 석영 보트(Quartz boat)에 웨이퍼를 수직으로(Vertical) 꽂아서 석영보트 통째로 넣는다.
- 4"웨이퍼는 50장 석영보트, 6"웨이퍼는 25장 석영보트에 넣어 배치(batch)공정이 가능하다. 하지만, 효과적인 에싱을 위해서는 웨이퍼 Loading 간격을 3 슬롯(slot) 이상 띄우도록 권장한다. 그 이유는 웨이퍼간의 간격이 좁을 경우 플라즈마의 침투공간이 적어서 상대적으로 식각율(ash rate)이 떨어지며, 식각율은 감광막의 Loading Area(전체 면적당 감광막이 도포되어 있는 면적

의 비)와도 비례하기 때문이다.

- PLC(Programmable Logic Controller) 방식이며, 10개의 프로그램을 저장할 수 있고 연속해서 공정이 가능하다.

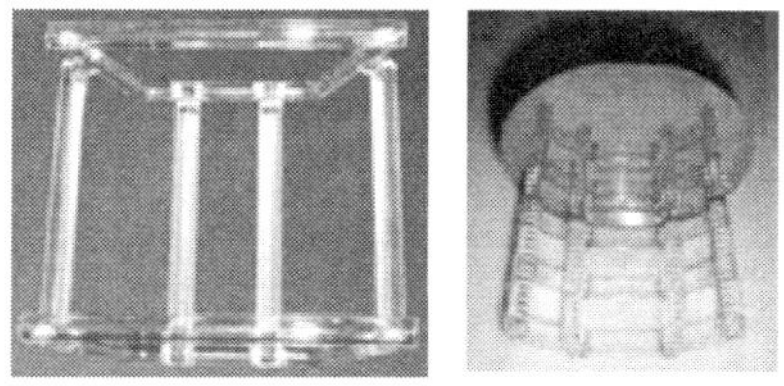

그림 5-8 석영 보트(Quartz Boat)전경

② 평판형(Planar) 플라즈마 소스

에싱(Ashing)에 사용되는 평판형(Planar)의 경우 원통형(Barrel)과 마찬가지로, 축전결합형 플라즈마(capacitively coupled plasma)와 유도결합형 플라즈마(inductively coupled plasma)가 주류를 이룬다. 다만 원통형(Barrel)과의 차이점은 그림 5-9에서 보이는 바와 같이 전극이 평판형(Parallel-plate, 다시 말해 surface loaded)라는 점이며, 주로 낱장 공정(single wafer process)용으로 사용된다는 점이다.

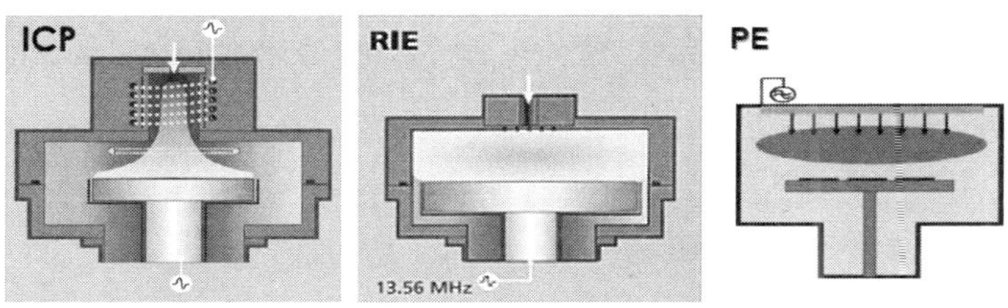

그림 5-9 평판형 플라즈마 소스의 형태들

현재 평판형(Planar) Asher에서 가장 많이 사용되는 플라즈마 소스는 ICP 형태이다. ICP 플라즈마 소스에서 인덕터 코일(inductor coil)의 형태에 따라 다시 평판형(planar)과 원통형(cylindric) 타입 두 가지로 나뉜다. 하지만 코일의 형태와 관계없이 RF(radio frequency) 파워가 코일(coil)에 인가되었을 때, 코일에 흐르는 전류에 의해 플라즈마(plasma) 내에도 인덕턴스(Inductance) 성분이 유기되며, 플레밍의 왼손법칙에 따라 수직방향의 자계(B-Field)나 수평방향의 전계(E-Field)가 형성되고, 형성된 전계를 따라 전자가 회전운동을 한으

로서, 전자는 더 크게 가속되어 더 큰 에너지를 얻게 된다. 결과적으로 더 많은 이온화가 일어나 고밀도의 플라즈마가 형성된다. 따라서 최근 대부분의 고밀도 플라즈마 설비에서 ICP를 이용하고 있다.

ICP의 경우, 소스 코일과 척(chuck)전극에 각각 파워(power)가 연결된다. 즉, 두 개의 파워(Power)가 사용되는데, 이때 사용되는 주파수는 각각의 파워(power)별로 이종의 주파수를 사용하는 경우가 많으며, 아래는 반도체에서 주로 사용되는 플라즈마 발생장치의 사용주파수별 분류이다.

i. LF(Low frequency)는 40~800Khz
ii. MF(middle frequency)는 1~3MHz
iii. RF(radio frequency)는 13.56~40MHz
iv. VHF(very high frequency)는 40MHz 이상

일반적으로 다이렉트(direct) 플라즈마를 이용하는 에셔(asher)의 경우 식각공정만큼 심각한 문제를 야기 시키지는 않지만, 플라즈마 내에 Ion bombardment (이온이 식각막과의 물리적 충돌에 의해 식각되는 메커니즘을 말함)에 의해 유전막(dielectric layer) 혹은 산화막, 반도체 막의 계면 (Interface layer) 그리고 특히 아주 얇은 게이트 유전막에서 전하(electric charge)가 축적(build-up)되어 디바이스(device)의 회로에 손상(damage)을 줄 수 있다. 따라서 이런 문제를 최소화하기 위해 다운스트림 방식의 플라즈마(Downstream plasma)를 이용한 ashing설비가 각광받고 있다.

(2) 리모트 플라즈마 소스

리모트 플라즈마 소스(Remote plasma source)는 흔히 RPS라고 줄여서 불리우며, 웨이퍼가 놓이는 공정챔버위에 별도의 플라즈마 소오스를 설치하여 에싱(ashing)하는 방식이다. 그림 5-19에서 점선 사각형부분이 RPS에 해당되는 부분이다. 그리고 이 RPS에서 플라즈마를 발생시키기 위해 사용되는 전원이 마이크로웨이브(microwave) 혹은 RF 주파수인지에 따라 다시 앞에서 언급한바와 같이 다시 마이크로웨이브 플라즈마 소오스 와 원환체형(Toroidal) RF 플라즈마 소오스로 구분된다.

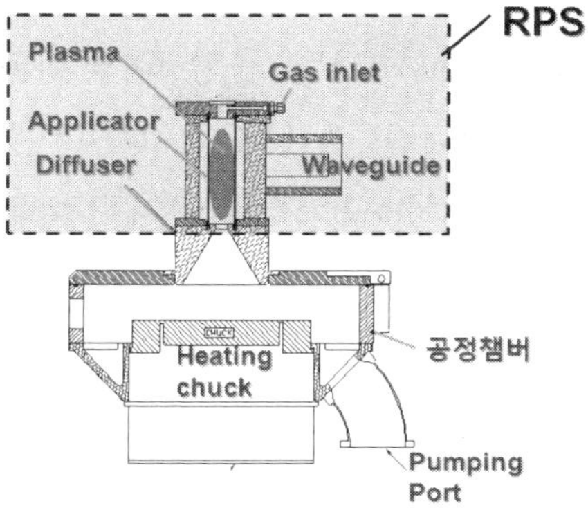

그림 5-10 리모트 플라즈마 소스 전경

리모트 플라즈마 소스는 별도의 플라즈마 어플리케이터(applicator)에서 플라즈마를 발생시킨 후, 플라즈마를 공정챔버로 Downstream시켜 공정을 하는 방식이다. 통상 이용되는 어플리케이터(Applicator)는 소구경이면서 높은 파워가 인가됨으로서, 다이렉트(Direct) 플라즈마장치에 비해 단위면적당 고밀도의 플라즈마 얻을 수 있는 장점이 있으나, 공정 균일도(Uniformity) 측면에서는 떨어지는 문제점이 있어, 에싱(Ashing)공정이나 건식 세정(cleaning)공정과 같이 크게 균일도(uniformity)가 중요하지 않은 공정에서 주로 사용되는 방식이다.

그림 5-19에서 보이는 바와 같이 리모트 플라즈마 소스의 경우, 플라즈마 균일성(uniformity)을 개선시키기 위해 플라즈마를 확산시키기 위한 디퓨져(diffuser) 혹은 배플(Baffle)을 사용한다.

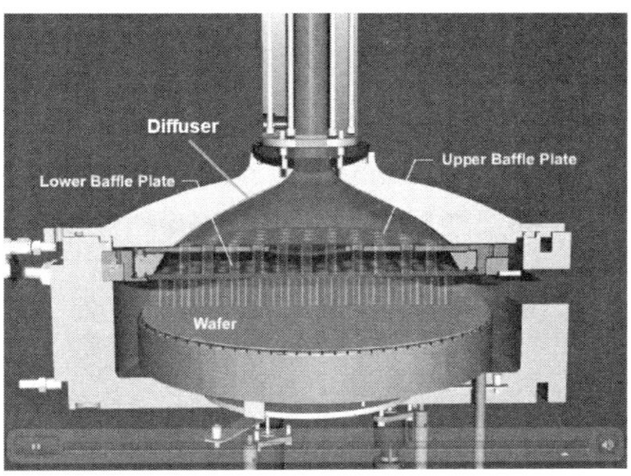

그림 5-11 Baffle를 이용한 챔버 구조

하지만 디퓨져(diffuser)의 길이가 길어지면(혹은 다수의 배플(baffle) 사용 시)

플라즈마 확산이 잘 되어 균일성 측면에서는 개선이 되지만, 래디컬(radical)과 이온(ion)이 어플리케이터(applicator)로부터 공정챔버로 이동하는 과정에서 대부분 재결합(recombination)이 일어나서, 식각율(ash rate)이 줄어드는 단점이 있다.

앞에서 언급한바 같이 에싱(ashing)공정 시 래디컬(radical)의 역할이 매우 중요한데, 어플리케이터(applicator)에서 생성되었던 래디컬(radical)과 이온(ion)이 시간이 지남에 따라, 혹은 공정챔버로 다운스트림(downstream, 아랫방향으로 확산하는 것)하는 과정에서 공정챔버의 벽(wall)으로 재결합되어 반응성을 잃어버린다. 래디컬이 웨이퍼의 감광막과 반응 전에 재결합되는 비율이 높다는 것은 식각율(ash rate)이 낮아진다는 의미이다. 따라서 대부분의 Asher에서는 석영(quartz)재질의 공정챔버를 사용하는데, 그 이유는 석영재질(quartz)이 금속 혹은 다른 재질의 공정챔버 재질에 비해 100~1000배 재결합율(recombination rate)을 낮출 수 있기 때문이다.

일반적으로 마이크로웨이브 플라즈마의 경우 웨이퍼가 상온에 있을 경우, PR과 반응성이 아주 낮아 별도의 웨이퍼를 히팅(heating)할 수 있는 램프(lamp)를 사용하거나 히팅 척(heating chuck)을 사용한다.

일반적인 공정온도는 그림 5-12에서 보이는 바와 같이 200~250도이며, 이 부근에서 식각율(strip rate)이 최고조에 이르게 된다.

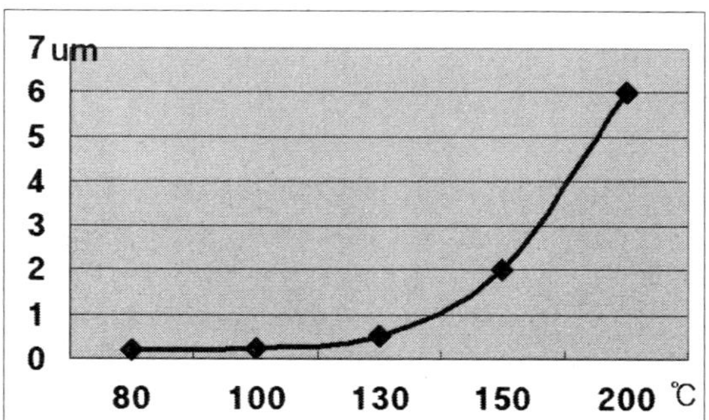

그림 5-12 공정온도와 Ash rate의 관계

① 마이크로웨이브(microwave) 플라즈마 소스

리모트 플라즈마(remote plasma)중에서도 마이크로웨이브 파워 플라즈마(microwave powered plasma)에 대해 알아보겠다. 일반적으로 20~40mm 직

경의 어플리케이터(Applicator)에 마이크로웨이브(주파수 : 2.45GHz) 파워를 인가하여 플라즈마를 발생시킨 후, 플라즈마 내에 래디컬(Radical)과 웨이퍼의 감광막(PR)과 반응시키는 방식이다.

마이크로웨이브 플라즈마는 일명 "다운스트림(downstream) 플라즈마"라고도 불리는데, 이는 주로 플라즈마 내에 래디컬(radical)이 확산(downstream)하여 공정이 이루어지기 때문이다.

마이크로웨이브 플라즈마의 특징은 이온과 전자의 운동성(mobility)이 사용 주파수에 비해 느리기 때문에 극성입자들(charged particlesion & electron)이 어플리케이터(Applicator) 내에 갇히게 된다. 아래의 그림과 같이 전계(electric field)에 따라 전자와 이온은 서로 반대방향으로 움직이게 된다. 입력파워의 주파수가 높아질수록 전자와 이온의 평균자유행로(Mean Free Path)는 더욱 짧아지게 된다. 가장 많이 사용되는 주파수인 13.56MHz에서 전자(electron)의 평균자유행로(MFP)는 ~5cm 이며, 이온(ion)은 ~수 마이크론 정도이다. 따라서 마이크로웨이브 플라즈마에서의 전자와 이온의 평균자유행로(MPF)는 더욱 짧아져서 대다수 어플리케이터에 갇히게 된다.

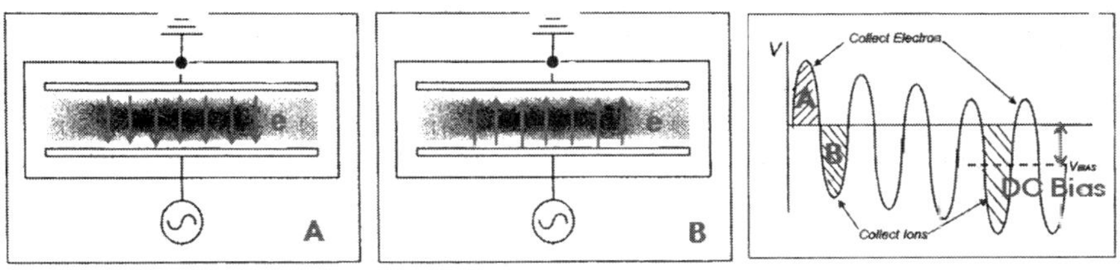

그림 5-13 전계에 따른 전자, 이온의 운동

다시 말해, 래디컬(전기적으로 중성인자)만이 어플리케이터로부터 공정챔버로 확산(downstream)되어 감광막과 반응을 한다. 따라서 반응챔버에 전자와 이온의 반응이 거의 없기 때문에 웨이퍼에 전하(electric charge) 축적에 의한 디바이스 회로손상을 최소할 수 있다.

어플리케이터(Applicator)는 플라즈마 발생되어지는 곳이며, 재질로는 석영(Quartz)이나 사파이어(Sapphire)가 사용된다. 석영(Quartz)의 경우 사파이어(Sapphire)에 비해 가격이 저렴하나, 불소계열(Fluorine) 가스를 사용하는 경우 석영관이 식각되기 때문에 사파이어 재질의 어플리케이터를 사용해야 한다.

그림 5-14는 일반적인 마이크로웨이브 플라즈마 소스의 전경(MSK Instruments 사 제품)이며, 마그네트론에서 발생한 마이크로웨이브 파워는 표면파로 전달되다 보니, RF 파워에서 일반적으로 사용하는 동축케이블 대신에 도파관(waveguide)을 사용하여 파워를 전달한다.

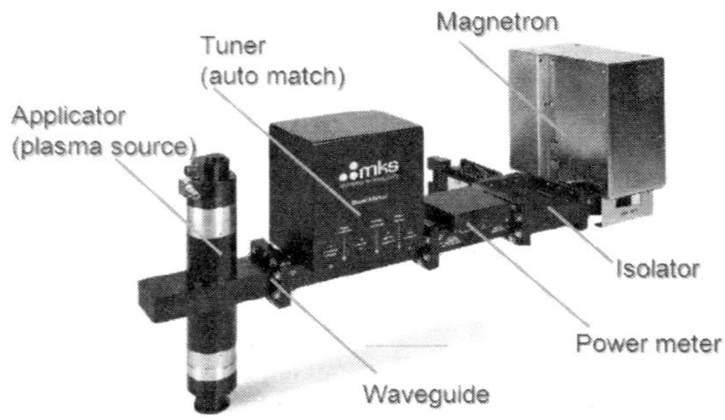

그림 5-14 마이크로웨이브 플라즈마 source 구성도

그림 5-15는 마이크로웨이브 파워의 전달순서를 보여주고 있다. 그림에서 보이는바와 같이, 마그네트론(Magnetron)을 동작시키 위해서는 고전압(High Voltage)을 발생시키는 별도의 고전압(High Voltage) 전원 발생장치(power supply)가 필요하다.

마그네트론(Magnetron)에서 발생된 마이크로웨이브(microwave) 파워는 도파관(waveguide)을 통해 어플리케이터로 전달된다.

Tip

마그네트론(Magnetron)
마이크로파 발진에 사용되는 진공관의 일종. 동축(同軸) 원통 중 내부원통을 음극(陰極), 외부원통을 양극(陽極)으로 하는 2극관을 만들고 축방향으로 직류자기장을 걸어 고주파를 발진시키는 마이크로파 전자관으로서, 자전관(磁電管)이라고도 한다.

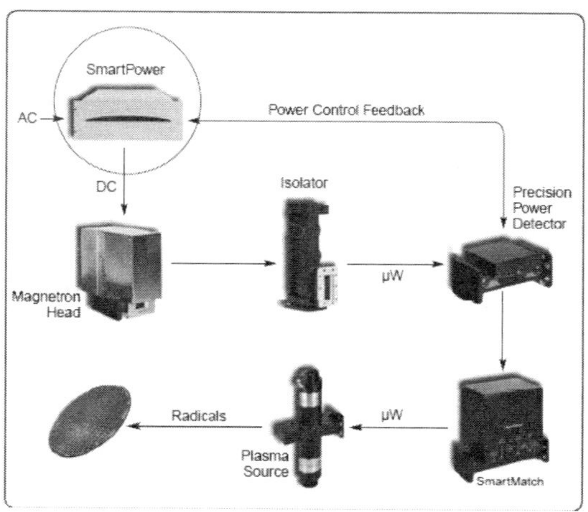

그림 5-15 마이크로웨이브 파워 전달 순서도

입력된 마이크로웨이브 파워가 플라즈마 내에서 모두 소진되지 않고 일부가 다시 반사되어 올 수 있는데 이를 부정합(mismatch)이라고 한다. 이 반사된 마이크로웨이브 파워가 클 경우 마그네트론에 손상(damage)을 줄 수 있으며, 이를 방지하지 위해 반사된 마이크로웨이브를 흡수하는 기능을 하는 아이솔레이터(Isolator, 격리기)를 사용한다.

다시 말해, 아이솔레이터(isolator)란 간단하게 표현하면 그림과 같이 전력의 흐름을 한 방향으로 고정하는 수동소자이며, 써쿨레이터(circulator)라고도 부릅니다.

그림 5-16 Isolator의 개념도

파워미터(Power detecter)는 마이크로웨이브 출력파워(forward power)와 반사파워(reflective power)를 측정하는 장치이며, SmartMatch(보통 "three stubs waveguide tuner"라고 부름)는 마이크로웨이브 파워가 잘 정합(match) 되도록 조정(Tuning)하는 장치이며, 마지막으로 플라즈마 소스(applicator)에는 공정가스와 마이크로웨이브 파워가 입력되어 플라즈마 발생되는 장소이다.

② 원환형(Toroidal) RF 파워 플라즈마

최근에는 원환형(Toroidal) RF플라즈마 소스가 마이크웨이브 플라즈마 소스에 비해 장치가 간단하고, 사이즈가 작으면서, 식각율(ash rate)이 더 높아서 많은 각광을 받고 있는 추세이다. 하지만 아직도 전통적으로 주류를 이루고 있는 에셔(asher)는 마이크로웨이브 플라즈마 방식이라고 할 수 있다.

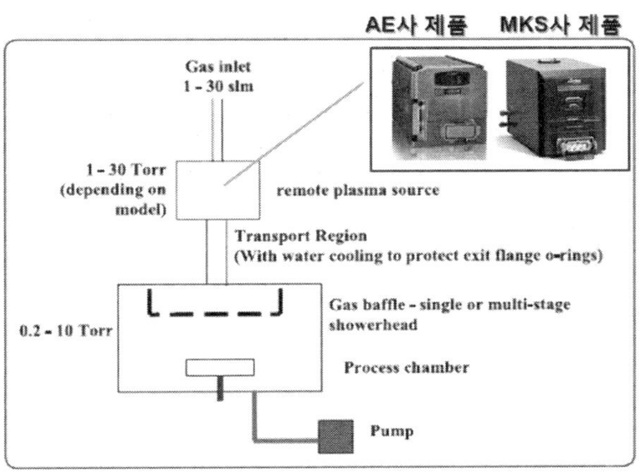

그림 5-17 Toroidal RPS 구성도

2. 장비의 전체 구성 및 역할

1) 200mm 설비의 구성

200mm 혹은 그보다 작은 웨이퍼용 플라즈마 설비의 구성은 그림 5-18에서 보이는 바와 같다. 200mm용 설비에서는 회사 자체적으로 디자인 한 VCE(Vacuum Cassette Elevator) 혹은 대기압 Loading Module(LM)을 사용하는 반면, 300mm 설비에서는 SEMI(Semiconductor Equipment and Materials International : 세계 반도체 장비 재료 협회)에서 규정한 표준사양의 EFEM(Equipment Front End Module)를 사용한다는 점이다.

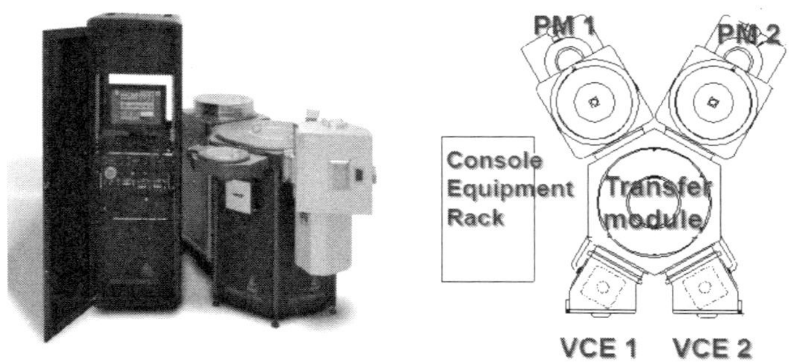

그림 5-18 200mm 건식식각 설비의 기본 구성도

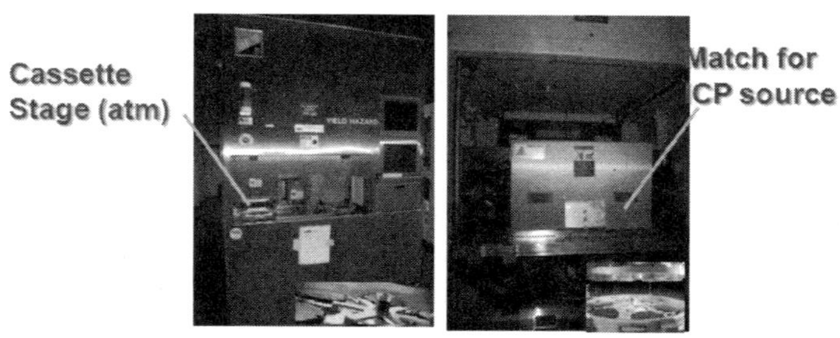

그림 5-19 200mm용 Novellus Gamma System 전경

2) 300mm 설비의 구성

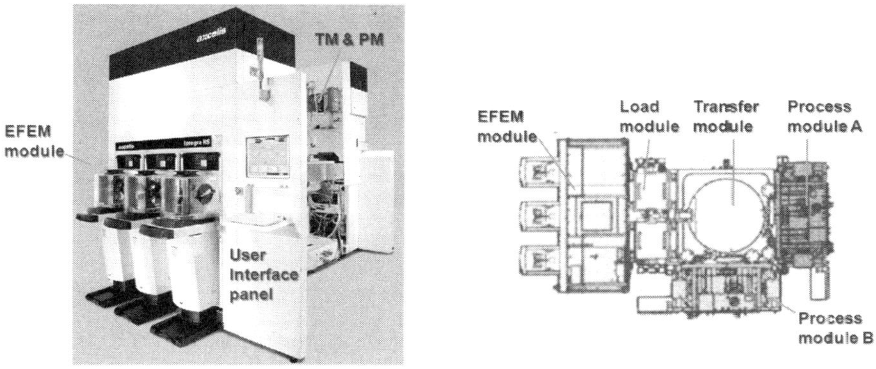

그림 5-20 Axcelis사의 Integra RS의 전경, 우측은 Top View

그림 5-20에서 보이는 바와 같이 반도체 양산라인에서 사용되고 있는 대다수의 300mm 웨이퍼용 플라즈마 설비의 기본 구성은 아래와 같다.

- EFEM
- Load module(LM)
- Transfer module(TM)
- Process module(공정모듈)

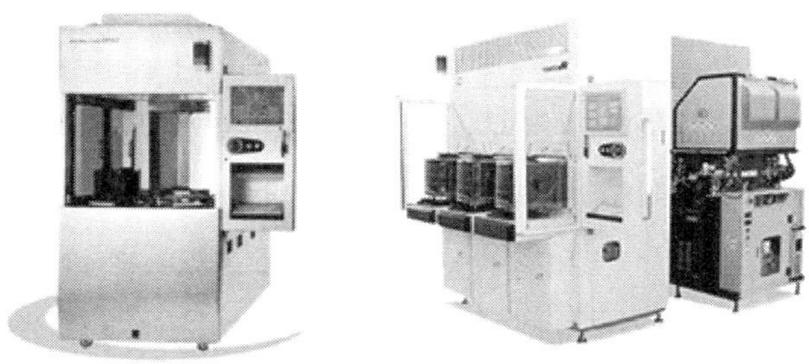

그림 5-21 좌측 사진 : 200mm용 asher, 우측사진 : 300mm용 asher

그림 5-21은 반도체 양산라인에서 대표적으로 사용되고 에셔(asher)들이다. 마이크로웨이브 플라즈마를 이용하는 대표적인 회사는 한국 업체인 PSK와 Axcelis가 있으며, ICP(inductively coupled plasma)를 이용하는 회사는 Novellus와 Mattson사 등이 있다.

각 회사마다 기술적인 노하우(know-how)가 있겠지만, 일반적으로 알려진 바에 의하면, 마이크로웨이브(Microwave)기술이 플라즈마 에싱공정 중 전하축적(electrical charging)에 의한 디바이스 회로손상(device damage)이 적은 반면, 유도결합형 플라즈마(ICP)기술의 경우 한 공정 챔버에서 Multi-wafer(여러 장의 웨이퍼를 한 번에 공정하는 방식)공정이 가능하여, 생산성(Throughput)면에서는 우수한 것으로 평가되고 있다.

3) 300mm 장비의 기능 모듈별 구성 및 역할

(1) EFEM

EFEM(Equipment Front End Module)이란 반도체 라인에서 카세트내의 웨이퍼(Wafer)를 공정 모듈에 공급하는 공정장비의 표준 인터페이스 모듈로서, 모든 공정 장비에 표준으로 적용되며 장비의 청정도 유지와 설비의 생산성에 큰 영향을 미친다.

EFEM은 크게 FOUP(Front Opening Universal Pod, 쉽게 얘기하면 300mm웨이퍼용 카세트 정도로 이해해도 무방함)이 놓이는 Load port와 자동으로 FOUP를 오픈(open)하는 "carrier door opener"가 전면에 구성하고 있다.

그 뒤편으로는 그림 5-23에 보이는 바와 같이 대기압 3축 로봇과 "aligner"가 위치하고 있다. 대기압 3축 로봇에 의해 FOUP으로부터 웨이퍼가 로드락(loadlock) 챔버로 이송되는 순간 혹은 반대로 공정을 마친 웨이퍼가 로드락에서 FOUP로 다시 반송되는 순간은 클린룸의 환경에 노출되기 때문에 가장 파티클(particle) 오염이 발생할 수 있는 순간이다. 따라서 EFEM 상부에는 "Mini-environment(HEPA filter module과 Ionizer)"가 설치되어 있어 클린룸 공기(air)를 다시 한 번 filtering 하여 EFEM 내로 에어를 공급시킴으로서 파티클 오염을 최소화 한다.

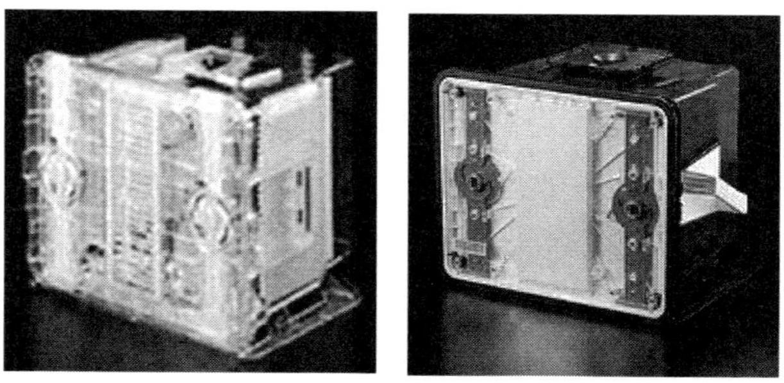

그림 5-22 좌측 FOSB cassette, 우측 FOUP cassette
(** FOSB is an acronym for Front Opening Shipping Box)

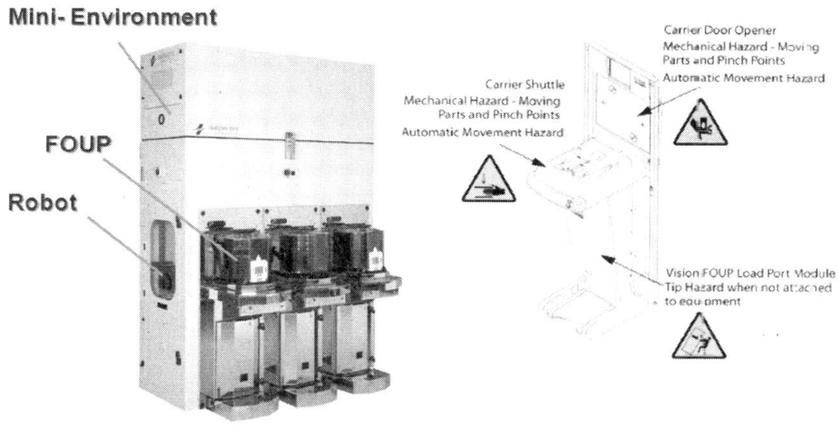

그림 5-23 EFEM 전경

그림 5-24에서 도어 인터락(Door interlock)은 도어(door)가 열렸을 때 설비가 멈추도록 하는 안전장치이다. 이는 로봇이 움직이는 동안 작업자와 충돌하여 작업자가 다치는 것을 방지하기 위한 안전장치이며, 이러한 안전장치가 설비 곳곳에 설치되어 있다.

따라서 문, 패널 혹은 덮개 등을 열 때는 인터락(interlock)에 의해 의도하지 않은 설비의 멈춤 혹은 알람(alarm)이 걸릴 수 있으므로, 설비에 위치하고 있는 인터락(interlock)들을 충분히 숙지하는 것이 필요하다.

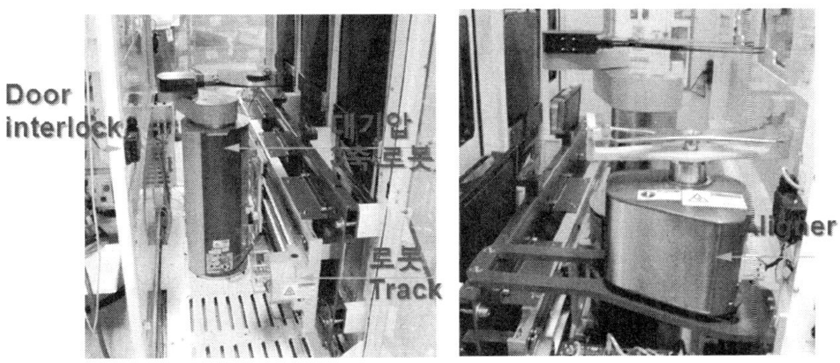

그림 5-24 좌측 : Left side view, 우측 : right side view

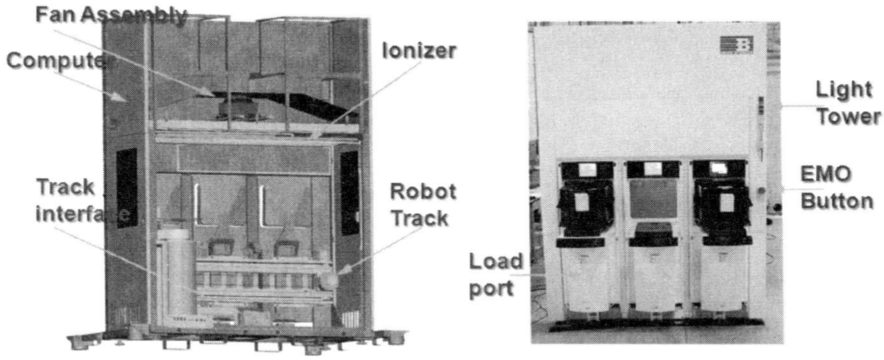

그림 5-25 좌측 : EFEM 뒷면전경, 우측 : EFEM 전면전경

그림 5-25에서 "Light Tower"는 설비의 가동상태를 쉽게 작업자가 확인하도록 고안되었다. 다시 말해 녹색, 황색, 적색등의 점멸상태로 설비가 동작(run) 중인지, "Idle" 상태인지 혹은 에러(error)상태인지를 표시한다.

그리고 EMO(Emergency Machine Off) 버튼은 설비의 동작을 순간적으로 모두 멈춰야 되는 위급한 상황에서 누르게 되면 설비 내에 모든 전원이 차단되고 설비 내에 모든 부속품들(component)이 안전모드 상태로 위치하게 된다. 하지만 일반적으로 EMO 버튼 동작 시 이미 공정 중에 있던 웨이퍼, 컴퓨터(혹은 controller)에서 처리 중이던 데이터 그리고 설비의 각종 부속품들(component) 등에 손상을 주거나, 피해를 줄 수 있으므로, EMO 버튼은 위급상황이 아니면 누르지 않도록 한다.

(2) LM(Load Module) & TM(Transfer Module)

플라즈마 에싱(Ashing)은 진공에서 공정이 이루어진다. 진공에서 이루어지는 모든 공정의 경우, 공정챔버는 항상 진공상태를 유지하는 것이 좋다. 그 이유는 여러 가지가 있겠지만, 생산성(Throughput) 과 공정적인 측면에 기인한다.

생산성이라 함은 공정챔버가 진공과 대기압을 반복하기 위해서는 pumping (진공을 뽑는 동작) 과 venting(통상 질소가스를 흘려서 진공상태에서 대기압상태로 만드는 동작)을 하는데, 통상적으로 많은 시간이 소요된다.

또한 공정 측면에서는 공정가스가 공정이후에도 공정챔버 내에 미량 남게 되는데, 공정챔버가 외부환경에 노출될 경우, 공정가스가 외부공기와 반응을 하여 부산물(By-product)을 만들거나, 외부에 잔류 공정가스가 누출되었을 때 작업자의 건강을 해칠 수 있거나, 혹은 외부의 공기가 유입됨으로서 공정챔버를 오염시킬 수 있다.

예를 들어, 염소계(Chorine) 가스를 사용하는 에칭 설비를 공정이후에 공정챔버를 열었다고 가정하자. 이때 공정챔버벽에 잔류하고 있던 Cl_2 가스는 대기 중에 수분(H20)과 반응하여 HCl(염산)이 만들어 질 수 있다.

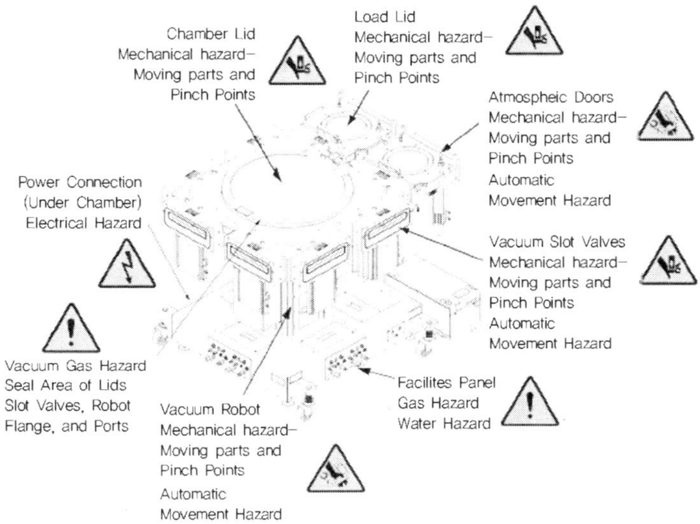

그림 5-26 LM & TM 전경

따라서 어떠한 경우에도 공정챔버는 가급적 항상 진공상태로 유지되는 것이 가장 바람직하다. 이러한 이유로 웨이퍼는 아래와 같은 이송 경로(flow)를 통해 이송되며, 공정챔버와 TM(Transfer module)은 항상 진공을 유지한다.

그림 5-27에서 보이는 바와 같이 EFEM은 항상 대기압상태이며, 로드락(Loadlock)은 대기압과 진공을 반복하며, 나머지 TM(transfer module)와 공정챔버는 항상 진공상태를 유지한다.

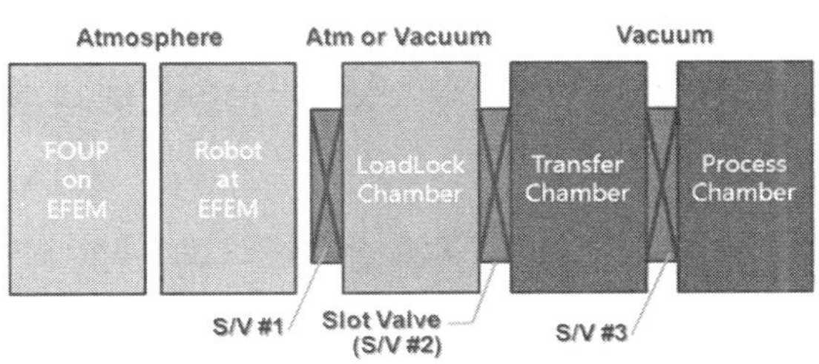

그림 5-27 각 모듈별 압력 상태

그리고 슬롯밸브(Slot Valve)는 각 진공챔버들을 격리(isolation)시키는 밸브이다. 비유하자면, 잠수함에 각각의 격실사이에 있는 해치(hatch) 역할 정도로 이해해도 될 것 같다.

TIP
해치(Hatch)
화물을 싣고 내리거나, 사람이 출입하기 위하여 갑판에 열려 있는 구멍

① Loadlock(로드락)

EFEM에 놓여진 FOUP 안에 웨이퍼는 대기압 상태에 있으며, 공정챔버까지 이송되는 과정에서 대기압상태에서 진공상태로 들어가는 첫 번째 챔버가 로드락(loadlock) 이다. 로드락(loadlock)의 양단에는 슬롯밸브(slot valve)들이 있어서 각 모듈들간(EFEM/Loadlock/TM)에 격리(isolation)가 가능하도록 되어 있다.

그럼 웨이퍼가 EFEM으로부터 공정 완료되어 다시 EFEM으로 들어오는 과정을 설명하면 아래와 같다.

- EFEM의 로봇이 웨이퍼를 로드락(Loadlock)에 넣기 위해서는 우선 로드락(Loadlock)이 먼저 진공상태에서 대기압 상태로 Venting(N_2 가스를 로드락에 넣어 대기압으로 만드는 동작)이 먼저 되어야 한다. 이때 양단의 슬롯밸브들은 모두 닫혀 있다.
- 로드락이 대기압이 되면 그림 5−26에 보이는 바와 같이 S/V #1이 열리고 비로소 EFEM에 있던 웨이퍼가 로드락(Loadlock)으로 들어가게 된다.
- Loading Sequence(웨이퍼를 공정챔버에 넣은 과정)가 완료된 이후에는 다시 S/V#1의 이 닫히고, 다시 로드락(Loadlock)이 진공이 잡힌다.
- 로드락(Loadlock)에 진공이 일정압력(설비에서 로드락과 TM사이의 슬롯밸브가 열리는 압력을 설정 하도록 되어 있음)에 도달하면, 이번에는 S/V#2가 열리고, TM(transfer module)에 있는 진공로봇이 로드락으로 들어와서 웨이퍼를 pick-up 한다.
- TM에 로봇이 웨이퍼를 TM으로 가지고 나오면, S/V#2는 다시 닫히고, 이번에는 S/V#3이 열린다.
- TM에 로봇이 웨이퍼를 공정챔버에 넣고 다시 TM으로 나오면 S/V#3이 닫히고 비로소 공정이 진행된다.
- 공정이 완료된 웨이퍼는 앞에서 기술한 역순으로 다시 EFEM의 FOUP으로 들어가게 된다.

그림 5-28 Loadlock 전경

그림 5-28에서 보이는 바와 같이, 특히 300mm 설비의 경우 생산성(Throug-hput)을 향상시키기 위해 로드락(Loadlock)은 두 장의 웨이퍼가 들어갈 수 있도록 상, 하층 구조로 보통 되어 있다. 이는 통상적으로 에싱공정의 척(chuck) 온도가 250~350도 부근으로 되어 있어 공정이 완료된 이후 EFEM의 FOUP으로 다시 들어가기 전에 어느 정도 웨이퍼 온도를 낮출 수 있는 공간이 필요하기 때문이다. 즉, 에싱설비에서 로드락(Loadlock)은 EFEM과 공정챔버 사이에 진공과 대기압을 오고가는 교차점 역할을 할 뿐만 아니라, 공정 완료한 웨이퍼의 쿨다운(Cool-Down)챔버로서의 역할도 수행한다.

그리고 로드락(Loadlock)에 부착되어 있는 주요 부품들에 대해 소개하면,

- 컨백션 게이지(Convection gauge) : 대기압에서부터 저진공 압력까지 측정 가능한 압력 게이지로서 측정원리는 다음과 같다. 고온영역에서 저온 영역으로 열을 전달할 수 있는 방법에는 전도(conduction), 대류(convection), 방사(radiation)가 있는데 이들 특성을 각각 이용한 게이지가 컨백션(convection) 게이지이다.

  압력계의 원리는 그림과 같이 뜨거운 필라멘트(filament)가 일정한 전류를 유지하여 데워져 있고 이 게이지가 진공 용기 속에 놓이게 되면 기체분자들이 필라멘트와 충돌하면서 열을 빼앗게 된다. 이 때 변한 온도를 휘이트스토운 브리지(Wheatstone bridge)를 사용하여 감지하게 되는데, 기치의 양이 많을수록 온도가 떨어지게 되므로 간접적으로 압력을 측정하게 된다. 보통 공기나 질소로 보정(calibration)이 되어 있는데 기체에 따라 열용량과 열전도

성이 다르므로 기체의 종류에 따라 보정을 하여 사용하여야 한다.

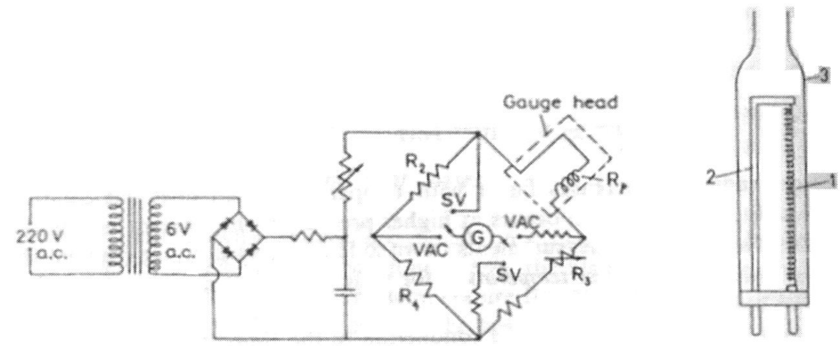

그림 5-29 피라니 게이지의 원리

- 슬롯밸브(Slot valve) : 압력의 차이가 큰 챔버간에 격리(Isolation), 혹은 대기압과 진공 간에 격리(isolation)하는 밸브이다.
- 러핑라인(Roughing Line): 일반적으로 대기압에서 저진공을 뽑기 위한 펌핑라인(Pumping Line)을 일컬으며, 일차 펌프(대기압에서~10-3 Torr의 압력구간에서 사용되는 펌프)와 연결되어 있다.
- 러핑밸브(Roughing valve) : 진공챔버와 러핑라인(Roughing Line) 사이에 연결된 밸브이다.
- 2 Stage vent valve : 투 스테이지(2-stage) 밴팅밸브라고 하면, 밴팅(venting) 속도를 2 단계로 조절 할 수 있는 밸브를 말한다. 고진공에서는 아주 적은 질소를 공정 챔버에 흘려도 많은 터블런스(Turbulence : 공기의 흐름이 요동치는 현상)를 야기해 챔버벽(chamber wall) 이나 바닥에 붙어 있던 파티클(particle)이 웨이퍼에 붙어 버릴 수 있다. 반대로 저 진공에서는 같은 양의 질소를 넣어도 터블런스는 매우 적게 발생한다. 다시 말해 같은 양의 질소를 진공챔버에 넣어도 챔버의 진공도에 따라 야기되는 터블런스의 크기는 달라진다는 의미이다. 따라서 고진공에서는 아주 적은 양의 질소 먼저 넣어주고, 압력이 점차 대기압에 가까워지는 저 진공에서는 많은 질소가 흐르도록 두 단계의 밴팅(venting)을 실시한다. 따라서 투스테이지 밴팅밸브를 사용하면 파티클은 줄이면서 밴팅시간은 짧게 할 수 있다.

② Transfer Module

로드락(Loadlock)과 공정챔버(Process chamber)사이에서 웨이퍼를 이송 그리고 반송하는 모듈을 말한다. 주요한 점은 항상 진공 내에서 움직이며, 최근에 주로 사용되는 진공로봇은 듀얼암(dual arm) 이상에 multi-end effector("end effector"란 사람으로 비유를 하면 손에 해당하는 부위를 말한다, 즉 웨이퍼와 물리적으로 접촉되는 로봇에서의 최종 말단장치라고 할 수 있다)를 사용한다는 점이다.

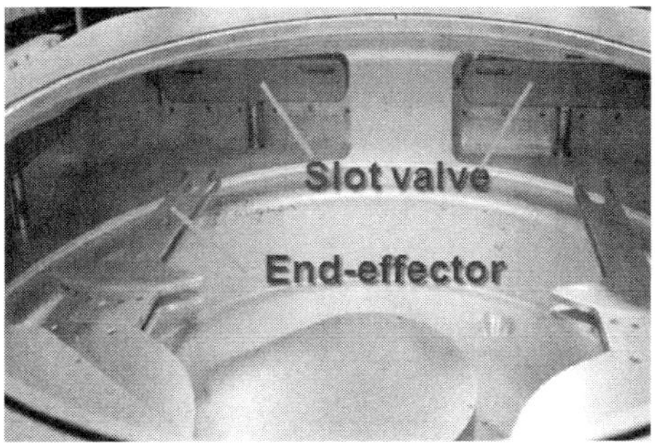

그림 5-30 Transfer module 내부 전경

이는 단지 설비의 생산성(Throughput)을 증대시키기 위해 한 번에 여러 장의 웨이퍼를 핸들링 하도록 고안된 진공로봇의 형태라고 이해하면 될 것 같다.

앤드이팩터(End-effector)는 웨이퍼가 직접적으로 닿는 부분이므로 파티클(particle) 이슈(issue)가 있을 수 있어, 재질 선택과 웨이퍼 이송 중에 웨이퍼 고정방식이 매우 중요하다.

진공설비에서 주로 사용되는 앤드이팩터는 중력에 의해 웨이퍼를 그냥 올려놓는 타입이 주종을 이루고 있으며, 대기압에서는 진공(vacuum)을 이용하는 타입이 주류를 이루며, 플립(flip)형의 경우에는 별도의 그립퍼(gripper)를 이용하는 앤드이팩터도 있다.

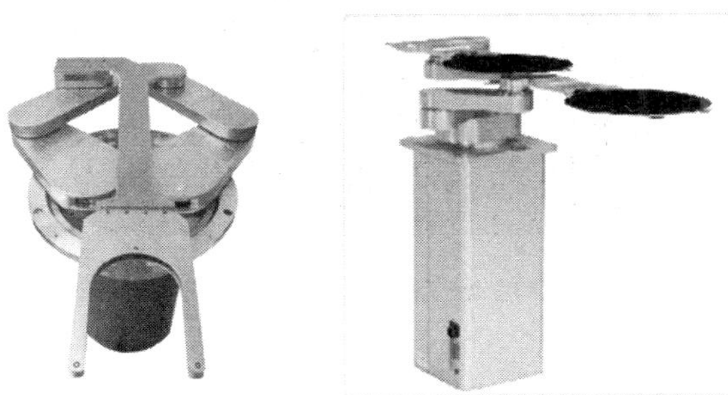

그림 5-31 multi arm 진공 로봇(좌측), 대기압 3축 로봇(우측)

(3) 공정모듈(Process module)

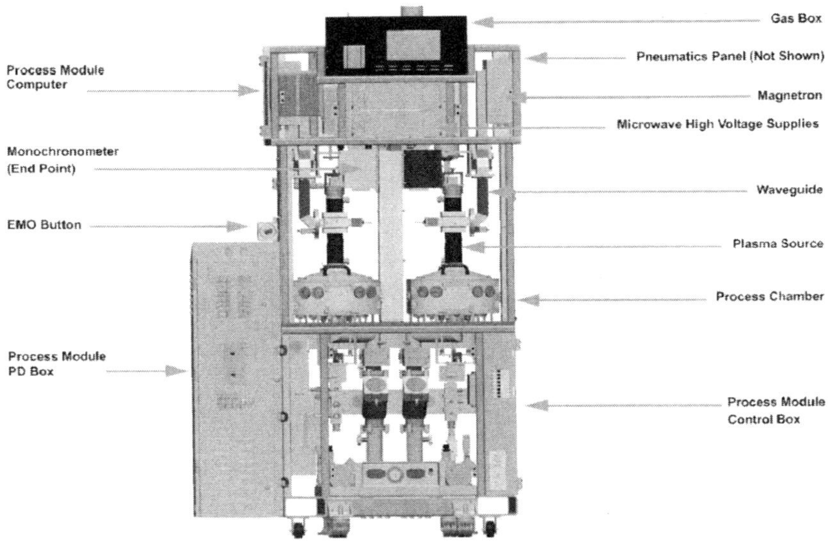

그림 5-32 공정 모듈 전경

① 가스박스(Gas Box)

가스박스(Gas Box)는 MFC(Mass Flow controller), 공압분배장치(Pneumatic manifold assembly), Pneumatic valve(공압밸브), 도어인터락(door interlock), 솔레노이드 밸브(solenoid valve) 및 입, 출력 장치(I/O block)등이 설치되어 있으며, 공정챔버로 가스를 공급(delivery)하는 장치이다.

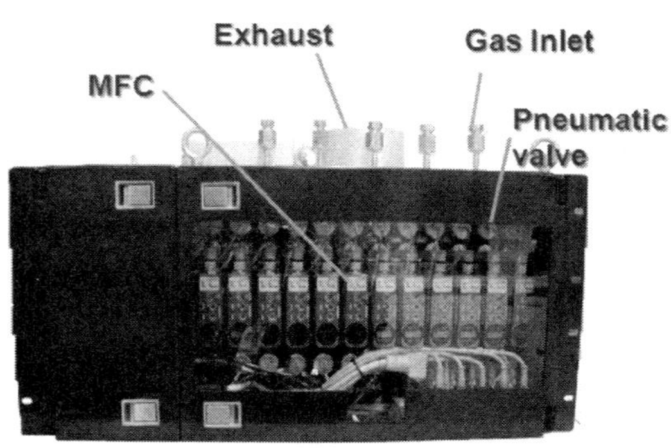

그림 5-33 가스박스(Gas Box) 전경

가스박스 내에 주요부품들에 대해 알아보면,

- SMC 블록(Block)은 제조사가 "SMC"이며, 공압분배장치(Pneumatic manifold assembly)라고 부fms다. 즉, SMC 블록(block)의 기능은 입, 출력 장치(I/O Block)에서 들어오는 전기적인 신호에 따라 출력신호를 공압으로 출력(Output) 하도록 하는 부품이다.
- 입, 출력 블록(I/O block)은 말 그대로 입력신호와 출력신호(input/output signal)를 담당하는 블록
- 배기라인 진공인식 스위치(Exhaust vacuum switch): 통상적으로 가스박스(Gas box)의 내부는 음압(Negative pressure)이 걸리도록 배기라인에 연결을 시켜둔다. 그 이유는 가스박스(Gas box)에 가스(Gas)가 유출되더라도 외부로 세어 나오지 않고, 그대로 배기라인을 통해 나가도록 하기 위해서이다. 이때 배기가 항상 정상적으로 동작하는지를 측정하는 센서가 배기라인 진공인식 스위치(Exhaust vacuum switch) 이며, 설정된 음압이 측정되지 않으면 인터락(Interlock)이 걸린다.
- 도어인터락(Door interlock): 가스 박스의 도어가 열리면 인터락(interlock)이 걸린다.
- 입력가스라인(Gas Line inlets); 반도체에서 주로 사용되는 가스라인의 피팅(fitting)의 종류는 Swagelock TM(브랜드 이름)과 VCR 피팅(fitting) 두 가지가 있다. 반도체 양산라인에서 사용하는 모든 가스라인은 VCR 피팅(fitting)을 사용한다. SwagelockTM은 보통 워터라인(water line)에 이용된다.

그러면 가스박스(Gas Box)내에 가스채널(gas channel) 구성에 대해 자세히 보면 아래와 같다.

통상적으로 에싱(Ashing)설비에서는 독성가스(Toxic gas)를 사용하지 않아 그림 5-34에 비독성(Non-toxic)용과 같이 별도의 우회가스관(Bypass line)이나 N_2 purge line(질소가스를 독성, 부식성 가스라인으로 흘려서 가스라인에 잔류하고 있던 독성, 부식성가스를 진공챔버로 밀어냄으로서 가스라인을 항상 깨끗하게 정화하도록 구성된 가스라인) 별도로 사용하지 않는 구조이지만, 부식성 혹은 독성가스를 사용하는 경우에는 필히 우회가스관(Bypass line)이나 질소가스 퍼지라인(N_2 purge line)을 사용하도록 한다.

MFC(mass flow controller)가 고장이 나서 교체를 해야 하거나, 가스라인(gas line)전체를 진공으로 뽑아 깨끗이 비워야(evacuation) 하는 경우, MFC를 통해서 가스라인을 비울 경우 장시간 걸리게 된다. 그 이유는 MFC의 최대용량 이상으로는 가스를 흘릴 수 없기 때문이다. 예를 들어 MFC의 최대 용량이 100 sccm(standard cubic centimeter per minute의 약자로서 가스유량을 표기하기 위한 국제표준단위)이라고 하면, 최대로 진공을 뽑더라도, 최대 분당 100cc만 가스를 뽑을 수 있기 때문이다. 따라서 빠른 시간 내에 효과적으로 가스라인 전체를 진공으로 뽑아 깨끗이 비워야 하는 경우 별도의 가스우회관(Bypass line)이 이용된다.

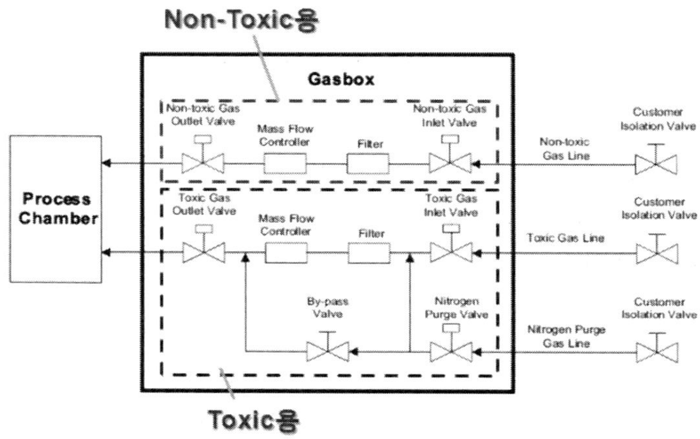

그림 5-34 Gas Box Valve Arrangement

또한 부식성가스나 독성가스는 안전상 혹은 설비의 수명연장을 위해 공정이후 idle(사용하지 않는) 상태에서는 통상적으로 질소 퍼지(N_2 purge)가 자동으로 되도록 하고 있다. 다시 말해 공정이후 N_2 가스를 가스라인에 흘려서 가스라인에 잔류하고 있는 부식성가스나 독성가스를 밀어내도록 하는 기능이다.

② Monochromator(EPD)

TIP

간섭효과
(Interference Effect)
둘 이상 포개져서 서로 작용하여 강해지거나 약해지는 일

EPD라 하면, End Point Detection(공정종결점 검출장치)의 줄임말로써, 공정 종결점 검출장치로 해석할 수 있겠다. 공정종결점 검출장치(EPD)의 검출방식에 따라 크게 2가지의 방법이 있다. 우선 광 간섭 효과를 이용하여 남은 물질의 두께를 계속 측정해가며 소정의 두께가 남았을 때 식각공정을 종료할 수 있게 하는 방법, 즉 간섭계(Interferometer)를 이용하는 방식이 있고, 두 번째

로는 식각공정시 플라즈마에서 방출하고 있는 특정의 파장의 변화를 가지고 식각종료점을 검출하는 방법으로 Optical emission spectrograph이다.

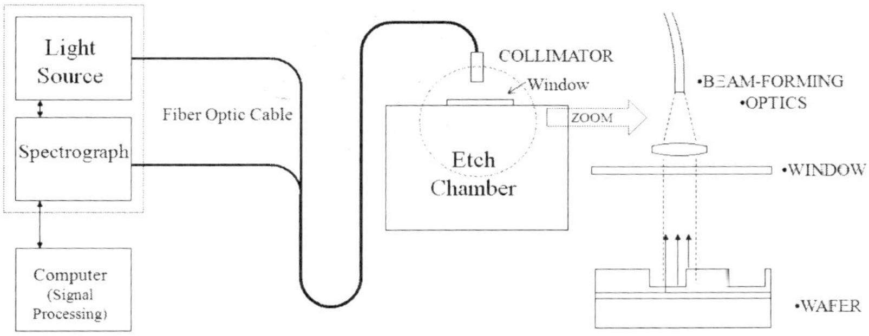

그림 5-35 Interferometer(간섭계)의 설치의 예

그럼 두 번째 방법인 OES(Optical Emission Spectrometer)에 대해 알아보도록 하자. OES(Optical Emission Spectrometer)는 하드웨어구성에 따라 크게 monochromator(모노크로미터)와 spectrometer(스펙트로미터)로 구분할 수 있다. 모노크로미터(Monochromater)는 크게 반사경(Mirror), 그래이팅(Grating)과 검출기(Detector)로 구성되어 있다. 모노크로미터(Monochromator)는 어원적인 의미로 "Mono"의 단(하나), "chroma"의 색, 그리고 "tor"의 기기의 합성어이다. 즉 단파장의 세기(Intensity) 변화를 측정하는 장치라고 이해해도 무방하다.

- 스캐닝(Scanning) 모노크로미터(Monochromator) : 본 타입은 그래이팅(Grating)의 위치를 각 파장(Wavelength)별로 스캐닝(Scanning)한 후 다시 광증배관(Photo Multiplier Tube)을 통해 스펙트럼(Spectrum)을 얻는 방법으로 ~0.1nm 정도의 분해능(resolution)은 좋으나 검출속도(Detection Speed)가 떨어지는 단점이 있다.

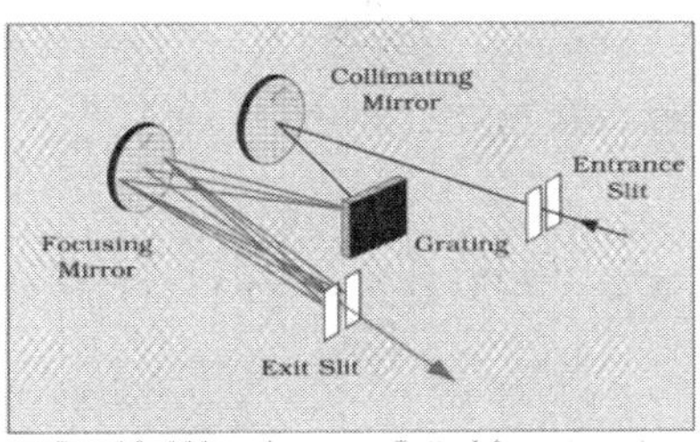

Simplified Monochromator Optical Arrangement

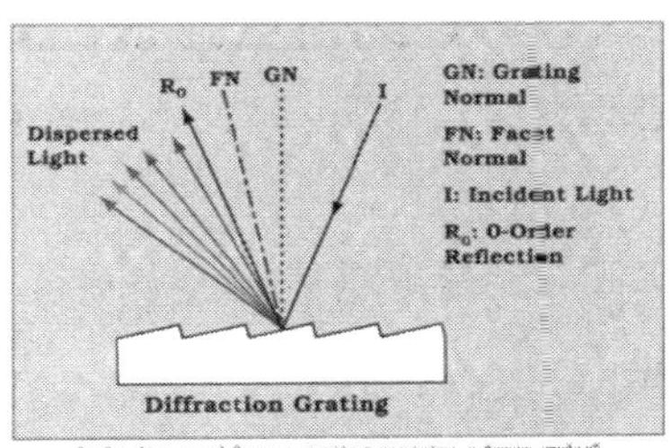

Light dispersed from a grating contains a "zero-order" reflection, plus dispersed wavelengths of light.

그림 5-36 좌측 Monochromater 내부, 우측 Grating의 원리

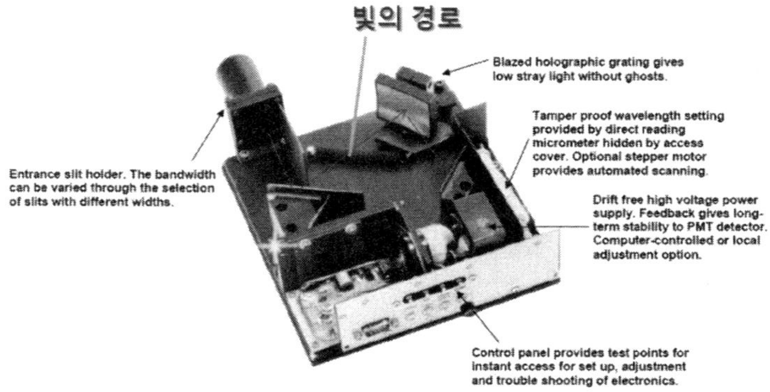

그림 5-37 실제 Monochrometer내부 구조

• 스펙트로미터(Spectrometer) : 본 타입은 200~800nm에 해당하는 CCD(Charge Coupled Device의 약자로 빛을 전하로 변환시켜 화상(畵像)을 얻어내는 센서로서 전하결합소자(電荷結合素子)라고도 부른다. 혹은 Photo Diode(빛에 조사(照射)되면 광전류를 발생시키는 반도체 다이오드)를 검출기(Detector)로 사용하여, 수십 msec 안에 200~800nm에 해당하는 스펙트럼(Spectrum)을 얻을 수 있는 장점이 있으나 1~수nm 정도로 분해능(resolution)이 떨어지는 단점이 있다. OES에서 분해능(Resolution)은 다음과 같이 정의할 수 있다.

$$R=\Delta\lambda/\lambda \propto d\times f-1\times l$$

R : Resolution　　d : Slit width

f : Focal length　　l : groove number of grating

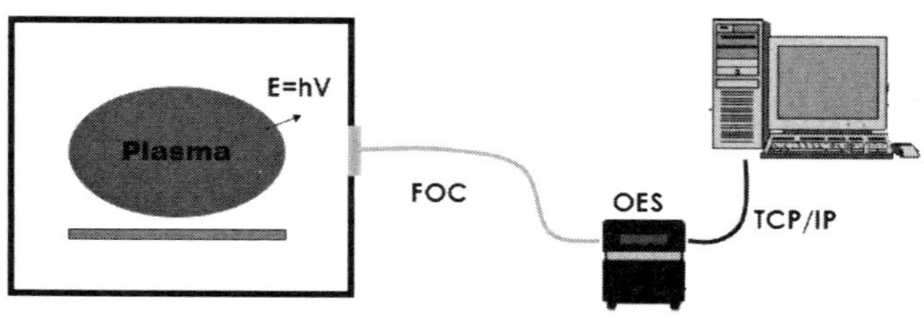

그림 5-38 OES 설치의 예

그럼 OES를 이용한 공정종결점 검출장치(end point detection)의 예를 알아보자.

통상적으로 에싱(Ashing)공정에서 가장 많이 이용되는 파장은 308nm(OH파장)과 483nm(CO파장) 혹은 519nm(CO파장)이라 할 수 있다. OH혹은 CO파장의 강도(intensity)를 시간(time) 축으로 계속 측정해 보면, 에싱(Ashing)이 다 끝난 이후에 급격이 시그널(signal)의 강도(intensity)가 낮아지기 시작하는데, 이 시점이 (공정 종결점의 시작점(Beginning of end point)이다. 즉, 웨이퍼의 전체 면적 중 일부분(edge혹은 center)에서 감광막(PR)이 식각이 완료되기 시작한다는 의미이다. 그 이후 시그널의 강도가 최저지점이 된 이후에 거의 변화가 없이 평탄(flat)해 지는 구간이 시작된다. 이 시점이 공정 종결점 완료구간(End of end point)이다. 다시 말해 더 이상 플라즈마와 반응할 감광막(PR)성분이 남지 않았다는 뜻이다. 마지막으로 잔류 감광막을 충분히 제거하기 위한 오버에싱(over ashing)을 하게 된다.

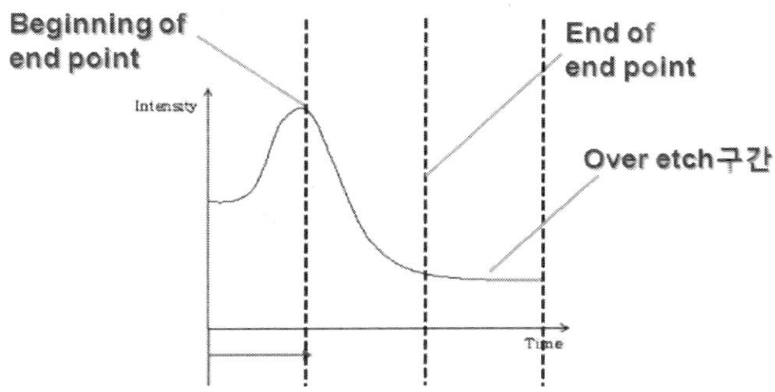

그림 5-39 OH(308nm 파장) line end point signal

③ 공압 패널(Pneumatic Panel)

각종 공압에 의해 동작하는 밸브류들을 구동하는 패널(Panel)을 말함. 다시 말해 입, 출력장치(I/O)에서 출력된 전기적인 신호(signal)에 대해 공압 출력하는 모듈이다.

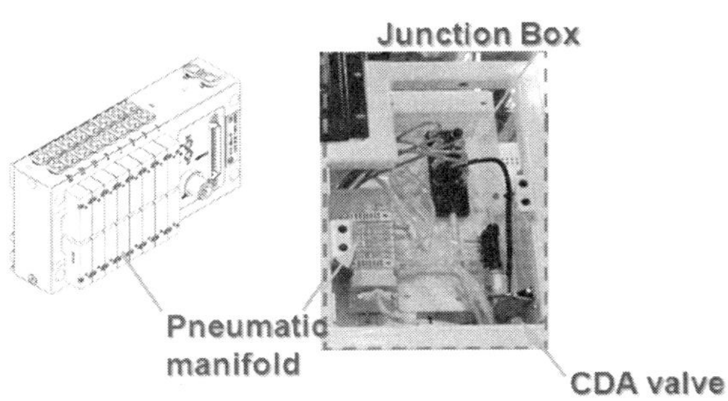

그림 5-40 Pneumatic manifold assembly panel

④ 컨트롤 박스(Control Box)

그림 5-41은 일반적으로 반도체 설비에 적용되고 있는 컨트롤의 형태이다. 설비 운영체계(Tool control system)는 크게 Operator interface(예를 들면, 키보드, 마우스, 터치스크린 등을 말함), 산업용 컴퓨터, PLC(programmable logic controller) 그리고 다양한 통신 터미널(terminal)들로 구성되어 있다. 작업자는 터치스크린이나 키보드 혹은 마우스의 입력장치로 명령을 하고, 컴퓨터는 PLC를 그리고 PLC는 DeviceNet 네트워크(Network)에 각 노드(node)들을 제어하도록 되어 있다.

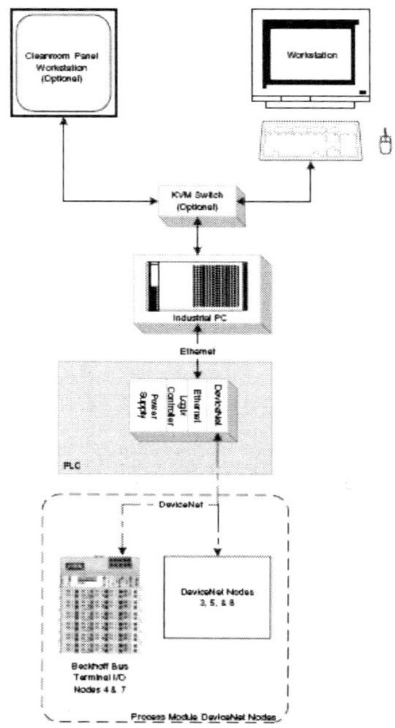

그림 5-41 control system layout

⑤ 공정챔버(Process chamber)

본 설비는 마이크로웨이브 리모트 플라즈마(Microwave remote plasma) 형태의 공정챔버로 구성되어 있다.

그림 5-42에서 보이는 바와 같이 작업자가 설비의 EFEM에 FOUP를 올려놓고 선택된 공정 레시피(recipe)를 시작하게 되면, 설비의 로봇이 순차적으로 웨이퍼를 공정챔버로 투입을 한다. 공정챔버에 웨이퍼가 투입된 이후에 공정 흐름(process flow)은 아래와 같다.

- 베이스 압력(Base pressure) : 공정하기 전에 먼저 진공을 충분히 뽑아 공정 챔버 내부에 파티클(particle), 수분 그리고 부산물(By-product) 등이 웨이퍼에 오염되지 않도록 한다.
- 가스 안정화(Gas stabilization) 단계 : 공정 가스를 흘리면서 가스의 공급이 일정하도록 하면서 동시에 공정압력도 안정화 시킨다.
- 플라즈마 키기(Ignition step) : 플라즈마는 파워, 가스, 공정압력 등 일정조건이 만족해야만 켜진다. 또한 이러한 조건도 공정챔버의 형태 및 분위기에 의해서도 바뀔 수 있다. 즉, 경우에 따라서는 플라즈마를 쉽게 켜질 수 있는 조건에서 먼저 플라즈마를 발생시킨 후, 공정조건의 플라즈마로 2단계에 걸쳐서 발생시키는 경우가 종종 있다. 다시 말해 본 스텝(plasma ignition step)은 필수요건이 아니고, 옵션으로 생각하면 된다.
- 주 공정스탭(Main step) : 실제 에싱공정 조건을 말함
- 플라즈마 끄기(Plasma turn off) : 파워, 가스등이 모두 꺼지는 단계
- 베이스 압력(Base pressure) : 공정이 완료된 이후에도 공정 부산물(by-product) 등 잔류가스가 남아 있을 수 있어 충분히 챔버의 진공을 뽑는다.
- 퍼지와 이베큐에이션을 반복하는 스텝(Purge & Evacuation) : 독성(Toxic)가스나 부식성가스를 사용하는 경우, 질소나 불활성가스를 챔버내에 잔류가스나 부산물(By-product)이 남지 않도록 하는 스텝(step)이다. 통상적으로, 에싱(ashing)공정에서는 잘 사용하지 않는 스텝이지만, 증착이나 식각공정과 같이 독성 및 부식성가스를 사용하는 공정에서 주로 사용된다.
- 공정종결(end step) : 결국 공정한 웨이퍼를 반송하는 마지막 단계

Tip

퍼지(Purge)
미연소 가스가 노(爐) 안이나 또는 다른 장소에 차게 되면 점화를 했을 경우 폭발할 염려가 있으므로 점화 전에 이것을 노 밖으로 배출하기 위하여 환기하는 것

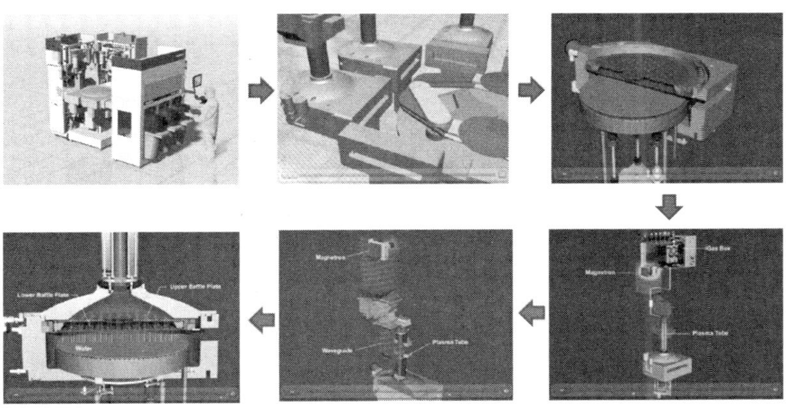

그림 5-42 Microwave plasma 공정 흐름도

3. 모듈별 고장 진단 및 해결방법

우선 반도체 양산라인에 들어가 보면 수많은 유틸리티(가스, 공압, 배기, 전기, 물 및 케미컬 등등)를 사용하고 있으며, 라인에서 조그만 부주의는 생명까지 잃을 수 있어, 설비에는 안전과 관련된 여러 가지 경고문구 혹은 라벨들이 부착되어 있다. 따라서 통상적인 에싱(Ashing)설비에 부착되어져 있는 경고라벨(warning label)과 그에 대한 정의(definition)에 대해 소개하도록 한다.

표 5-1 Hazard/Definition

Hazard	Definition
High Voltage	any voltage above 24 VAC-located throughout the system
Microwave radiation	prolonged exposure may cause severe bums-prolonged by magnetrons at 2.45GHz
Ultraviolet light	can cause skin, eye damage-produced by the Igniter bulb and plasma
Pinch points	can cause severe injury-created by moving parts; robot, chamber gate, source lift mechanism, pin lifters
Heavy weights	can cause muscle strain-high voltage power supply and chamber
Heated surfaces	can cause bums-chuck, wafer immediately after processing, chamber walls
Toxic reidues	can cause poisoning-produced from chemical compounds formed from photoresist and atmosphere gasses
Machine gasses (N_2, CF_4, N_2H_2)	can cause asphyxia, (N_2H_2, O_2) are combustible-all may be used as process gasses in the chamber
Mercury	can cause nerve damage-used in the igniter bulb
Ozone	produced when the igniter bulb in on and by system process

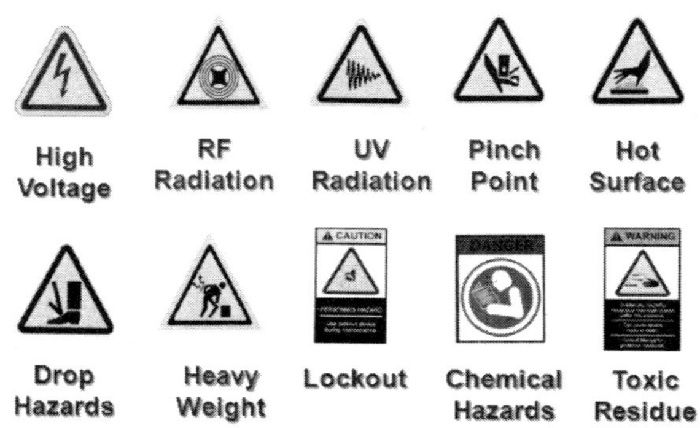

그림 5-43 Warning labels 및 definition

1) 안전장치(Safety Components)

설비를 운영함에 있어서 안전과 관련한 인터락(Interlock)기능은 매우 중요하다. 따라서 설비에 어떤 인터락기능이 있으며, 어떤 위치에 설치되어 있는지를 최우선으로 파악해야 한다. 아래는 에싱(ashing)설비에 있는 대표적인 인터락(interlock)들이며, 그 외에도 수많은 인터락들이 있다.

Tip

인터로크(Interlock)
기계 각 부분의 작동이 정상적으로 작동하는 조건이 만족되지 못하는 경우에 기계적, 유·공압적 등의 방법에 의해 자동적으로 그 기계를 작동할 수 없도록 하는 기구

(1) EMO 버튼

위급상황시 시스템의 전체 전원을 차단

(2) 도어 인터락(Door Interlocks)

설비 내에 고전류, 고전압 혹은 이송부품(moving part)등과 같이 작업자 혹은 외부에 직접적으로 노출되었을 때. 위험한 경우 도어 인터락을 설치하여, 도어가 아무런 조치 없이 열렸을 때 작동하는 인터락으로서 EMO 버튼과 같이 전원이 차단되거나, 설비의 동작이 멈추도록 되어 있다

(3) 메인 파워 박스 인터락

메인파워박스(power distribution box)를 오픈했을 때 전원이 차단

(4) 플라즈마 소스 안전스위치(Plasma source safety interlock switch)

플라즈마 소스를 잘못 조립했을 때 마이크로웨이브 누설이 발생할 수 있어 이를 방지하는 인터락

(5) 마그네트론 커버 스위치(Magnetron cover switches)

마찬가지로 마그네트론 하우징(Housing cover)을 오픈했을 때 마그네트론으로부터 마이크로웨이브 누설이 발생함으로 이를 방지하는 인터락

(6) 공정 인터락(Process Interlocks)

플라즈마 소스 쪽으로 냉각수가 흐르지 않거나, 냉각수의 온도가 높을 경우 인터락이 걸리며, 아래와 같이 두 개의 스위치로 구성되어 있다.

- 냉각수 플로우 스위치(Coolant flow switch)

• 냉각수 온도 스위치(Coolant thermo switch)

(7) 시스템 워터 플로우 스위치(System Water flow switch)

설비에는 전원공급장치(Power supply), 펌프, 척(chuck)등 냉각수가 흐르지 않을 경우, 제품이 이상이 발생할 수 있다. 따라서 설비로 냉각수가 흐르지 않은 경우, 동작하는 인터락

2) 안전 작업 지침(Safety Practices)

설비를 가동시키거나 유지보수를 위한 작업을 할 때 안전한 작업지침을 따르는 것은, 작업자가 다치거나 생명과도 관련이 있으므로 매우 중요하다.

(1) Lockout/Tagout(록아웃 그리고 태그아웃)

매뉴얼에 나와 있는 작업지침에 따라서 작업 전에 반드시 록아웃(lockout이란 그림 5-44의 오른쪽에 그림처럼 전원장치나 주요장치에 자물쇠 장치를 하는 것) 혹은 태그아웃(tagout이란 그림 5-44의 왼쪽에 그림처럼, lockout장치와 함께 눈에 잘 띄도록 경고문구나 작업문구를 거는 행위)을 한 이후에 작업을 실시한다. 예를 들면, 제2의 작업자가 현재 설비가 작업 중인지를 인지하지 못한 상태에서 메인 전원을 ON함에 의해 작업 중인 작업자가 감전사고(Electric shock)나 구동부품에 신체의 충돌 혹은 끼임으로 발생할 수 있는 사고를 방지하지 위한다.

(2) Interlock bypass

시스템이 인터락을 감지하지 못하도록 시그널을 점프시기커나, 우회시키는 행위로서 실제 시스템이 인터락 걸려야 하는 상황에서 인터락이 걸리지 않게 됨으로 매우 위험한 행위이다. 인위적으로 인터락(Interlock)을 해체하는 것은 매우 위험한 행동이다, 따라서 반드시 인터락 바이패스(interlock bypass)를 할시 사전에 동반 작업자 혹은 상관에게 보고 후 작업을 실시한다.

(3) 플라즈마를 보호 안경 없이 직접 보지 않는다

직접 플라즈마를 장시간 볼 경우, 플라즈마에서 나오는 자외선(Ultra violet) 파장에 의해 각막 손상이 될 수 있다.

(3) 플라즈마, 혹은 케미컬에 노출되었던 부품을 만질 때는 항상 장갑을 착용하여 잠재적인 인체적인 오염을 방지하여 작업자 본인의 건강을 지킨다.

(4) 무거운 물건 혹은 부품은 두 사람 이상이 같이 들어 운반 한다.

(5) 전원이 들어가 있는 부품이나 설비에서 작업할 때는 항상 동반 작업자와 함께 이인일조 혹은 그 이상의 인원구성으로 작업한다.

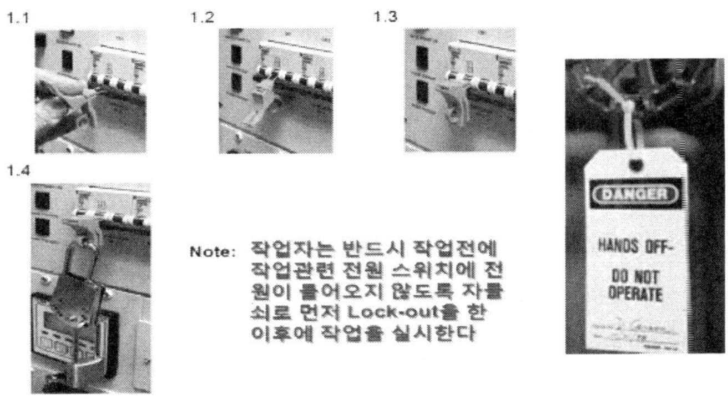

그림 5-44 Lock-out & tagout procedure

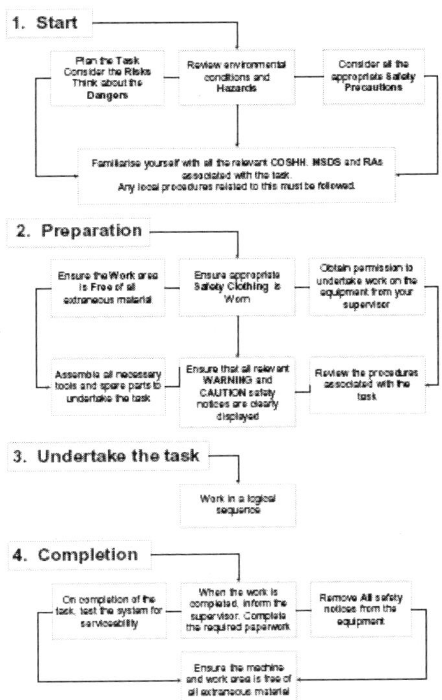

그림 5-45 guide for a safe way to work

3) 유지보수(Maintenance)

설비가 고장 났을 때 신속하고 정확하게 조치하는 것도 매우 중요하지만, 설비가 고장 나기 전에 미리 정기적인 정비를 하는 것이 더욱 중요하다고 할 수 있겠다. 모든 반도체 설비는 설비 제조사에서 제공하거나, 작업자의 경험을 바탕으로 하는 설비마다의 정비항목과 일정이 있으며, 이를 잘 준수 할수록 설비의 가동률을 높일 수 있다.

※ Maintenance schedule(정비 일정표)

정비 일정표에 의한 주기적인 정비는 매우 중요하다. 그럼 각 항목별 정비주기에 대해 알아보겠다.

> Tip
> IPA(Isopropyl Alcohol) 반도체 · LCD 공정용 세정제의 원재료

- 플라즈마 클리닝(Plasma Cleaning) : 공정챔버(Process chamber)를 대기압에 오픈 전에 필히 실시하거나, 공정 챔버를 오픈하여 습식 클리닝(예를 들면 IPA나 초순수(DI water)를 이용하여 챔버를 닦은 행위) 혹은 공정챔버 정비(Maintenance) 이후 실시한다.
- 습식 클리닝(wet cleaning 혹은 Mechanical Clean 이라고도 부름) : 공정 균일도(Uniformity)가 나빠지거나, 파티클(Particle)이 발생시 실시한다.
- 진공도 테스트(Leak-up rate check): 공정챔버 습식 클리닝 이후, 혹은 월별 스케줄에 의해 정비를 한 이후 실시한다.
- 가스라인 진공도 테스트(Gas Line leak-up rate check) : 가스라인에 문제가 의심되거나, 설비를 분해했다가 다시 조립한 경우 혹은 스케줄별 계획 정비를 실시한 이후 실시한다.

공정챔버 혹은 가스라인등 진공과 관련 부품에 대해 진공도(Leak-up rate) 테스트를 통과하지 못한 경우, 헬륨 누설 검출기(Helium leak detector)를 이용하여 진공이 세는 부위(leak point)가 어디인지를 검사한다.

헬륨 누설 검출기(Helium leak detector)는 아래 그림에 보이는 바와 같이 고진공을 뽑을 수 있는 펌프들(Turbo molecular pump와 back-up pump로 구성)과 헬륨 가스통(Helium Bombe), 헬륨가스를 측정하는 질량분석기(Mass spectrometer), 압력게이지 그리고 밸브류로 구성되어 있다.

사용 원리는 간단하다. 누설 검출기(Leak detector)를 측정하고자 하는 설비의 진공라인에 연결하고 미량의 헬륨을 진공이 샐 것으로 의심되는 주위에 뿌린다.

이때 주의 할 점은 너무 많은 양의 헬륨을 한 번에 뿌리지 않도록 한다. 헬륨가스가 워낙 가벼운 가스이다 보니, 확산이 잘 되어서, 너무 많은 양의 헬륨가스가 뿌려질 경우 정확한 누설위치(Leak point)를 찾을 수 없기 때문이다. 헬륨가스를 혀에 대고 뿌렸을 때, 느낄 수 있는 최소의 양이 적당량이라 할 수 있다.

헬륨가스를 사용하는 이유는 대기 중(즉, 자연계)에 거의 존재하지 않는 가스이며, 분자량이 가장 작기(즉, 아주 작은 leak point에도 침투가능) 때문이다.

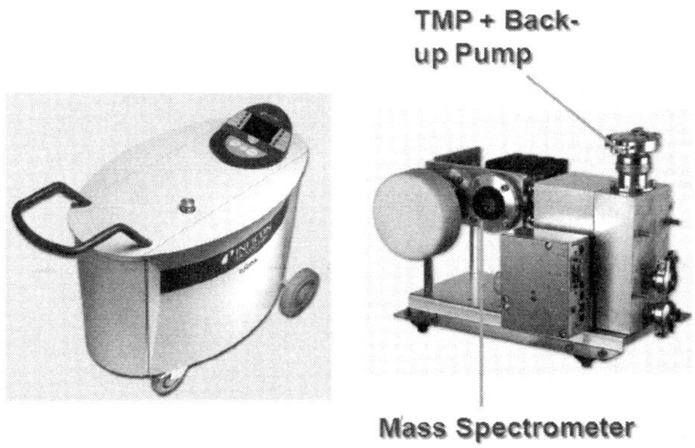

그림 5-46 Leak detector 전경

4) 점검(Inspection)

설비의 유지 보수중 하나가 스케줄에 맞추어 설비를 검사(inspection)하는 것이다.

(1) 주간 검사(Weekly inspection):

① 설비내 혹은 연결(Joint) 부위에 물이 새는 부위가 있는지 확인한다. 그리고 입, 출력 모듈들과 각종 컴포넌트 컨트롤러(component controller)에 에러지시등(faulty indicator)이 켜져 있는지 확인한다.

② 진공펌프 진공오일 레벨확인(오일펌프(oil pump)인 경우에만 한함), 펌프 소음, 진동 확인(모든 진공펌프는 비정상 상태인 경우에 소음이 커지거나, 진동이 커지는 현상이 발생함)

③ 공정가스(Process gas), 물, 공압(compressed air)의 입력(input) 압력 확인 : 공정가스외 기본 유틸리티(utility)공급이 안 되거나, 압력이 부족한 경우 정상적으로 설비에 자체 인터락(interlock)이 걸리거나, 알람(alarm)이 발생하지만, 설비의 인터락이 고장이 발생했거나, 임계값에서 움직일 경우, 설비에서 감지가 되지 않은 상태에서 공정에 문제가 발생할 수도 있으므로, 혹은 설비 가동 중에 에러(error)가 발생할 수 있으므로, 주간 스케줄에 맞추어 항시 점검해야 한다.

④ 칠러(Chiller : 냉각수를 순환시켜 주는 장치)의 냉각수통(reservoir)에 냉각수를 확인하여 항상 적정량으로 채워 주어야 한다.

(2) 월별 점검(Monthly inspection)

진공도(Leak-up test) 테스트를 실시한다.

(3) 반년별 점검(Half yearly inspection)

워터라인(Water line)에 변색여부 확인한다. 특히 RF 파워가 전달되는 척(chuck)이나 ICP 코일 등으로 들어가는 워터라인에 변색이 된 경우는 라인내부에 오염되어 얼룩(stain)이 생긴 경우이다. 이때 물의 저항이 많이 낮아진 경우 챔버의 임피던스에도 영향을 줄 수 있으며, 이는 RF 혹은 마이크로웨이브 파워의 매칭위치(Tune point)가 바뀔 수 있다는 의미로 공정에까지 영향을 줄 수 있다.

(4) EMO 정상 동작 여부를 확인한다.

(5) 연간 점검(Yearly inspection)

① 공정 챔버의 뷰포트(Chamber viewport window) 청소 혹은 교체한다.

② 냉각수 라인(cooling hoses), 커넥터(connection)에 누수(leak)여부 확인 혹은 변형여부 관찰한다.

③ 압력조절 밸브(Advanced process valve)의 스핀들(spindle)에 있는 오링(진공씰)을 교체한다.

④ 하부 척에 있는 웨이퍼 패데스탈(Wafer pedestal), 밸로우즈(bellows) 그리고 오링(o-ring)류를 교체한다.

⑤ 공압(compressed dry air)용 필터(filter)를 교체한다.

⑥ 공정 가스용 필터(filter)를 교체한다.

⑦ 가스, 물, 공압 등의 공급압력을 낮추었을 때 시스템에서 감지하는지 인터락을 점검한다.

⑧ 그 밖에 각종 인터락들의 동작 여부를 확인한다.

⑨ EMO의 정상 동작 여부를 확인한다.

⑩ 진공도(Leak-up rate)를 확인한다.

5) MFC/filter 교체

공정가스의 유량을 조절하여 공정 챔버로 공급하는 장치인 MFC(mass flow controller)의 경우 종종 고장에 의해 교체가 이루어져야 한다. 에싱설비에서 사용하는 대부분의 가스는 불활성 가스이므로 위험성이 낮은 것은 사실이나, 증착과 식각설비에서 사용되는 가스의 경우, 매우 인체에 유해하거나 폭발성 가스가 많으므로 MFC의 교체 시에 각별한 주의를 필요하며, 정확인 안전지침(safety guidance)에 의해 작업을 해야 한다.

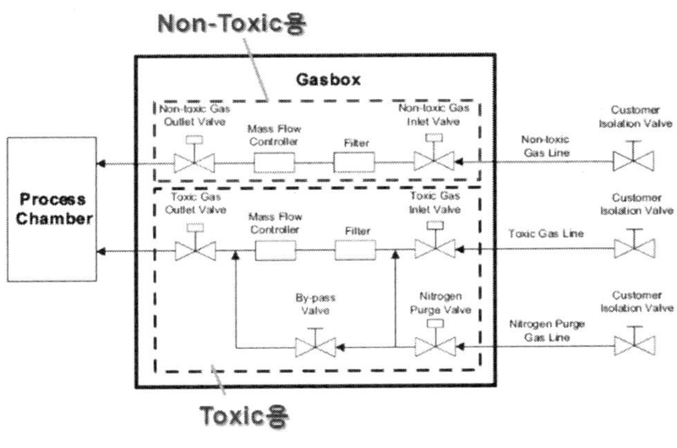

그림 5-47 Gasbox valve arrangement

(1) MFC, Filter 그리고 Gas Line 분해 전 작업사항

① 우선 작업 전에 안전지침을 다시 한 번 숙지하고 작업을 시작한다.

② 작업은 가스들 간에 상호오염(cross-contamination) 방지를 위해 한 가스씩

작업한다.

③ 벽(혹은 가스통)에 차단밸브(isolation valve)를 먼저 잠근다.

④ 가스박스에 도어를 열어 가스라인 그리고 솔레노이드 밸브(solenoid valve)가 조작 가능하도록 준비한다.

⑤ 공정 레시피(recipe)상에서 교체할 가스라인을 선택하여 먼저 진공을 뽑는다.

⑥ 최초의 가스라인 펌핑(pump down)은 MFC용량의 10%만 흐르도록 선택한다. 최대용량으로 MFC를 열어 펌핑(pumping)을 할 경우, 시스템에서 오버프레셔(over-pressure) 인터락(터보펌프를 보호하기 위해 갑작스럽게 압력이 올라가는 것을 감지하는 인터락, 설사 고진공 펌프가 없더라도 일차펌프에 무리를 줄 수 있으므로)이 걸리게 된다. 따라서 고진공펌프에 충격을 줄 수 있으므로 10%부터 흘리면서 압력을 모니터링하면서 점차 최대용량(full scale)으로 흘리도록 한다.

(주의) 우회가스관(By-pass line)이 있는 경우, 러핑 펌프라인(roughing pump line)을 이용하여 먼저 진공을 뽑은 이후에 고진공펌프를 이용하여 펌핑한다.

⑦ 공정챔버 압력이 베이스 압력(base pressure)에 도달할 때까지 기다린다.

⑧ 만약 독성 혹은 부식성가스인 경우, MFC에 가스가 흐르지 않거나 공정챔버 압력이 10mT 이하인 경우, 퍼지 밸브(purge valve)를 5초가 열었다 닫고, 다시 베이스 압력(base pressure)까지 진공을 뽑는다. 이러한 퍼지(purge)와 펌핑(pumping) 과정을 10회 반복하여, 잔류가스가 남아 있지 않도록 충분히 진공을 뽑는다.

⑨ 그 이후에 MFC교체 작업을 실시한다.

(2) MFC, Filter 그리고 Gas Line 교체 후 작업사항

① 우선 작업 전에 안전지침을 다시 한 번 숙지하고 작업을 시작한다.

② 작업은 가스들 간에 상호오염(cross-contamination) 방지를 위해 한 가스씩 작업한다.

③ 가스박스에 도어를 열어 가스라인 그리고 솔레노이드 밸브(solenoid valve)가 조작 가능하도록 준비한다.

④ 공정 레시피(recipe)상에서 교체할 가스라인을 선택하여 먼저 진공을 뽑는다.

⑤ 최초의 가스라인 펌핑(pump down)은 MFC용량의 10%만 흐르도록 선택한다. 최대용량으로 MFC를 열어 펌핑을 할 경우, 시스템에서 오버프러셔(over-pressure) 인터락(터보펌프를 보호하기 위해 갑작스럽게 압력이 올라가는 것을 감지하는 인터락, 설사 고진공 펌프가 없더라도 일차펌프에 무리를 줄 수 있으므로)이 걸리게 된다. 따라서 고진공펌프에 충격을 줄 수 있으므로 10%부터 흘리면서 압력을 모니터링하면서 점차 최대용량(full scale)으로 흘리도록 한다.

(주의) 우회가스관(By-pass line)이 있는 경우, 러핑 펌프라인(roughing pump line)을 이용하여 먼저 진공을 뽑은 이후에 고진공펌프를 이용하여 펌핑한다.

⑥ 공정챔버 압력이 베이스 압력(base pressure)에 도달할 때까지 기다린다.

⑦ 최소 8시간 이상 진공을 뽑은 후 진공도(Leak-up rate) 테스트를 실시한다

4. 고장 검사(Trouble Shooting)

1) 웨이퍼 로딩 에러(wafer loading fault)

표 5-2 웨이퍼 로딩 에러

	증 상	원 인	응급 해결 방안
1	웨이퍼가 틀어져 로딩(loading) 될 때	웨이퍼가 정렬이 틀어짐	웨이퍼의 flat 혹은 notch zone을 다시 정확히 정렬한다.
2	로드락 뚜껑이 열리지 않는다.	• 밴트(Vent)가 완료 되지 못함 • 기계적 결함	밴트(Vent)가 완료될 때까지 기다린다.
3	로드락 뚜껑이 닫히지 않는다.	기계적 결함	
4	로드락이 베이스 압력까지 진공이 뽑히지 않는다.	• 로드락 뚜껑이 완전히 닫히지 않은 경우 • 펌프의 공압 밸브 기계적 불량 혹은 공압 공급이 안 되는 경우 • 펌프 고장의 경우 • 로드락에 진공이 새는 경우	로드락 뚜껑을 잘 닫는다.

2) 웨이퍼 핸들링 에러(Loading sequence)

표 5-3 웨이퍼 핸들링 에러

	증 상	원 인	응급 해결 방안
1	공정챔버의 게이트밸브가 열리지 않음	• 로드락이 베이스 압력까지 떨어지지 않아서 • 공정챔버가 베이스 압력까지 떨어지지 않아서 • 게이트 밸브에 들어오는 공압 불량 혹은 밸브의 기계적 결함	-
2	로봇의 앤드이팩터가 공정챔버까지 들어가지 않는 경우	• 공정챔버 게이트 밸브가 열리지 않은 경우 • 로봇의 기계적 결함	1번 항목 참고
3	페데스탈이 올라오지 않는 경우	웨이퍼 리프트 모듈의 결함 혹은 공압이 들어오지 않은 경우	-
4	로봇의 앤드이팩터가 로드락까지 다시 돌아오지 않는 경우	• 로봇의 기계적 결함 • 전기적 혹은 신호체계 결함	-
5	공정챔버의 게이트밸브가 닫히지 않음	• 로봇의 앤드이팩터가 로드락까지 다시 돌아오지 않는 경우 • 게이트 밸브에 들어오는 공압 불량 혹은 밸브의 기계적 결함	4번 항목 참고
6	페데스탈이 내려가지 않는 경우	웨이퍼 리프트 모듈의 결함 혹은 공압이 들어오지 않은 경우	-
7	공정챔버가 베이스압력까지 진공이 뽑히지 않는 경우	• 공정챔버 게이트 밸브가 완전히 안 닫혀서 • 진공펌프용 밸브에 들어오는 공압 불량 혹은 밸브의 기계적 결함 • 펌프의 기계적 결함 • 펌프에 퍼지(purge)가 잘못되고 있는 경우	5번 항목 참고

3) 웨이퍼 공정 진행 에러(wafer processing faults)

표 5-4 웨이퍼 공정 진행 에러

	증 상	원 인	응급 해결 방안
1	공정이 시작되지 않는 경우	메뉴를 잘못 선택한 경우	다시 메뉴 선택할 것
2	공정가스가 흐르지 않는 경우	• 공정챔버 게이트 밸브가 완전히 닫히지 않은 경우 • 공정챔버 압력이 너무 높은 경우 • 공압이 들어오지 않는 경우 • 펌프관련 불량	-
3	가스안정화 스텝이후에 RF 파워가 들어오지 않는 경우	• 공정챔버 게이트 밸브가 완전히 안 닫혀서 • 공정챔버 압력이 너무 높아서 • 공압이 들어오지 않는 경우 • 펌프관련 불량 • 공정파라미터 허용범위를 벗어나는 경우 : 예를 들면, 가스, 압력, 온도 등	-
4	RF 스텝이 중지되지 않는 경우	공정종결점 장치관련 에러	-
5	공정가스가 계속 나오는 경우	Time out 에러	-

	증 상	원 인	응급 해결 방안
6	공정챔버가 공정압력까지 진공이 뽑히지 않는 경우	• 공정챔버 게이트 밸브가 완전히 안 닫혀서 • 진공펌프용 밸브에 들어오는 공압 불량 혹은 밸브의 기계적 결함 • 펌프의 기계적 결함 • 압력조절밸브에 불량 • MFC 불량	-

4) 인터락(Interlocks)

표 5-5 인터락

인터락	위 치	목 적	동 작
워터 플로우 스위치	각 공정모듈에 공정챔버 냉각수 리턴(return) 라인에 위치	냉각수 리턴 플로우 확인	냉각수가 흐르지 않은 경우 N.C.(Normally Close) 스위치가 오픈되며, 시스템은 가스 밸브, RF파워 그리고 히터의 전원을 모두 차단한다.
챔버 뚜껑 스위치	챔버 경첩(hinge)에 설치	챔버 뚜껑이 잘 닫혔는지 확인	챔버 뚜껑이 닫혀 있을 때 N.O.(Normally Open) 스위치가 닫히게 된다. 만약 챔버 뚜껑이 열린 상태에서는 RF인터락이 걸려서 파워가 나가지 않는다.
카세트 감지 스위치	카세트가 놓이는 LM의 카세트 플랫폼에 설치	로봇이 움직이기 전에 카세트의 유무 확인	N.O. 스위치가 카세트가 없는 상태에서 로봇이 레이저 스캐닝 하는 것을 방지 한다. (카세트가 없는 상태에서는 레이저가 작업자의 눈으로 향할 수 있으므로)

5) 사례 연구

표 5-6 사례 연구

사 례	결 과	방지책
컴퓨터 락업 (lock-up)	공정이 마지막 설정된 값으로 계속 진행됨	없음
컴퓨터 에러	설정값은 0으로 변경되며, 모든 밸브는 닫히게 된다.	오동작에 안전함(Fail-safe)
냉각수 손실	RF파워의 경우, 공정에 영향을 주며, 오링에 손상을 주고, 히팅척은 온도가 상승함	플로우 스위치가 RF파워, 가스공급, 히팅척의 전원 차단함.
냉각수 공급장치 (Chiller)에서 누수	클린룸 바닥으로 누수	적은 누수의 경우 전기파워 박스로 들어가지 못하도록 되어 있음
독성가스 누출	인체에 사망에 이를 수 있는 치명적임.	가스 누출 검출기를 설비의 EMO 스위치에 연동시켜, 가스 누출시 자동으로 시스템의 모든 전원과 밸브가 닫히도록 조치
챔버 뚜껑이 열려있을 때	• RF혹은 마이크로웨이 파워의 누출 • 공정가스 누출	챔버 뚜껑이 열려있을 때 RF 파워나 가스가 동작하지 않도록 인터락 기능이 있음

5. 설비 운영(Operation)

본 장에서는 200mm용 에싱(Ashing) 시스템의 운영 소프트웨어(operation Software)를 통해서 에싱공정의 기본 파라미터, 웨이퍼 핸들링(Wafer handling) 및 기본 운영방법에 대해 배워보도록 하겠다. 설비제조사마다 GUI(Graphic User interface)와 운영프로그램(Operation Program)의 배치(Layout)가 다르지만, 기본적으로 입력해야하는 공정 파라미터들은 대체적으로 유사하기 때문에 앞으로 배울 설비의 운영방법을 충분히 습득할 경우 타사의 설비나 300mm설비의 운영에도 도움이 될 것으로 사료 된다.

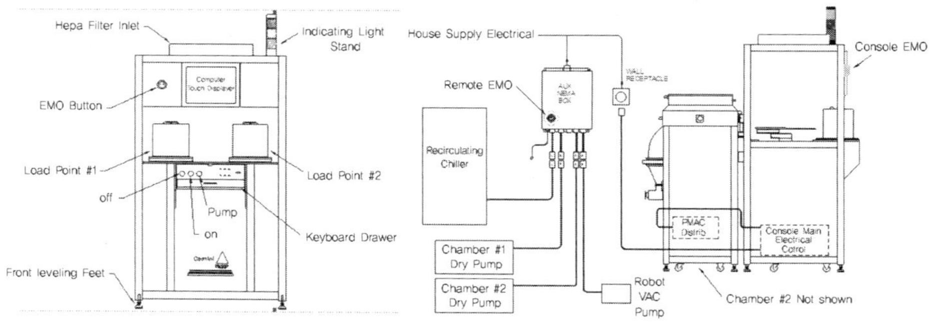

그림 5-48 200mm dual chamber asher

그림 5-48과 5-49에서 보이는 설비는 두 개의 로딩 포트(대기압 타입), 대기압 3축 로봇(atm 3-axis robot) 그리고 두 개의 공정 챔버로 구성되어 있다.

200mm설비에서는 통상 식각, 화학기상증착(CVD) 그리고 물리적 기상증착(PVD)설비에서는 진공카세트 엘리베이터(vacuum cassette elevator)를 사용하나, 에셔(asher)에서는 본 설비와 같이 대기압 로딩(loading) 타입이 주류를 이루고 있다. 그 이유는 이 방식이 설비 원가를 낮출 수 있으며, 에셔(Asher)의 공정 압력이 ~Torr부근에서 공정이 이루어지기 때문에 공정 챔버가 대기에 오픈되어도 생산성(Throughput)에 큰 영향을 주지 않기 때문이다. 또한 식각이나 증착설비에 비해 유해한 공정부산물(by-product)발생도 없으며, 공정이 상대적으로 민감하지 않은 편이여서 이러한 구성이 가능하다.

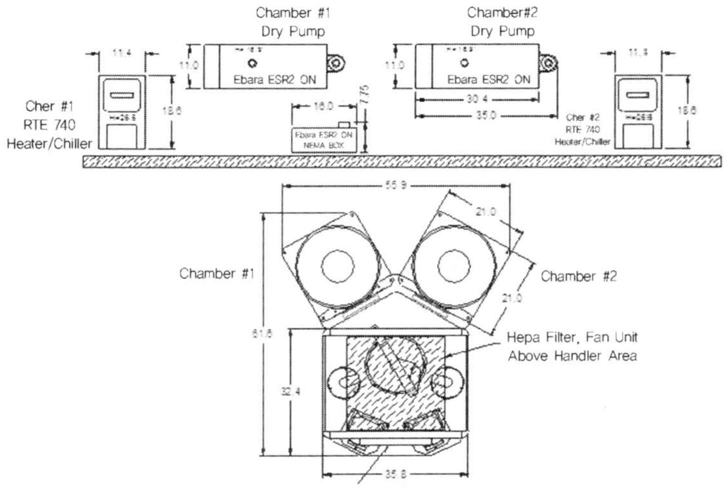

그림 5-49 200mm dual chamber asher(top view)

공정 챔버는 유도결합플라즈마(ICP)로 구성할 수도 있고, 다운스트림 마이크로웨이브 플라즈마로도 구성가능하며 아래는 기본적인 설비의 진공 도식도(Vacuum diagram)이다. 보이는 바와 같이 고진공펌프를 구성하지 않는 형태로 구성되어 있다.

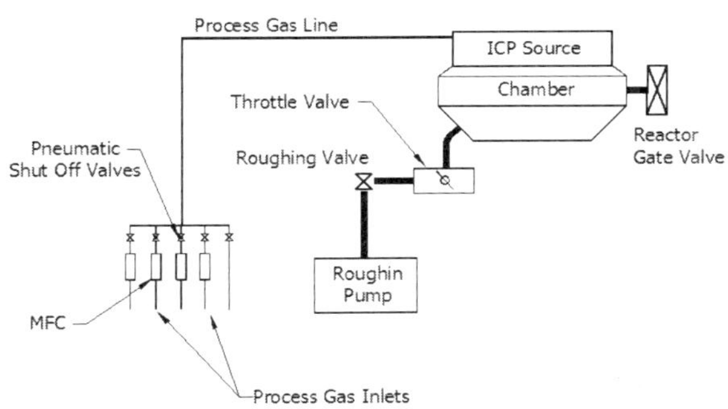

그림 5-50 공정챔버 Vacuum diagram.

1) 메인 화면(Main Screen)

본 시스템은 Labview기반의 운영소프트웨어로서, 각모듈의 PLC들과 로봇의 컨트롤러 등과의 통신을 통해서 제어가 된다. 아래의 화면은 시스템에 메인전원이 들어오면 나타나는 화면으로 로그인(Log-in)하기 전까지는 대부분의 버튼이

활성화되지 않는다.

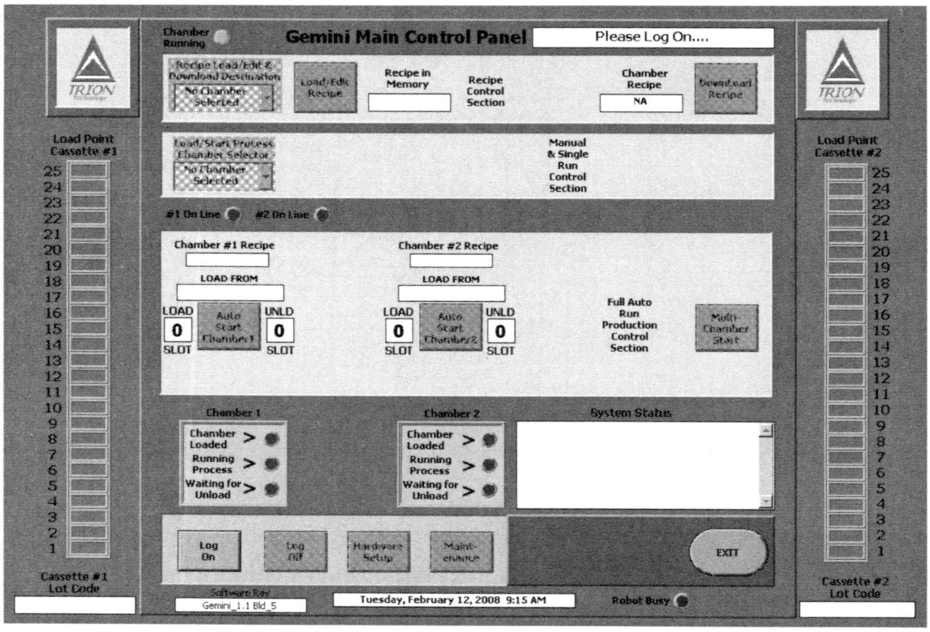

그림 5-51 메인화면

2) 로그인

아래에 정리된 바와 같이 로그인 할 때 세 가지 등급으로 로그인이 가능하다.

표 5-7 User access levels

로그인 등급	레시피(recipe)편집	매뉴얼 공정	자동 공정	하드웨어/설비점검	패스워드 관리
오퍼레이터			Yes		
엔지니어	Yes	Yes	Yes		
감독관	Yes	Yes	Yes	Yes	Yes

대부분 반도체양산설비의 경우 사용자 등급을 설정할 수 있도록 되어 있으며, 감독관(Supervisor)등급의 경우 패스워드 관리 등의 모든 권한을 갖는 반면 오퍼레이터 등급은 레시피(recipe)를 불러오고, 불러온 레시피로 웨이퍼 공정을 진행시킬 수 있으나, 그 밖의 레시피 편집 등의 권한은 갖지 못한다.

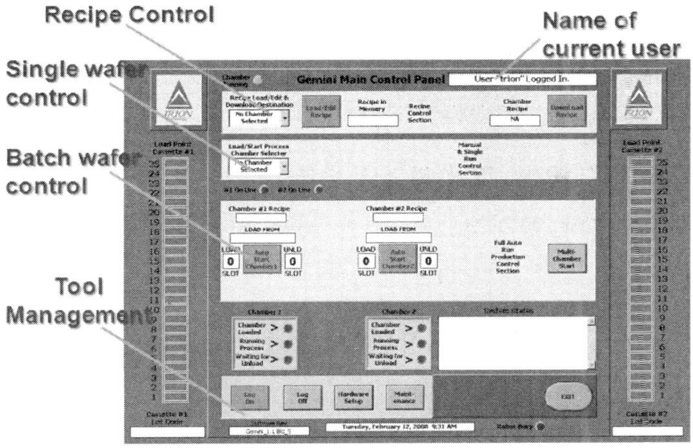

그림 5-52 로그인 이후에 메인화면

상기에 보이는바와 같이 메인화면은 크게 4개의 섹터(sector)로 구성이 되어 있다. 1) Recipe Control, 2) Single Wafer Control, 3) Batch Process Control 그리고 4) Tool Management.

3) 레시피 로딩 및 편집(Load/Edit Recipe)

"load/edit recipe" 버튼을 동작시켜보면 아래의 화면이 나타난다.

화면상에 있는 각 항목들에 대해 알아보면,

(1) Chamber Load Port

로드 포트(Load port) 1, 2중에서 어느 로드포트(Load port)에서 웨이퍼를 가져올 것인지 웨이퍼의 경로 지정

(2) 파일 윈도우(File window)

레시피(recipe) 저장, 다른 이름으로 저장, 불러오기 등이 가능함

(3) 공정 파라미터(Process parameters)

① Pressure(mTorr)

에싱에서 통상적인 공정압력은 수백 mTorr~수 Torr에서 공정이 진행되는데, 일반적으로 공정압력이 낮아지면 공정균일도(uniformity)가 개선되는 반

면, 공정압력이 높아지면 식각율(ash rate)이 증가된다.

② ICP 파워(혹은 마이크로웨이브 파워)

통상적으로 최대 3~5KW급 제품이 적용

③ RIE 파워(혹은 "Bias 파워"라고도 부름)

필요시 사용하며, 통상적으로~수백 와트 적용

④ Temp

척(chuck)온도를 말하며, 통상적으로 250~300도 부근에서 사용

⑤ Process time

공정시간

(4) 가스(Gases)

공정가스의 유량을 설정한다. 통상적으로 사용하는 가스는 O_2와 N_2를 10대1비율로 넣으며, 챔버 크기, 공정압력, 파워에 따라 차이가 있지만 통상적으로 수 slm(standard liter per minute)의 O_2가스가 사용된다.

(5) steps

보통 공정 레시피는 한 스텝으로 이루어지지 않고 여러 스텝들로 구성된다. 가장 일반적인 플라즈마 공정설비에서 사용되는 공정스텝은 아래와 같다.

① Base pressure(베이스 압력)

② Gas stabilization(가스 안정화 스텝)

③ Main etch(메인 식각 스텝)

④ Purge(퍼지가스를 챔버로 넣는 스텝)

⑤ Evacuation(다시 진공을 뽑는 스텝)

⑥ End(끝)

(6) Recipe name

현재 작성 혹은 사용 중인 레시피(Recipe) 이름

(7) Clean recipe

공정 중간 중간에 챔버 클리닝(cleaning)을 해야 하는 경우도 있다. 다시 말해 공정부산물(By-product)이 많이 발생하는 공정인 경우, 공정챔버가 쉽게 오염이 된다. 챔버 클리닝(cleaning)을 하지 않을 경우, 챔버에 붙어 있던 공정부산물(by-product)들이 공정 중 웨이퍼 위로 떨어져서 파티클 문제가 발생될 수 있어 공정과 공정 사이에 클리닝 레시피(cleaning recipe)를 넣어 공정을 해야 하는 경우에 적용한다.

이창에서는 클리닝 레시피(cleaning recipe)를 지정할 수 있고, 클리닝 주기도 지정할 수 있다. 예를 들면, 매 3장 웨이퍼 공정이후 클리닝 스텝(cleaning step)을 넣는다거나 하는 지정도 가능하다.

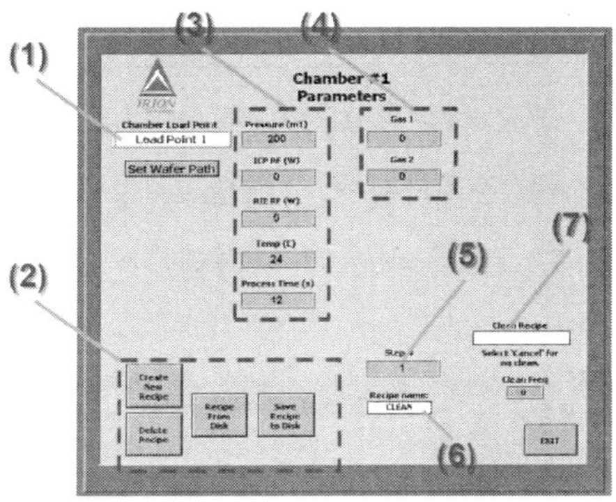

그림 5-53 Recipe Edit Screen

5.5.4 운영 모드(Operation Mode)

웨이퍼를 공정하는 방법에는 낱장공정(single wafer mode)방식과 배치공정(Batch mode)방식 두 가지가 있다.

낱장공정의 경우 설비를 주로 공정개발 목적, 혹은 테스트 목적으로 적은 양의 웨이퍼 공정을 진행하는 경우에 유용하게 사용할 수 있는 모드이다.

(1) 싱글 웨이퍼 모드(Single Wafer Mode)

우선 "single wafer mode"에서 공정하고자 하는 웨이퍼를 카세트로부터 공정 챔버까지 로딩(loading)을 해야 한다. "Load Wafer" 버튼을 누르면 아래와 같이 숫자판이 나타나는데, 여기에서 슬롯번호를 지정한다. "Cancel" 버튼을 누를 경우 "로딩"이 취소되면서 메인화면으로 돌아가게 된다.

그림 5-54 Load Wafer, Slot Select Pop Up

그림 5-55와 같이 웨이퍼가 공정챔버에 로딩(loading)이 완료되고 나면, "Chamber Loaded" LED에 초록색불이 들어오고, 상단에 있는 "Load Wafer" 버튼은 없어지는 대신에 "Unload" 버튼이 나타난다.

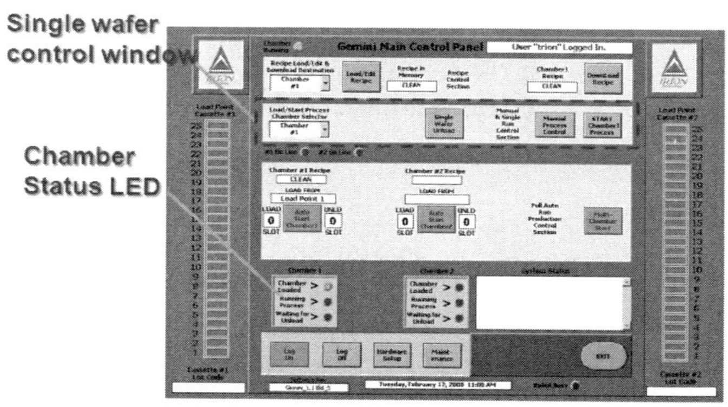

그림 5-55 메인 화면

① 매뉴얼 공정 컨트롤 모드(Manual Process Control Mode)

웨이퍼가 공정챔버에 로딩이 완료된 이후에는 작업자는 "Manual process control" 혹은 "Automatic process control" 중 하나를 선택하여 공정할 수 있다.

"Manual process control"의 경우, 아래에 보이는 화면에서 바로 파라미터를 입력하여 공정을 실행하므로(다시 말해 잘못된 파라미터를 입력하여도, 그대로 동작이 되므로 오퍼레이터 등급은 사용할 수 없다), 엔지니어나 감독관 등급으로 로그인하여야만 사용이 가능하다.

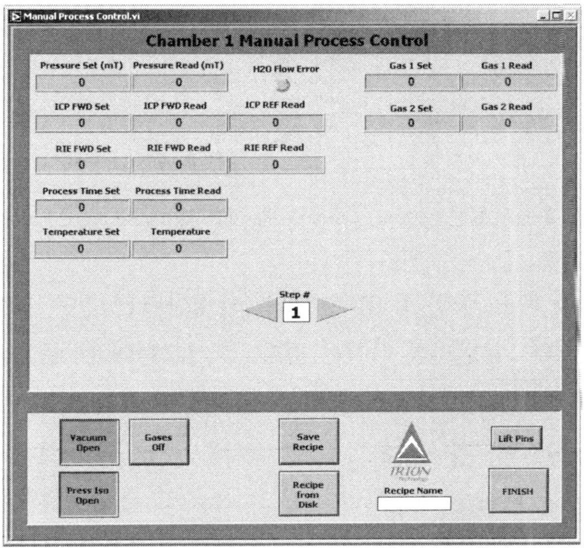

그림 5-56 Manual Process Control Screen

이 "manual process control mode"에는 크게 두 개의 파트로 나뉜다.

- 상단에는 공정파라미터 섹션(process variables in the top section)
- 하단에는 컨트롤 버튼 섹션(control buttons in the bottom section)

상단에 공정파라미터 섹션(process variable section)에는 설정 값(set point value)과 실제로 설비에서 읽혀지고 있는 값들을 나란히 보여주고 있으며, 각각의 공정파라미터들(Process variable)은 실시간(in-situ)으로 설정이 가능하도록 되어 있다.

하단에 컨트롤 섹션(control section)은 작업자가 공정순서(process sequence)를 단계별로 컨트롤 할 수 있도록 한다. "Vacuum" 버튼은 공정챔버와 러핑펌프(roughing pump)간에 아이솔레이션 밸브(isolation valve)를 열고 닫는 기능이며, 버튼이 녹색으로 바뀌면 밸브가 열렸다는 의미이다.

두 번째 "Pressure Iso" 버튼은 압력게이지인 축전 용량식 다이아프램 게이지(capaci tance manometer)와 챔버사이에 밸브가 열렸다는 의미이며, 공정챔버의 압력을 보여주게 된다.

축전 용량식 다이아프램 게이지 앞에 아이솔레이션 밸브(isolation valve)가 있어야 하는 이유는 아래와 같다.

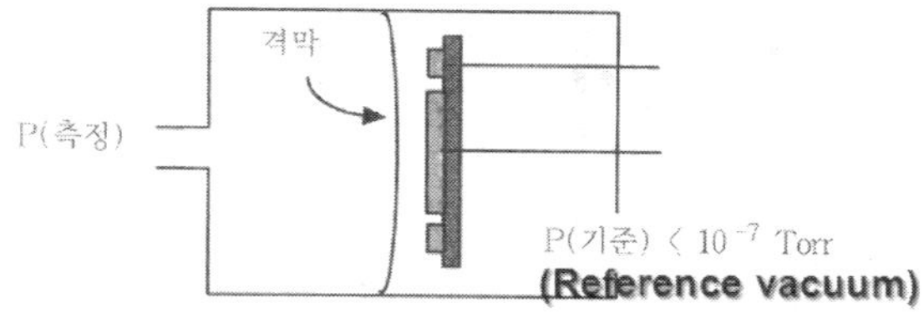

그림 5-57 축전 용량식 다이아프램 게이지(capacitance manometer)

격막의 휨에 따른 축전 용량의 변화를 측정한다는 것은 쉽게 얘기해서 다이아프램 게이지와 그 원리상 다름이 없다. 상기그림에 보이는 바와 같이 한쪽에는 이미 기준점이 되는 진공이 잡혀있고, 측정하고 하는 진공과의 압력차만큼 격막(diaphragm)의 휨 정도를 직접 기계적으로 측정하지 않고 축전용량(capacitance)의 변화로 측정한다는 점이 다르다. 그림에서 보듯이 축전용량을 측정하는 쪽의 기준 압력에 대한 상대 기압을 측정하게 되므로 정확한 측정을 위해서는 온도 보정이 필요하다. 기준압력이 항시 고정되어 있는 절대방식(absolute type)과 상대적 차이를 보는 비교방식(differential type)이 있다. 만약 축전 용량식 다이아프램 게이지가 급격한 압력변화에 직접적으로 노출되는 경우(예를 들면, 고속 밴트(vent)와 대기압에서 진공을 바로 뽑는 경우) 게이지 내에 격막에 손상을 줄 수 있다. 즉, 기준점(reference)이 틀어져서 압력값을 다르게 읽을 수 있다. 따라서 통상적으로 압력게이지 앞단에 아이솔레이션 밸브를 설치하여 사용하게 된다.

다음은 "Gas On" 버튼인데, 앞에 언급했던 "Vacuums"와 "Pressure Iso"가 모두 ON된 상태에서만 동작을 하도록 되어 있다. 이는 진공이 잡히지 않은 상태에서 공정챔버로 계속해서 가스를 공급할 경우 챔버의 압력이 대기압보다 높아지는 순간 챔버가 열리면서 챔버 밖으로 흘러나오기 때문이다. 이는 독성 혹은 폭발성 가스를 공정가스로 사용하는 경우 매우 위험한 상황이 연출될 수 있으며, 일종의 소프트웨어 인터락이라고 보면 된다.

또한 "Gas on" 버튼이 ON상태가 된 이후에, 비로소 "RF on" 버튼이 화면에 나타나게 된다. 이 역시 안전을 고려한 소프트웨어 인터락이다.

표 5-8 Manual Control Button Summary

컨트롤 버튼	상 태	시스템 작동 내용
Vacuum	닫힘	챔버와 러핑라인 사이에 밸브
	열림	챔버와 러핑라인 사이에 밸브가 열리고, 챔버의 진공이 뽑힌다.
Press Iso	닫힘	축전 용량식 다이아프램 게이지 앞단에 공압 아이솔레이션 밸브가 닫힘
	열림	축전 용량식 다이아프램 게이지 앞단에 공압 아이솔레이션 밸브가 열리고 챔버의 압력을 읽음
Gas	꺼짐	모든 가스채널별로 설치된 공압밸브들이 닫히고, MFC의 설정값은 '0'으로 되며, 압력조정밸브(APC)는 100% 오픈된다.
	켜짐	지정된 가스채널의 공압밸브들이 열리고, MFC는 설정 값으로 가스를 흘리고, 압력조정밸브(APC)는 설정 값으로 압력을 맞춘다.
RF	꺼짐	RF혹은 마이크로웨이브 파워가 꺼지고, 공정 타이머는 '0'으로 바뀐다.
	켜짐	RF혹은 마이크로웨이브 파워가 켜지고, 공정 타이머는 1 초간 격으로 진행시간을 보여준다.

그리고 작업자가 "manual process control" 화면에서 나가기(Exit)할 경우, 설비는 자동적으로 다음과 같이 동작한다.

- RF 혹은 마이크로웨이브 파워가 자동의 꺼진다.
- 가스 플로우가 꺼진다.
- 진공 밸브와 압력 아이솔레이션 밸브는 마지막 있던 상태로 유지된다.
- 히터의 마지막 설정된 값으로 유지된다.

② 자동 공정 컨트롤 모드(Automatic Process Control Mode)

이 기능은 메인화면에서 "start chamber1 process" 버튼을 누르면 아래의 화면이 나타난다.

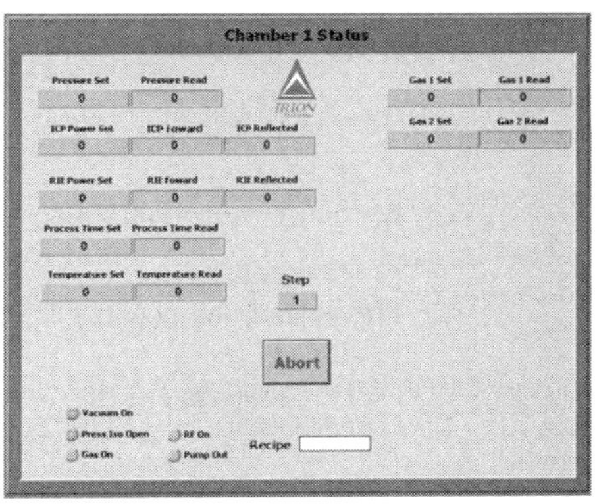

그림 5-58 Single Wafer Automatic Process Control Screen

상기 화면은 "manual process control" 화면의 "process variables section"과 같지만, 공정 중에 공정 파라미터들을 변경할 수 없다는 차이점이 있다. 단순히 불어온 레시피(recipe)로 공정을 진행하고, 설비에서 읽어지고 있는 값들을 볼 수만 있다. 작업자가 "Abort" 버튼을 누르거나, 공정 중 "error"가 발생 했을 때 설비는 공정이 중단되고, 에러코드번호, 에러 매세지 그리고 진행된 공정시간을 포함하는 화면이 나타낸 상태에서 메인화면으로 돌아가게 된다.

표 5-9 Process Error Summary

에러 번호	에러 메시지	설 명
1	Did not reach turbo crossover pressure.	본 메시지는 터보펌프를 사용하는 설비에서만 해당되며, 공정챔버의 압력이 터보펌프가 동작할 만큼의 진공까지 뽑아지지 않은 경우에 발생
2	Did not reach Ion Gauge base pressure.	본 메시지는 터보펌프와 이온게이지를 사용하는 설비에서만 해당되며, 공정챔버의 압력이 이온게이지가 동작할 만큼의 진공까지 뽑아지지 않은 경우에 발생. 통상 이온게이지는 10^{-4}보다 고진공 영역부터 동작함
3	Endpoint detection error.	본 메시지는 공정종결점 검출장치를 사용하는 설비에서만 해당되며, 공정종결점 장치에 에러가 발생한 경우
4	Endpoint detection timed-out.	본 메시지는 공정종결점 검출장치를 사용하는 설비에서만 해당되며, 제한된 시간 내에 공정종결점이 잡히지 않은 경우에 발생
5	Loss of Water Flow.	워터 플로우 스위치가 냉각수가 흐르지 않거나 냉각수의 압력이 낮을 때 발생
6	Roughing sequence did not reach base pressure.	챔버의 진공도가 주어진 시간 내에 베이스 압력까지 도달하지 않았을 때 발생
7	Pressure out of tolerance.	공정가스가 흐르는 상태에서 공정압력이 설정 값의 허용치 안에 도달하지 않은 경우
8	Gas flow out of tolerance.	공정가스의 플로우가 설정 값의 허용치 안에 도달하지 않은 경우
9	Turbo operation fault.	본 메시지는 터보펌프를 사용하는 설비에서만 해당되며, 터보펌프 컨트롤러에 에러 발생시
10	No response from Chamber Controller.	공정모듈 PLC와 메인 컴퓨터 간에 통신장애가 발생한 경우
11	RF #1 forward power out of tolerance.	ICP 혹은 마이크로웨이브 파워가 설정 값만큼 출력이 나가지 않는 경우
12	RF #1 reflected power out of tolerance.	ICP 반사파워(reflected power)가 허용치보다 높게 뜨는 경우
13	RF #2 forward power out of tolerance.	본 메시지는 Bias파워를 사용하는 설비에서만 해당되며, RIE 반사파워(reflected power)가 허용치보다 높게 뜨는 경우
14	RF #2 reflected power out of tolerance.	본 메시지는 Bias파워를 사용하는 설비에서만 해당되며, RIE 파워가 설정 값만큼 출력이 나가지 않는 경우

각 파라미터의 허용치(Tolerance values)는 "Hardware Setup" → "Process Parameters" 화면에 수정이 가능하며 로그인 등급이 감독관(Supervisor)만 가능하다.

공정이 완료된 이후, "Unload wafer" 버튼을 동작시켜서 다시 웨이퍼를 공정 챔버로부터 카세트로 이송할 수 있는데, 다음과 같은 선택이 가능하다.

- 카세트에 웨이퍼를 넣기 전에 쿨링 스테이지(Cooling stage)에서 쿨링 시간(cooling time) 설정
- 카세트 지정(원래 웨이퍼가 있던 같은 카세트 or 다른 카세트)
- 슬롯 지정(원래 웨이퍼가 있던 슬롯 or 다른 슬롯)

(2) 배치 공정 모드(Batch Running Mode):

이 모드는 양산에서 사용하는 모드로서, 레시피(recipe) 상에서 각 웨이퍼별로 사용하고자 하는 공정 레시피와 "Set Wafer Path"를 지정할 수 있다.

다시 배치모드(batch mode)에서는 두 가지 다른 방식으로 공정을 진행할 수 있다.

- 싱글챔버(Single chamber)
- 멀티 챔버(Multi Chamber)

싱글 챔버 방식(Single chamber method)은 단순히 지정된 로드 포트(load point)에 있는 카세트에 모든 웨이퍼를 하나의 지정된 공정챔버에서만 공정을 진행하는 방식이다.

반면, 멀티 챔버 방식(Multi chamber mode)은 생산성(throughput)을 높이기 위해 두 개의 공정챔버로 나누어 공정을 진행하는 방식이다.

싱글 챔버 방식(Single chamber method)은 단순히 로드포트 번호를 지정하고, 공정 레시피(recipe)를 불러온 이후, "Auto Start Chamber1"을 누르면 그림 5-59 카세트 매핑(Cassette mapping) 화면이 나타나게 된다.

우측상단은 "lot code identification" 윈도우로서 작업자는 LOT 코드를 입력하여야 한다. 만약 입력을 하지 않고 그대로 둘 경우, 자동으로 작업일의 년도, 월, 날짜, 시간의 형태로 LOT 코드가 자동 입력된다. 예를 들면 2011년, 12월 24일, 12 : 30pm에 작업이 시작된 경우 LOT 코드는 "1112241230"으로 된다.

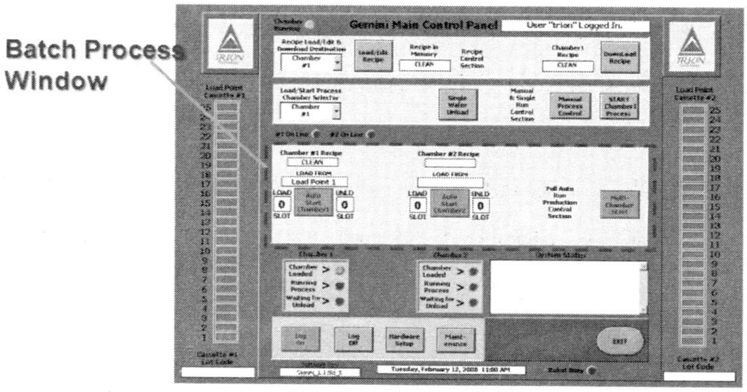

그림 5-59 Main Screen, Chamber #1

공정결과에 대한 저장파일이 LOT 코드별도 자동 저장되며, 확장자는 dat이고, 공정챔버 이름의 폴더 안에 저장이 된다. 예를 들어 chamber #1의 경우, "c://c1 processdata" 폴더 안에 로그 데이터가 저장된다.

일단 LOT 코드를 입력한 후 "enter" 버튼을 누르면, 자동으로 카세트의 맵핑(mapping)이 시작된다. 이때 로봇의 암(arm)에 부착되어 있는 스캐너(laser scanner/sensor)는 카세트의 방향으로 향하고 Z축 방향으로 움직이면서 각 슬롯별로 웨이퍼가 있는지 없는지를 검출하여 아래 그림의 가운데 있는 창(cassette mapping window)과 같이 각각의 슬롯에 대해 세 가지 색깔로 표시한다.

- Orange : Slot contains a wafer, will be run
- Light Grey : Slot is empty, will be skipped
- Black : Slot is possibly cross-slotted, error will occur

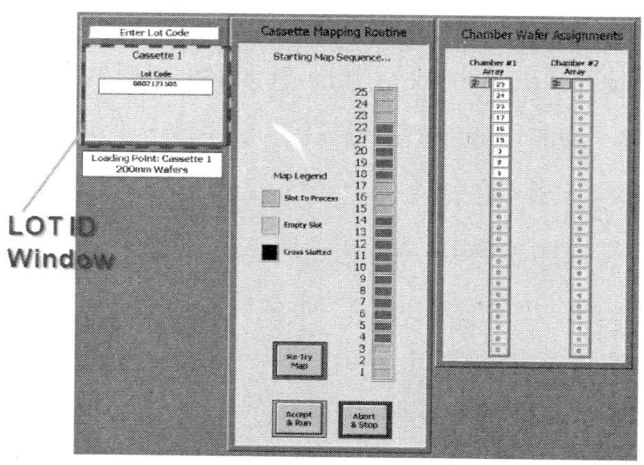

그림 5-60 Cassette Scanning Screen

그림 5−61은 에셔에서 사용하고 있는 전형적인 싱글암(single arm)형태의 로봇(우측 그림)이며, 레이저 스캐너(laser scanner)가 부착되어 있다.

최근에는 생산성을 증가시키기 위해 멀티암(Multi-arm)을 이용하는 로봇이 주류를 이루고 있다. 특히 300mm용 설비에서는 EFEM을 사용하므로, 아래의 그림처럼 별도의 스캐너를 부착한 로봇을 사용하지 않는다.

로봇은 사용 환경에 따라서 i) 대기압용, ii) 습식(wet)용, iii) 진공(vacuum)용으로 구분되며, 움직이는 방식에 따라 직교(Linear Movement)로봇과 스칼라(scalar) 로봇으로 다시 구분된다.

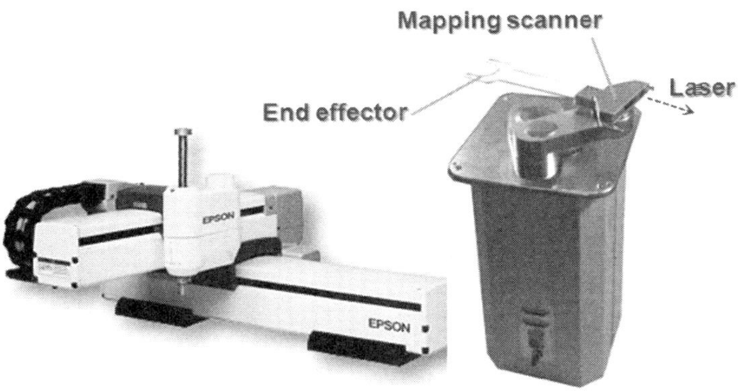

그림 5-61 대기압 직교로봇(좌측), 스칼라 로봇(우측)

웨이퍼 맵핑(Wafer mapping)이 완료된 이후에 배치(Batch)공정이 진행되는데, 로봇은 첫 번째 슬롯(slot)에 웨이퍼에부터 순차적으로 지정된 공정 챔버에서 지정된 레시피(recipe)로 공정을 진행하게 된다. 공정이 진행되기 시작되면, 아래의 5−61 화면이 나타난다.

공정이 완료된 웨이퍼의 공정챔버에서 가지고 나오는 순서를 나열하면 아래와 같다.

① 공정챔버안에 리프트 핀(lift pin 혹은 pedestal이라고도 부름)들이 올라오고, 그 상태에서 멈춘다.

② 공정챔버가 대기압이 될 때까지 vent valve(공정챔버가 대기압이 될 때까지 질소 가스를 넣어주는 밸브)가 열리고

③ 챔버에 슬롯 밸브(공정챔버의 출입문 역할을 하면서 동시에 외부와 격리하는 밸브)가 열리고

④ 에싱공정의 경우 통상적으로 250도 부근의 고온에서 공정을 함으로써, 공정이후 웨이퍼가 매우 뜨겁기 때문에 카세트에 바로 넣을시 카세트가 녹을 수 있다. 따라서 공정 챔버에서도 로봇 암(arm)이 들어오기 전에 먼저 리프트 핀(lift pin)이 올라오고, 또 로봇 암이 챔버로부터 웨이퍼를 들고 나와서 쿨링 스테이지(cooling stage)에 올려놓는다.

⑤ 웨이퍼가 식는 동안 로봇은 다른 웨이퍼를 공정챔버에 넣고, 쿨링 플레이트(cooling plate)에서 식은 웨이퍼를 카세트의 원래에 있던 슬롯에 다시 넣는다.

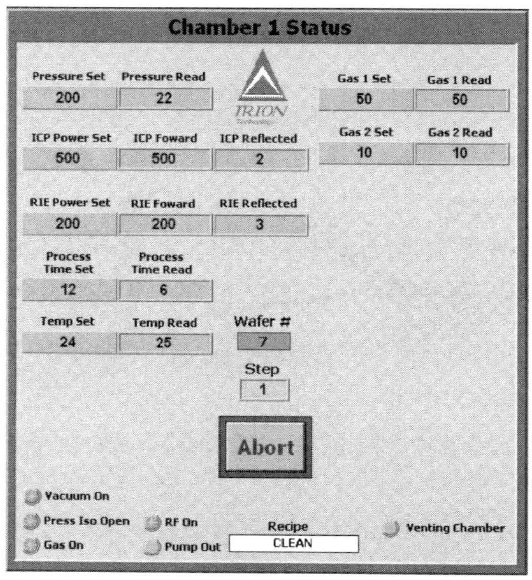

그림 5-62 Batch Automatic Process Screen

배치공정이 진행되고 있는 동안, 메인화면에 카세트 상태를 나타내는 인디케이터(indicator)는 실시간으로 업데이트되는데, 각각의 색이 나타내는 의미는 다음과 같다.

- Grey : 비어 있는 슬롯(Empty slot)
- Orange : 공정대기 중인 웨이퍼(Wafer to be run)
- Yellow : 공정 진행 중인 웨이퍼(Wafer currently being run)
- Green : 공정 완료된 웨이퍼(Processed wafer)
- Blue : Cooling plate에 놓여있는 웨이퍼(Wafer on the cooling plate)

• Black : 공정 중 에러 혹은 공정 중간에 취소된 웨이퍼(Wafer encountered a process fault or was aborted)

배치(Batch) 공정 중 "Process fault(공정중 에러)"가 발생한 경우, 또는 작업자가 "취소(Aborts)"를 한 경우, RF파워와 가스 공급이 자동으로 꺼지면서 에러 메시지(message)가 화면에 나타난다.

이 에러 메시지는 작업자가 확인(Acknowledgement) 버튼을 누르기 전까지 계속 화면에 나타나 있으며, 확인 버튼을 누르는 순간 공정챔버는 자동으로 밴트(vent)가 이루어지고, 로봇은 공정 챔버안에 진행 중이던 웨이퍼를 쿨링 플레이트(cooling plate)로 먼저 이송한 후 웨이퍼가 식으면 카세트로 다시 넣는다. 이때 "cassette indicator"에는 검정색으로 표기된다.

낱장 웨이퍼를 넣고(Loading), 빼는(Unloading) 도중에, 로봇에 에러가 발생하거나, 작업자가 "취소(abort)"를 하는 경우, 로봇과 모든 밸브들은 그 상태에서 즉각 멈추게 된다. 이를 다시 원상 복귀시키기 위해서는 소프트웨어 상에 "Manual Transport" 화면으로 가서 "웨이퍼 핸들링 에러"와 챔버 혹은 쿨링 플레이트(cool plate)위에 놓인 웨이퍼를 다시 카세트 안으로 옮길 수 있다.

5) 하드웨어 설정 및 점검(Hardware Setup & Maintenance)

메인화면 하단에 있는 "Hardware Setup" or "Maintenance" 버튼을 누르면 각각의 서브 메뉴로 들어가게 된다. 단 감독관(supervisor) 레벨만이 이 화면으로 들어갈 수 있다.

아래는 "Hardware Setup" 화면을 보여주고 있는데, 이 화면에서 하드웨어와 관련한 다양한 옵션과 파라미터들을 설정할 수 있다. 보통은 새로운 하드웨어나 기능들이 추가되지 않는 경우, 공장에서 설정한 기본 값(factory default)에서 변경할 필요는 없다.

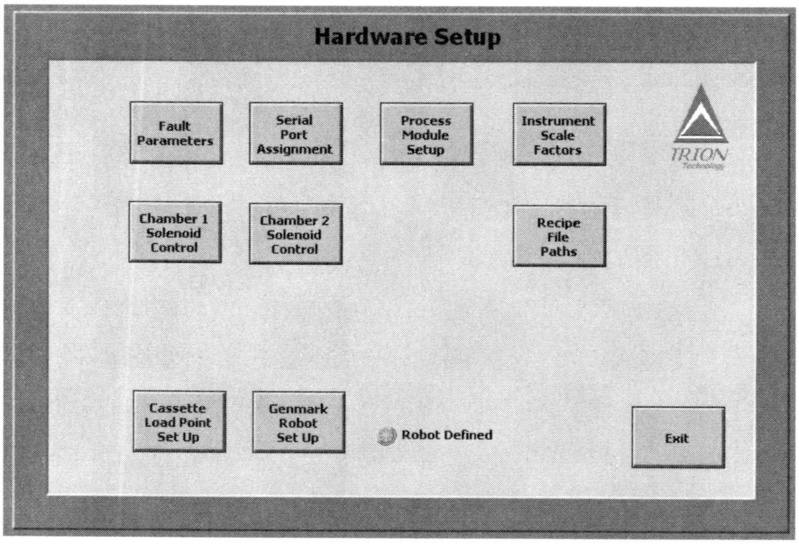

그림 5-63 Hardware Setup Screen

하단 메뉴(sub-menu)에서 "Fault Parameters"는 각종 공정 파라미터의 허용범위(Tolerance)값들을 설정할 수 있다, 예를 들면 자동 공정 모드(automatic sequence)에서 압력, 가스 플로우, RF 파워 등등의 파라미터에 대해 설정 값(setting value) 대비 실제 설비에서 읽혀지는 값의 차이(deviation %)의 범위를 설정하고, 이 범위에서 벗어날 때 에러(error)를 띄우도록 하는 메뉴이다.

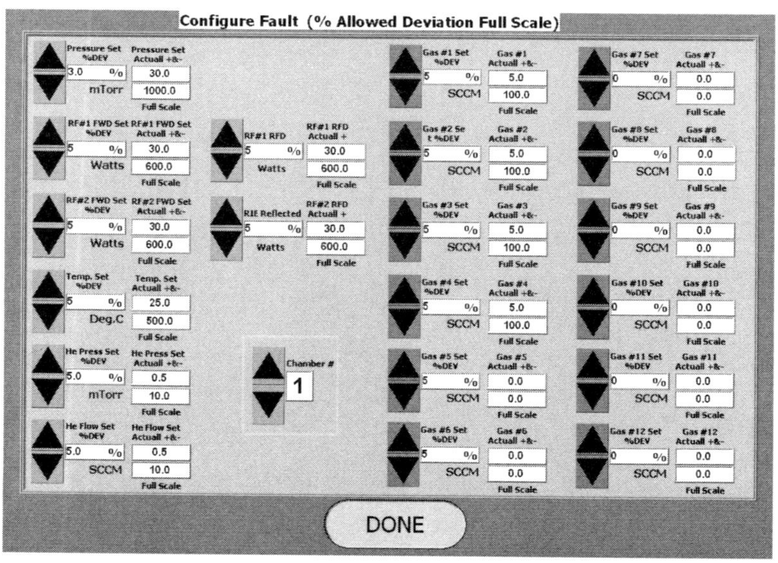

그림 5-64 Fault Tolerance Setup Screen

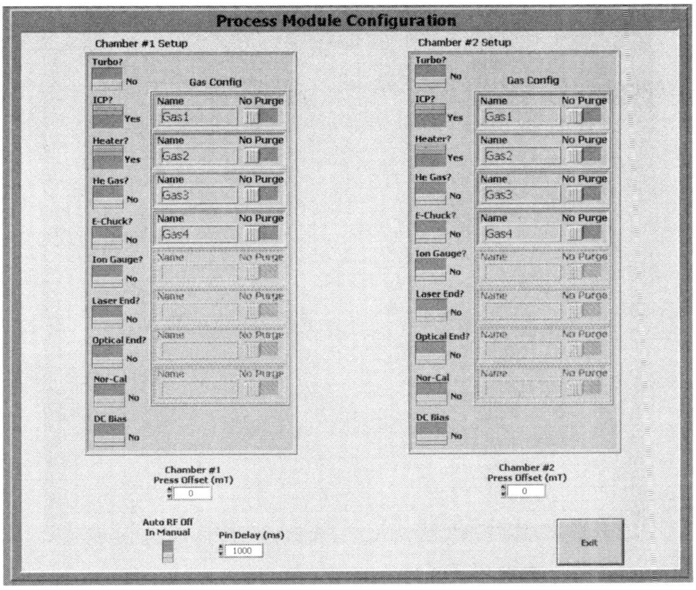

그림 5-65 Process Module Setup Screen

그림 5-65는 설비 모듈별로 하드웨어 사양을 설정하는 메뉴이다. 특히 가스 채널별로 퍼지(Purge)기능을 선택할 수 있도록 되어 있으며, 이 기능은 공정이후 비 가동(idle)상태에서 자동적으로 가스라인을 퍼지(purge)하는 기능으로 독성, 부식성 그리고 폭발성 가스에 유용하다.

"Pin Delay(ms)" 파라미터는 로봇이 챔버에서 웨이퍼를 들어 올릴 때 리프트 핀(Lift pin)이 올라가고 내려오는 시간을 조절하는 기능으로, 리프트 핀이 내려가는 속도가 빠르면, 생산성(Throughput)에는 도움을 주지만, 파티클(Particle) 이슈가 발생할 수 있으므로, 적당한 속도로 조절할 필요가 있다.

아래의 "Instrument Scale Factors"는 작업자가 설비에서 사용되고 있는 센서들의 측정값들의 스케일을 설정하는 메뉴이다. 예를 들면 10 Torr 압력게이지에 읽혀지는 최대 압력 값을 10,000 mTorr로 설정할 수 있다, 이 경우, 압력게이지에서 읽혀지는 값을 mTorr 스케일로 환산하여 화면에 표시(display)된다. 마찬가지로 200 sccm 질소 MFC의 경우, 설정 값은 200으로, 100sccm 산소 MFC는 100으로 설정하면 된다.

Tip

SCCM(Standard Cubic Centimeter per Minute) 분당 1cc 흐르는 것을 나타내는 유량 단위

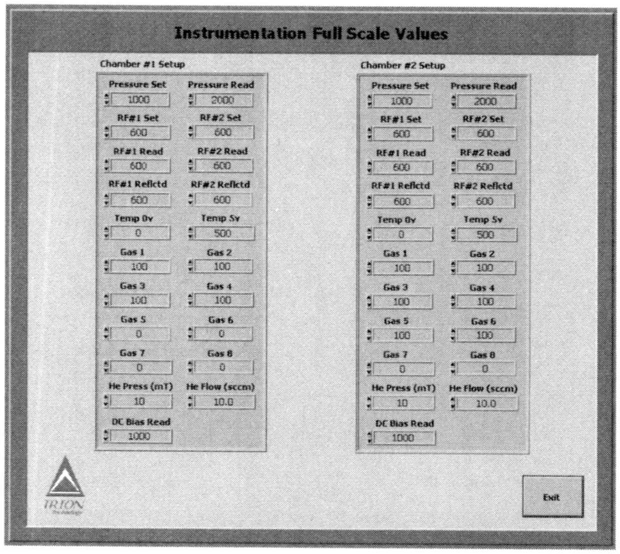

그림 5-66 Instrument Scale Factors

그림 5-67의 "Chamber #1 Solenoid Control" 화면에서 작업자는 각각의 공압 밸브들을 조작해 볼 수 있는데, 이는 점검(Maintenance)목적으로 매우 유용한 기능이다. 하지만 본 화면에서의 모든 버튼들은 인터락이 없이 바로 동작되므로 숙련된 엔지니어나 감독관 등급만 사용해야 한다.

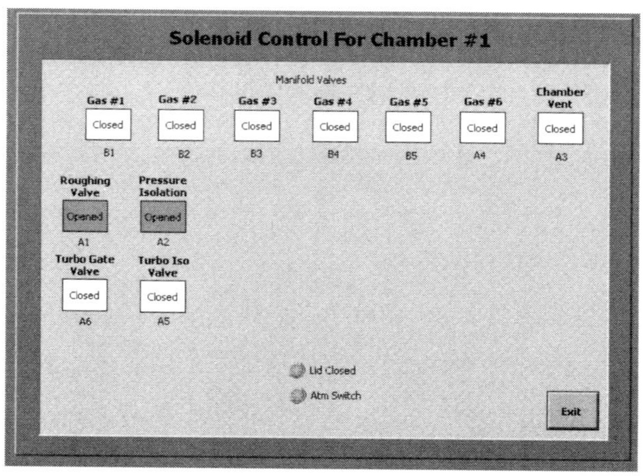

그림 5-67 Solenoid Control Screen

그림 5-68의 "Load Point Setup" 화면에서는 카세트 사이즈(150mm용 혹은 200mm용인지)와 위치(load port 1 혹은 Load port 2)를 인식한 센서의 동작여부

를 확인할 수 있다. 다시 말해 각각의 로드 포트(load port)에는 두 개의 센서가 장착되어 있는데, 첫 번째 센서는 로드포트의 위치를 두 번째 센서는 카세트의 사이즈를 감지한다. 특히 카세트의 사이즈가 틀려지면, 슬롯 간에 간격(pitch), 첫 번째 웨이퍼의 높이 등이 모두 틀려지므로 각 카세트 사이즈별로 로봇을 조정해야 하고 각 카세트 사이즈별로 "calibration file"이 저장된다.

즉, 센서에서 감지된 카세트 사이즈에 따라서, 로봇은 이미 저장된 "calibration file"을 불러와서 웨이퍼를 핸들링 하게 되는 것이다.

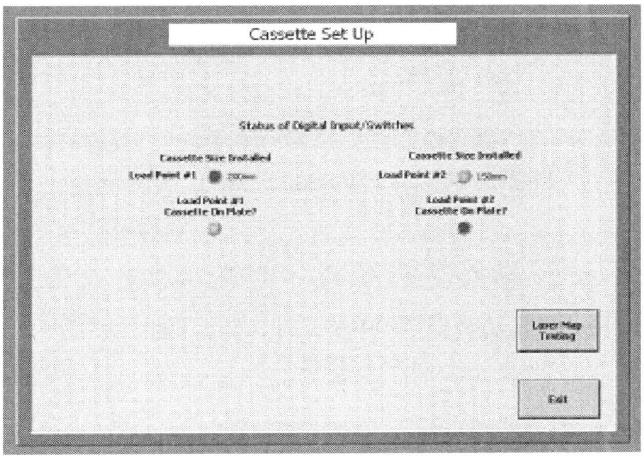

그림 5-68 Load Point Setup Screen

아래는 "Laser Map Testing" 화면으로 우선 로봇의 레이저 스캐너가 대략 카세트로부터 10cm 정도 떨어지도록 한 이후 한 이후 "Scan Starting Position"을 지정해 준다. 그 다음은 슬롯의 간격(pitch)값을 조정해 가면서 조정하면 된다. 또한 로봇의 움직임을 조절할 필요가 있는데, 이때는 T(theta), R(extend(로봇 암을 뻗기) or retract(오므리기))와 Z axis(vertical)의 세 가지 파라미터를 이용해서 조정한다.

일단 로봇 암(arm)을 "scan starting position"에 둔 다음 "Set Current Position as the Scan Starting Position" 버튼을 눌러서 저장한다. 그런 다음에는 "TEST MAPPING" 버튼을 눌러서 테스트 스캔을 실행한다.

이때 우측에 "Test Status indicator"와 실제 카세트에 위치한 웨이퍼의 슬롯을 비교해가면서 T, R 그리고 Z 파라미터들을 조정하고 반복테스트를 실시한다.

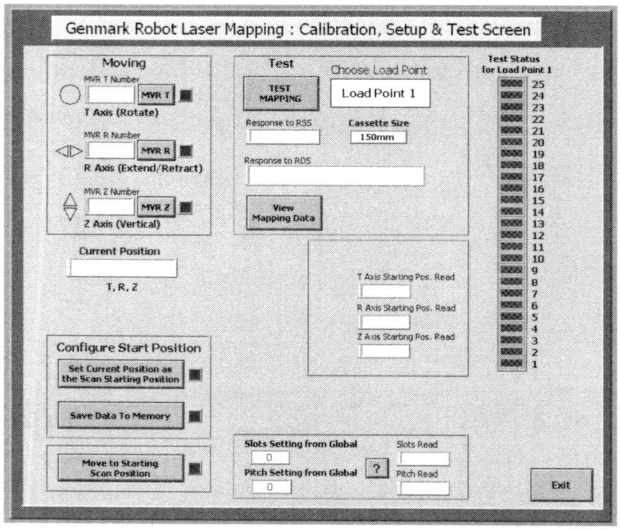

그림 5-69 Laser Mapping Setup Screen

아래는 "Robot Setup" 화면이다. "Cold Plate Wait(s)"은 공정챔버에서 나온 웨이퍼를 쿨링 플레이트에 얼마동아 머무르게 하는지를 설정한다.

"Cold Plate Temp C"는 단순히 쿨링 플레이트를 사용할지, 아니면 사용하지 않을지를 선택하는 기능이다. 예를 들어 공정챔버 온도가 쿨링 플레이트온도보다 높게 설정할 경우 웨이퍼는 쿨링 플레이트에 머물렀다가 카세트로 들어가지만, 반대의 경우로 설정이 된 경우 쿨링 플레이트를 건너뛰고 바로 카세트로 들어간다.

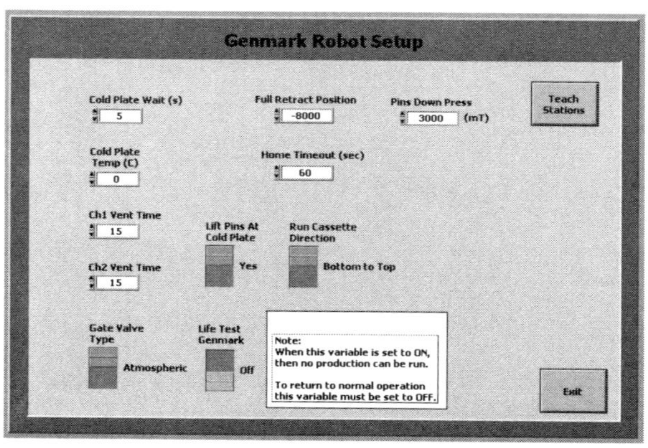

그림 5-70 Genmark Robot Setup

그림 5-71 "Maintenance" 화면에서는 점검과 관련한 테스트를 할 수 있다 하지만 인터락이 동작하지 않기 때문에 감독관 등급 이상만 접근이 가능하며, 각별한 주의를 요한다.

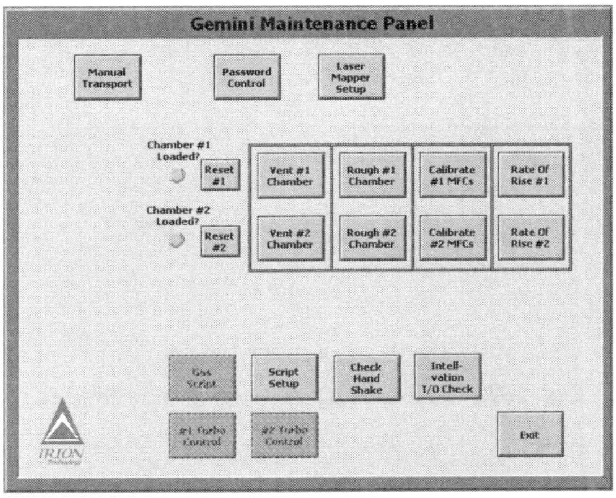

그림 5-71 Maintenance Main Screen

6) 300mm 설비의 운영(operation)

앞에서 언급한 바와 같이 200mm 설비와 300mm 설비의 가장 큰 차이점은 300mm 설비는 200mm 설비에서 사용하는 LM(Loading Module)대신에 규격화된 EFEM을 사용한다는 것이다. 이는 웨이퍼가 300mm로 대구경화 됨에 따라, 클린룸에서 작업자가 200mm 카세트만큼 300mm 카세트를 쉽게 핸들링하기 어려울뿐더러, 공장자동화(Fab automation)를 통한 생산성(throughput) 및 수율(yield)을 향상시키기 위함이다. 아래에 도식(diagram)은 통상적인 300mm 설비의 컨트롤구조(control architecture)이다.

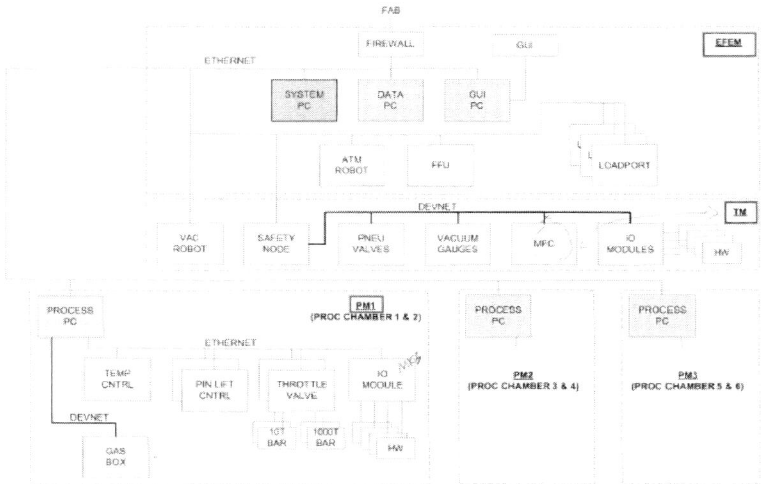

그림 5-72 300mm system control architecture.

그림 5-72의 컨트롤 구조에서 보이는 바와 같이 현재 반도체 양산라인에서 사용되는 모든 300mm설비는 SEMI Standard에서 규정한 프로토콜(protocol)에 따라서 공장자동화(Factory automation)가 가능토록 되어 있으며, 그림 5−73은 공장자동화(factory automation)와 관련한 시나리오들 중 한 예이다. 또한 200mm와는 달리 300mm는 클린룸의 천장에 설치되어 있는 OHV(Overhead Hoist vehicles)에 의해서 FOUP가 설비에 자동으로 EFEM에 놓여지고, 공정이 끝난 FOUP는 다시 언로딩(Unloading)된 후 다음 공정설비로 이송되는 완전자동화로 라인업 되어 있다.

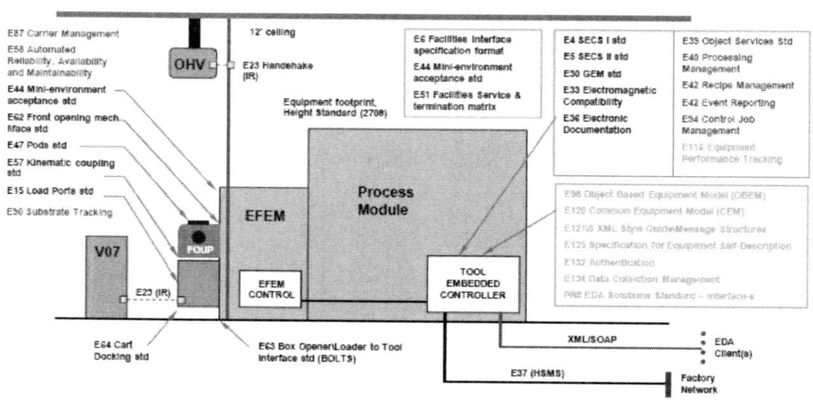

그림 5-73 Factory automation architecture.

그림 5-74는 Axcelis Integra RS의 메인화면이다. 메인화면 중앙에 보이는 바와 같이 설비의 운영 상태를 한눈에 파악할 수 있는 GUI(graphic user interface)가 있으며, 각 공정모듈별 주요 공정 파라미터들을 파악할 수 있으며, 로드포트(Loadport)별로 웨이퍼의 공정진행상태(즉, 공정완료, 미완료 혹은 진행 중)를 보여주고 있다.

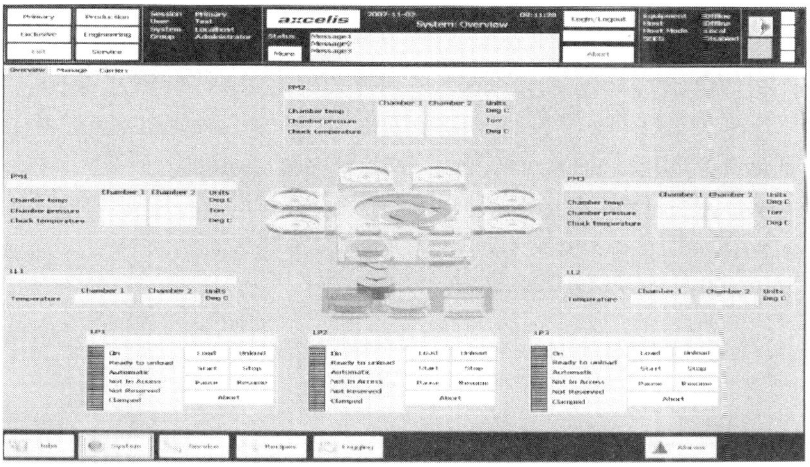

그림 5-74 Axcelis Integra RS의 메인화면

요 약

- 에싱공정은 반도체공정 중 가장 많은 반복되는 단위공정으로, 식각 혹은 이온주입 공정시 보호막으로 사용된 이후에 남아 있게 되는 감광막을 제거하는 공정이다.
- 에싱공정에 주로 사용되는 장치는 플라즈마 발생 방식과 위치에 따라 다이렉트 방식과 리모트 방식으로 나뉘며, 플라즈마 공급전원에 따라 RF(radio frequency)와 마이크로웨이브를 이용하는 방식으로 구분되는데, 현재 가장 주류를 이루는 방식은 리모트 방식의 마이크로웨이브 플라즈마를 이용한다.
- 마이크로웨이브 플라즈마 장치는 고전압 발생기, 마그네트론, 아이솔레이터, 파워미터, 정합장치(three stubs tuner), 도파관 그리고 어플리케이터로 구성된다.
- 반도체 양산에 사용되는 200mm용 설비는 VCE, TM 그리고 PM으로 구성되며, 300mm용 설비는 EFEM, LM, TM 그리고 PM으로 구성된다.
- 아래는 반도체에서 주로 사용되는 압력단위이다.

  1Pa=1N/m^2, 1bar=1E5Pa, 1psi=1lbf/in^2, 1Torr=1.33mbar

  *lbf/in^2=pound per square inch

연습문제

01 산소 플라즈마를 이용하는 에싱공정에서 반응 메카니즘에 대해 설명하고 플라즈마 내에 존재하는 전자, 이온 및 래디컬의 역할에 대해 설명하시오.

$$e + O_2 \rightarrow 2O + e \rightarrow O^* + O^* + e$$

02 리모트 방식의 마이크로웨이브 플라즈마가 다이렉트 플라즈마에 비해 어떠한 장점이 있는지 설명하시오.

03 마이크로웨이브 플라즈마 장치의 각 구성품의 역할에 대해 설명하시오.

04 300mm설비의 구성품중 EFEM의 역할과 OHV는 무엇인지 설명하시오.

05 안전지침에 언급하는 lock-out과 tag-out의 의미와 필요성에 대해 설명하시오.

06 아래의 나열된 스탭들을 이용하여 기본 에싱 레시피(recipe)를 구성하시오(아래 스탭들을 중복사용도 가능함).

ⓐ Purge　ⓑ Gas stabilization　ⓒ Main etch

ⓓ Evacuation　ⓔ Base pressure　ⓕ End

07 현재 사용되는 반도체 설비의 경우, 제조사 혹은 설비별로 표시하는 힘, 길이, 면적, 체적, 밀도, 유량 등등, 그리고 특히 압력을 표기하는 단위가 모두 다르다. 따라서 각각 서로 다른 단위별로 변환하는 방법을 숙지하도록 한다. 5mTorr는 몇 mbar 혹은 몇 Pa 일까? 1um은 몇 angstrom 혹은 몇 nanometer 일까?

참고문헌

김용진 박사, 삼성반도체, 반도체와 플라즈마.pptx, p8~p15

김진호, PVA Tepla 300 장비사용법, www.isrc.snu.ac.kr/progress02(asher_tepla), p3~p8

http://www.axcelis.com/products/cleaning/standard_cleaning_strip/integra-rs, Axcelis, veiw animation

http://www.mksinst.com/docs/UR/microwT2.pdf, p2~4

http://www.oxford-instruments.com/products/etching-deposition-growth/processes-techniques/plasma-deposition/icp-pecvd/PublishingImages/ICPCVD_184.png

http://www.oxford-instruments.com/products/etching-deposition-growth/processes-techniques/plasma-etch/rie/PublishingImages/RIE_184.png

http://www.psk-inc.com, 제품정보, DAS2000, TERA21

http://www.rfdh.com/bas_rf/begin/isolator.php3

(MM-MT04)Chap 8 Maintenance & Troubleshooting.pdf, SPP process technology systems UK limited, 8-7, 8-12

APC_Interferometer Kueny082000.ppt, Verity instrument, p3, p5

ASTRON-BestPractices-AppNote.pdf, p2

Axelis, Integra RS, quick start-1 training reference manual, p5~6, p48~54, p60~68, p100, p122

Badith El-Kareh, IBM Corporation, Fundamentals of Semiconductor Processing Technology, p302~303, p320~p324

ENG-Xstream-230-05.pdf, p1

http://www.oxford-instruments.com/products/etching-deposition-growth/processes-techniques/plasma-etch/rie-pe/PublishingImages/rie_pe2_w.gif

PECVD service manual, SPP process technology systems UK limited, 1-17

PRODCAT.pdf, Verity instrument, p38

Trion Technology, GEMINI OPERATOR & MAINTENANCE MANUAL, p9~p48

집 필 진

이 인 호 ((주)리소텍)
이 현 배 (인터체크)
김 진 석 ((주)세미즈)
김 용 태 ((주)티티엘)
황 성 진 ((주)엠티알)
원 영 진 (부천대학교)
성 홍 석 (부천대학교)
김 덕 영 (부천대학교)

감 수 진

임 준 우 (경남정보대학)
송 화 수 (페어차일드코리아)

Semiconductor Frontend Processing Equipment 1

반도체전공정장비 1

2판 1쇄 2024년 2월 15일

저 자 이인호/이현배/김진석/김용태/황성진/원영진/성홍석/김덕영
감 수 임준우/송화수
발행인 송광헌
발행처 복두출판사
주 소 서울특별시 영등포구 경인로82길 3-4 센터플러스 807호 (우) 07371
전 화 02-2164-2580
FAX 02-2164-2584
등 록 1993. 11. 22. 제 10-902 호

정가 : 25,000원
ISBN : 979-11-6675-458-6 93560

한국과학기술출판협회 회원사